高等职业教育分析检验技术专业模块化系列教材

基础化学与实验

池雨芮　张　兰　主编

张　荣　主审

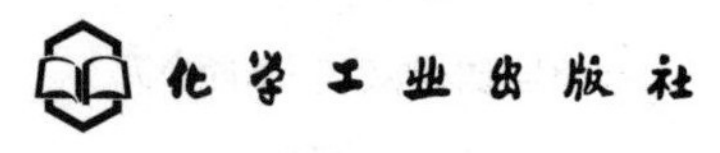

·北京·

内容简介

本书是高等职业教育分析检验技术专业模块化系列教材的第2分册，包括7个模块，40个学习单元。本书主要介绍化学的基本知识和基本操作，包括化学量与单位、化学反应速率与化学平衡、物质结构与元素周期律、溶液、重要元素及化合物知识、烃和烃的重要衍生物。在每个模块的学习单元中，都安排了一定数量的技能操作单元，供学生练习操作、掌握操作技能之用。

本书既可作为职业院校分析、环保等专业的教材，又可作为从事分析、环境监测等专业工作的在职初、中、高级技术人员的培训教材，还可供相关人员自学参考。

图书在版编目（CIP）数据

基础化学与实验 / 池雨芮，张兰主编．— 北京：化学工业出版社，2024.3

ISBN 978-7-122-44805-7

Ⅰ.①基… Ⅱ.①池… ②张… Ⅲ.①化学-职业教育-教材 Ⅳ.①O6

中国国家版本馆 CIP 数据核字（2024）第 054473 号

责任编辑：刘心怡　　文字编辑：崔婷婷
责任校对：田睿涵　　装帧设计：关　飞

出版发行：化学工业出版社
（北京市东城区青年湖南街 13 号　邮政编码 100011）
印　　装：高教社（天津）印务有限公司
787mm×1092mm　1/16　印张 16½　字数 430 千字
2024 年 8 月北京第 1 版第 1 次印刷

购书咨询：010-64518888　　售后服务：010-64518899
网　　址：http：//www.cip.com.cn
凡购买本书，如有缺损质量问题，本社销售中心负责调换。

定价：48.00 元　

“高等职业教育分析检验技术专业模块化系列教材”编写委员会

本书编写人员

主　编：池雨芮　重庆化工职业学院

　　　　张　兰　重庆化工职业学院

参　编：薛莉君　重庆化工职业学院

　　　　胡　婕　重庆化工职业学院

　　　　杨　沛　重庆化工职业学院

　　　　韩玉花　重庆化工职业学院

　　　　张潇丹　重庆化工职业学院

　　　　韦莹莹　重庆化工职业学院

主　审：张　荣　重庆化工职业学院

序

根据《关于推动现代职业教育高质量发展的意见》和《国家职业教育改革实施方案》文件精神，为做好“三教”改革和配套教材的开发，在中国化工教育协会的领导下，全国石油和化工职业教育教学指导委员会分析检验类专业委员会具体组织指导下，由重庆化工职业学院牵头，依据学院二十多年教育教学改革研究与实践，在改革课题“高职工业分析与检验专业实施MES（模块）教学模式研究”和“高职工业分析与检验专业校企联合人才培养模式改革试点”研究基础上，为建设高水平分析检验检测专业群，组织编写了分析检验技术专业模块化系列教材。

本系列教材为适应职业教育教学改革及科学技术发展的需要，采用国际劳工组织（ILO）开发的模块式技能培训教学模式，依据职业岗位需求标准、工作过程，以系统论、控制论和信息论为理论基础，坚持技术技能为中心的课程改革，将“立德树人、课程思政”有机融合到教材中，将原有课程体系专业人才培养模式，改革为工学结合、校企合作的人才培养模式。

本系列教材共13本，分为124个模块、553个学习单元，每个模块包含若干个学习单元，每个学习单元都有明确的“学习目标”和与其紧密对应的“进度检查”。“进度检查”题型多样、形式灵活。进度检查合格，本学习单元的学习目标即可达成。对有技能训练的模块，都有该模块的技能考试内容及评分标准，考试合格，该模块学习任务完成，也就获得了一种或一项技能。分析检验检测专业群中的各专业，可以选择不同学习单元组合成为专业课部分教学内容。

根据课堂教学需要或岗位培训需要，可选择学习单元，进行教学内容设计与安排。每个学习单元旁的编号也便于教学内容顺序安排，具有使用的灵活性。

本系列教材可作为高等职业院校分析检验检测专业群教材使用，也可作为各行业相关分析检验检测技术人员培训教材使用，还可供各行业、企事业单位从事分析检验检测和管理工作的有关人员自学或参考。

本系列教材在编写过程中得到中国化工教育协会、全国石油和化工职业教育教学指导委员会、化学工业出版社的帮助和指导，参加教材编写的教师、研究员、工程师、技师有103人，他们来自全国本科院校、职业院校、企事业单位、科研院所等34个单位，在此一并表示感谢。

张荣

2022年12月

前言

本套教材是在中国化工教育协会领导下，全国石油和化工职业教育教学指导委员会分析检验类专业委员会具体组织指导下，由重庆化工职业学院牵头，组织职业院校教师、科研院所工作人员、企业工程技术人员等编写。

基础化学与实验课程是化学化工类高职学生的一门专业必修基础课程，主要介绍化学基本理论知识和基本技能。为全面贯彻党的教育方针，将现代职教发展理念融入教材建设全过程，我们在教学为先、育人为本的原则下，从培养高素质技能人才的总体需要出发，针对高职学生对化学基本知识、基本技术和基本方法的需求和学时分配，编写了这本《基础化学与实验》教材，以化学量与单位、化学反应速率与化学平衡、物质结构与元素周期律、溶液、重要元素及化合物知识、烃和烃的重要衍生物为基础，介绍高职基础化学必备知识。本书在编写过程中力求达到内容的系统性、基础性、科学性及针对性等各方面的统一，注意与中学化学的衔接，力求理论联系实际。在材料组织上，力求概念准确严谨，内容安排深入浅出、循序渐进，并注意各模块内容的相互依据与交叉，便于教师教学和学生自学。

本分册教材为《基础化学与实验》，由 7 个模块、40 个学习单元组成。本书主编为池雨芮、张兰，由张荣主审。其中模块 1 由池雨芮编写，模块 2 由薛莉君编写，模块 3 由胡婕编写，模块 4 由杨沛编写，模块 5 由韩玉花、张兰编写，模块 6 由张潇丹编写，模块 7 由韦莹莹编写，全书由张兰统稿整理。本书在编写过程中参阅和引用了文献资料和相关著作，得到编者所在院校领导、教师，行业专家的大力支持与无私帮助，在此一并表示衷心感谢。

由于编者水平和实际工作经验等方面的限制，书中可能存在不尽完善的地方，恳请广大读者不吝指正。

编者

2023 年 10 月

目录

模块 1　化学量与单位 1

学习单元 1-1　基础化学中常见的量　/1
学习单元 1-2　物质的量　/4
学习单元 1-3　电子天平、移液管及容量瓶及相关操作　/10

模块 2　化学反应速率与化学平衡 14

学习单元 2-1　化学反应速率的影响因素　/14
学习单元 2-2　化学平衡和平衡常数　/18
学习单元 2-3　化学平衡移动　/22

模块 3　物质结构与元素周期律 26

学习单元 3-1　原子核外电子的排布　/26
学习单元 3-2　元素周期律与元素周期表　/31
学习单元 3-3　元素性质的周期性　/34
学习单元 3-4　常见无机物的分类与通性　/38
学习单元 3-5　分子结构　/41
学习单元 3-6　晶体结构　/49

模块 4　溶液 52

学习单元 4-1　溶液与胶体　/52
学习单元 4-2　溶液的浓度　/54
学习单元 4-3　溶液的配制操作　/58
学习单元 4-4　溶液的酸碱性　/60
学习单元 4-5　缓冲溶液　/63
学习单元 4-6　盐类水解　/66
学习单元 4-7　沉淀-溶解平衡　/70

学习单元 4-8　沉淀反应与盐类水解实验操作　/76

模块 5　重要元素及化合物知识　79

学习单元 5-1　卤素及其重要化合物　/79
学习单元 5-2　氧族元素及其重要化合物　/90
学习单元 5-3　氮族元素及其重要化合物　/102
学习单元 5-4　粗盐的提纯操作　/111
学习单元 5-5　碱金属、碱土金属元素及其重要化合物　/114
学习单元 5-6　铁、铜、铝及其常见化合物　/122
学习单元 5-7　其他常见的金属及其化合物　/128
学习单元 5-8　常见金属离子的鉴定操作　/137
学习单元 5-9　分析操作中常见的配位化合物　/140

模块 6　烃　146

学习单元 6-1　有机化合物概述　/146
学习单元 6-2　有机化学药品的分类、包装、贮存及安全　/153
学习单元 6-3　常用的烷烃、烯烃和炔烃及其性质　/166
学习单元 6-4　脂环烃和芳香烃化合物　/185
学习单元 6-5　苯及其同系物的硝化实验　/196

模块 7　烃的重要衍生物　198

学习单元 7-1　重要的卤代烃　/198
学习单元 7-2　常见的醇、酚、醚　/205
学习单元 7-3　常见的醛酮　/218
学习单元 7-4　羧酸及其常见衍生物　/227
学习单元 7-5　其他重要的有机化合物　/237
学习单元 7-6　阿司匹林的合成　/246

附录　249

附录 1　弱电解质的解离常数　/249
附录 2　难溶化合物的溶度积常数　/251

参考文献　254

模块 1 化学量与单位

编号 FJC-11-01

学习单元 1-1 基础化学中常见的量

学习目标：在完成了本单元学习之后，能够掌握基础化学中常见量的意义及单位。
职业领域：化工、石油、环保、医药、冶金、建材等。
工作范围：分析。

基本量

在基础化学与实验中经常会用到一些量，如浓度、体积、密度、物质的量等，只有掌握这些量的定义及其相应的法定计量单位，才能正确地加以使用。

在国际单位制（SI）中，规定了七个基本量，其单位名称和单位符号如表 1-1 所示。

表 1-1 SI 基本量的单位名称和单位符号

基本量的名称	基本量的符号	单位符号	单位名称
长度	L	m	米
质量	m	kg	千克
时间	t	s	秒
电流	I	A	安(培)
热力学温度	T	K	开(尔文)
物质的量	n	mol	摩(尔)
发光强度	Iv	cd	坎(德拉)

除了以上七个 SI 基本量及单位以外，还经常用到一些其他的量及单位，但都可以看成是由上面七个基本量及单位导出的，所以称为导出量及导出单位。如体积的单位为立方米（m^3）等。下面介绍基础化学与实验中常用的一些量。

1. 质量及其单位

质量是描述物体本身固有性质的物理量，是国际单位制中七个基本量之一，符号为 m，其单位为千克（kg）。质量的单位还常用克（g）、毫克（mg）表示，它们之间的关系为：

$$1kg=1000g \qquad 1g=1000mg$$

2. 体积及其单位

体积的符号为 V，其单位为立方米（m^3）。常用的单位还有立方分米（dm^3）、立方厘米（cm^3）、立方毫米（mm^3）、升（L）、毫升（mL）等，它们之间的关系为：

$$1m^3=1000dm^3 \qquad 1dm^3=1000cm^3 \qquad 1cm^3=1000mm^3$$

$$1L=1000mL=1dm^3$$

3. 密度及其单位

密度是单位体积物质的质量，符号为 ρ，即 $\rho=m/V$，单位是千克每立方米（kg/m^3），常用的单位还有克每立方厘米（g/cm^3）。

4. 物质的量及其单位

物质的量是国际单位制中七个基本量之一，它是表示物质的基本单元多少的一个量，符号为 n。物质的量的单位是摩尔，符号是 mol。

5. 摩尔质量及其单位

摩尔质量是指物质的质量除以物质的量，符号为 M，即 $M=m/n$。摩尔质量的单位为千克每摩［尔］，符号为 kg/mol。常用的单位还有克每摩［尔］（g/mol）、毫克每摩［尔］（mg/mol）。摩尔质量 M 是物质的量的一个导出量。因此，在具体使用摩尔质量时，应指明其基本单元。基本单元确定以后，其摩尔质量单位也就是已知的了。

6. 气体摩尔体积及其单位

气体摩尔体积是指气体的体积除以气体物质的量，符号为 V_m，即 $V_m=V/n$。式中，V_m 为气体摩尔体积，m^3/mol；V 为系统的体积，m^3；n 为气体物质的量，mol；气体摩尔体积的常用单位为升每摩［尔］（L/mol）。

在标准状况下，即温度为 273.15K 和压力为 101.325kPa 时，理想气体的摩尔体积 $V_m=22.4L/mol$。

7. 物质的量浓度及其单位

物质的量浓度应用非常广，它是指物质 B 的物质的量除以混合物的体积，符号为 c_B，表达式为 $c_B=n_B/V$。式中，c_B 为 B 的物质的量浓度，mol/m^3；V 为混合物的体积，m^3；n_B 为 B 的物质的量，mol。

常用单位为摩（尔）每升（mol/L）或摩（尔）每毫升（mol/mL）。

8. 质量浓度及其单位

溶质 B 的质量（m_B）除以溶液的体积（V），称为 B 的质量浓度，用 ρ_B 表示。即 $\rho_B=m_B/V$。

常用单位有 g/L、mg/L、μg/L。

9. 质量分数

溶质 B 的质量 m_B 与混合物的质量之比，称为 B 的质量分数，用 ω_B 表示，即 $\omega_B=m_B/m$。

质量分数无单位。

10. 摩尔分数

溶质 B 的物质的量 n_B 与混合物的总的物质的量之比，称为溶质 B 的摩尔分数，用 x_B 表示，即 $x_B=n_B/n$。

摩尔分数也没有单位。

11. 压强

物体所受的压力与受力面积之比叫作压强，用 p 表示。即 $p=\boldsymbol{F}/S$，压强的单位是帕斯卡，简称帕，符号是 Pa。常用的单位还有 kPa、MPa。

12. 反应热

反应热通常是指体系在等温、等压过程中发生物理或化学的变化时所放出或吸收的热量，符号 ΔH，单位为焦（耳）每摩（尔）或千焦每摩（尔），即 J/mol 或 kJ/mol。

进度检查

一、填空题

1. 国际单位制（SI）中，规定了____个基本量。
2. 热力学温度与摄氏温度的换算关系表达式为______。
3. 某温度下 100g 水中溶解了物质 B 17.38g，则 B 的质量浓度为________。
4. 生理盐水的质量分数为__________。
5. 标准状况是指温度为______K 和压力为______ kPa 时的状态。

二、判断题

1. 密度是国际单位制中的基本量。（　　）
2. 体积的单位可以是升，也可以是立方米。（　　）
3. 反应热可以表示一个化学反应吸收的热量，也可以表示一个反应放出的热量。（　　）
4. 物质的量是一个基本量，四个字不能拆开。（　　）
5. 物质的量的单位是摩尔。（　　）

编号 FJC-11-02

学习单元 1-2　物质的量

学习目标：在完成了本单元学习之后，能够掌握物质的量的意义及简单计算。
职业领域：化工、石油、环保、医药、冶金、建材等。
工作范围：分析。

一、物质的量及其单位

我们知道，分子、原子是肉眼看不见的，也是难以称量的。但是，在实验室里取用的物质不论是单质还是化合物，都是看得见和可以称量的。物质之间的反应，是肉眼看不见的原子、分子或离子之间按照一定个数比来进行的，而实际上又是可以称量的物质进行的反应。由此可见，需要用一个量把微粒与可称量的物质联系起来。

1971 年 10 月，有 41 个国家参加的第 14 届国际计量大会决定，在国际单位制（SI）中，增加第七个基本单位摩尔。对应于摩尔的量名称是“物质的量”。

物质的量是表示组成物质的基本单元数目多少的量（国际单位制的基本量），物质的量是一个量的整体名词，这四个字是不能拆开使用的，正如“长度”这个物理量不能拆成“长”和“度”一样。在讨论物质的量时，还应分辨清楚物质的量与质量的关系。物质的量与质量在概念上是根本不同的。质量是代表物质惯性大小的量，它表示物体内含有物质的多少，而物质的量是表示组成物质的基本单元数目多少的量，它与质量是相互独立的两个量。

2018 年 11 月 16 日，国际计量大会通过决议，将 1 摩尔定义为“精确包含 6.02214076×10^{23} 个原子或分子等基本单元的系统的物质的量”。与此同时修改了阿伏伽德罗常量为 6.02214076×10^{23}。即任何一个系统的物质，如果它的基本单元数为 6.02214076×10^{23}，则该系统的物质的量为 1mol。

1mol 碳原子含有 6.02214076×10^{23} 个碳原子；

1mol 氢分子含有 6.02214076×10^{23} 个氢分子；

1mol 水分子含有 6.02214076×10^{23} 个水分子；

1mol 硫酸分子含有 6.02214076×10^{23} 个硫酸分子；

1mol 氢离子含有 6.02214076×10^{23} 个氢离子；

1mol 氢氧根离子含有 6.02214076×10^{23} 个氢氧根离子。

综上所述，1mol 物质都含有 6.02214076×10^{23}（$\approx6.02\times10^{23}$）个基本单元，由此可推知物质的量相同的各种物质所含的基本单元数都相同。

使用摩尔时，应指明物质的基本单元。基本单元是指物质体系的结构微粒或根据需要指定的特定组合体。组成物质的基本单元可以是原子、分子、离子、电子或其他由这些粒子组成的特定组合。比如 1mol 氧的说法是不正确的，因为没有指明是氧原子还是氧分子。

二、摩尔质量

摩尔是表示物质基本单元数目多少的物质的量的单位，而每种基本单元都有一定的质量，所以1摩尔任何物质也有一定的质量，这就是摩尔质量。摩尔质量就是质量除以物质的量，用符号 M 表示。

使用摩尔质量时也必须指明物质的基本单元，基本单元的摩尔质量，就是以g/mol为单位时，数值上等于基本单元的化学式量或化学式量的某一分数倍数。当物质的基本单元是原子或分子时，物质的摩尔质量（以g/mol为单位时）数值上等于其相对原子质量或相对分子质量。如铁的相对原子质量为56，铁的摩尔质量为56g/mol。水的相对分子质量为18，水的摩尔质量为18g/mol。当物质的基本单元是原子或分子的某一分数时，物质的摩尔质量（以g/mol为单位时）数值上等于对应的相对原子质量或相对分子质量的某分数倍数。例如在化学反应中硫酸的基本单元是1/2 H_2SO_4 时，基本单元的摩尔质量为49g/mol，即

$$M(1/2H_2SO_4)=1/2M(H_2SO_4)=1/2\times 98=49(\text{g/mol})$$

三、物质的量的有关计算

物质的量（n）、物质的质量（m）和摩尔质量（M）之间的关系可用下式表示：

$$n(\text{mol})=m(\text{g})/M(\text{g/mol})$$

[例1-1] 90g水相当于多少摩尔水分子？

解： 水的相对分子质量是18，水的摩尔质量 $M(H_2O)=18\text{g/mol}$

$$n=m/M=90/18=5(\text{mol})$$

答： 90g水相当于5mol水分子。

[例1-2] 2mol H_2SO_4 的质量是多少克？

解： H_2SO_4 的相对分子质量为98，H_2SO_4 摩尔质量为98g/mol，则2mol H_2SO_4 的质量为

$$m=Mn=98\times 2=196(\text{g})$$

答： 2mol H_2SO_4 的质量为196g。

[例1-3] 试求22g CO_2 中含多少个 CO_2 分子。

解： CO_2 相对分子质量为44，则 CO_2 的摩尔质量为44g/mol，22g CO_2 的物质的量为

$$n=m/M=22/44=0.5(\text{mol})$$

0.5mol CO_2 所含分子数为：$6.02\times 10^{23}\times 0.5=3.01\times 10^{23}$(个)

答： 22g CO_2 中含 CO_2 分子 3.01×10^{23} 个。

四、等物质的量反应规则

等物质的量反应规则是化学反应中消耗的各物质与生成的各物质的物质的量相等，也就是它们的基本单元数相等。在应用等物质的量规则时最关键的是确定物质的基本单元。物质的基本单元可以是组成物质的任何自然存在的原子、分子、电子、离子、光子等一切物质的粒子，也可以是按需要人为地将它们进行分割或组合成实际上并不存在的个体或单元。确定基本单元的方法有两种，即比例系数法和指定法。那么如何确定基本单元呢？

1. 比例系数法

在相互反应的两种物质中，以其中一种物质的分子作为基本单元，则另一种物质的基本单元就是其分子的某一系数的倍数。

[例 1-4] $2NaOH + H_2SO_4 \longrightarrow Na_2SO_4 + 2H_2O$

在这个反应中，如果选择 NaOH 作为基本单元，那么 H_2SO_4 的基本单元即为 $1/2H_2SO_4$。反之，如果选择 H_2SO_4 作为基本单元，则 NaOH 的基本单元为 2NaOH。这两种选择都满足等物质的量反应规则，即

$$n(NaOH)=n(1/2H_2SO_4)$$

或
$$n(H_2SO_4)=n(2NaOH)$$

可见，另一物质基本单元分子前面的比例系数，就是反应方程式中该物质分子式前的系数除以选择作为基本单元的那种物质的分子式前面的系数而得的数值。

[例 1-5] $2KMnO_4 + 5H_2C_2O_4 + 3H_2SO_4 \longrightarrow 2MnSO_4 + K_2SO_4 + 10CO_2 + 8H_2O$，该反应中如果选择 $KMnO_4$ 作为基本单元，则 $H_2C_2O_4$ 的基本单元为 $5/2H_2C_2O_4$；如果选择 $H_2C_2O_4$ 作为基本单元，则 $KMnO_4$ 的基本单元为 $2/5KMnO_4$。这两种选择都满足等物质的量反应规则。

$$n(KMnO_4)=n(5/2H_2C_2O_4)$$

$$n(H_2C_2O_4)=n(2/5\ KMnO_4)$$

2. 指定法

所谓指定法，是根据反应的类型，指定某种物质的基本单元，然后再根据化学方程式中各物质的关系确定其他物质的基本单元的方法。如在酸碱滴定中，常常确定 NaOH 为基本单元；在氧化还原滴定中，常常确定 1/5 $KMnO_4$ 为基本单元等。根据这些已经确定了的基本单元就可以确定其他物质的基本单元。

[例 1-6] $2NaOH + H_2C_2O_4 \longrightarrow Na_2C_2O_4 + 2H_2O$

因为已经确定 NaOH 为基本单元，则 $n(NaOH)=n(1/2H_2C_2O_4)$。

[例 1-7] $MnO_4^- + 5Fe^{2+} + 8H^+ \longrightarrow Mn^{2+} + 5Fe^{3+} + 4H_2O$

反应中，因为已经确定 1/5 MnO_4^- 为基本单元，则 $n(1/5MnO_4^-)=n(Fe^{2+})$。

值得注意的是，等物质的量反应规则不是自然法则，只是进行化学计算的一种方法。

五、气体摩尔体积

对于固态或液态的物质来说，1mol 物质的体积是不相同的。如 273.15K 时，1mol 铁的体积是 7.17cm^3，1mol 铅的体积是 18.3cm^3，1mol 蔗糖的体积是 215.5cm^3，1mol 水的体积是 18.0cm^3。

但是，对气体来说，情况就不一样了。气体的体积比较大，一般规定温度为 273.15K，压力为 101.325kPa 时的状态为标准状态。实验测定，标准状态时 1mol 氧气的体积为＝$22.4\times10^{-3}m^3/mol$，1mol 氢气的体积 $22.4\times10^{-3}m^3/mol$，1mol 二氧化碳的体积 $22.4\times$

$10^{-3}m^3/mol$。从上面几个例子可以看出，在标准状况下，1mol 气体的体积都约为 $22.4\times10^{-3}m^3/mol$。而且经过许多实验发现和证实，1mol 任何气体在标准状况下所占的体积都约为 $22.4\times10^{-3}m^3/mol$。

在标准状况下，用气体体积除以物质的量就得到气体的摩尔体积，用符号 V_m 表示。它的国际单位是立方米每摩，符号是 m^3/mol，也经常使用升每摩（L/mol）这个单位。

在使用气体摩尔体积时，也应指明物质的基本单元。如在标准状况下，氧气的摩尔体积 $V_m(O_2)=22.4L/mol$。

在一定的温度和压强下，气体的体积的大小只随分子数的多少而变化，相同的体积含有相同的分子数，于是可得到下面的结论：在相同的温度和压强下，相同体积的任何气体都含有相同数目的分子数。这个结论叫阿伏伽德罗定律。

[例 1-8] 5.5g 氨相当于多少摩尔氨？在标准状况时它的体积是多少升？

解： 氨的相对分子质量是 17，氨的摩尔质量是 17g/mol，则

$$n(NH_3)=5.5/17=0.32(mol)$$

0.32mol 氨的体积为 $22.4\times0.32=7.20(L)$

答： 5.5g 氨相当于 0.32mol 的氨。在标准状况时，它的体积是 7.20L。

[例 1-9] 在实验室里用锌与稀盐酸反应制取氢气，若用 9.75g 的锌跟足量的稀盐酸完全反应后，在标准状况下能生成多少升的氢气？

解： 设在标准状况下能生成 xL 的氢气，则

$$Zn+2HCl=\!=\!=ZnCl_2+H_2\uparrow$$

65g　　　　　　22.4L

9.75g　　　　　　x

$65:9.75=22.4:x$　　$x=3.36$

答： 在标准状况下能生成 3.36L 氢气。

[例 1-10] 在标准状况下，0.5L 的容器里所含某气体的质量为 0.625g，求该气体的相对分子质量。

解： 该气体在标准状况时的密度为 $0.625/0.5=1.25(g/L)$

该气体的摩尔质量为 $1.25\times22.4=28(g/mol)$

则该气体的相对分子质量为 28。

答： 该气体的相对分子质量为 28。

以上讨论的都是在标准状况下的气体的体积，如果气体的温度、压力不是标准状况，这时应怎样计算气体的体积呢？

六、理想气体状态方程式

1. 理想气体状态方程

当一定质量气体的温度、体积和压力三个量同时发生变化时，可以根据波义耳定律、盖-吕萨克定律和查理定律推导出联系 p、V、T 三个变量的气体状态方程式，即

$$pV=nRT$$

$pV=nRT$ 称为理想气体状态方程式，式中的 n 表示气体的物质的量，R 表示摩尔气体

常数。理想气体方程式实际是个近似方程式，严格来说，这个方程式只有对理想气体才适用。实际气体分子本身都有体积，分子之间都有力的作用。但是在较高温度（不低于273.15K），较低压力（不高于101.3kPa）的情况下，这两个因素都可以忽略不计，用理想气体状态方程式计算的结果能接近实际情况。

2. 摩尔气体常数

摩尔气体常数是一个很重要的常数。它表示在标准状况下，即 $T_0=273.15\text{K}$，$p_0=101.325\text{kPa}$ 时，1mol 气体体积为 $V_m=22.4\times10^{-23}\text{m}^3$，$R$ 值可通过气体状态方程计算得出。

$$R=p_0V_m/T_0=(101325\times22.4\times10^{-23})/273.15=8.314\text{J}/(\text{K}\cdot\text{mol})$$

[例 1-11] 当温度为 278K，压力为 96.26kPa 时，32g O_2 的体积是多少？

解： 已知 $m=32\text{g}$，$p=96.26\times10^3\text{Pa}$，$T=278\text{K}$，$R=8.314\text{J}/(\text{K}\cdot\text{mol})$

$M=32\text{g/mol}$　$n=32/32=1.0\text{mol}$，据理想气体状态方程式

$$pV=nRT$$

$$V=nRT/p=1.0\times8.314\times278/(96.26\times10^3)=24\times10^{-3}(\text{m}^3)$$

答： 32g O_2 在 278K 和 96.26kPa 时，体积为 $24\times10^{-3}\text{m}^3$。

[例 1-12] 温度为 298K，压力为 101.325kPa 时，0.3L 某气体的质量为 0.39g，求气体的相对分子质量。

解： 已知 $T=298\text{K}$，$R=8.314\text{J}/(\text{K}\cdot\text{mol})$，$p=101.325\times10^3\text{Pa}$，$V=0.3\times10^{-3}\text{m}^3$，$m=0.39\text{g}$

则根据 $pV=nRT=m/MRT$

$M=mRT/(pV)=0.39\times8.314\times298/(101.325\times10^3\times0.3\times10^{-3})=32(\text{g/mol})$

答： 该气体的相对分子质量为 32。

进度检查

一、填空题

1. 摩尔是表示________的单位，每摩尔物质含有________个微粒。
2. 1.5mol H_2O 中含有______mol H 原子，________mol O 原子，________ mol H_2O 分子。
3. 标准状态下，1L 氮气的质量是 1.25g，则该条件下氮气的密度是________。
4. 理想气体状态方程式的表达式为____________________。
5. 等物质的量规则是指____。
6. 确定基本单位的方法常用的有两种，即____________和______________。
7. 基本单位可以是________，也可以是______，也可以是它们的__________。
8. 2mol 氧气的质量为________g。
9. 44g 的二氧化碳与________g 水含有相同的分子数。

10. 在反应 $6Fe^{2+} + Cr_2O_7{}^{2-} + 14H^+ \longrightarrow 6Fe^{3+} + 2Cr^{3+} + 7H_2O$ 中，如果选择 $Cr_2O_7{}^{2-}$ 为基本单元，则 Fe^{2+} 的基本单元为________；如果选择 Fe^{2+} 为基本单元，则 $Cr_2O_7{}^{2-}$ 的基本单元为________。

二、选择题

1. 下列关于摩尔的叙述，错误的是（　　）。

A. 摩尔是物质的量的单位　　B. 摩尔可以简称为摩

C. 摩尔是国际单位制的一个基本物理量　　D. 摩尔是国际单位制的基本单位之一

2. 同温同压下，1mol 的氢气和氧气，它们的（　　）。

A. 质量相同，体积不同　　B. 分子数相同，质量不同

C. 体积相同，分子数不同　　D. 体积相同，分子数也相同

3. 一定量的锌和铝分别与足量的盐酸反应，生成氢气的分子数比为 2∶1，锌和铝的物质的量之比是（　　）

A. 2∶1　　B. 1∶2　　C. 3∶1　　D. 1∶3

4. 下列说法正确的是（　　）。

A. 1摩尔任何物质的体积都相同

B. 1摩尔任何气体的体积都约为 22.4L

C. 体积相同的气体的物质的量一定相同

D. 前三种说法都是错误的

5. 根据理想气体状态方程式计算一定质量气体的体积时，若 p 的单位为 Pa，R 取 8.314J/(K·mol) 时，则 V 的单位是（　　）

A. L　　B. m^3　　C. dm^3　　D. mL

三、计算题

1. 22g CO_2 与多少克的 H_2O 含有相同的分子数？

2. 实验室中，使 0.1mol 氯酸钾完全分解，在标准状况下可以得到多少升氧气？

3. 在温度为 300K 和压力为 2.53×10^5 Pa 时，32g CO_2 所占的体积是多少？

编号 FJC-11-03

学习单元 1-3 电子天平、移液管及容量瓶及相关操作

学习目标：在完成了本单元学习之后，能够掌握电子天平、移液管、容量瓶的基本操作。

职业领域：化工、石油、环保、医药、冶金、建材等。

工作范围：分析。

所需仪器见表 1-2。

表 1-2 所需仪器

序号	名称及说明	数量
1	电子天平	1 台
2	移液管	1 支
3	容量瓶	1 个

一、电子天平的操作

1. 操作步骤

（1）取下天平罩，叠好，放于天平箱上或其他合适处。

（2）接通电源，预热 30min。

（3）检查天平盘内是否干净，必要的话予以清扫。检查天平是否水平，若不水平，调节底座螺丝，使气泡位于水平仪中心。

（4）轻按“ON”键，电子天平进行自检，最后显示“0.0000g”。置容器于秤盘上，显示出容器质量。

（5）轻按“TAR”清零、去皮键，随即出现全零状态，容器质量显示值已去除，即去皮重。

（6）放置被称物于容器中，这时显示值即为被称物的质量。

（7）称量完毕，记录数据，填写使用记录。

2. 注意事项

（1）电子天平在安装之后、称量之前必须校准。

（2）开机后预热至少 30min。

（3）使用时动作轻缓，经常检查水平是否改变。

（4）长时间不使用的电子天平应每隔一段时间通电一次。

二、移液管的操作

1. 操作步骤

（1）洗涤 洗液浸泡，自来水冲净，蒸馏水润洗；

（2）润洗　移取溶液前，用滤纸将尖端内外的水除去，然后用待移取的溶液将移液管润洗三次，润洗过的溶液应从尖口放出，弃去；

（3）吸液　将管插入液面以下1～2cm深度，先把洗耳球内空气压出，再紧插在管口上，边吸溶液边下移移液管，管内不能进气泡；

（4）放液　容器倾斜，移液管垂直，管尖接触内壁，溶液全部流出后，再停留15s。

2. 注意事项

留在管口的液体不要吹出，移液管在实验中应与溶液一一对应，不应串用移液管。使用后，应洗净放在移液管架上。

三、容量瓶的操作

1. 操作步骤

（1）检漏　使用前检查瓶塞处是否漏水。具体操作方法是：在容量瓶内装入半瓶水，塞紧瓶塞，用右手食指顶住瓶塞，另一只手五指托住容量瓶底，将其倒立（瓶口朝下），观察容量瓶是否漏水。若不漏水，将瓶正立且将瓶塞旋转180°后，再次倒立，检查是否漏水，若两次操作，容量瓶瓶塞周围皆无水漏出，即表明容量瓶不漏水。经检查不漏水的容量瓶才能使用。

（2）洗涤　使用前容量瓶都要洗涤。先用洗液洗，再用自来水冲洗，最后用蒸馏水洗涤干净（直至内壁不挂水珠为止）。

（3）固体物质的溶解　把准确称量好的固体物质放在干净的烧杯中，用少量溶剂溶解（如果溶解时放热，要放置使其降温到室温）。然后把溶液转移到容量瓶里，转移时要用玻璃棒引流。方法是将玻璃棒一端靠在容量瓶颈内壁上，注意不要让玻璃棒其他部位触及容量瓶口，防止液体流到容量瓶外壁上。

（4）淋洗　为保证溶质能全部转移到容量瓶中，要用溶剂少量多次洗涤烧杯，并把洗涤溶液全部转移到容量瓶里。转移时要用玻璃棒引流。

（5）定容　继续向容量瓶内加入溶剂直到液体液面离标线大约1cm时，改用滴管小心滴加，最后使液体的弯月面与标线正好相切。若加水超过刻度线，则需重新配制。

（6）摇匀　盖紧瓶塞，用倒转和摇动的方法使瓶内的液体混合均匀。静置后如果发现液面低于刻度线，这是因为容量瓶内极少量溶液在瓶颈处润湿所损耗，所以并不影响所配制溶液的浓度，故不要在瓶内添水，否则，将使所配制的溶液浓度降低。

2. 注意事项

（1）容量瓶的容积是特定的，刻度不连续，所以一种型号的容量瓶只能配制同一体积的溶液。在配制溶液前，先要弄清楚需要配制的溶液的体积，然后再选用相同规格的容量瓶。

（2）易溶解且不发热的物质可直接用漏斗加入容量瓶中溶解，其他物质基本不能在容量瓶里进行溶解，应将溶质在烧杯中溶解后转移到容量瓶里。

（3）用于洗涤烧杯的溶剂总量不能超过容量瓶的标线。

（4）容量瓶不能进行加热。如果溶质在溶解过程中放热，要待溶液冷却后再进行转移，因为一般的容量瓶是在20℃的温度下标定的，若将温度较高或较低的溶液注入容量瓶，容量瓶则会热胀冷缩，所量体积就会不准确，导致所配制的溶液浓度不准确。

（5）容量瓶只能用于配制溶液，不能储存溶液，因为溶液可能会对瓶体有腐蚀性，从而使容量瓶的精度受到影响。

（6）容量瓶用毕应及时洗涤干净，塞上瓶塞，并在塞子与瓶口之间垫一张纸条，防止瓶塞与瓶口粘连。

进度检查

一、填空题

1. 电子天平在称量之前必须进行________。
2. 电子天平正常工作的温度范围为________。
3. 进行移液操作时，一般________手拿移液管，______手拿洗耳球。
4. 吸取溶液时，通常将移液管插入溶液以下________cm。
5. 欲配制 1mol/L 的氢氧化钠溶液 250mL，需要选择________mL 的容量瓶。
6. 向容量瓶内加水至刻度线时，若加水超过刻度线，会造成溶液浓度________。
7. 溶解后的溶液需冷却至________方可注入容量瓶。
8. 容量瓶用蒸馏水洗净后，再用待配液润洗，会使实验结果偏________。
9. 一支移液管未经清洗，________吸取多种溶液。

二、判断题（正确的在括号内划“√”，错误的在括号内划“×”）

1. 称量时电子天平两侧的门不能打开。（　）
2. 常用的电子天平规格为五分之一和千分之一。（　）
3. 用移液管放完液体后，最后一滴溶液应吹入锥形瓶中。（　）
4. 移液管是用于准确量取一定体积溶液的量出式玻璃量器。（　）
5. 容量瓶可以长期储存溶液。（　）
6. 加水定容时，不小心超出刻度线，可以用滴管吸出多余液体。（　）
7. 容量瓶用蒸馏水洗净后残留少量水也可以使用。（　）
8. 容量瓶在闲置不用时，应在瓶塞及瓶口处垫一张纸条，以防黏结。（　）
9. 容量瓶不可用来直接溶解固体溶质。（　）
10. 容量瓶可以用作反应的容器。（　）

三、问答题

1. 称量时若敲出物质的质量多于所需质量时需要重新称量吗？
2. 为什么洗净的移液管还是需要用待取液润洗？容量瓶需要吗？
3. 用容量瓶配制溶液时，要不要把容量瓶干燥？
4. 配制 1mol/L HCl 溶液时，为什么将量取的浓 HCl 首先转移至已加入少量纯水的小烧杯中稀释？

素质拓展阅读

阿伏伽德罗

阿伏伽德罗（Amedeo Avogadro，1776—1856）意大利物理学家、化学家。阿伏伽德罗出生于都灵的一个贵族家庭，1792 年进入都灵大学学习法学，1796 年获法学博士以后从事律师工作。1800～1805 年又专门攻读数学和物理学，而后主要从事物理学、化学研究。

阿伏伽德罗最先引入了“分子”的概念，并把分子与原子概念相区别，指出原子是参加化学反应的最小粒子，分子是能独立存在的最小粒子。阿伏伽德罗是第一个认识到物质由分子组成、分子由原子组成的人。除此之外，阿伏伽德罗的重大贡献，是他在1811年提出了一种分子假说：“相同体积的气体，在相同的温度和压力时，含有相同数目的分子”。由于当时科学界还不能区分分子和原子，同时由于有些分子发生了解离，出现了一些阿伏伽德罗假说难以解释的情况，分子假说很难被人理解，致使他的假说默默无闻地被搁置了半个世纪之久，这无疑是科学史上的一大遗憾。

直到1860年，阿伏伽德罗的分子假说才被普遍接受，后被人们称为阿伏伽德罗定律。但这时阿伏伽德罗已经去世了，没能亲眼看到自己学说的胜利。阿伏伽德罗的分子假说奠定了原子-分子论的基础，推动了物理学、化学的发展，对近代科学产生了深远的影响。他的四卷著作《有重量的物体的物理学》是第一部关于分子物理学的教程。阿伏伽德罗生前非常谦逊，对名誉和地位从不计较。他没有到过国外，也没有获得任何荣誉称号，但是在他死后却赢得了人们的崇敬。1911年，为了纪念阿伏伽德罗定律提出100周年，在纪念日颁发了纪念章，出版了阿伏伽德罗选集，在都灵建成了阿伏伽德罗的纪念像并举行了隆重的揭幕仪式，为人类科学发展作出突出贡献的阿伏伽德罗永远为人们所崇敬。

阿伏伽德罗常数指1mol微粒（可以是分子、原子、离子、电子等）所含的微粒的数目。阿伏伽德罗常数是由实验测定出来的，是指12.000g ^{12}C 中所含碳原子的数目，具体数值是 6.02214076×10^{23}。这一常数被人们命名为阿伏伽德罗常数，以纪念这位杰出的科学家。随着人类的进步与发展，阿伏伽德罗常数的精确度也在不断提高。

模块 2　化学反应速率与化学平衡

编号 FJC-12-01

学习单元 2-1　化学反应速率的影响因素

学习目标：在完成了本单元学习之后，能够掌握温度、浓度及催化剂对反应速率的影响。
职业领域：化工、石油、环保、医药、冶金、建材等。
工作范围：分析。
所需仪器、药品和设备见表 2-1。

表 2-1　所需仪器、药品和设备

序号	名称及说明	序号	名称及说明
1	0.1mol/L 的硫代硫酸钠溶液	4	饱和甘汞电极
2	0.1 mol/L 硫酸溶液	5	水浴锅 1 台
3	蒸馏水	6	试管 8 支

化学反应一般都涉及两个问题：一是在一定条件下反应进行的快慢，即化学反应速率问题；二是在一定条件下反应进行的程度问题，即化学平衡问题。通过三个单元的学习，我们分别来讨论化学反应速率、化学平衡及化学平衡移动原理等，以解决实际问题。

一、化学反应速率及其表示方法

各种化学反应进行的快慢程度差别很大。有的反应进行得很快，瞬间就能完成，如炸药爆炸等；有的反应进行得很慢，如钢铁生锈等，有的甚至更漫长，如煤、石油的生成等。可见化学反应是有一定速率的，化学反应速率是衡量化学反应快慢的物理量。

化学反应速率可以用单位时间内反应物浓度的减少或生成物浓度的增加来表示，其符号用 v 表示。浓度的单位用 mol/L，时间的单位可以用秒（s）、分（min）、小时（h），所以化学反应速率的单位是 mol/(L·s)、mol/(L·min)、mol/(L·h)。绝大多数化学反应在反应过程中其速率是不断变化的，因此化学反应速率又可分为平均速率和瞬时速率。例如：

	N_2	$+3H_2$	$\rightleftharpoons 2NH_3$
起始浓度/（mol/L）	1.0	3.0	0
1s 末浓度/（mol/L）	0.9	2.7	0.2

$$\bar{v}(N_2)=-\frac{\Delta c(N_2)}{\Delta t}=-\frac{0.9-1.0}{1-0}=0.1\text{mol/(L·s)}$$

$$\bar{v}(H_2)=-\frac{\Delta c(H_2)}{\Delta t}=-\frac{2.7-3.0}{1-0}=0.3\text{mol/(L·s)}$$

$$\bar{v}(NH_3)=-\frac{\Delta c(NH_3)}{\Delta t}=-\frac{0.2-0}{1-0}=0.2\text{mol/(L·s)}$$

当用反应物表示化学反应速率时，浓度不断减少，其变化为负值，为使其速率为正值，在浓度变化符号前加一负号。

虽然，用不同物质浓度的变化来表示同一个化学反应的速率，其数值可能是不同的，但其比值恰好等于反应中各物质的化学计量系数之比，即

对于任一反应 $aA+bB \rightleftharpoons cC+dD$

平均速率若以反应物表示，为

$$v(A)=-\frac{\Delta c(A)}{\Delta t} \qquad \bar{v}(B)=-\frac{\Delta c(B)}{\Delta t}$$

若以生成物表示，则为

$$\bar{v}(C)=\frac{\Delta c(C)}{\Delta t} \qquad \bar{v}(D)=\frac{\Delta c(D)}{\Delta t}$$

平均速率还可表示为

$$\bar{v}=\frac{1}{a}\bar{v}(A)=\frac{1}{b}\bar{v}(B)=\frac{1}{c}\bar{v}(C)=\frac{1}{d}\bar{v}(D)$$

二、影响化学反应速率的因素

化学反应速率的大小主要取决于反应物的本性。此外，还受浓度、温度、催化剂等外界条件的影响。

1. 浓度对化学反应速率的影响

（1）基元反应和非基元反应　实验证明，绝大多数化学反应并不是简单地一步完成，往往是分步进行的。一步就能完成的反应称为基元反应，例如

$$2NO_2 \rightleftharpoons 2NO+O_2$$

$$NO_2+CO \rightleftharpoons NO+CO_2$$

要经过两步或两步以上才能完成的反应称为非基元反应，例如

$$H_2+I_2 \rightleftharpoons 2HI$$

上述反应实际上是分两步进行的：

第一步　$I_2 \longrightarrow 2I$

第二步　$H_2+2I \longrightarrow 2HI$

每一步均为基元反应，总反应为两步反应的加和。

（2）质量作用定律

[实验 2-1] 在一支试管中加入 0.1mol/L 的硫代硫酸钠溶液 10mL，在另一支试管中加入 5mL0.1mol/L 的硫代硫酸钠溶液和 5mL 蒸馏水，再取两支试管，分别加入 0.1mol/L 的硫酸 10mL，并同时倒入上面两支盛硫代硫酸钠溶液的试管里，观察出现浑浊现象的先后顺序。

可以看出，盛浓度大的硫代硫酸钠溶液的试管中首先出现浑浊现象，说明反应物浓度大的反应速率快。

人们通过长期大量的实验，总结出了反应速率和反应物浓度的定量关系式。对于任一基元反应：$aA+bB \rightleftharpoons cC+dD$，在一定温度下，反应速率与各反应物浓度幂的乘积成正比。反应物浓度的方次数值上等于反应式中各反应物前面的计量系数。这种定量关系叫质量作用定律，其数学表达式为

$$v=kc^{a}(A)c^{b}(B)$$

式中　v——反应的瞬时速率；

k——反应的速率常数；

a——反应式中 A 物质的化学计量系数；

b——反应式中 B 物质的化学计量系数；

c(A)——A 物质的瞬时浓度，mol/L；

c(B)——B 物质的瞬时浓度，mol/L。

2. 温度对化学反应速率的影响

温度对化学反应的影响特别显著。如食物的腐烂夏天比冬天快得多，又如氢气和氧气在常温下作用十分缓慢，以至于几年都观察不到生成的水，但如果将温度升高到 600℃，它们就会立即起反应，并且还可能发生猛烈的爆炸。

[实验 2-2] 在两支试管中分别加入 0.1mol/L 硫代硫酸钠溶液 5mL，另两支试管里分别加入 0.1mol/L 硫酸溶液 5mL，然后将一支盛有硫代硫酸钠溶液的试管和一支盛有硫酸溶液的试管组成一组，共两组。将一组试管插入热水中，另一组试管插入冷水里。几分钟后同时将每组的两支试管混合，并仔细观察热水和冷水中盛混合溶液的试管里出现浑浊的先后顺序。

可以看到，插入热水中的一组先出现浑浊现象，首先析出硫，这是因为这一组温度高，反应速率快，另一组温度低，反应速率慢。

对大多数化学反应来说，温度升高，反应速率增大。一般说来，温度每升高 10℃，反应速率增加到原来的 2～4 倍。

3. 催化剂对化学反应速率的影响

催化剂是一种能显著改变化学反应速率，而本身在反应前后的组成、质量和化学性质都不发生改变的物质。按其作用可分为两大类：凡能加快反应速率的物质称为正催化剂，例如接触法生产硫酸所用的催化剂五氧化二钒；凡能减慢反应速率的物质称为负催化剂，例如为减缓橡胶老化加入的防老剂。一般所说的催化剂都指正催化剂。

催化剂还具有选择性。一种催化剂往往只对某些特定的反应具有催化作用。另外，相同的反应如果使用不同的催化剂，也会得到不同的产物。如以乙醇为原料，在不同的条件下采用不同的催化剂可以得到不同的产物。

催化剂由于具有提高反应速率和选择性等特点，在化工生产中被广泛应用。据统计，化工生产中绝大部分反应都采用了催化剂。例如，无机化工原料硝酸、硫酸、合成氨的生产；汽油、煤油、柴油的精制；塑料、合成橡胶以及合成纤维的生产都离不开催化剂。在采用催化剂的反应中，微量杂质常常会使催化剂的催化活性大大降低甚至丧失，这种现象称为催化剂的中毒。因此，在使用催化剂的反应中，必须保持原料的纯净。

4. 影响化学反应速率的其他因素

化学反应速率除了受温度、浓度和催化剂的影响外，还有一些其他因素也会影响化学反应速率。对于多相反应来说，由于反应物处于不同的相，反应是在两相交界面上进行的，所以反应速率与界面的接触面的大小和接触机会有关。可以通过将大块固体碎成小块、磨成粉末或者将液态物质采用喷淋的方式以增大接触面来加快反应速率。此外，让生成物及时离开反应界面，也可使反应速率加快。超声波、紫外光、高能射线、激光等也可能对某些反应的速率产生影响。

进度检查

一、填空题

1. 决定化学反应速率的主要因素是__________，外界因素有______、______、______、______。

2. 一般来说，当其他条件不变时，______、______或______都可以使化学反应速率加快。

二、选择题

1. 决定化学反应速率的根本原因是（　　）

A. 温度和压强　　B. 反应物的浓度

C. 参加反应的各物质的性质　　D. 催化剂的加入

2. NO和CO都是汽车尾气中的有害物质，它们能缓慢地反应生成N_2和CO_2。对此反应下列叙述正确的是（　　）

A. 使用催化剂并不能改变反应速率

B. 使用催化剂可以加快反应速率

C. 降低压强能加快反应速率

D. 降温可以加快反应速率

三、计算题

$(CH_3)_2O$分解反应的实验数据如下：

时间/s	0	200	400	600	800
浓度/(mol/L)	0.02000	0.01832	0.01678	0.01536	0.01406

计算400～600s间的平均速率。

编号 FJC-12-02

学习单元 2-2　化学平衡和平衡常数

学习目标：在完成了本单元学习之后，能够理解平衡常数的意义，掌握化学平衡的计算。

职业领域：化工、石油、环保、医药、冶金、建材等。

职业领域：分析。

一、可逆反应与化学平衡

1. 可逆反应

在相同条件下既可以向正反应方向进行，也可以向逆反应方向进行的反应称为可逆反应。例如 SO_2 与 O_2 在催化剂作用下可以生成 SO_3，同样条件下 SO_3 也可分解为 SO_2 与 O_2。其反应方程式可表示为

$$2SO_2(g)+O_2(g) \rightleftharpoons 2SO_3(g)$$

通常把从左向右进行的反应称为正反应，从右向左进行的反应称为逆反应。可逆反应方程式中用两个相反的箭头“$\rightleftharpoons$”表示。

2. 化学平衡

对于可逆反应

$$N_2(g)+3H_2(g) \rightleftharpoons 2NH_3(g)$$

反应开始时，氮气和氢气的浓度最大，氨气的浓度为零，只能发生正向反应，正反应速率最大。随着反应的进行，氮气和氢气的浓度逐渐减小，因而正反应速率逐渐减慢。氨分子的出现代表逆向反应的出现，随着生成物氨的浓度逐渐增大，逆反应的速率逐渐增大，直到体系内正反应速率与逆反应速率相等，即 $v_{正}=v_{逆}$ 时，体系达到平衡，这种状态称为化学平衡状态，简称化学平衡。

化学平衡状态有几个重要的特征：

① 恒温条件下的封闭体系进行的可逆反应是建立平衡的前提。

② 正逆反应速率相等是平衡建立的条件。

③ 平衡状态是封闭体系中可逆反应进行的最大限度。达到平衡时反应物和生成物的浓度（称平衡浓度）都不再随时间改变而改变。

④ 化学平衡是相对的、暂时的、有条件的平衡。当外界因素改变时，平衡状态将受到破坏，直到建立新的动态平衡。

二、化学平衡常数及应用

1. 实验平衡常数

对于可逆反应：$CO_2(g)+H_2(g) \rightleftharpoons CO(g)+H_2O(g)$

当反应达到平衡时，体系中各物质的分压不再变化。例如，在 1200℃时，在密闭容器

中分别加入不同比例的 CO_2、H_2、CO 和 H_2O 的混合气体，其实验的有关数据见表 2-2。

表 2-2　物质的起始浓度与平衡浓度的数量变化

实验编号	物质的起始浓度/(mol/L)				平衡浓度/(mol/L)				$\frac{c(CO)c(H_2O)}{c(CO_2)c(H_2)}$
	CO_2	H_2	CO	H_2O	CO_2	H_2	CO	H_2O	
1	0.01	0.01	0	0	0.004	0.004	0.006	0.006	2.3
2	0.01	0.02	0	0	0.022	0.00122	0.0078	0.0078	2.3
3	0.01	0.01	0.001	0	0.0041	0.0041	0.0069	0.0059	2.4
4	0	0	0.02	0.02	0.0082	0.0082	0.0118	0.0118	2.1

由表 2-2 的数据可以得出：当温度一定时，无论 CO_2 和 H_2 的起始浓度如何，上述可逆反应达到平衡时生成物浓度的乘积与反应物浓度的乘积之比近似相等。

大量实验结果表明，对于任一可逆反应

$$aA+bB \rightleftharpoons cC+dD$$

在一定温度下，达到平衡时，体系中各物质的浓度间的关系是：

$$K=\frac{c^c(C)c^d(D)}{c^a(A)c^b(B)}=\frac{[C]^c[D]^d}{[A]^a[B]^b}$$

K 称为浓度平衡常数，它表示在一定温度下，可逆反应达到平衡时，生成物浓度以反应方程式中计量系数为指数幂的乘积与反应物浓度以反应方程式中的计量系数为指数幂的乘积之比是一个常数。[C] 表示反应达平衡时 C 的浓度。

平衡常数也可写为：

$$K=\frac{p^c(C)p^d(D)}{p^a(A)p^b(B)}$$

K 称为压力平衡常数，浓度平衡常数、压力平衡常数都是反应平衡常数。

平衡常数和物质的初始浓度（或压力）无关，并且与反应从正反应开始进行还是从逆反应开始进行也无关，只与温度有关。在一定温度下，对指定的反应它是常数。

2. 标准平衡常数

可逆反应达到平衡时，各物质的浓度为平衡浓度。若把平衡浓度除以标准浓度 $c^\ominus$，$c^\ominus=1\text{mol/L}$，得到的比值称为相对平衡浓度。对任一可逆反应，平衡常数的表达式写为：

$$K^\ominus=\frac{\left[\frac{c(C)}{c^\ominus}\right]^c\left[\frac{c(D)}{c^\ominus}\right]^d}{\left[\frac{c(A)}{c^\ominus}\right]^a\left[\frac{c(B)}{c^\ominus}\right]^b}$$

$K^\ominus$ 称为标准平衡常数，它表示在一定温度下，可逆反应达到平衡时，生成物的相对平衡浓度以反应方程式中计量系数为指数幂的乘积。

同理，以压力表示时，各物质的相对平衡分压分别为 $\frac{p(A)}{p^\ominus}$，$\frac{p(B)}{p^\ominus}$，$\frac{p(C)}{p^\ominus}$ 和 $\frac{p(D)}{p^\ominus}$，$p^\ominus$ 表示标准压力，$p^\ominus=100\text{kPa}$。标准平衡常数也可写为：

$$K^\ominus=\frac{\left[\frac{p(C)}{p^\ominus}\right]^c\left[\frac{p(D)}{p^\ominus}\right]^d}{\left[\frac{p(A)}{p^\ominus}\right]^a\left[\frac{p(B)}{p^\ominus}\right]^b}$$

$K^\ominus$ 和 K 量纲不同，$K^\ominus$ 量纲为 1，但其意义上可以用相对浓度或相对压力予以统一，所以在实际工作中往往并不严格区分 $K^\ominus$ 和 K。本书忽略量纲的区别，均以 K 表示。

3. 使用平衡常数应注意的事项

① 写入平衡常数表达式中各物质的浓度或分压，必须是在系统达到平衡状态时的浓度或分压。式中，分子项为生成物，分母项为反应物，各物质浓度或分压的指数就是反应方程式中相应的化学计量系数。

② 平衡常数表达式必须与平衡方程式相对应。同一化学反应，用不同的平衡方程式表示时，平衡常数的数值不相同。如

$$N_2(g)+3H_2(g) \rightleftharpoons 2NH_3(g)$$

$$K_1=\frac{[p(NH_3)]^2}{[p(N_2)][p(H_2)]^3}$$

如果将方程式写成

$$\frac{1}{2}N_2(g)+\frac{3}{2}H_2(g) \rightleftharpoons NH_3(g)$$

则

$$K_2=\frac{[p(NH_3)]}{[p(N_2)]^{\frac{1}{2}}[p(H_2)]^{\frac{3}{2}}}$$

显然，K_1 和 K_2 的数值是不同的，它们之间的关系是

$$K_1=(K_2)^2 \quad 或 \quad K_2=\sqrt{K_1}$$

③ 当有纯固体、纯液体物质参加反应时，其浓度可视为常数，不写进平衡常数的表达式中。如：

$$CaCO_3\ (s) \rightleftharpoons CaO\ (s)\ +CO_2\ (g)$$

$$K=[p(CO_2)]$$

4. 平衡常数的意义

(1) 平衡常数是特征常数　平衡常数为可逆反应的特征常数，是在一定条件下可逆反应进行程度的标度。一个反应达到平衡的标志就是各物质的浓度不随时间而改变。一般说来，K 值越大，反应向正方向进行的程度越大，反应进行得越完全。

(2) 浓度商的判断　在一定温度下，对于任一可逆反应（包括平衡态和非平衡态），其各物质的浓度或分压按照平衡常数的表达式列出，即得到浓度商 Q，其表达式为

$$Q=\frac{[c(C)]^c[c(D)]^d}{[c(A)]^a[c(B)]^b} \quad 或 \quad Q=\frac{[p(C)]^c[p(D)]^d}{[p(A)]^a[p(B)]^b}$$

① 当 $Q<K$ 时，系统处于不平衡状态，反应将向正向进行，直到达到平衡状态。

② 当 $Q>K$ 时，系统也处于不平衡状态，反应将向逆向进行，直到达到平衡状态。

③ 当 $Q=K$ 时，系统处于平衡状态，正逆反应都达到最大限度。

必须指出的是，Q 和 K 的表达式形式虽然相同，但两者的概念是不同的。Q 表达式中各物质的浓度是任意状态下的浓度（或压力），其商值是任意的；而 K 表达式中各物质的浓度是平衡时的浓度（或压力），其商值在一定温度下是一个常数。

(3) 平衡转化率　可逆反应进行的程度可以用平衡常数来表示，但只能得到一个大致的结果。在实际工作中，人们常常用更直观的平衡转化率来表示。平衡转化率简称转化率，是指反应达到平衡时，已经转化了的某反应物的量与反应物起始总量之比，通常用 α 来表示：

$$\alpha=\frac{平衡时已转化的反应物的量}{反应物起始总量}\times 100\%$$

平衡转化率 α 越大，表示反应向正反应方向进行的程度越大。平衡常数和平衡转化率都可以反映反应进行的程度，但平衡常数与系统的起始状态无关，只与反应的温度有关；而平

衡转化率除了与反应温度有关外，还与系统的起始状态有关，并须指明是哪种反应物的转化率，反应物不同，转化率的数值常常不同。

三、化学平衡常数的有关计算

化学反应达到平衡状态时，反应物和生成物的浓度都不再随时间而改变，这时反应物已经最大限度地转化为生成物。根据这个关系可以计算有关物质的浓度、平衡常数和平衡转化率。

[例 2-1] 反应 $CO(g)+H_2O(g) \rightleftharpoons H_2(g)+CO_2(g)$ 开始前 $CO(g)$ 和 $H_2O(g)$ 浓度为 1mol/L 和 3mol/L，在 1073K 时，$K=1.0$，求平衡时各物质的浓度和 CO 的平衡转化率。

解：设反应达到平衡时 H_2 和 CO_2 的浓度均为 x。

	$CO(g)$ +	$H_2O(g)$ $\rightleftharpoons$	$H_2(g)$ +	$CO_2(g)$
起始浓度/(mol/L)	1	3	0	0
平衡浓度/(mol/L)	$1-x$	$3-x$	x	x

$$K=\frac{[H_2][CO_2]}{[CO][H_2O]}=\frac{x^2}{(1-x)(3-x)}=1.0$$

$$x=0.75$$

即平衡时

$$c(H_2)=c(CO_2)=0.75(mol/L)$$

$$c(CO)=1-0.75=0.25(mol/L)$$

$$c(H_2O)=3-0.75=2.25(mol/L)$$

此时 CO 的平衡转化率为

$$\frac{1-0.25}{1}\times 100\%=75\%$$

进度检查

一、判断题

1. 当可逆反应达到平衡时，各反应物和生成物的浓度一定相等。 (　　)

2. 只要可逆反应达到平衡而外界条件又不再改变时，所有反应物和生成物的浓度不再随时间改变而改变。 (　　)

3. 在一定温度下，某化学反应各物质起始浓度改变，平衡浓度改变。因此，标准平衡常数也改变。 (　　)

4. 平衡常数大的反应，平衡转化率必定大。 (　　)

二、计算题

1. 某温度下，反应 $A+B \rightleftharpoons M+N$ 在溶液中进行，平衡时各物质的浓度为

$c(A)=3.33mol/L$　　$c(B)=3.33mol/L$

$c(M)=0.67mol/L$　　$c(N)=0.67mol/L$

求：(1) 在这个温度下反应的平衡常数；(2) 反应开始前 A、B 的浓度。

2. 在某温度下，反应 $CO(g)+H_2O(g) \rightleftharpoons H_2(g)+CO_2(g)$ 开始前 CO (g) 和 H_2O (g) 浓度都为 0.02mol/L，反应到达平衡时平衡常数 $K=9.0$，求平衡时各物质的浓度和 CO 的平衡转化率。

编号 FJC-12-03

学习单元 2-3　化学平衡移动

学习目标： 在完成了本单元学习之后，能够掌握化学平衡移动原理。

职业领域： 化工、石油、环保、医药、冶金、建材等。

工作范围： 分析。

所需仪器、药品见表 2-3。

表 2-3　所需仪器、药品

序号	名称及说明	
1	NO_2	实验 2-3
2	N_2O_4	
3	细管	
4	50mL 注射器	
5	橡胶塞	
6	试管 8 支	
7	0.01mol/L 氯化铁溶液	实验 2-4
8	0.01mol/L 硫氰化钾溶液	
9	烧杯 1 个	
10	试管 3 个	

在介绍化学平衡的时候已经指出，化学平衡是暂时的有条件的平衡。一旦外界条件如温度、浓度和压力等改变时，化学平衡就会被破坏，系统中各物质的浓度也将随之发生改变，可逆反应从暂时的平衡变成不平衡，经过一段时间后，在新的条件下又建立新的暂时的平衡。在新的平衡状态下，系统中各物质的浓度与原平衡时各物质浓度已经不再相同。这种由于条件的改变，可逆反应从一种平衡状态向另一种平衡状态转变的过程叫化学平衡的移动。

化学平衡的移动在工业生产中有着非常重要的意义，我们研究化学平衡，就是要使化学平衡尽可能地向着有利于生产需要的方向移动。

影响化学平衡的主要外界因素有温度、浓度、压强和催化剂，现分别讨论如下。

一、温度对化学平衡的影响

温度是影响化学平衡的重要因素之一，我们知道，温度改变时，平衡常数值将发生改变。通过大量的实验测定，可以得到以下结论：温度升高，平衡向吸热方向移动；温度降低，平衡向放热方向移动。

以合成氨的反应为例，来讨论温度改变对平衡移动的影响。

$$3H_2 + N_2 \rightleftharpoons 2NH_3$$

该反应为放热反应，温度升高，平衡常数减小，平衡向左移动，不利于生产更多的氨气。因此从化学平衡角度来看，这个可逆反应适宜于在较低的温度下进行。但在实际生产中低温时反应速率小，生产周期长，所以应综合考虑化学平衡和反应速率两方面因素，选择最佳温度，以提高合成氨的产率。

二、压强对化学平衡的影响

压强的变化对固体或液体物质的体积影响是很小的，因此在没有气态物质参加反应时，可以不考虑压强对化学平衡的影响。但对于有气体物质参加的反应，系统总压力改变时，有可能引起化学平衡的移动。

[实验 2-3] 如图 2-1 所示，用 50mL 注射器吸入约 20mL NO_2 和 N_2O_4 的混合气体（使注射器活塞到达 A 处），将细管端用橡胶塞加以封闭，然后把注射器的活塞往外推到 B 处。观察活塞反复地从 A 处到 B 处之间，管内混合气体颜色变化。以合成氨的反应为例，来讨论浓度改变对平衡移动的影响。

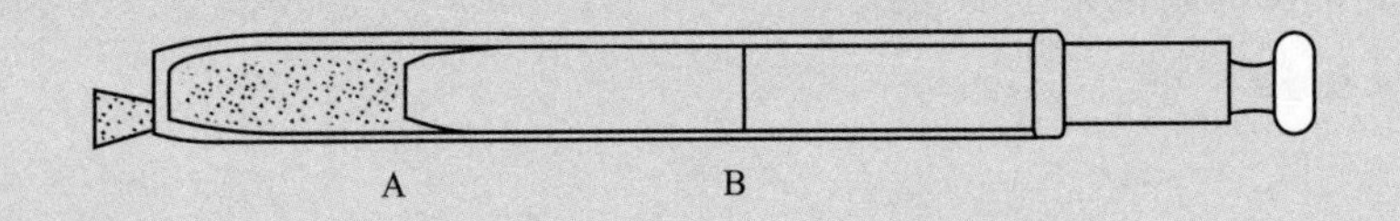

图 2-1 压强对化学平衡的影响

$$2NO_2 \rightleftharpoons N_2O_4$$

（2 体积，红棕色） （1 体积，无色）

从实验可以看出，把活塞往外拉，管内气体体积增大，气体的压强减少，混合气体颜色变浅又逐渐变深，这是因为平衡向逆方向移动，生成了更多的有色 NO_2。把活塞往里压，管内体积减小，气体压强增大，浓度增大，混合气体的颜色先变深又逐渐变浅，这是因为平衡向正反应方向移动，生成了更多的无色气体 N_2O_4。

通过大量实验得到以下结论：

在其他条件不变的情况下，增大系统的总压，化学平衡向气体分子数减小的方向移动；减小系统的总压，化学平衡向气体分子数增加的方向移动。

三、浓度对化学平衡的影响

[实验 2-4] 在一个小烧杯中混合 10mL 0.01mol/L 氯化铁溶液和 10mL 0.01mol/L 硫氰化钾溶液，溶液立即变成红色。

$$FeCl_3 + 3KSCN \rightleftharpoons Fe(SCN)_3 + 3KCl$$

（红色）

把溶液平均分到三个试管里，在第一个试管里加入少量氯化铁溶液，在第二个试管里加入少量硫氰化钾溶液，观察这两个试管里颜色的变化，并跟第三个试管进行比较。

从上面实验可以看出，在平衡混合液里，当加入氯化铁溶液或硫氰化钾溶液时，溶液的颜色都变深了，这说明增大任何一种反应物的浓度都促使化学平衡向正反应的方向移动。

通过无数的实验可得到以下结论：在其他条件不变的情况下，增加反应物浓度或减少生成物浓度，化学平衡向正反应方向移动；增加生成物浓度或减少反应物浓度，化学平衡向逆反应方向移动。对于有气体物质参与的反应，增大（或减小）某一气体物质的分压，实际上就是增大（或减小）该气体物质的浓度，结果是一致的。

四、催化剂对化学平衡的影响

由于催化剂可以同等程度地增大正、逆反应的速率，所以在平衡体系中加入催化剂后，正逆反应的速率仍然相等，平衡常数不会发生改变，化学平衡也不会发生移动。但是，催化剂的加入，可以大大缩短反应达到平衡的时间，加速平衡的建立。

根据以上化学平衡移动的影响因素，可以得出一个概括的结论：假如改变平衡系统的条件之一，如温度、浓度或系统总压时，平衡将向减弱这个改变的方向移动。这就是法国科学家勒夏特列在 1887 年提出的定性解释化学平衡移动的原理，又叫勒夏特列原理。

勒夏特列原理适用于所有的动态平衡系统，但必须注意，它只适用于已经达到平衡的系统，对于未达到平衡的系统则不能应用。

进度检查

一、判断题

1. 催化剂可以提高化学反应的转化率。 (　　)
2. 加入催化剂使 v(正) 增加，故平衡向右移动。 (　　)
3. 加入催化剂使 v(正)、v(逆) 以相同倍数增加，故不能使化学平衡移动。 (　　)
4. 化学平衡发生移动时，平衡常数一定不改变。 (　　)
5. 减少反应生成物的量，反应必定向正方向进行。 (　　)

二、计算题

下面放热反应达到平衡时：

$$2NO(g)+O_2(g) \rightleftharpoons 2NO_2(g)$$

(1) 增大氧气的浓度；

(2) 减少 NO_2 的浓度；

(3) 减小压强；

(4) 升高温度。

以上 4 种情况，平衡将向什么方向移动？简述理由。

素质拓展阅读

运动是绝对的，永恒的

在一定体系下，许多化学反应都不能进行到底，即反应到一定程度就“进行不下去”了，达到了终点。也就是说体系内正反应速率与逆反应速率相等，此时反应物生成产物的速率与产物生成反应物的速率相等，该体系达到了一个动态平衡，这种状态称为化学平衡状态，该平衡我们称之为化学平衡。此刻，各组分的浓度恒定不变可视为一种相对的静态。其实该反应并没有结束，而一直在时时刻刻地进行着，体现出了哲学思想中运动是绝对的、永恒的原理。

辩证唯物主义认为，运动是物质的固有性质和存在方式，是物质所固有的根本属性，没有不运动的物质，也没有离开物质的运动。运动具有守恒性，即运动既不能被创造又不能被消灭，其具体形式则是多样的并且可以互相转化，在转化中运动总量不变。

例如，人体血液中的pH值是一个比较稳定的数值范围，一般在7.35±0.05，这一相对稳定的数值范围保证了人体血液中各种生物反应的正常进行。人体新陈代谢所产生的酸碱物质每天源源不断地进入血液，但是血液的pH值仍然会保持相对稳定，这是由血液中的物质电离平衡所决定的。当酸性物质进入体内时，碳酸氢根和碳酸这对电离平衡向生成碳酸的方向进行，肺部加重呼吸通过二氧化碳将碳酸排出体外，当碱性物质进入体内时，该平衡向逆方向进行，过多的碳酸氢根由肾脏吸收，同时呼吸变浅，二氧化碳排出减小，血液的pH值仍保持稳定。再例如，在常温下，将蔗糖放入一定量的蒸馏水中，起始阶段，蔗糖溶解的速度大于析出蔗糖的速度，蔗糖不断地溶解；慢慢地，蔗糖溶解的速度逐渐减小，析出的速度逐渐增大；某一刻，蔗糖溶解的速度恰恰等于析出的速度，蔗糖不再溶解，体系达到了动态平衡。如果这时向体系中加入蒸馏水，则体系的动态平衡被打破，蔗糖将继续溶解，直到再次建立新的动态平衡。

模块 3　物质结构与元素周期律

编号 FJC-13-01

学习单元 3-1　原子核外电子的排布

学习目标： 在完成了本单元学习之后，能够认识四个量子数的意义，掌握原子核外电子排布式的书写。

职业领域： 化工、石油、环保、医药、冶金、建材等。

工作范围： 分析。

一、原子核外电子的运动状态简介

1. 电子云

原子是由原子核和核外电子组成的。电子是质量和体积都很小，且带负电荷的微粒，它在原子核外绕核做高速运动，其运动规律与常见的宏观物体是不同的。核外电子的运动，没有确定的轨道，无法同时准确地测出电子在某一瞬间的位置和速度，便不能描绘出它们的运动轨迹。只能指出它在原子核外空间某处出现的概率。以氢原子为例，氢原子核外只有一个电子，对于这个电子的运动，其瞬间的空间位置是毫无规律的，但如用统计的方法把该电子在核外空间的成千上万的瞬间位置叠加起来，即得如图 3-1 所示的图像。

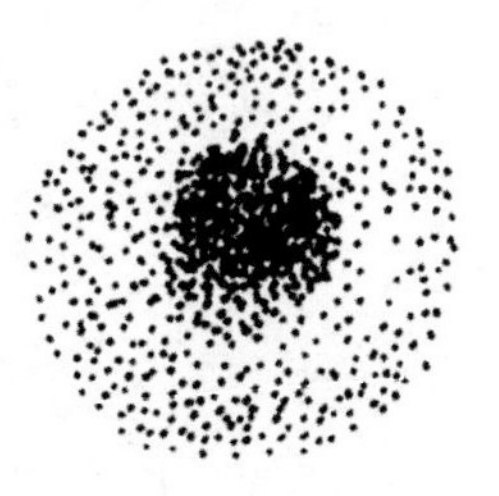

图 3-1　氢原子的电子云示意图

图 3-1 表明，电子经常在核外空间一个球形区域内出现，如一团带负电荷的云雾笼罩在原子核的周围，所以人们形象地称它为电子云。电子云呈球形对称，离核越近，密度越大；离核越远，密度越小。也就是说，离核越近，单位体积空间内电子出现的概率越大；离核越远，单位体积空间内电子出现的概率越小。空间某处单位体积内电子出现的概率称为概率密度。因此，电子云是电子在核外空间出现的概率密度分布的一种形象化描述，是用来描述核外电子运动状态的。

2. 四个量子数

不同电子的运动状态是不同的，要准确描述核外电子的运动状态必须要引用四个量子数。

（1）主量子数 n（电子层）　它是描述电子所属电子层离核远近的参数。主量子数的取值为从 1 开始的正整数。主量子数 n 越大，表明电子离核的平均距离越远，其能量越高。n 是决定电子能量的主量子数。

在光谱学中，常用大写英文字母表示电子层。不同的电子层用不同的符号表示，见表 3-1。

表 3-1　电子层符号

n	1	2	3	4	5	6	7
电子层名称	第一层	第二层	第三层	第四层	第五层	第六层	第七层
电子层符号	K	L	M	N	O	P	Q

电子层能量高低顺序：

$$K<L<M<N<O<P<Q$$

(2) 角量子数 l（电子云的形状） 同一电子层内，电子的能量也是有差别的，运动状态也有所不同，即同一个电子层又可分为不同的电子亚层。角量子数就是描述电子所处能级（或亚层）的参数。角量子数 l 的取值受 n 的制约。可以取 0 到（$n-1$）的正整数。见表 3-2。

表 3-2 角量子数的取值

n	1	2	3	4
l	0	0,1	0,1,2	0,1,2,3

每个 l 值代表一个亚层。光谱学中用小写英文字母表示。见表 3-3。

表 3-3 电子亚层

l	0	1	2	3
电子亚层	s	p	d	f
电子云形状	球形	哑铃形	花瓣形	花瓣形

同一电子层中不同亚层能量高低顺序：

$$s<p<d<f$$

(3) 磁量子数 m（电子云的空间伸展方向） 原子轨道不仅具有一定的形状，并且还具有不同的伸展方向。磁量子数（m）是描述电子所属原子轨道的参数。磁量子数（m）的取值受角量子数的制约。当角量子数为 l 时，m 的值可以取从 $+l$ 到 $-l$ 包括 0 在内的整数。即 $m=0$，±1，±2，±3，…，$\pm l$，共（$2l+1$）个。每个取值表示亚层中的一个有一定伸展方向的轨道。一个亚层中 m 有几个取值，就表示该亚层中有几个伸展方向不同的轨道。比如：当 $n=2$，$l=1$ 时，m 可以取 0，+1，−1，这就表示 2p 亚层中有 3 个伸展方向不同的轨道，即 $2p_x$，$2p_y$，$2p_z$。这三个轨道的能量完全相同。这种能量相同的原子轨道，称为简并轨道（或等价轨道）。同一亚层的三个 p 轨道，五个 d 轨道，七个 f 轨道都属于简并轨道。

综上所述，n、l、m 三个量子数的组合必须满足取值相互制约的条件。它们的每一组合即确定一个原子轨道，其中 n 决定它所在的电子层，l 确定它的形状（即角度分布），n 确定它的空间伸展方向，n 和 l 共同决定它的能量（氢原子的能级只由 n 决定）。n、l、m 可能组合成的轨道如表 3-4 所示。

表 3-4 n、l、m 可能组合成的轨道

主量子数 n	角量子数 l	磁量子数 m	轨道名称	电子层轨道数 n^2
1	0	0	1s	1
2	0 1	0 −1,0,+1	2s 2p	4
3	0 1 2	0 −1,0,+1 −2,−1,0,+1,+2	3s 3p 3d	9
4	0 1 2 3	0 −1,0,+1 −2,−1,0,+1,+2 −3,−2,−1,0,+1,+2,+3	4s 4p 4d 4f	16

(4) 自旋量子数 m_s（电子的自旋） 它是描述电子自旋状态的参数。实验证明，电子除

了在核外做高速运动外，本身还做自旋运动。电子自旋运动的方向用 m_s 来确定。由于电子的自旋方向只有两个，即顺时针方向或逆时针方向，所以 m_s 取值只有两个即 $\pm 1/2$，用符号“↑”和“↓”表示。由于 m_s 只有两个取值，因此每一个原子轨道最多只能容纳两个电子，其能量相等。

通过以上讨论可知，根据四个量子数 n、l、m 和 m_s，就能全面地确定原子核外每一个电子的运动状态，其中 n、l、m 三个量子数确定电子所处的原子轨道；m_s 确定电子的自旋状态。

二、原子核外电子的排布原理

电子在核外的排布主要遵循以下三条原理。

1. 泡利不相容原理

1925 年泡利（奥地利科学家）指出，在一个原子中没有四个量子数（n、l 和 m、m_s）完全相同的两个电子。这就是泡利不相容原理。也就是说，每个原子轨道只能容纳两个电子，且自旋方向相反。由此可以推出结论：各电子层最多可容纳 $2n^2$ 个电子。

2. 能量最低原理

实验证明，核外电子总是尽先占据能量最低的轨道，然后再由低到高，依次进入能量较高的轨道，这个原理叫能量最低原理。

3. 洪特规则

1925 年，洪特（德国化学家）根据大量的光谱实验数据总结出一条规律：等价轨道上的电子尽可能分占不同轨道，且自旋方向相同，这样整个原子的能量最低，这个规则叫洪特规则。

光谱实验的结果还表明，当等价轨道中的电子处于半充满、全充满或全空的状态时，能量比较低，因而是比较稳定的状态。即

$$\text{相对稳定的状态}\begin{cases}\text{半充满 } p^3, d^5, f^7 \\ \text{全充满 } p^6, d^{10}, f^{14} \\ \text{全空 } p^0, d^0, f^0\end{cases}$$

三、原子核外电子的排布

1. 核外电子排布能级图

核外电子的排布遵循以上三条原理。但是，在多电子原子中，由于各电子之间存在着较强的相互作用，造成某些电子层序数较大的亚层的能量反而低于某些电子层序数较小的亚层的能量的现象，这种现象称为能级交错现象。按照经验，将这些能量不同的轨道按能量高低的顺序排列起来，就得到核外电子排布能级图，如图 3-2 所示。

2. 电子排布式

电子排布式是指按照能级增加的顺序在能级符号的右上角用数字注明所排列的电子数的式子。例如 C 原子、Fe 原子的电子排布式分别表示为：

$${}_{6}C \qquad 1s^2 2s^2 2p^2$$

$${}_{26}Fe \qquad 1s^2 2s^2 2p^6 3s^2 3p^6 3d^6 4s^2$$

有时，为简化电子排布式，可把内层已达到惰性气体元素电子层结构的部分，用相应的惰性气体元素符号加方括号表示，称为原子实。如 Fe 原子的电子排布式可简写为：

$${}_{26}Fe \qquad [Ar]3d^6 4s^2$$

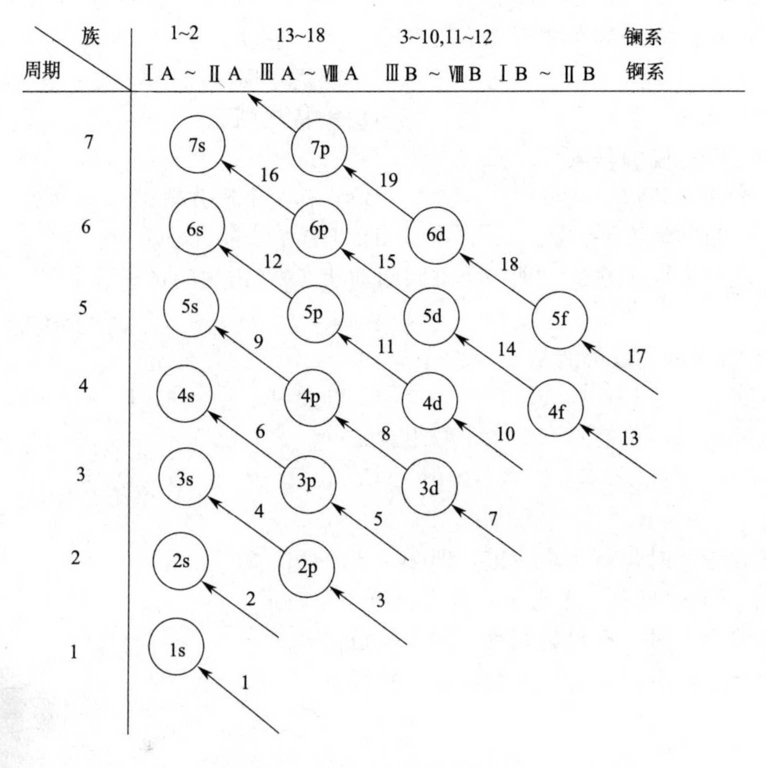

图 3-2 核外电子排布能级图

3. 轨道表示式

它是用框格（或圆圈）代表原子轨道，在框格上方或下方注明轨道的能级，框格内用向上或向下的箭头表示电子的自旋状态的式子。

例如碳原子的轨道表示式为

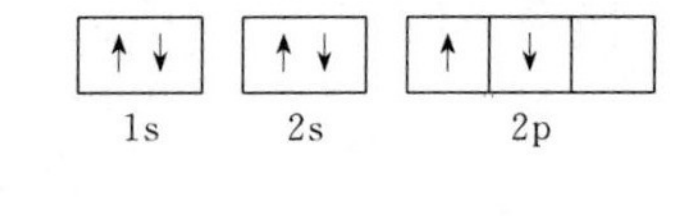

$_{6}C$

进度检查

一、填空题

1. $n=2$，$l=1$，$m=0$，$m_s=$________。

2. $n=7$，$l=$________，$m=-1$，$m_s=-1/2$。

3. $n=$________，$l=2$，$m=-1$，$m_s=-1/2$。

4. $n=3$，$l=1$，$m=$________，$m_s=-1/2$。

5. $n=5$，$l=$________，$m=-1$，$m_s=-1/2$。

6. $n=6$，$l=0$，$m=$________，$m_s=+1/2$。

7. 钠的电子排布式为________，轨道表示式为________。

8. 溴的电子排布式为________，轨道表示式为________。

二、选择题

1. 用量子数描述的下列亚层中，可以容纳电子数最多的是（　　）。

A. $n=2$，$l=1$　　B. $n=3$，$l=2$　　C. $n=5$，$l=0$　　D. $n=4$，$l=3$

2. 若将氮原子的电子排布式写成 $1s^2 2s^2 2p_x^2 2p_y^2$，它违背（　　）。

A. 泡利不相容原理　　B. 能量守恒原理

C. 能量最低原理　　D. 洪特规则

3. 下列表述不正确的是（　　）。

A. s 有 2 个简并轨道　　B. p 有 3 个简并轨道

C. d 有 5 个简并轨道　　D. f 有 7 个简并轨道

4. 描述一确定的原子轨道（即一个空间运动状态），需用的量子数是（　　）。

A. n、l　　B. n、l、m　　C. n、l、m、m_s　　D. n

5. 2p 轨道的磁量子数可能是（　　）。

A. 1，2　　B. 0，1，2　　C. 1，2，3　　D. 0，+1，−1

6. 原子核外电子不可能具有的量子数组合是（　　）。

A. 1，0，0，$+\frac{1}{2}$　　B. 3，1，1，$-\frac{1}{2}$　　C. 2，2，0，$+\frac{1}{2}$　　D. 4，3，−3，−1

三、判断题

1. 主量子数为 2 时，有 4 个轨道，即 2s，2p，2d，2f。（　　）

2. 因为 H 原子中只有 1 个电子，故它只有 1 个轨道。（　　）

3. 主量子数为 1 时，有自旋相反的两个轨道。（　　）

4. 任何原子中，电子的能量只与主量子数有关。（　　）

编号 FJC-13-02

学习单元 3-2　元素周期律与元素周期表

学习目标： 在完成了本单元学习之后，能够掌握元素周期表的组成与结构，掌握元素性质的递变规律。
职业领域： 化工、石油、环保、医药、冶金、建材等。
工作范围： 分析。

元素以及由其形成的单质与化合物的性质，随着原子序数的递增而呈现周期性的变化，这一规律叫作元素周期律。它是在 1869 年由俄国化学家门捷列夫发现的。

元素周期律的实质是：元素性质的周期性变化是元素原子的核外电子排布周期性变化的结果。元素周期律有力地论证了事物变化由量变引起质变的普遍规律。根据元素周期律，把目前 118 种元素按照一定规律排成一个表，就是元素周期表。下面介绍元素周期表是如何得到的，其中的元素有怎样的规律。

一、周期与能级组

元素周期表中的周期数就是能级数。有七个能级组，对应就有七个周期元素的周期划分，实质上是按原子结构中能级组能量高低顺序划分元素的结果。元素所在的周期序数，等于该元素原子外层电子所处的最高能级组数，也等于该元素原子最外电子层的主量子数。如钾原子的外层电子构型为 $4s^1$，$n=4$，故钾位于第四周期。各周期元素的数目，等于相应能级组内各原子轨道所能容纳的电子总数。

归纳起来可以得到如下的关系：

元素的周期序数＝该元素原子的电子层数

各周期元素的数目＝相应能级组中各原子轨道所能容纳的最多电子数

目前，元素周期表有七个周期。

二、族与价电子构型

价电子是指原子参加化学反应时，能用于成键的电子。价电子所在的亚层称为价电子层，简称价层。原子的价层电子构型，是指价层电子的排布式，它反映出该元素的原子在电子层结构上的特征。

元素周期表共有 18 个纵行，除 8、9、10 三个纵行合称为第ⅧB 族（也称为Ⅷ族）外，其余 15 个纵行，每个纵行为一族。

族分为主族和副族。由短周期元素和长周期元素共同组成的族，叫主族（以 A 表示），完全由长周期元素组成的族叫副族（以 B 表示）。最右边一族是稀有气体元素，称为ⅧA 族，通常又称为零族。总之，在整个周期表里，有 8 个主族，8 个副族。共 16 个族。

根据元素周期表中族的排列，可以得出：

主族元素的族序数＝该元素的最外层电子数

副族元素的族序数=该元素的$(n-1)$d与ns电子数之和(ⅠB,ⅡB族除外)

副族元素的情况比主族元素复杂，这里不再过多讨论。

三、周期表中元素的分区

在周期表中，对元素的划分，除了可以按周期和族划分外，还可以根据周期、族和原子结构特征的关系把元素分成五个区，见图3-3。

s区：$ns^{1\sim2}$。最后的电子填在ns上，包括ⅠA、ⅡA，属于活泼金属，为碱金属和碱土金属。

p区：$ns^2np^{1\sim6}$。最后的电子填在np上，包括ⅢA～ⅦA以及零族元素，为非金属和少数金属。

d区：$(n-1)d^{1\sim9}ns^{1\sim2}$。最后的电子填在$(n-1)$d上，包括ⅢB～ⅦB以及Ⅷ族元素，为过渡金属。

ds区：$(n-1)d^{10}ns^{1\sim2}$。$(n-1)$d全充满，最后的电子填在ns上，包括ⅠB～ⅡB，为过渡金属（d和ds区金属合起来为过渡金属）。

f区：包括锕系、镧系。

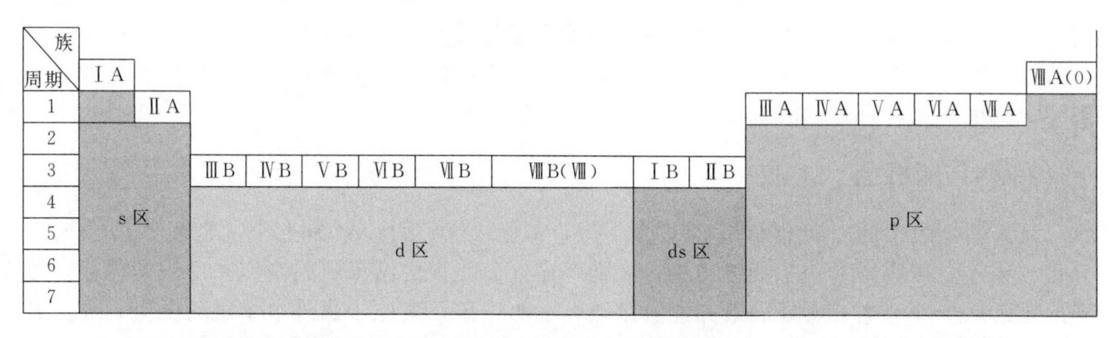

图3-3　元素周期表分区图

通过以上分析，我们只要掌握了元素在周期表中的位置与其原子的电子层构型的密切关系，就可以从元素在周期表中的位置推算出原子的电子层构型；反之，知道了原子的电子层构型，就能确定元素在周期表中的位置（周期和族）。

进度检查

一、填空题

完成下表（不看周期表）。

价电子构型	区	周期	族	原子序数	金属或非金属
$4s^1$					
$3s^23p^5$					
$3d^54s^1$					
$5d^{10}6s^1$					

二、选择题

1. 在主量子数为 4 的电子层中，能容纳的最多电子数是（　　）。

A. 18　　B. 24　　C. 32　　D. 36

2. 以下原子的外层电子排布合理的是（　　）。

A. $2s^2 2p_x{}^2 2p_y{}^1$　　B. $3p^3 4s^2$　　C. $3s^2 3p^4$　　D. $3d^9 4s^2$

3. 第 31 号元素在周期表中的位置是（　　）。

A. 4 周期ⅠA 族　　B. 4 周期ⅢA 族　　C. 3 周期ⅢA 族　　D. 4 周期ⅥA 族

4. 下列原子或离子中，具有与 Ar 原子相同电子构型的是（　　）。

A. Ne　　B. Na^+　　C. Br^-　　D. S^{2-}

5. 第二周期元素中，其原子核外只有一个成单电子的元素数目是（　　）。

A. 2　　B. 3　　C. 4　　D. 5

编号 FJC-13-03

学习单元 3-3　元素性质的周期性

学习目标：在完成了本单元学习之后，能够掌握元素性质的周期性。
职业领域：化工、石油、环保、医药、冶金、建材等。
工作范围：分析。

元素性质取决于原子的结构，原子的电子层结构具有周期性规律，从而使元素的基本性质变化也呈现出周期性规律。本节主要讨论元素的一些基本性质的变化规律，包括原子半径、电离能、电子亲和能和电负性等的变化规律。

一、原子半径

电子在核外各处出现，原子没有一个明确的界面来确定其大小，对任何元素来说，原子一般总以键合的形式存在于单质和化合物中，因而要确定单个原子的半径是不可能的。化学中形象地把原子看成是刚性的“小球”，当两个原子形成化学键时，就相当于两个“小球”紧靠在一起，两个原子的核间距离就等于两个“小球”的半径之和。通过测定原子核间距离就可以计算出“小球”的半径，这个半径就称为原子半径。原子半径用符号“r”表示，单位是 pm。

同一周期中从左至右（稀有气体除外），主族元素的原子半径逐渐减小。因为同周期的

	ⅠA	ⅡA	ⅢB	ⅣB	ⅤB	ⅥB	ⅦB	Ⅷ			ⅠB	ⅡB	ⅢA	ⅣA	ⅤA	ⅥA	ⅦA
1	H																
2	Li	Be											B	C	N	O	F
3	Na	Mg											Al	Si	P	S	Cl
4	K	Ca	Se	Ti	V	Cr	Mn	Fe	Co	Ni	Cu	Zn	Ga	Ge	As	Se	Br
5	Rb	Sr	Y	Zr	Nb	Mo	Tc	Ru	Rh	Pd	Ag	Cd	In	Sn	Sb	Te	I
6	Cs	Ba	La	Hf	Ta	W	Re	Os	Ir	Pt	Au	Hg	Tl	Pb	Bi	Po	At

图 3-4　原子半径示意图

主族元素从左至右随着原子序数的增加，核电荷数增大，核对外层电子的吸引力增强，致使原子半径减小。

同一主族从上到下，元素的原子半径逐渐增大。因为同族元素的从上到下随着原子序数的增加，原子的电子层数增加，核对外层电子的吸引力减小，所以原子半径增大。

原子半径随着原子序数增加而递变的情况如图 3-4 所示。

二、电离能

气态原子在基态时失去最外层第一个电子成为+1 价气态阳离子所需要吸收的能量称为该元素的第一电离能，再依次逐个失去电子所需的能量则依次称为第二、第三……电离能，分别以 I_1、I_2、I_3……表示，其国际单位为 kJ/mol。通常 $I_1 < I_2 < I_3 <$……通常所说的电离能均指第一电离能。各元素原子的第一电离能见图 3-5。

电离能的大小反映了原子失去电子的难易程度。电离能越大，原子失去电子时所需要吸收的能量就越大，原子失去电子也就越困难；电离能越小，原子失去电子时所需要吸收的能量就越小，原子失去电子也就越容易。

H 1312																	He 2372
Li 520	Be 899											B 801	C 1086	N 1402	O 1314	F 1681	Ne 2069
Na 496	Mg 738											Al 578	Si 789	P 1012	S 999	Cl 1251	Ar 1521
K 419	Ca 590	Sc 631	Ti 658	V 650	Cr 653	Mn 717	Fe 759	Co 758	Ni 737	Cu 746	Zn 906	Ga 579	Ge 762	As 944	Se 941	Br 1140	Kr 1351
Rb 403	Sr 549	Y 616	Zr 660	Nb 664	Mo 685	Tc 702	Ru 711	Rh 720	Pd 805	Ag 731	Cd 868	In 558	Sn 709	Sb 832	Te 869	I 1008	Xe 1170
Cs 376	Ba 503	La 538	Hf 654	Ta 761	W 770	Re 760	Os 840	Ir 880	Pt 870	Au 890	Hg 1007	Tl 589	Pb 716	Bi 703	Po 812	At 917	Rn 1038
Fr 386	Ra 509	Ac 490															

图 3-5　元素原子的第一电离能 I_1/(kJ/mol)

周期表中各元素的第一电离能变化呈现出明显的周期性。

同一周期从左到右，电离能总的趋势是逐渐增大。这是因为同周期元素的电子层数相同，从左到右核电荷数依次增大，原子半径逐渐减小，核对外层电子的引力依次增强。

同一主族元素，自上而下电离能依次减小。其原因是，同一主族元素的最外层电子构型相同，从上到下虽然核电荷数逐渐增加，但由于电子层数递增，使原子半径显著增大，核对外层电子的引力逐渐减弱，所以电离能逐渐减小（有少数例外）。

三、电子亲和能

气态原子得到一个电子成为气态－1 价阴离子时所放出的能量称为第一电子亲和能，常用符号 E 表示，单位是 kJ/mol。电子亲和能也有 E_1、E_2、E_3……之分，如果没有特别说明，通常所说的电子亲和能都是指的第一电子亲和能。

电子亲和能的大小反映了气态原子得到电子的难易程度。电子亲和能一般为负，电子亲和能数值越负，原子获得电子的能力越强。

电子亲和能在周期表中大致变化规律是：同周期元素从左至右，电子亲和能一般逐渐增大。这是因为同周期从左到右核电荷数递增，原子半径递减，核对电子的吸引力增强，使其得电子能力增强。同族元素从上而下得电子的能力逐渐减小，故电子亲和能总的趋势是逐渐减小的。

应当指出，电子亲和能难以测定，而且可靠性也比较差。

四、元素的电负性

电离能、电子亲和能适用于孤立的原子，分别从不同的侧面反映原子失去或得到电子的能力。为了综合地反映原子得失电子能力的大小，引入了电负性的概念。电负性是指原子在分子中吸引电子的能力，并规定最活泼的非金属元素 F 的电负性为 4.0，然后通过计算求出其他元素的电负性。可见，元素的电负性是一个相对数值，没有单位，一般用符号“χ”表示。元素的电负性见图 3-6。

H 2.1																
Li 1.0	Be 1.5											B 2.0	C 2.5	N 3.0	O 3.5	F 4.0
Na 0.9	Mg 1.2											Al 1.5	Si 1.8	P 2.1	S 2.5	Cl 3.0
K 0.8	Ca 1.0	Sc 1.3	Ti 1.5	V 1.6	Cr 1.6	Mn 1.5	Fe 1.8	Co 1.9	Ni 1.9	Cu 1.9	Zn 1.6	Ga 1.6	Ge 1.8	As 2.0	Se 2.4	Br 2.8
Rb 0.8	Sr 1.0	Y 1.2	Zr 1.4	Nb 1.6	Mo 1.8	Tc 1.9	Ru 2.2	Rh 2.2	Pd 2.2	Ag 1.9	Cd 1.7	In 1.7	Sn 1.8	Sb 1.9	Te 2.1	I 2.5
Cs 0.7	Ba 0.9	La～Lu 1.0～1.2	Hf 1.3	Ta 1.5	W 1.7	Re 1.9	Os 2.2	Ir 2.2	Pt 2.2	Au 2.4	Hg 1.9	Tl 1.8	Pb 1.8	Bi 1.9	Po 2.2	At 2.2
Fr 0.7	Ra 0.9	Ac 1.1	Th 1.3	Pa 1.4	U 1.4	Np～No 1.4～1.3										

图 3-6　元素的电负性

从图 3-6 可以看出，元素的电负性在周期表中具有明显的变化规律。

同周期元素左到右，电负性依次增加，表示元素原子在分子中吸引成键电子的能力逐渐增强。同一主族元素自上而下，电负性一般表现为逐渐减小，表示元素原子在分子中吸引成键电子的能力逐渐减弱。过渡元素电负性变化没有明显的规律。

五、元素的金属性和非金属性

元素的金属性是指元素的原子失去电子成为阳离子的能力，通常可用电离能来衡量。元素的非金属性是指元素的原子得到电子成为阴离子的能力，通常可以用电子亲和能来衡量。元素的电负性比较全面地反映了原子得失电子的能力，故可作为元素金属性和非金属性统一衡量的依据。一般来说，金属的电负性小于 2.0，非金属的电负性大于 2.0。

同一周期的元素从左到右金属性逐渐减弱，而非金属性逐渐增强。同一主族的元素自上而下金属性逐渐增强，而非金属性逐渐减弱。

六、元素的氧化数

由于元素价电子层构型呈周期性变化，所以元素的最高正氧化数也是呈周期性变化。主族元素的价电子构型是 $ns^{1\sim2}$ 和 $ns^2np^{1\sim5}$，元素呈现的最高氧化数等于它们的 ns 和 np 电子数之和，也等于它所在族的序数，ⅠA～ⅦA 各主族元素的最高氧化数从+1 逐渐升高到+7。从ⅣA 族开始，元素出现负氧化数，各主族非金属元素的最高氧化数和它的负氧化数绝对值之和为 8。副族元素的价电子结构比较复杂，但它们都是金属元素，没有负氧化数，多数呈现正氧化数，其最高正氧化数等于它所在的族数（除ⅠB外）。

进度检查

一、填空题

1. 钠一般是以 Na^+ 形式存在，而不是以 Na^{2+} 形式存在，是因为____________________________。

2. 下列元素的原子核外电子排布式为：

(1) [Kr] $5s^1$，(2) [Kr] $4d^{10}5s^2$，(3) [Ar] $3d^{10}4s^2$，(4) [Kr] $4d^{10}5s^25p^6$，(5) $1s^22s^22p^63s^23p^5$。

其中属于同一周期的元素为__________；属于同一族的元素为__________；属于金属的元素为__________；属于非金属的元素为__________。

3. 某元素原子序数小于 30，其原子核外有 6 个成单电子，则该元素位于元素周期表中第__________周期，第__________族，原子序数为__________，元素符号是__________。

二、选择题

1. 有 X、Y、Z 三种主族元素，若 X 元素的阴离子与 Y、Z 元素的阳离子具有相同的电子层结构，且 Y 元素的阳离子半径大于 Z 元素的阳离子半径，则此三种元素的原子序数大小次序是（　　）。

A. $Y<Z<X$　　B. $X<Y<Z$　　C. $Z<Y<X$　　D. $Y<X<Z$

2. 下列四种电子构型的原子，其中电离能最低的是（　　）。

A. ns^2np^3　　B. ns^2np^4　　C. ns^2np^5　　D. ns^2np^6

3. 原子最外层电子构型为 ns^2 的某主族元素，其各级电离能 I_i 的变化应是（　　）。

A. $I_1<I_2<I_3<I_4$　　B. $I_1>I_2>I_3>I_4$

C. $I_1<I_2\ll I_3<I_4$　　D. $I_1>I_2\gg I_3>I_4$

4. 下列原子半径大小顺序中正确的是（　　）。

A. $Be<Na<Mg$　　B. $Be<Mg<Na$　　C. $Mg<Na<Be$　　D. $Na<Be<Mg$

5. 下列各元素原子排列中，其电负性减小顺序正确的是（　　）。

A. $K>Na>Li$　　B. $O>Cl>H$　　C. $As>P>H$　　D. $Cr>N>Hg$

三、简答题

有 A、B、C、D 四种元素，其价层电子数依次为 1、2、6、7，电子层数依次减少一层，已知 D 离子的电子层结构与 Ar 原子的相同，A 和 B 的次外层各只有 8 个电子，C 次外层有 18 个电子。试判断这四种元素：

(1) 原子半径由大到小的顺序；

(2) 电负性由大到小的顺序；

(3) 金属性由强到弱的顺序。

编号 FJC-13-04

学习单元 3-4 常见无机物的分类与通性

学习目标：在完成了本单元学习之后，掌握常见无机物的分类与通性。
职业领域：化工、石油、环保、医药、冶金、建材等。
工作范围：分析。

一、无机物的分类

根据是否由同种元素组成，无机物分为单质和化合物。

1. 单质

无机物中单质可分为金属单质和非金属单质两大类，其中气体单质一般是双原子分子（O_2、H_2），稀有气体除外；固体单质常为单原子分子（Fe、Cu）。

2. 化合物

无机化合物主要包括氧化物、酸、碱、盐。

（1）氧化物的分类和命名　氧化物主要分为酸性氧化物（CO_2、SO_2）、碱性氧化物（CaO）、两性氧化物（Al_2O_3）、不成盐氧化物（H_2O、CO）等。

氧化物的命名方法为：氧化某（MgO、CuO）、几氧化某（CO_2、SO_2）、几氧化几某（P_2O_5、Fe_3O_4）。

（2）酸的分类方法及书写

根据是否完全电离：

强酸（HCl、H_2SO_4、HNO_3）
弱酸（H_2CO_3、HClO、H_2S）

根据是否含氧元素：

含氧酸（H_2SO_4、HNO_3）
无氧酸（HCl、H_2S）

根据能电离的氢离子个数：

一元含氧酸（HClO、HNO_3）
二元含氧酸（H_2CO_3、H_2SO_4）
……

（3）碱的分类及书写

根据是否完全电离：

强碱［NaOH、$Ca(OH)_2$、KOH］
弱碱［$NH_3 \cdot H_2O$、$Cu(OH)_2$、$Fe(OH)_2$］

碱书写时金属元素在前，氢氧根在后。

（4）盐的分类及书写

根据酸和碱反应的程度不同：

正盐 [$NaCl$、$Mg(NO_3)_2$]
酸式盐 ($NaHCO_3$)
碱式盐 ($Cu_2(OH)_2CO_3$)

根据电离出的阳离子不同：钠盐、钾盐、铵盐。

根据电离出的阴离子不同：硫酸盐、硝酸盐、碳酸盐。

二、无机物的性质

1. 金属的性质

(1) 金属的活泼性

$$K>Ca>Na>Mg>Al>Zn>Fe>Sn>Pb(H)>Cu>Hg>Ag>Pt>Au$$

(2) 金属活泼性的意义　金属位置越靠前，其在水溶液中就越容易失去电子而变成离子，活泼性越强。

(3) 金属活泼性顺序的应用　排在氢前的金属能够置换出酸中的氢（元素）。

$$Zn+HCl=ZnCl_2+H_2\uparrow$$

排在前面的金属能够把排在后面的金属从它们的盐溶液中置换出来。

$$Fe+CuCl_2=Cu+FeCl_2$$

2. 酸的通性

(1) 酸能使酸碱指示剂变色。

紫色石蕊试液遇酸后变红色。

无色酚酞试液遇酸后不变色。

(2) 酸+活泼金属⟶盐+$H_2\uparrow$。

$$H_2SO_4+Zn=ZnSO_4+H_2\uparrow$$

(3) 酸+金属氧化物⟶盐+H_2O。

$$H_2SO_4+CuO=CuSO_4+H_2O$$

(4) 酸+碱⟶盐+H_2O。

$$H_2SO_4+2NaOH=Na_2SO_4+2H_2O$$

(5) 酸+盐⟶新酸+新盐。

$$2HCl+Na_2CO_3=2NaCl+H_2O+CO_2\uparrow$$

3. 碱的通性

(1) 碱能使酸碱指示剂变色。

紫色石蕊试液遇碱后变蓝色。

无色酚酞试液遇碱后变红色。

(2) 碱+非金属化合物⟶盐+H_2O。

$$2NaOH+CO_2=Na_2CO_3+H_2O$$

(3) 碱+酸⟶盐+H_2O。

$$NaOH+HCl=NaCl+H_2O$$

(4) 碱+盐⟶新盐+新碱。

$$Ba(OH)_2+Na_2SO_4=BaSO_4\downarrow+2NaOH$$

4. 盐的通性

(1) 盐+金属⟶新盐+新金属。

$$Fe+CuSO_4=FeSO_4+Cu$$

（2）盐＋酸⟶新盐＋新酸。

$$CaCO_3 + 2HCl = CaCl_2 + H_2O + CO_2\uparrow$$

（3）盐＋碱⟶新盐＋新碱。

$$CuSO_4 + 2NaOH = Na_2SO_4 + Cu(OH)_2\downarrow$$

（4）盐 1＋盐 2⟶盐 3＋盐 4。

$$NaCl + AgNO_3 = AgCl\downarrow + NaNO_3$$

进度检查

一、填空题

1. 请写出 $BaCl_2$ 和 Na_2SO_4 的反应式____________________。

2. 请写出铝和稀盐酸的反应式____________________。

二、选择题

1. 下列酸中，属于一元弱酸的是（　　）。

A. $HClO$　　B. H_2CO_3　　C. H_3PO_4　　D. H_3BO_3

2. 硝酸具有的性质是（　　）。

A. 酸的通性　　B. 挥发性　　C. 不稳定性

D. 毒性　　E. 氧化性

3. 碱金属和碱土金属都不具有的性质是（　　）。

A. 与水剧烈反应　　B. 与酸反应　　C. 与碱反应　　D. 与强氧化剂反应

4. 在酸性溶液中，当适量的 $KMnO_4$ 与 Na_2SO_3 反应时出现的现象是（　　）。

A. 棕色沉淀　　B. 紫色褪去　　C. 变为绿色溶液　　D. 都不对

5. 下列物质中酸性最强的是（　　）。

A. H_2S　　B. H_2SO_3　　C. H_2SO_4　　D. $H_2S_2O_7$

6. 使已变暗的古油画恢复原来的白色，使用的方法为（　　）。

A. 用稀 H_2O_2 水溶液擦洗　　B. 用清水小心擦洗

C. 用钛白粉细心涂描　　D. 用 SO_2 漂白

7. 制备 $SnCl_2$ 时，可采取的措施是（　　）。

A. 加入还原剂 Na_2SO_3　　B. 加入盐酸

C. 加入金属锡　　D. 通入氯气

8. 下列物质中，只有还原性的是（　　）。

A. $Na_2S_2O_3$　　B. Na_2S　　C. Na_2SO_3　　D. Na_2S_2

三、简答题

1. 下列化合物的名称各是什么？分别属于无机物中的哪一类（金属单质、非金属单质、酸、碱、盐、氧化物）？

Cl_2　　Al_2O_3　　Na_2CO_3　　HNO_3

$Ca(OH)_2$　　Mg　　$NH_3 \cdot H_2O$　　$NaHCO_3$

2. 二氧化碳、三氧化硫、氧化钙、氧化镁分别是什么氧化物？

3. 硫酸、碳酸、磷酸分别属于什么酸？

编号 FJC-13-05

学习单元 3-5　分子结构

学习目标： 在完成了本单元学习之后，能够掌握化学键、杂化轨道理论、分子结构的基本知识。

职业领域： 化工、石油、环保、医药、冶金、建材等。

工作范围： 分析。

一、共价键理论

1. 共价键理论的要点

原子与原子间通过共用电子对所形成的化学键，叫作共价键。共价键理论的要点如下。

① 电子配对原理。一个原子有几个未成对的电子，便可和几个自旋相反的电子配对形成几对共用电子。若原子中没有未成对电子，一般不能形成共价键。

② 能量最低原理。成键过程中，自旋方向相反的成单电子配对后，体系能量将会降至最低，形成稳定的共价键。

③ 最大重叠原理。原子间形成共价键时双方原子轨道一定要发生重叠，重叠愈多，电子在两核之间出现的机会愈大，形成的共价键就越牢固。因此，共价键会尽可能地沿着原子轨道最大重叠的方向形成，使体系最稳定。

④ 配位键原理。若成键时由一方提供空轨道，另一方提供孤对电子，这样形成的共价键称为配位键。

2. 共价键的特征

共价键的形成以共用电子对为基础，根据共价键理论，共价键有两个特征：

(1) 共价键的饱和性　根据共价键形成的条件，一个原子的未成对电子只能跟另一个原子的自旋相反的未成对电子配对成键，不能再与第三个原子的电子配对成键，否则其中必存在两个因自旋方向相同而互相排斥的电子。因此一个原子中有几个未成对电子，就只能和几个自旋相反的电子配对成键，这就是共价键的饱和性。

(2) 共价键的方向性　根据原子轨道最大重叠原理，原子间总是尽可能地沿着原子轨道最大重叠的方向成键。s 轨道是球形对称的，因此，无论在哪个方向上都可能发生最大重叠。而 p、d 轨道在空间都有不同的伸展方向，为了形成稳定的共价键，原子轨道尽可能沿着某个方向进行最大程度的重叠，这就是共价键的方向性。

3. 共价键的类型

根据成键时原子轨道重叠方式的不同，共价键可分为 σ 键和 π 键两种类型。σ 键是一种沿键轴方向，以“头碰头”的方式重叠，形成的共价键。π 键是一种在键轴的两侧，以“肩并肩”的方式重叠，形成的共价键。如图 3-7 所示。

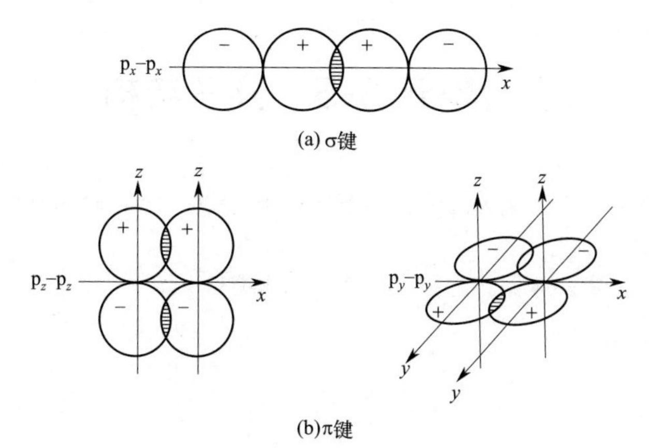

图 3-7　σ 键和 π 键

σ 键和 π 键的比较见表 3-5。

表 3-5　σ 键和 π 键的比较

项目	σ 键	π 键
轨道组成	由 s-s、s-p、p-p 原子轨道组成	由 p-p、p-d 原子轨道组成
成键方式	轨道以"头碰头"方式重叠	轨道以"肩并肩"方式重叠
重叠部分	沿键轴呈圆形对称，电子密集分布在键轴上	垂直于键轴呈镜面对称，电子密集分布在键轴的上面和下面
存在形式	一般是由一对电子组成的单键	仅存在于双键或三键中
特征	重叠程度大，键能大，稳定性高	重叠程度小，键能小，稳定性低

通过表 3-5 可以看出，共价化合物分子中，原子间若形成单键，必然是 σ 键。原子间若形成双键或三键时，除 σ 键外，其余则是 π 键。常见的普通共价化合物分子中，三键是原子间结合成多重价键的最高形式。

4. 共价键的键参数

表征原子间所形成的化学键的各种性质的物理量称为键参数。它们主要是对共价键而言，所以也称为共价键的键参数。共价键的键参数有键能、键长和键角。

（1）键能　在 298K 和 100kPa 条件下，拆开 1mol 气态 AB 分子中的化学键，使其分离成 A 和 B 原子所需的能量称为键能。

$$AB(g) \longrightarrow A(g) + B(g)$$

键能的符号是 E，其单位是 kJ/mol。例如

$$HCl(g) \longrightarrow H(g) + Cl(g) \qquad E = 431 kJ/mol$$

一般说来，键能越大，表明该键越牢固，由该键形成的分子也就越稳定。

一般化学键的键能在 125～630kJ/mol 的范围内。

（2）键长　分子中成键的两个原子核间的平均距离，称为键长，常用单位为 pm。用 X 射线衍射法可以精确地测出化学键的键长。

表 3-6 列出了一些共价键的键长和键能。

表 3-6　一些共价键的键长和键能

键	键长/pm	键能/(kJ/mol)	键	键长/pm	键能/(kJ/mol)
H—H	74	436	C—H	109	416
O—O	148	146	N—H	101	391
S—S	205	226	O—H	96	467
F—F	128	158	F—H	92	566
Cl—Cl	199	242	B—H	123	293
Br—Br	228	193	Si—H	152	323
I—I	267	151	S—H	136	347
I—F	191	191	P—H	143	322
C—F	127	485	Cl—H	127	431
B—F	126	548	Br—H	141	366
C—N	147	305	I—H	161	299
C—C	154	356	N—N	146	160
C═C	134	598	N═N	125	418
C≡C	120	813	N≡N	110	946

从表 3-6 可以看出，相同原子间形成的键数越多，则键长越短。一般地说，两原子间所形成的键长越短，表示键越牢固。

(3) 键角　键角是分子中键与键之间的夹角。它是决定分子空间构型的主要因素。对于双原子分子来说，分子的构型总是直线形的；对于多原子分子来说，分子中的原子在空间的排列不同，所以有不同的键角和空间构型。键角数据也是通过光谱、衍射等实验方法测得的。比如在 H_2O 中，两个 O—H 键之间的键角为 104.5°，则可断定 H_2O 分子的空间构型为角型（或 V 形）。

二、杂化轨道理论

价键理论成功地揭示了共价键的本质，阐述了共价键的饱和性和方向性。但对某些共价化合物分子的形成和空间构型却无法解释。比如甲烷的结构，按照价键理论它只能形成两个共价键，但事实证明，甲烷分子中有四个能量相同的 C—H 键，键角为 109°28′，分子的空间构型为正四面体。这用价键理论是无法解释的。于是，鲍林在 1931 年提出了杂化轨道理论，解释了许多用价键理论不能解释的实验事实。

1. 杂化和杂化轨道

所谓杂化，就是原子形成分子时，同一原子中能量相近的不同原子轨道混杂起来重新组合形成一组新轨道的过程，所形成的新轨道称为杂化轨道。应注意的是，参加杂化的轨道是同一原子中的轨道，原子轨道的杂化只有在形成分子的过程中才会发生。

2. 杂化轨道理论的要点

① 杂化轨道是由能量相近的原子轨道杂化而成的。例如，主族元素的 ns、np、nd 可杂化形成为一组新轨道；副族元素的［$(n-1)$d、ns、np］或（ns、np、nd）也可杂化形成一组新轨道，因为这些轨道的能级比较接近。

② 杂化轨道的数目等于参与杂化的原来的原子轨道数目。例如，甲烷分子中 C 原子的 1 个 2s 轨道和 3 个 2p 轨道参与了杂化，结果形成了 4 个 sp^3 杂化轨道。

③ 原子形成共价键时可利用杂化轨道成键。例如，C 与 H 形成 CH_4 时，C 原子形成的 4 个杂化轨道与 H 原子形成了 4 个 C—H 键。

3. 杂化轨道类型与分子空间构型的关系

参与杂化的原子轨道的类型、数目不同，形成的杂化轨道数目、类型以及分子的空间构型就不同，常见的杂化轨道类型有以下几种：

（1）sp 杂化　同一原子中 1 个 s 轨道和 1 个 p 轨道混合，重新组成两个能量相同的 sp 杂化轨道的过程叫 sp 杂化。

sp 杂化轨道的夹角：180°。

分子的空间构型：直线形。

例如 $BeCl_2$ 的 sp 杂化：

（2）sp^2 杂化　同一原子中 1 个 s 轨道和 2 个 p 轨道混合，重新组成三个能量相同的 sp^2 杂化轨道的过程叫 sp^2 杂化。

sp^2 杂化轨道间的夹角：120°。

分子的空间构型为：平面三角形。

以 BF_3 分子的形成为例：

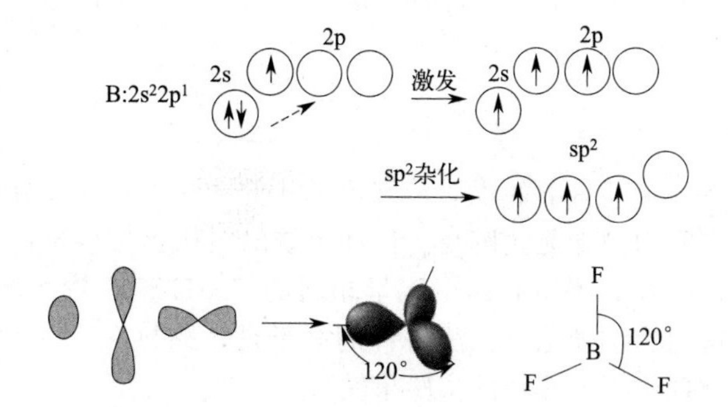

（3）sp^3 杂化　同一个原子中 1 个 s 轨道和 3 个 p 轨道混合，重新组成四个能量相同的 sp^3 杂化轨道的过程叫 sp^3 杂化。

sp^3 杂化轨道间的夹角：109°28′。

分子的空间构型：正四面体。

CH_4 分子的形成过程如下：

以上三种 sp 杂化轨道类型与分子空间构型的关系归纳于表 3-7 中。

表 3-7　杂化轨道类型与分子空间构型间的关系

杂化类型	s 成分	p 成分	键角	分子构型	实例
sp	1/2	1/2	180°	直线形	$HgCl_2$　CO_2　$BeCl_2$
sp^2	1/3	2/3	120°	平面三角形	BF_3　BBr_3　C_2H_4
sp^3	1/4	3/4	109°28′	正四面体	CH_4　CCl_4　SiH_4

三、分子结构

1. 分子间力

水蒸气可以凝聚成水，水又可以凝固成冰，这一过程表明分子之间还存在着一种相互作用——分子间力，它是使分子聚集在一起的一种作用力。分子间作用力是 1873 年荷兰物理学家范德华最先提出来的，因此又叫范德华力。范德华力有这样几个特点：存在于分子或原子间，是一种短程力，随分子间距离的增大而很快减小；无方向性和饱和性；作用能量小，只有几 kJ/mol 到几十 kJ/mol，它比化学键键能（100～600kJ/mol）要小得多。范德华力包括取向力、诱导力和色散力三部分。

（1）取向力　极性分子有正、负偶极，极性分子原有的偶极称为固有偶极。极性分子与极性分子由于固有偶极的同极相斥、异极相吸，使分子发生相对转动而产生定向相互吸引呈有序排列，这种固有偶极间的相互作用力称为取向力。如图 3-8 所示。

取向力本质上是一种静电引力，因此，分子的极性越大，分子间的距离越小，分子间的取向力越大。

（2）诱导力　极性分子与非极性分子靠近时，极性分子的固有偶极产生的电场使非极性分子发生变形，从而导致分子的正、负电荷重心不相重合，产生诱导偶极。极性分子的固有偶极与非极性分子的诱导偶极之间产生的静电作用力称为诱导力，如图 3-9 所示。

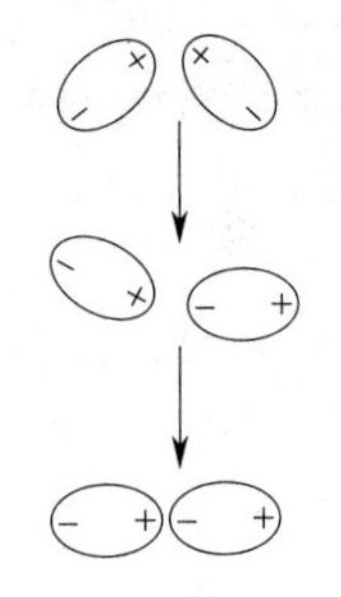

图 3-8　极性分子间的相互作用

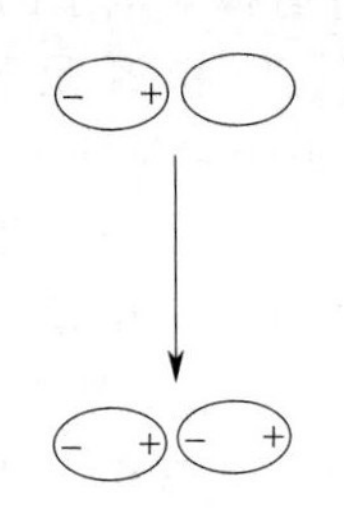

图 3-9　极性分子与非极性分子的相互作用

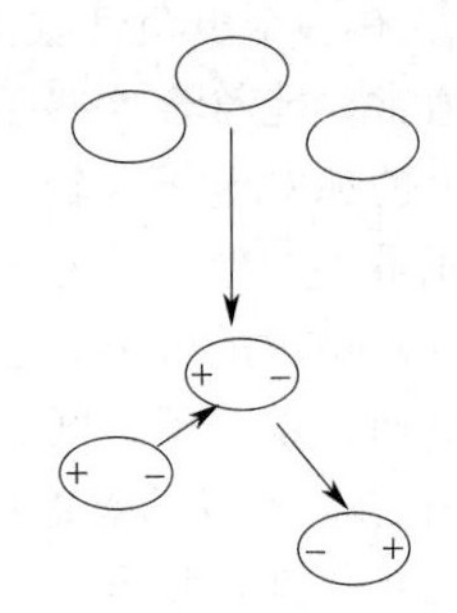

图 3-10　非极性分子间的相互作用

诱导力的本质也是静电力，极性分子的极性越大，诱导力也越大。极性分子与极性分子靠近时，也会相互诱导产生诱导偶极，使分子间的吸引作用加强，所以，极性分子之间也同样存在诱导力。

（3）色散力　在非极性分子中，本身没有偶极，不存在取向力，也不能产生诱导力。但分子内的原子核和电子都在做一定形式的运动，因而在某一瞬间，分子中核和电子产生瞬间相对位移，使正、负电荷重心不相重合，从而产生瞬时偶极。这种由于瞬时偶极之间的相互吸引而产生的作用力称为色散力。如图 3-10 所示。

色散力的大小主要与分子是否容易变形有关。分子的变形性越大，越容易产生瞬时偶极，色散力也就越大。

既然色散力产生于核和电子的相对位移所形成的瞬时偶极，因而它普遍存在于各种分子之间。

由上述可知，取向力存在于极性分子之间，诱导力存在于极性分子和非极性分子之间以及极性分子和极性分子之间，而色散力则存在于任何分子之间。

2. 分子间力对物质性质的影响

（1）对熔点、沸点的影响　对于化学性质相似的同类型物质，其熔点、沸点随相对分子质量增加而升高。例如，卤素单质的熔点、沸点从 F_2 到 I_2 依次升高。

（2）对物质溶解度的影响　极性分子间有着强的取向力，彼此可相互溶解。如卤化氢、氨都易溶于水；CCl_4 是非极性分子，由于 CCl_4 分子之间的引力和 H_2O 分子之间的引力都大于 CCl_4 与 H_2O 分子间的引力，所以 CCl_4 几乎不溶于水。而 I_2 分子与 CCl_4 分子间的色散力较大，故 I_2 易溶于 CCl_4 而较难溶于水。所谓“相似相溶”（极性溶质易溶于极性溶剂，非极性溶质易溶于非极性溶剂）的规律，实际上是与分子间作用力大小有密切联系的。

3. 氢键

（1）氢键的形成　当氢与电负性很大、半径小的元素 X（如 F、O、N）以共价键结合时，这种强极性键使体积很小的氢原子带上密度很大的正电荷，它与另一个电负性大并带有孤对电子的元素 Y 相遇时，便会产生比较大的吸引力。这种与电负性极强的元素的原子相结合的氢原子和另一电负性极强的元素的原子间产生的作用力称为氢键。

若以 X—H 表示氢原子的一个强极性共价键，以 Y 表示另一个电负性很大的原子，以 H…Y 表示氢键，则形成氢键的通式可表示为：

$$X—H\cdots Y$$

由上面的讨论可知，形成氢键 X—H…Y 的条件是：

① 有一个与电负性很大的元素 X 相结合的 H 原子；

② 有一个电负性很大、半径较小并有孤对电子的 Y 原子。

通常，能符合这些条件的主要是 F、O 和 N 元素。氯、硫或磷等体积较大的原子，其轨道上的孤对电子云较分散，不能有效地吸引氢原子，故不能形成氢键。甲烷分子中的碳原子体积虽小，但电负性不大，又无孤对电子，故在 CH_4 分子间也不能形成氢键。

（2）氢键的分类　氢键可分为分子间氢键和分子内氢键两类。比较常见的是分子间氢键。例如，水分子之间、氟化氢分子之间形成的都是分子间氢键。此外，同一分子的 X－H 与 Y 相结合形成的氢键称为分子内氢键。如 HNO_3 中就存在分子内氢键。

（3）氢键的特点

① 氢键只存在于某些含有氢原子的分子之间（或分子内），而不是存在于所有的分子之间。

② 氢键有方向性和饱和性。但化合物中氢原子与一个 Y 原子形成氢键后，就不能和第 2 个 Y 原子形成氢键了，这就是氢键的饱和性；分子间形成氢键时，只有 X－H…Y 三个原子在同一直线上，作用力最强，这就是氢键的方向性。

③ 氢键的键长（指与氢原子结合的两个原子核间距离）较长，比正常共价键大得多，键能较小（12～40kJ/mol），与分子间力的数量级相同。

④ 氢键的强弱与 X、Y 的电负性及半径大小有关。X、Y 元素的电负性越大，原子半径越小，形成的氢键越牢固。

（4）氢键对物质性质的影响　氢键对物质的熔点、沸点、溶解度、密度等都有影响。

① 分子间含有氢键的化合物，其晶体在熔化或液体汽化时，不仅要克服分子间力，还需要破坏氢键的作用，所以化合物的熔点和沸点将升高。

② 氢键的存在会影响物质的溶解度。在极性溶剂中，如果溶质分子与溶剂分子形成氢键，就会促进分子间的结合，导致溶解度增大。

③ 溶液中形成分子间氢键，使分子间结合得更加紧密，从而能使溶液的密度增加。例如，无水乙醇和水混合，溶液体积小于两者单独体积之和。

四、离子键

离子键是靠阳离子和阴离子间的静电作用形成的化学键。如金属钠与氯气反应生成氯化钠。当电负性相差较大的两种元素的原子相互接近时，电子从电负性小的原子转移到电负性大的原子，从而形成阴离子和阳离子，阴阳离子相互结合一般都能形成离子键。

离子的电场分布是球形对称的，可以从任何方向吸引带异号电荷的离子，故离子键无方向性；另外，只要离子周围空间允许，它将尽可能多地吸引带异号电荷的离子，所以离子键也无饱和性。

离子的结构特征如下：

（1）离子的电荷　带电的原子或原子团叫离子。简单离子的电荷是由原子获得或者失去电子形成的，其电荷绝对值为得到或失去的电子数。例如：F^-、Al^{3+}。

离子的电荷数不同，往往性质就不相同。如 Fe^{2+} 和 Fe^{3+}，尽管它们是同种原子形成的离子，但性质差别却很大。如 Fe^{2+} 离子在水溶液中是浅绿色的，具有还原性；而 Fe^{3+} 在水溶液中是黄棕色的，具有氧化性。

（2）离子的电子构型　简单阴离子的电子构型通常都是 8 电子构型，与其相邻稀有气体的构型相同。但简单阳离子的构型则有以下几种：

① 2 电子构型。最外层为 2 个电子的离子，如 Li^+、Be^{2+}。

② 8 电子构型。最外层为 8 个电子的离子，如 Na^+、Mg^{2+}、Ba^{2+}。

③ 18 电子构型。最外层为 18 个电子的离子，如 Ag^+、Cu^+、Hg^{2+}。

④（18＋2）电子构型。次外层为 18 个电子，最外层为 2 个电子的离子，如 Sn^{2+}、Pb^{2+}。

⑤ 不饱和电子构型。最外层为 9～17 个电子的离子，如 Mn^{2+}、Fe^{2+}、Fe^{3+}。

（3）离子半径　离子半径大小主要取决于离子的电子构型，即由对核外电子的吸引力大小确定，有以下规律：

① 对于同一元素形成的离子，阴离子半径一般比阳离子半径大；

② 对于同一元素不同价态的阳离子而言，离子半径随电荷数增大而减小；

③ 同一主族电荷数相同的离子，离子半径随电子层数的增加而增大；

④ 同周期元素的离子当电子构型相同时，随离子电荷数的增加，阳离子半径减小，阴离子半径增大；

⑤ 周期表中每个元素与其近邻的右下角或左上角元素离子半径相接近，此即“对角线规则”。

五、金属键

由于金属原子的最外电子层上电子少且与原子核联系较弱，容易脱落成自由电子。我们把金属中这种金属原子、金属离子与自由电子间产生的结合力称作金属键。由于金属键中的自由电子不是固定于两个原子之间，而是无数金属原子和金属离子共用无数自由流动的电子，因此金属键无方向性和饱和性。

进度检查

一、选择题

1. 下列叙述中，不能表示键特点的是（　　）。

A. 原子轨道沿键轴方向重叠，重叠部分沿键轴方向呈“圆柱形”对称

B. 两原子核之间的电子云密度最大

C. 共价键的强度通常比离子键大

D. 共价键的长度通常比离子键长

2. 下列键参数能用来说明分子几何形状的是（　　）。

A. 键矩　　B. 键长和键角　　C. 键能　　D. 键级

3. H_2O 在同族氢化物中呈现反常的物理性质，如熔点、沸点，这主要是由于 H_2O 分子间存在（　　）。

A. 取向力　　B. 诱导力　　C. 色散力　　D. 氢键

4. 若 BCl_3 分子中 B 原子采用 sp^2 杂化轨道成键，则 BCl_3 的空间构型是（　　）。

A. 平面三角形　　B. 直线形　　C. 四面体形　　D. 平面正方形

5. 若 HgI_2 分子中 Hg 原子采用 sp 杂化轨道成键，则 HgI_2 分子的空间构型为（　　）。

A. 直线形　　B. 平面正方形　　C. 平面三角形　　D. 四面体

二、判断题（正确的在括号内划“√”，错误的划“×”）

1. 键能越大，键越牢固，含有该键的分子也越稳定。（　　）

2. sp^3 杂化轨道是由 1 个 s 轨道和 3 个 p 轨道混合起来组成的四个杂化轨道。（　　）

3. 凡 AB_2 型的共价化合物，其中心原子都采用 sp^2 杂化轨道成键。（　　）

4. 非极性键分子中只含有非极性键。（　　）

5. 原子轨道的几何构型决定了分子的空间构型。（　　）

6. 氢键是一种特殊的分子间力，仅存在于分子之间。（　　）

7. 色散力存在于一切分子之间。（　　）

8. 杂化轨道具有能量相等、空间伸展方向一定的特征。（　　）

9. 凡是中心原子采取 sp^3 杂化轨道成键的分子，其空间构型都是正四面体。（　　）

10. 所有分子的共价键都具有饱和性与方向性，而离子键没有饱和性与方向性。（　　）

编号 FJC-13-06

学习单元 3-6　晶体结构

学习目标： 在完成了本单元学习之后，能够掌握晶体的基本知识。
职业领域： 化工、石油、环保、医药、冶金、建材等。
工作范围： 分析。

一、晶体的分类

1. 原子晶体

在晶格结点上排列着原子，原子和原子之间靠共价键结合形成的晶体，叫作原子晶体。如在金刚石晶体中，每个碳原子形成四个 sp^3 杂化轨道，以共价键彼此相连，每个碳原子都处于与其直接相连的四个碳原子所组成的正四面体的中心，组成了金刚石的巨型分子，如图 3-11 所示。

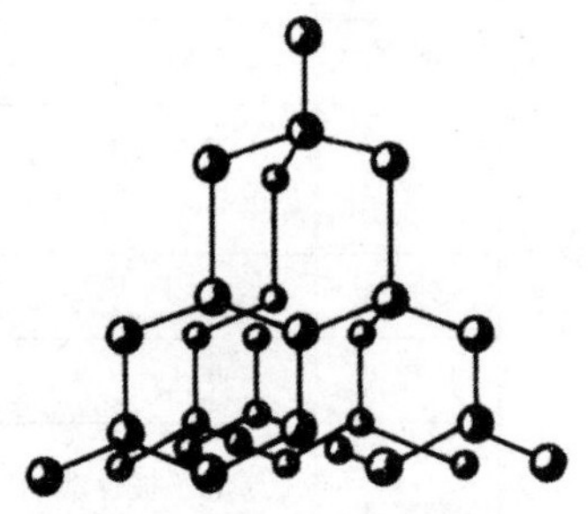
图 3-11　金刚石的结构示意图

原子晶体是由原子以共价键相结合而形成的，破坏原子晶体内的共价键，需要很大的能量。因此，原子晶体的硬度大（金刚石是所有物质中最硬的），熔点、沸点高（金刚石的熔点高达 3843.15K，沸点为 5100.15K），在一般溶剂中不溶解，固态和液态时均不导电。典型的原子晶体并不多，除了金刚石外，还有单质硅（Si）、单质硼（B）、碳化硅（SiC）、石英（SiO_2）等。

2. 分子晶体

若在晶格结点上排列着分子，质点间的作用力是分子间力，这样的晶体叫作分子晶体。由于分子间力很弱，所以分子晶体的硬度小，熔点、沸点低，在常温下通常是气态或液态。大多数非金属单质、简单的共价化合物，如 N_2、HCl、CO_2 等都是分子晶体。

3. 离子晶体

通过离子键形成的晶体叫离子晶体。在离子晶体的晶格结点上交替排列着阴离子和阳离子，阴、阳离子间靠离子键连接。由于离子键没有方向性和饱和性，所以，每一个离子在其周围尽最大可能吸引带相反电荷的离子（所吸引的离子数称为它的配位数），在离子晶体中没有单个分子存在。如 NaCl 晶体（图 3-12）就是典型的离子晶体。

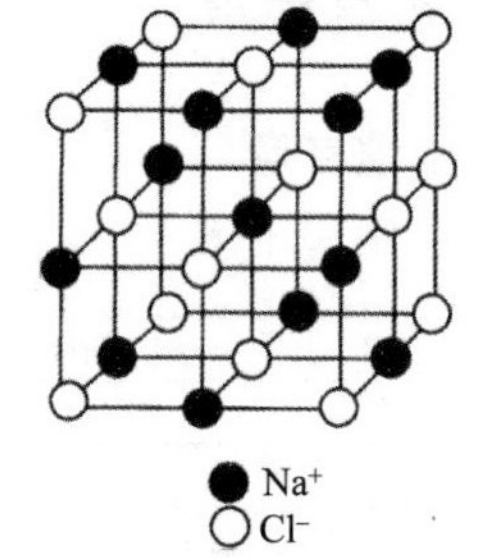

图 3-12　NaCl 晶体

在离子晶体中，阴、阳离子之间有很强的静电作用，所以属于离子晶体的化合物有较高的熔点和沸点。对于同种构型的离子晶体，离子电荷越多，半径越小，阴、阳离子间引力越大，化合物的熔点、沸点一般越高，它们的熔融状态或水溶液都是电的良导体。大多数离子化合物易溶于极性较强的溶剂，特别是水，但基本不溶于非极性溶剂。

4. 金属晶体

金属晶体中的金属原子、金属离子和维系它们的自由电子产生的结合力叫作金属键。由于金属键中电子不是固定于两原子之间，所以金属晶体无方向性和饱和性；金属晶体中晶格结点上排列的是金属原子或者离子，因此它表现的特征是电和热的良导体、有较好的延展性和具有一定的强度。

二、晶体的性质

前面介绍的四种晶体，它们的物理性质见表 3-8。

表 3-8　晶体的物理性质

项目		离子晶体	原子晶体	分子晶体	金属晶体
构成晶体粒子		阴、阳离子	原子	分子(或原子)	金属阳离子、自由电子
粒子间作用力		离子键	共价键	分子间力	粒子间的静电作用
物理性质	熔沸点	较高	很高	低	有高、有低
	硬度	硬而脆	大	小	有大、有小
	导电性	不良(熔融或水溶液中导电)	绝缘、半导体	不良	良导体
	传热性	不良	不良	不良	良
	延展性	不良	不良	不良	良
	溶解性	易溶于极性溶剂，难溶于有机溶剂	不溶于任何溶剂	极性分子易溶于极性溶剂；非极性分子易溶于非极性溶剂中	一般不溶于溶剂，钠等可与水、醇类、酸类反应
典型实例		NaOH、NaCl	金刚石	N_2、HCl、CO_2	钠、铝、铁

从表 3-8 可以看出，一般情况下，熔沸点：原子晶体＞离子晶体＞分子晶体。

进度检查

一、填空题

填写下表。

物质	晶体结点上的质点	质点间作用力	晶体类型	熔点高低
NaCl				
O_2				
SiO_2				
HF				
H_2O				
CaO				

二、判断题（正确的在括号内划“√”，错误的划“×”）

1. 原子晶体的熔点一定比金属晶体高。（　　）

2. 晶体熔化时化学键一定发生断裂。 (　　)

3. 离子反应中，阴离子与阳离子结合时不一定生成离子化合物。 (　　)

素质拓展阅读

量子化学家鲍林

近代化学键理论是美国著名的量子化学家鲍林（Linus Pauling，1901—1994）最早的成就，它揭示化学键的本质就是电子的相互作用。这种相互作用有三种形式，即化学键的三种基本类型：共价键、离子键、金属键。各种各样的分子的化学键不同，也就意味着分子性质的差异。

为了解释甲烷的正四面体结构，鲍林提出了杂化轨道理论；在有机化学的结构理论中，鲍林提出了著名的共振论。鲍林在化学理论的研究中创造性地提出了许多新的概念，例如，原子的共价半径、金属半径、离子半径、元素电负性标度等，这些概念的应用，对现代化学、凝聚态物理的发展都有非常重要的意义。

1932 年，鲍林预言稀有气体能与其他元素形成化合物，这一预言，在 1962 年被证实。鲍林把量子力学应用于分子结构，将化学应用于生物学和医学，他实际上也是分子生物学的奠基人之一，例如研究了蛋白质的分子结构，麻醉作用的分子基础等。1940 年以后，他开始研究氨基酸和多肽链，发现多肽链分子内可能存在两种螺旋体，为蛋白质空间构型的研究打下了理论基础。这些研究成果，使他荣获了 1954 年诺贝尔化学奖。

作为化学键理论的先驱，鲍林对社会问题十分关注。他坚决反对把科技成果用于战争，特别反对核战争。1955 年，鲍林和世界知名的大科学家爱因斯坦、罗素、约里奥·居里、玻恩等签署了一个宣言《呼吁科学家共同反对发展毁灭性武器，反对战争，保卫和平》。由于鲍林对和平事业的贡献，他在 1962 年荣获了诺贝尔和平奖。他以《科学与和平》为题发表的领奖演说中指出：“在我们这个世界历史的新时代，世界问题不能用战争和暴力来解决，而是按着对所有人都公平，对一切国家都平等的方式，根据世界法律来解决”。同时他号召：“我们要逐步建立起一个对全人类在经济、政治和社会方面都公正合理的世界，建立起一种和人类智慧相称的世界文化。”

模块4　溶　液

编号 FJC-14-01

学习单元 4-1　溶液与胶体

学习目标：在完成了本单元学习之后，能够掌握溶液和胶体的概念。
职业领域：化工、石油、环保、医药、冶金、建材等。
工作范围：分析。

一、分散系

分散系是指一种或几种物质分散于另一种物质所形成的体系。在分散系中，被分散的物质称为分散质，容纳分散质的物质叫作分散剂。分散质和分散剂都可以是固体、液体或气体。

分散系的某些性质常常随着分散质粒子的大小而改变，因此，按照分散质颗粒的大小不同可将分散系分为三类：分子（或离子）分散系、胶体分散系、粗分散系，见表 4-1，三者之间无明显的界限。

表 4-1　不同类型的分散系

分散系类型	粒子直径/nm	主要特征	稳定性
分子(或离子)分散系	<1	透明、均匀，能透过滤纸和半透膜	稳定
胶体分散系	1～100	透明、均匀，能透过滤纸但不能透过半透膜	较稳定
粗分散系	>100	浑浊、不均匀，不能透过滤纸也不能透过半透膜	不稳定

二、溶液

溶液、悬浊液和乳浊液都是一种物质（或几种物质）的微粒分散到另一种物质里形成的分散系。溶液属于分子（或离子）分散系，溶质是分散质，溶剂是分散剂。悬浊液和乳浊液属于粗分散系，固体小颗粒或小液滴是分散质，分散质溶液是分散剂。

溶液是由溶剂和溶质组成的，一般把量多的一种叫溶剂，量少的一种叫溶质。当溶液中有水存在时，不论水的量有多少，都习惯把水看作溶剂。通常不指明溶剂的溶液，一般指的都是水溶液。

三、胶体

胶体是分散质微粒直径在 1～100nm 之间，其大小介于分子（或离子）分散系和粗分散系（悬浊液和乳浊液）之间的一种分散系。

1. 胶体的性质

（1）光学性质——丁达尔现象　当一束通过聚光镜会聚的强光照射到胶体溶液时，在光速照射的垂直方向上能看到有一条发亮的光柱，这种现象称为丁达尔现象。

丁达尔现象是由于胶体粒子对光的散射而形成的一种光学现象。在实际生活中我们也能观察到这种现象。如在天气晴朗的时候，一束阳光射入一间黑屋，我们就能看见尘埃在阳光下上下跳动、闪烁不定，这种现象也属于丁达尔现象。溶液没有这种现象，因此可用于区分溶液和胶体。

（2）动力学性质——布朗运动　当在超显微镜下观察溶胶时，可以看到代表分散质粒子的发光点在不断地做不规则运动，这就是布朗运动。

布朗运动的产生是由于胶体粒子周围分散的分子做热运动时，对胶体粒子产生不均匀的碰击，致使胶体粒子发生无规则的运动。

（3）电学运动——电泳　在胶体溶液中插入两个电极，可以看到胶体将发生粒子的定向运动，这种现象称为电泳。

胶体粒子为什么会带电荷而发生定向运动呢？主要有两个原因：一是吸附作用，指胶体粒子把周围介质中的分子、离子吸附在自己表面的作用，这是胶体带电的主要原因；二是电离作用，指某些胶体粒子表面上的基团电离而产生电荷，使胶体离子带电的作用。

2. 胶体的稳定性和聚沉

（1）胶体的稳定性　在外界条件不变的情况下，胶体溶液具有较强的稳定性。胶体能够保持相对稳定的原因主要有三个：

① 聚集稳定性（胶体带电）。在同一胶体溶液中，胶粒带有同种电荷而相互排斥，很难聚集成较大颗粒而形成沉淀。

② 溶剂化作用（水化膜的保护作用）。胶粒带电并形成双电层，而双电层的离子由于溶剂化作用而形成水化膜，水化膜的存在可阻止胶体粒子在热运动的过程中近距离碰撞，使胶体具有一定的稳定性。

③ 动力学稳定性（布朗运动）。胶体粒子在不停地做布朗运动，从而克服重力引起的沉降作用，使胶体具有动力学稳定性。

（2）胶体的聚沉　胶体的稳定性是相对的，当外界条件改变时，胶粒就会聚集成较大的颗粒而沉降，胶体从分散剂中沉淀析出的现象称为胶体的聚沉。

① 电解质聚沉。在胶体溶液中加入电解质，增加离子总数而产生聚沉。

② 相互聚沉。将两种相反电荷的胶体溶液按一定比例混合，所带电荷相互抵消而发生聚沉。

③ 加热聚沉。加热会增加离子的热运动，从而增加离子碰撞次数和强度，形成大颗粒而聚沉。

进度检查

一、填空题

1. 按照分散质颗粒的大小不同可将分散系分为三类：________、________和________。

2. 生理盐水中__________是溶质，__________是溶剂。

3. 胶体粒会带电荷而发生定向运动的原因主要有__________和__________。

二、判断题（正确的在括号内划“√”，错误的划“×”）

1. 蔗糖溶液透明、均匀，既能透过滤纸也能透过半透膜。（　　）

2. 胶体是指分散质微粒直径大于 100nm 的分散体系。（　　）

3. 在外电场的作用下，$Fe(OH)_3$ 胶体粒子移向阴极是由于 Fe^{3+} 带正电荷。（　　）

4. 利用丁达尔现象可区分溶液和胶体。（　　）

5. 向 $Fe(OH)_3$ 胶体溶液中加入少量饱和的 $(NH_4)_2SO_4$ 溶液立即析出氢氧化铁沉淀，属于胶体的电解质聚沉。（　　）

编号 FJC-14-02

学习单元 4-2 溶液的浓度

学习目标：在完成了本单元学习之后，能够掌握溶液浓度的表示方法及相关计算。
职业领域：化工、石油、环保、医药、冶金、建材等。
工作范围：分析。

溶液的浓度通常是指在一定量的溶液或溶剂中所含的溶质的量。下面是几种常见的表示溶液浓度的方法。

一、质量分数

溶质 B 的质量与溶液的质量之比称为溶质 B 的质量分数，用符号 ω_B 表示，表达式为

$$\omega_B = m_B / m \times 100\%$$

式中 ω_B——溶质 B 的质量分数，%；
m_B——溶质 B 的质量，g；
m——溶液的质量，g。

质量分数量纲为一。

[例 4-1] 从一瓶氯化钠溶液中取出 10g 溶液，蒸干后得到氯化钠固体 1.5g。试求这瓶氯化钠溶液的质量分数。

解：溶质的质量分数

$$\begin{aligned}\omega(\mathrm{NaCl}) &= m(\mathrm{NaCl})/m \times 100\% \\ &= 1.5/10 \times 100\% \\ &= 15\%\end{aligned}$$

答：这瓶氯化钠溶液的质量分数为 15%。

二、质量浓度

溶质 B 的质量与溶液的体积之比称为溶质 B 的质量浓度，用符号 ρ_B 表示，表达式为

$$\rho_B = m_B / V$$

式中 ρ_B——溶质 B 的质量浓度，g/L；
m_B——溶质 B 的质量，g；
V——溶液的体积，L。

[例 4-2] 欲配制质量浓度为 40g/L 的蔗糖溶液 1000mL，需蔗糖多少克？

解：根据质量浓度的表达式

$$\rho(\text{蔗糖}) = m(\text{蔗糖})/V$$

则 $$m(\text{蔗糖})=\rho(\text{蔗糖})V$$
$$=40\times1000\times10^{-3}$$
$$=40(\text{g})$$

答： 需蔗糖 40g。

三、质量摩尔浓度

溶质 B 的物质的量与溶剂 A 的质量之比称为溶质 B 的质量摩尔浓度，用符号 b_B 表示，表达式为

$$b_B=n_B/m_A$$

式中 b_B——溶质 B 的质量摩尔浓度，mol/kg；
n_B——溶质 B 的物质的量，mol；
m_A——溶剂的质量，kg。

[例 4-3] 将 0.2mol NaOH 溶于 20g 水中，求 NaOH 的质量摩尔浓度。

解： 溶质的质量摩尔浓度

$$b(\text{NaOH})=n(\text{NaOH})/m(\text{水})$$
$$=0.2/(20\times10^{-3})$$
$$=10(\text{mol/kg})$$

答： NaOH 的质量摩尔浓度 10mol/kg。

四、体积分数

B 的体积与混合物的体积之比称为 B 的体积分数，用符号 ϕ_B 表示，表达式为

$$\phi_B=V_B/V$$

式中 ϕ_B——B 的体积分数；
V_B——B 的体积，L；
V——溶液的体积，L。

体积分数量纲为一。

[例 4-4] 在 10mL 含有 H_2 和 N_2 的混合气体中，加入过量的氧气燃烧后，体积缩小 3mL，试计算原混合气体中 H_2 和 N_2 的体积分数。

解： 根据氢气燃烧反应

$$V(H_2)=\frac{2}{3}V=\frac{2}{3}\times3=2(\text{mL})$$

$$\phi(H_2)=V(H_2)/V=2/10=0.2$$

$$\phi(N_2)=V(N_2)/V=(10-2)/10=0.8$$

答： 原气体中 H_2 的体积分数为 0.2，N_2 的体积分数为 0.8。

五、物质的量浓度

溶质 B 的物质的量与溶液的体积之比称为溶质 B 的物质的量浓度，用符号 c_B 表示，表达式为

$$c_B = n_B / V$$

式中　c_B——溶质 B 的物质的量浓度，mol/L；

n_B——溶质 B 的物质的量，mol；

V——溶液的体积，L。

[例 4-5] 将 14.9g KCl 溶于水中制备成 500mL 的 KCl 溶液，问该溶液的物质的量浓度为多少？

解： KCl 的物质的量为 $n(\mathrm{KCl}) = m(\mathrm{KCl})/M(\mathrm{KCl}) = 14.9/74.5 = 0.2(\mathrm{mol})$

KCl 的物质的量浓度为 $c(\mathrm{KCl}) = n(\mathrm{KCl})/V = 0.2/0.5 = 0.4(\mathrm{mol/L})$

答： 该溶液的物质的量浓度为 0.4mol/L。

[例 4-6] 欲配制 200mL 0.2mol/L 的 NaOH 溶液，需称取 NaOH 多少克？

解： 根据 $c(\mathrm{NaOH}) = n(\mathrm{NaOH})/V$

则

$$n(\mathrm{NaOH}) = c(\mathrm{NaOH})V = 0.2 \times 0.2 = 0.04(\mathrm{mol})$$

$$m(\mathrm{NaOH}) = n(\mathrm{NaOH})M(\mathrm{NaOH}) = 0.04 \times 40 = 1.6(\mathrm{g})$$

答： 需称取 NaOH 1.6g。

[例 4-7] 求浓硫酸（$\omega = 98\%$，$\rho = 1.84\mathrm{g/mL}$）的物质的量浓度。

解： 每升浓硫酸溶液中溶质的质量为 $m(H_2SO_4) = \rho(H_2SO_4)V\omega(H_2SO_4)$

$$= 1.84 \times 1000 \times 98\%$$

$$= 1803.2(\mathrm{g})$$

每升浓硫酸溶液中溶质的物质的量为 $n(H_2SO_4) = m(H_2SO_4)/M(H_2SO_4)$

$$= 1803.2/98$$

$$= 18.4(\mathrm{mol})$$

浓硫酸的物质的量浓度为 $c(H_2SO_4) = n(H_2SO_4)/V$

$$= 18.4/1$$

$$= 18.4(\mathrm{mol/L})$$

答： 浓硫酸的物质的量浓度为 18.4mol/L。

[例 4-8] 将 100L 18.4mol/L 的 H_2SO_4 溶液稀释成 1mol/L 的 H_2SO_4 溶液，需加水多少升？

解： 设需加水 xL

根据稀释前后溶质的物质的量不变，

即

$$c_{前} V_{前} = c_{后} V_{后}$$

$$18.4 \times 100 = 1 \times (x + 100)$$

则

$$x = 1740$$

答： 需加水 1740L。

进度检查

一、填空题

1. 溶质 B 的质量与溶液的质量之比称为溶质 B 的__________；溶质 B 的物质的量与溶剂的质量之比称为溶质 B 的____________。

2. 物质的量浓度的单位是______________；质量浓度的单位是____________。

二、计算题

1. 40g NaOH 溶于 180mL 水中，其密度为 1.25g/mL，试用质量分数、质量浓度、质量摩尔浓度、物质的量浓度来表示该溶液的组成。

2. 将 100mL 1mol/L 的 NaOH 溶液稀释成 0.2mol/L 的 NaOH 溶液，需加水多少毫升？

编号 FJC-14-03

学习单元 4-3 溶液的配制操作

学习目标：在完成了本单元学习之后，能够掌握溶液配制的方法和操作。
职业领域：化工、石油、环保、医药、冶金、建材等。
工作范围：分析。
所需仪器、药品见表 4-2。

表 4-2 所需仪器、药品

序号	名称及说明	数量
1	NaCl、NaOH、HCl、浓 H_2SO_4	各 1 瓶
2	天平	1 台
3	烧杯(250mL、1000mL)	各 1 个
4	量筒(10mL、250mL)	各 1 个
5	容量瓶(250mL、1000mL)	各 1 个

在化学相关实验中，常常需要配制不同浓度的溶液，下面以具体事例来讲解溶液的配制方法。

一、已知浓度的溶液的配制

[实验 4-1] 用固体 NaCl 配制 1000g 生理盐水（$\omega=0.9\%$），如何配制？

解：①计算所需的 NaCl 的质量

$$m(\mathrm{NaCl})=m\omega=1000\times0.9\%=9(\mathrm{g})$$

② 配制

用天平称取 NaCl 9g，放入盛有 991g 水的烧杯中搅拌溶解即可。

[实验 4-2] 用 0.5mol/L 的盐酸如何配制体积分数为 0.6 的稀盐酸。

解：用量筒量取 0.5mol/L 的盐酸溶液 3 体积（mL 或 L），加水稀释成 8 体积（mL 或 L）即可。

[实验 4-3] 要配制 250mL 2mol/L 的 NaOH 溶液，应如何配制？

解：① 计算所需的 NaOH 的质量

$$\begin{aligned} m(\mathrm{NaOH})=n(\mathrm{NaOH})M(\mathrm{NaOH})&=c(\mathrm{NaOH})VM(\mathrm{NaOH})\\ &=2\times0.25\times40\\ &=20(\mathrm{g}) \end{aligned}$$

② 配制

用天平称取 NaOH 20g，在烧杯中溶解后移入 250mL 的容量瓶中，再加蒸馏水定容至刻度即可。

二、溶液的稀释

[实验 4-4] 现有密度为 1.84g/mL，质量分数为 98%的浓硫酸，需配制成 3mol/L 的稀硫酸 1000mL，如何配制？

解： ① 计算所需浓硫酸的体积

$$c(H_2SO_4)=\frac{1000\rho\omega(H_2SO_4)}{M(H_2SO_4)}=\frac{1000\times1.84\times98\%}{98}=18.4(mol/L)$$

根据稀释前后物质的量不变，即 $c_{前}V_{前}=c_{后}V_{后}$

则
$$18.4V_{前}=3\times1000$$
$$V_{前}=163(mL)$$

② 配制

量取浓硫酸 163mL，缓慢倒入约盛有 800mL 蒸馏水的烧杯中，再移入 1000mL 的容量瓶中，定容至刻度线即可。

进度检查

实验题

1. 用固体 KOH 配制 1000mL 质量浓度为 100g/L 的溶液，如何配制？
2. 现有密度为 1.18g/mL，质量分数为 37%的浓硫酸，需配制成 1mol/L 的稀硫酸 500mL，如何配制？

编号 FJC-14-04

学习单元 4-4 溶液的酸碱性

学习目标：在完成了本单元学习之后，能够掌握溶液酸碱性的判断及 pH 的计算。
职业领域：化工、石油、环保、医药、冶金、建材等。
工作范围：分析。
所需仪器、药品见表 4-3。

表 4-3 所需仪器、药品

序号	名称及说明	数量
1	烧杯	2 个
2	石蕊指示剂	1 瓶

一、水的离子积

纯水具有微弱的导电性，是一种极弱的电解质，在水中存在着下列解离平衡：

$$H_2O \rightleftharpoons H^+ + OH^-$$

其平衡常数

$$K_i = \frac{[H^+][OH^-]}{[H_2O]}$$

根据实验测定，在 295K 时，1L 纯水中仅有 10^{-7}mol 水分子解离，所以 H^+ 和 OH^- 浓度均为 1.0×10^{-7}mol/L。这说明水的解离度很小，绝大部分仍以分子形式存在，解离前后水的浓度几乎不变，仍可看作是常数，所以

$$K_w = K_i[H_2O] = [H^+][OH^-] = 1.0\times10^{-14}$$

式中，K_w 称为水的离子积常数，简称水的离子积。表示在一定温度下，水中 $[H^+]$ 和 $[OH^-]$ 的乘积为一常数。不同温度的水的离子积不同，温度升高，K_w 增大。但在常温（22℃）时，$[H^+]=[OH^-]=1.0\times10^{-7}$mol/L，则 $K_w=1.0\times10^{-14}$。表 4-4 列出了不同温度下水的离子积常数。

表 4-4 不同温度下水的离子积常数

T/℃	0	10	22	25	40	56	100
$K_w/10^{-14}$	0.13	0.36	1.00	1.27	3.80	5.60	7.40

二、溶液的酸碱性

水的离子积不仅适用于纯水，对于其他的电解质稀溶液也同样适用。任何物质的水溶液，无论是中性、酸性还是碱性，都同时含有 H^+ 和 OH^-，虽然它们的相对大小不同，但它们的浓度的乘积始终等于水的离子积（未特别说明温度时，一般认为是常温下，$K_w=1.0\times10^{-14}$）。因此，只要知道了溶液中的 H^+ 浓度，也就知道了溶液中的 OH^- 浓度。溶液是酸性还是碱性，主要是由溶液中的 $c(H^+)$ 和 $c(OH^-)$ 的相对大小来决定。我们把水溶

液的酸碱性与 $c(H^+)$ 和 $c(OH^-)$ 的关系归纳如下：

$c(H^+)=c(OH^-)=10^{-7}mol/L$	中性溶液
$c(H^+)>c(OH^-)$，$c(H^+)>10^{-7}mol/L$	酸性溶液
$c(H^+)<c(OH^-)$，$c(H^+)<10^{-7}mol/L$	碱性溶液

利用上述关系，即可得到溶液的酸碱性。如 0.01mol/L 的 HCl 溶液，其 $c(H^+)=10^{-2}mol/L>10^{-7}mol/L$，溶液显酸性；如 0.01mol/L 的 NaOH 溶液，其 $c(H^+)=10^{-14}/0.01=10^{-12}mol/L<10^{-7}mol/L$，溶液显碱性。

溶液中 $c(H^+)$ 和 $c(OH^-)$ 的大小也反映了溶液酸碱性的强弱。溶液中 $c(H^+)$ 越大，表示溶液的酸性越强；$c(OH^-)$ 越大，表示溶液的碱性越强。在强酸或强碱溶液中，溶液的酸碱性可以直接用 $c(H^+)$ 或 $c(OH^-)$ 表示。

三、溶液的 pH

实际工作中，常碰到一些溶液的 $c(H^+)$ 或 $c(OH^-)$ 很小，直接用其来表示溶液的酸碱性很不方便，因此在实际中我们常用 pH 来表示溶液的酸碱性。

溶液中 H^+ 浓度的负对数叫作 pH，即

$$pH=-\lg[c(H^+)]$$

溶液的酸碱性与 pH 的关系为：

$c(H^+)=10^{-7}mol/L$	pH=7，中性溶液
$c(H^+)>10^{-7}mol/L$	pH<7，酸性溶液
$c(H^+)<10^{-7}mol/L$	pH>7，碱性溶液

pH 的使用范围为 0～14 之间，即溶液的 $c(H^+)$ 在 $1\sim10^{-14}mol/L$。在此范围内，pH 越小，表明溶液的酸性越强，碱性越弱；反之 pH 越大，表明溶液的碱性越强，酸性越弱。超过这个范围，一般就不用 pH 表示溶液的酸碱度了，而直接用物质的量浓度来表示更加方便。

溶液的酸碱性也可以用 pOH 来表示，即

$$pOH=-\lg[c(OH^-)]$$

由于常温下　$K_w=[H^+][OH^-]=1.0\times10^{-14}$

计算可得　$pH+pOH=14$

[例 4-9] 某硫酸溶液，其浓度为 0.05mol/L，计算溶液的 pH 和 pOH。

解： 硫酸是强酸，在溶液中全部解离

$$H_2SO_4 \longrightarrow 2H^+ + SO_4^{2-}$$

$$c(H^+)=2c(H_2SO_4)=0.1(mol/L)$$

$$pH=-\lg[c(H^+)]=-\lg0.1=1$$

$$pOH=14-pH=14-1=13$$

[例 4-10] 已知某溶液的 pH 为 4.35，求 $c(H^+)$ 是多少？

解：

$$pH=-\lg[c(H^+)]=4.35$$

$$\lg[c(H^+)]=-4.35$$

$$c(H^+)=4.47\times10^{-5}(mol/L)$$

四、溶液 pH 的测定

pH 是反映溶液酸碱性的一个重要数据。在实际生产中，有时只需要知道溶液 pH 大致

是多少，以便及时调节和控制，这时我们选用酸碱指示剂就比较方便。酸碱指示剂是一种借助于自身颜色变化来指示溶液 pH 的物质，它们在不同的 pH 溶液中能显示不同的颜色，我们可以根据它们在某溶液中显示的颜色来粗略判断溶液的 pH。指示剂发生颜色变化的 pH 范围叫作指示剂的变色范围。常见指示剂的变色范围见表 4-5。

表 4-5　常见指示剂的变色范围

指示剂	变色范围	颜　色		
		酸色	中间色	碱色
石蕊	5.0～8.0	红	紫	蓝
酚酞	8.0～10.0	无	粉红	紫红
甲基红	4.4～6.2	红	橙	黄
甲基橙	3.1～4.4	红	橙	黄
百里酚蓝	1.2～2.8	红	橙	黄

要比较精确地知道溶液的 pH，可以采用 pH 试纸。pH 试纸是用多种酸碱指示剂的混合溶液浸制而成，它能在不同的 pH 显示出不同的颜色。测定时只需将待测溶液滴在此试纸上，然后把试纸显示的颜色与标准比色板对照，从而可以迅速地确定溶液的 pH。由于 pH 试纸使用简单、方便，所以广泛地用于各种生产和科学研究之中。

如果要准确测定溶液的 pH，可以使用各种类型的酸度计。

[实验 4-5] 某学生在实验室分别配制了 0.01mol/L 的 HCl 和 0.01mol/L NaOH 溶液，但忘记了贴上标签，试用合适的指示剂将两种溶液区分出来并贴上标签。

解： 由题意得 HCl 溶液的 pH=2，NaOH 溶液的 pH=12

分别取适量两种溶液于烧杯中，滴入 1～2 滴石蕊指示剂，溶液变为红色的是 HCl 溶液，溶液变为蓝色的是 NaOH 溶液。在标签纸上写上溶液的浓度和配制时间，贴到相应的试剂瓶上。

进度检查

一、填空题

1. 常温下，水的离子积为________。

2. 在 0～14 的范围内，pH 越小，表明溶液的酸性______；反之 pH 越大，表明溶液的碱性______。

3. 已知某溶液的 $c(H^+)=10^{-11}$ mol/L，则该溶液的 pH 为______________，该溶液显____________。

4. 一些食物的近似 pH 如下表所示：

食物	苹果	葡萄	牛奶	玉米
pH	2.9～3.3	3.5～4.5	6.3～6.6	6.8～8.0

（1）苹果汁和葡萄汁相比，酸性更强的是______。

（2）对于胃酸分泌过多的人，表中空腹时最宜食用的食物是______。

（3）将适量甲基红滴入牛奶显______色。

二、计算题

已知某溶液的 $c(H^+)=1.33\times10^{-4}$ mol/L，求该溶液的 pH。

编号 FJC-14-05

学习单元 4-5　缓冲溶液

学习目标：在完成了本单元学习之后，能够理解缓冲溶液的组成及作用。
职业领域：化工、石油、环保、医药、冶金、建材等。
工作范围：分析。

在工农业生产、化学分析和科研工作中，很多化学反应都需要在相对稳定的 pH 范围内进行反应，而要控制溶液的 pH 相对稳定，就需要使用缓冲溶液。

一、缓冲溶液的概念

NaCl 溶液的 pH 值为 7，在 NaCl 溶液中加入少量的酸或者碱，pH 值就会显著变化。但在 HAc 和 NaAc 组成的混合溶液中加入少量的酸或者碱，则溶液的 pH 值几乎不变，说明后者具有保持 pH 相对稳定的能力，而前者没有。我们把能在一定范围内抵御外来少量酸或碱，而保持溶液 pH 相对稳定的作用称为缓冲作用，具有缓冲作用的溶液称为缓冲溶液。

一种溶液要具有缓冲作用，一般要有一对称为缓冲对的物质。弱酸及其弱酸盐（HAc-NaAc），弱碱及其弱碱盐（$NH_3 \cdot H_2O$-NH_4Cl），多元弱酸酸式盐及其次级盐（$NaHCO_3$-Na_2CO_3），都可以组成缓冲溶液体系。缓冲溶液中的弱酸及其弱酸盐（或弱碱及其弱碱盐、多元弱酸酸式盐及其次级盐）称为缓冲对。

二、缓冲作用原理

下面以 HAc-NaAc 缓冲溶液体系为例说明缓冲溶液为什么具有缓冲作用。

$$HAc \rightleftharpoons H^+ + Ac^-$$

$$NaAc \longrightarrow Na^+ + Ac^-$$

由上述电离关系可知，溶液中 $c(Ac^-)$ 较大。当向上述溶液中加入少量强酸时，强酸解离出来的 H^+ 便和溶液中的 Ac^- 结合生成 HAc，促使 HAc 的电离平衡左移，达到平衡时，$c(HAc)$ 略有增加，$c(Ac^-)$ 略有降低，但其比值几乎不变，溶液的 pH 基本不变。故 Ac^- 是缓冲溶液的抗酸成分。当向上述溶液中加入少量强碱时，强碱解离出来的 OH^- 便和溶液中的 H^+ 结合生成 H_2O，促使 HAc 的电离平衡右移，$c(HAc)$ 略有降低，$[Ac^-]$ 略有增加，但比值几乎不变，溶液的 pH 也基本不变。故 HAc 是缓冲溶液的抗碱成分。

但是，需要注意的是缓冲溶液的缓冲能力是有限的，如果在缓冲溶液中加入大量的强酸或强碱时，溶液中的 HAc 或 Ac^- 消耗将尽时，溶液将不再具有缓冲作用。

三、缓冲溶液的 pH

这里仍然以 HAc-NaAc 为例来推导缓冲溶液 pH 的近似计算公式。

$$HAc \rightleftharpoons H^+ + Ac^-$$

$$K_a = \frac{[H^+][Ac^-]}{[HAc]}$$

$$[H^+]=K_a\frac{[HAc]}{[Ac^-]}=K_a\frac{c_{酸}}{c_{盐}}$$

两边取负对数 $$pH=pK_a-\lg\left(\frac{c_{碱}}{c_{盐}}\right)$$

同理，对于弱碱及其盐组成的缓冲溶液同样可得

$$[OH^-]=K_b\frac{c_{碱}}{c_{盐}}$$

$$pOH=pK_b-\lg\left(\frac{c_{碱}}{c_{盐}}\right)$$

[例 4-11] 已知乳酸（HLac）的平衡常数 $K_a=1.4\times10^{-4}$，将 0.2mol/L 的 HLac 和 0.2mol/L 的 NaLac 等体积混合，计算混合后溶液的 pH。

解： HLac-NaLac 是一元弱酸及其盐组成的缓冲溶液，可按照缓冲溶液 pH 的计算公式进行计算。

溶液等体积混合后，浓度都减少一半，即

$$c(HLac)=c(NaLac)=0.1mol/L$$

$$pH=pK_a-\lg\frac{c(HLac)}{c(NaLac)}=-\lg(1.4\times10^{-4})-\lg\frac{0.1}{0.1}=3.85$$

[例 4-12] 在 90mL 浓度为 0.1mol/L 的 HAc-NaAc 缓冲溶液中，加入 10mL 0.01mol/L 的 HCl 溶液，溶液的 pH 变化大不大？

解： 加入前

$$pH=pK_a-\lg\frac{c(HAc)}{c(NaAc)}=-\lg(1.8\times10^{-5})-\lg\frac{0.1}{0.1}=4.74$$

加入 HCl 后溶液总体积为 100mL，HCl 解离出来的 H^+ 与溶液中的 Ac^- 结合生成 HAc，溶液中各微粒浓度变为

$$c(HAc)=0.1\times\frac{90}{100}+0.01\times\frac{10}{100}=0.091(mol/L)$$

$$c(Ac^-)=0.1\times\frac{90}{100}-0.01\times\frac{10}{100}=0.089(mol/L)$$

$$pH=pK_a-\lg\frac{c(HAc)}{c(NaAc)}=4.74-\lg\frac{0.091}{0.089}=4.73$$

通过计算可得，向缓冲溶液中加入少量酸后，溶液的 pH 几乎没有什么改变。

四、缓冲溶液的选择

在实际工作中，要配制一定的缓冲溶液，应该怎样选择合适的缓冲对呢？选择缓冲对一般有以下几个原则：

① 选用的缓冲溶液除与 H^+ 或 OH^- 反应外，不能与系统中其他物质发生反应。

② 不同的缓冲溶液，其缓冲作用的 pH 范围不一样。因此在实际工作中，若要配制一定 pH 范围的缓冲溶液，应尽可能选择其 pK_a 与所需 pH 接近的缓冲对。

③ 对于某一确定的缓冲溶液，由于 pK_a 或 pK_b 是一个常数，所以在一定的范围内可以根据所需的 pH，适当调整弱酸及其盐（或弱碱及其盐）的浓度，以调节缓冲溶液本身

的 pH。

④ 应考虑缓冲溶液的缓冲能力。通常缓冲溶液的两组分的浓度比控制在 0.1～10 之间比较合适，如果超出了此范围，则一般认为失去了缓冲作用。由 $pH=pK_a-\lg(c_{酸}/c_{盐})$ 可知，缓冲溶液的缓冲能力一般在 $pH=pK_a\pm1$ 或 $pOH=pK_b\pm1$ 的范围内，这就是缓冲范围。不同缓冲对组成的缓冲溶液，由于 pK_a 或 pK_b 不同，它们的缓冲范围也不同。

进度检查

一、判断题（正确的在括号内划“√”，错误的划“×”）

1. 缓冲溶液就是能抵御外来酸碱影响，保持溶液 pH 绝对不变的溶液。（　　）
2. 可采用在某一元弱酸 HA 中，加入适量 NaOH 的方法来配制缓冲溶液。（　　）
3. 总浓度越大，缓冲溶液的缓冲能力越强。（　　）
4. 当加入的酸或者是碱超过某个限度后，缓冲溶液就不再具有缓冲能力。（　　）

二、计算题

计算含 0.1mol/L NH_4Cl 及 0.2mol/L $NH_3\cdot H_2O$ 缓冲溶液的 pH，已知 $NH_3\cdot H_2O$ 的 $K_b=1.76\times10^{-5}$。

编号 FJC-14-06

学习单元 4-6　盐类水解

学习目标： 在完成了本单元学习之后，能够掌握盐类水解的性质及一元弱酸（弱碱）盐溶液 pH 的相关计算，了解影响盐类水解的因素。

职业领域： 化工、石油、环保、医药、冶金、建材等。

工作范围： 分析。

一、盐类水解平衡

由于溶液中 H^+ 和 OH^- 浓度的相对大小不同，溶液可以显示不同的酸碱性。但像 NaCl、KCN、NH_4Cl 这些盐类物质，在水中既不能电离出 H^+，也不能电离出 OH^-，为什么会显示出不同的酸碱性呢？这是因为有的盐溶于水时，盐的离子与水电离出的 H^+ 或 OH^- 作用，生成了弱酸或弱碱，使水的电离平衡发生移动，改变了溶液中 H^+ 或 OH^- 的相对浓度，所以溶液就不都是中性的了。

盐的离子与溶液中水电离出来的 H^+ 或 OH^- 结合生成弱电解质的反应称为盐的水解。盐类的水解反应和其他可逆反应一样，在一定条件下将达到平衡状态，这种平衡称为盐类水解平衡，有时简称水解平衡。

1. 强碱弱酸盐的水解

NaAc 在水溶液中的水解过程可表示如下。

$$
\begin{array}{rcl}
NaAc \longrightarrow Na^+ & + & Ac^- \\
 & & + \\
H_2O \rightleftharpoons OH^- & + & H^+ \\
 & & \Updownarrow \\
 & & HAc
\end{array}
$$

NaAc 在水溶液中解离出来的 Ac^- 与水解离出来的 H^+ 结合，生成了弱电解质 HAc 分子。由于 H^+ 浓度的减少，使水的解离平衡向右移动。当建立新的平衡时，溶液中 $c(H^+)<c(OH^-)$，即溶液 pH>7，溶液显碱性。

Ac^- 水解方程式为

$$Ac^- + H_2O \rightleftharpoons HAc + OH^-$$

其水解平衡常数的表达式为

$$K_h = \frac{[HAc][OH^-]}{[Ac^-]}$$

K_h 称为水解平衡常数，简称水解常数。将上式分子分母同时乘以 $c(H^+)$，可得

$$K_h = \frac{K_w}{K_a}$$

从上式可以看出，K_a 越小（即组成盐的酸性越弱），K_h 越大，盐的水解程度越大。

所有强碱弱酸盐的水解，实质上是弱酸阴离子发生水解，溶液呈碱性。

盐的水解程度的大小除了用 K_h 表示外，还可以用水解度 h 来表示。

$$h=\frac{\text{已经水解的盐的浓度}}{\text{盐的起始浓度}}\times 100\%$$

根据 NaAc 的水解方程式，可得浓度 c（NaAc 起始浓度）与水解度 h 的关系。

$$h=\sqrt{\frac{K_w}{K_a c}}$$

2. 强酸弱碱盐的水解

以 NH_4Cl 为例说明此类盐的水解情况。NH_4Cl 在水溶液中的水解过程可表示如下：

$$\begin{array}{ccccc} NH_4Cl & \longrightarrow & NH_4^+ & + & Cl^- \\ & & + & & \\ H_2O & \rightleftharpoons & OH^- & + & H^+ \\ & & \Updownarrow & & \\ & & NH_3\cdot H_2O & & \end{array}$$

NH_4Cl 在水溶液中解离出来 NH_4^+ 与水解离出来的 OH^- 结合，生成了弱电解质 $NH_3\cdot H_2O$ 分子。由于 OH^- 浓度的减少，使水的解离平衡向右移动。当建立新的平衡时，溶液中 $c(H^+)>c(OH^-)$，即溶液 $pH<7$，溶液显酸性。

NH_4^+ 水解方程式为

$$NH_4^+ + H_2O \rightleftharpoons NH_3\cdot H_2O + H^+$$

所有强酸弱碱盐的水解，实质上是弱碱阴离子发生水解，溶液呈酸性。

其水解常数和水解度分别可表示为

$$K_h=\frac{K_w}{K_b}$$

$$h=\sqrt{\frac{K_w}{K_b c}}$$

3. 弱酸弱碱盐的水解

以 NH_4Ac 为例说明此类盐的水解情况。NH_4Ac 在水溶液中的水解过程可表示如下：

$$\begin{array}{ccccc} NH_4Ac & \longrightarrow & NH_4^+ & + & Ac^- \\ & & + & & + \\ H_2O & \rightleftharpoons & OH^- & + & H^+ \\ & & \Updownarrow & & \Updownarrow \\ & & NH_3\cdot H_2O & & HAc \end{array}$$

NH_4Ac 在水溶液中解离出来 $NH_4{}^+$ 和 Ac^- 分别与水解离出来的 OH^- 和 H^+ 结合，生成了弱电解质 $NH_3\cdot H_2O$ 分子和 HAc 分子。由于 OH^- 和 H^+ 浓度都减少，水的解离平衡强烈向右移动，可见弱酸弱碱盐的水解程度比强碱弱酸盐和强酸弱碱盐要大。

NH_4Ac 的水解方程式为

$$NH_4^+ + Ac^- + H_2O \rightleftharpoons NH_3\cdot H_2O + HAc$$

所有弱酸弱碱盐的水解，实质上是盐组分的阳离子和阴离子同时发生水解，水溶液的酸碱性由生成的弱酸和弱碱的相对强弱决定。

其水解常数可表示为

$$K_h=\frac{K_w}{K_aK_b}$$

值得注意的是，弱酸弱碱盐水解的程度虽然比较大，但无论所生成的弱酸和弱碱的相对强弱如何，溶液的酸、碱性还是比较弱的。不能认为水解的程度越大，溶液的酸性或碱性必然越强。

多元弱酸（弱碱）盐的水解和它们的解离过程一样，也是分步进行的。一般第一步水解是主要的，这里就不再一一讲述了。

二、盐溶液 pH 的简单计算

1. 强碱弱酸盐的水解

[例 4-13] 计算 0.1mol/L NaCN 溶液的 pH 及水解度。

解： NaCN 为强碱弱酸盐，其水解方程式为

$$CN^- + H_2O \rightleftharpoons HCN + OH^-$$

	CN^-	HCN	OH^-
起始浓度/(mol/L)	0.1	0	0
平衡浓度/(mol/L)	$0.1-x$	x	x

$$K_h=\frac{[HCN][OH^-]}{[CN^-]}=\frac{x^2}{(0.1-x)}=\frac{K_w}{K_a}$$

由于 K_h 很小，可以认为 $0.1-x\approx0.1$

$$x=\sqrt{\frac{1.0\times10^{-14}}{1.8\times10^{-5}}\times0.1}=7.5\times10^{-6}$$

$$c(OH^-)=7.5\times10^{-6}(mol/L)$$

$$pH=14-pOH=14+lg(7.5\times10^{-6})=8.88$$

$$h=\frac{7.5\times10^{-6}}{0.1}\times100\%=7.5\times10^{-3}\%$$

2. 强酸弱碱盐的水解

[例 4-14] 计算 0.1mol/L $(NH_4)_2SO_4$ 溶液的 pH。

解： $(NH_4)_2SO_4$ 为强酸弱碱盐，其水解方程式为

$$NH_4^+ + H_2O \rightleftharpoons NH_3\cdot H_2O + H^+$$

	NH_4^+	$NH_3\cdot H_2O$	H^+
起始浓度/(mol/L)	0.1×2	0	0
平衡浓度/(mol/L)	$0.20-x$	x	x

$$K_h=\frac{x^2}{(0.2-x)}=\frac{K_w}{K_b}$$

由于 K_h 很小，可以认为 $0.2-x\approx0.2$

$$x=\sqrt{\frac{1.0\times10^{-14}}{1.8\times10^{-5}}\times0.2}=1.1\times10^{-5}$$

$$c(H^+)=1.1\times10^{-5}(mol/L)$$

$$pH=-lg[c(H^+)]=-lg(1.1\times10^{-5})=4.96$$

三、影响盐类水解平衡的因素

1. 盐的本性

盐类水解程度的大小主要取决于盐的本性。盐类水解后所生成的弱酸或弱碱越弱时，水解程度越大。

2. 盐的浓度

从水解度的计算式可以看出，水解度与盐的浓度的平方根成反比。对同一种盐而言，盐溶液的浓度越小，水解度越大，即溶液稀释时，促进盐的水解进行。

3. 溶液的酸度

由于盐类发生水解会使溶液显示不同的酸碱性，如果调节溶液的酸度，会使盐的水解平衡发生移动，从而达到促进或抑制盐类水解的目的。

4. 温度的影响

盐的水解反应为吸热反应，根据平衡移动原理，升高温度可以促进盐的水解。所以在工业生产和实验中，凡涉及盐的水解时，常利用加热使水解进行完全。

四、盐类水解的应用

1. 物质的提纯——水解的利用

在分析中，无机盐提纯常常是为了除去混入的铁杂质，常用加热的方法促进盐的水解，在沸水中生成 $Fe(OH)_3$ 沉淀，经过滤可除去产品中的 Fe^{3+}。

$$Fe^{3+}+3H_2O \rightleftharpoons Fe(OH)_3\downarrow+3H^+$$

2. 溶液的配制——水解的抑制

实验室中配制许多经常使用的试剂，如 Sn^{2+}、Sb^{3+}、Fe^{3+} 等盐的水溶液时，由于非常容易水解产生沉淀，所以在配制这些盐的溶液时必须抑制水解的发生，实际上是采用一定浓度的相应的强酸或强碱来配制。例如配制 $SbCl_3$ 溶液时

$$SbCl_3+H_2O \rightleftharpoons SbOCl\downarrow+2HCl$$

可将 $SbCl_3$ 溶解在一定浓度的 HCl 中，可使上述水解反应的平衡向左移动，从而抑制 Sb^{3+} 的水解。

进度检查

一、选择题

1. 下列离子在水溶液中不会发生水解的是（　　）。

A. NH_4^+　　B. Al^{3+}　　C. F^-　　D. SO_4^{2-}

2. 下列溶液的 pH 小于 7 的是（　　）。

A. 乙酸钠　　B. 氯化铁　　C. 氯化钾　　D. 硝酸钠

3. 在水中加入下列物质，可使水的电离平衡向正向移动且溶液的 pH 大于 7 的是（　　）。

A. H_2SO_4　　B. $FeCl_3$　　C. NaCN　　D. KOH

二、计算题

计算 0.4mol/L 的 NH_4NO_3 溶液的 pH 及 h。

编号 FJC-14-07

学习单元 4-7 沉淀-溶解平衡

学习目标： 在完成了本单元学习之后，能够掌握溶度积和沉淀-溶解平衡的意义，熟悉溶度积规则及其应用。

职业领域： 化工、石油、环保、医药、冶金、建材等。

工作范围： 分析。

根据电解质在水中的溶解度不同，一般将电解质分为易溶电解质和难溶电解质，但它们之间没有明显的界线。通常把溶解度小于 0.01g/100gH_2O 的电解质称为难溶电解质。

一、沉淀-溶解平衡概述

任何物质，在水中或多或少都要溶解一点，绝对不溶的物质是没有的。因此，任何难溶物质在水中都有一个溶解与沉淀之间的平衡。现以固体 $BaSO_4$ 在水中的溶解为例说明。

$$BaSO_4(s) \rightleftharpoons Ba^{2+} + SO_4^{2-}$$

$BaSO_4$ 表面的 Ba^{2+} 和 SO_4^{2-} 在极性水分子的作用下逐渐离开晶体表面进入水中，成为自由运动的水合 Ba^{2+} 和水合 SO_4^{2-}，这个过程叫溶解。与此同时，已经溶于水中的水合 Ba^{2+} 和水合 SO_4^{2-} 在溶液中不断运动，若碰到未溶解的 $BaSO_4$ 固体时，受固体表面的吸引，就会重新回到固体表面上去，这个过程叫沉淀。任何难溶电解质的沉淀和溶解都是一个可逆过程，在一定温度下，当溶解与沉淀的速度相等时，未溶解的固体和溶液中的离子之间，便建立了难溶电解质的沉淀-溶解平衡，简称沉淀平衡，此时的溶液称为饱和溶液。

沉淀平衡和化学平衡一样，也是动态平衡，也服从化学平衡规律。

二、溶度积与溶解度

1. 溶度积

$$BaSO_4(s) \rightleftharpoons Ba^{2+} + SO_4^{2-}$$

在一定温度下，当上述反应达到平衡时，其平衡常数的表达式为

$$K_{sp} = \frac{[Ba^{2+}][SO_4^{2-}]}{[BaSO_4]} = [Ba^{2+}][SO_4^{2-}]$$

式中的 K_{sp} 称为难溶电解质的溶度积常数，简称溶度积。

对于任一难溶电解质 A_mB_n，溶度积的一般关系式为

$$A_mB_n(s) \rightleftharpoons mA^{n+} + nB^{m-}$$

$$K_{sp}(A_mB_n) = [A^{n+}]^m[B^{m-}]^n$$

式中 m——A 物质的化学计量系数；

n——B 物质的化学计量系数。

溶度积常数 K_{sp} 和其他化学平衡常数一样，只与温度有关，但温度变化对溶度积的影

响不大，一般采用室温下的 K_{sp} 即可。

2. 溶度积与溶解度的换算

在一定温度下，溶度积与溶解度都表示难溶电解质的溶解能力，它们之间有内在的联系，因而可以相互换算。

[例 4-15] 1298K 时，$BaSO_4$ 的溶解度为 1.04×10^{-5}mol/L，试求该温度下 $BaSO_4$ 的 K_{sp}。

解：$BaSO_4$ 的沉淀-溶解平衡式为

$$BaSO_4(s) \rightleftharpoons Ba^{2+} + SO_4^{2-}$$

根据上式可得，每溶解 1mol/L 的 $BaSO_4$，就能电离出 1mol/L 的 Ba^{2+} 和 SO_4^{2-}。

则 $$[Ba^{2+}]=[SO_4^{2-}]=1.04\times10^{-5}(mol/L)$$

$BaSO_4$ 的溶度积 $K_{sp}=[Ba^{2+}][SO_4^{2-}]=[1.04\times10^{-5}]^2=1.08\times10^{-10}$

[例 4-16] 298K 时，AgCl 的溶度积为 1.8×10^{-10}，AgBr 的溶度积为 5.0×10^{-13}，AgI 的溶度积为 8.3×10^{-17}，计算在该温度下它们在水中的溶解度（mol/L）。

解：设 AgX 的溶解度为 $x$mol/L，则饱和溶液中 $c(Ag^+)=x$，$c(X^-)=x$，

$$AgX \rightleftharpoons Ag^+ + X^-$$

平衡浓度(mol/L) $\qquad x \qquad x$

$$K_{sp}(AgX)=[Ag^+][X^-]=x\cdot x=x^2$$

则 $$x=\sqrt{K_{sp}(AgX)}$$

$$AgCl 的溶解度=\sqrt{1.8\times10^{-10}}=1.34\times10^{-5}(mol/L)$$

$$AgBr 的溶解度=\sqrt{5.0\times10^{-13}}=7.07\times10^{-7}(mol/L)$$

$$AgI 的溶解度=\sqrt{8.3\times10^{-17}}=9.11\times10^{-9}(mol/L)$$

[例 4-17] 298K 时，Ag_2CrO_4 的溶度积为 1.1×10^{-12}，计算该温度下 Ag_2CrO_4 在水中的溶解度（mol/L）。

解：设 Ag_2CrO_4 的溶解度为 $x$mol/L，则饱和溶液中 $c(Ag^+)=2x$，$c(CrO_4{}^-)=x$，

$$Ag_2CrO_4 \rightleftharpoons 2Ag^+ + CrO_4^{2-}$$

平衡浓度/(mol/L) $\qquad 2x \qquad x$

$$K_{sp}(Ag_2CrO_4)=[Ag^+]^2[CrO_4{}^{2-}]=(2x)^2x=4x^3$$

$$x=\sqrt[3]{\frac{K_{sp}(AgCrO_4)}{4}}=\sqrt[3]{\frac{1.1\times10^{-12}}{4}}=6.5\times10^{-5}(mol/L)$$

例 4-16、例 4-17 表明，对于同一类型的（如 AB 型、A_2B 型或 AB_2 型）难溶电解质，如 AgCl、AgBr、AgI，由于溶解度与溶度积之间的关系相同，可以由溶度积的大小直接比较它们的溶解度的大小。溶度积越大，溶解度也越大。但对于不同类型的电解质，如 AgCl、Ag_2CrO_4，由于溶解度与溶度积之间的关系不同，不能直接由它们的溶度积来比较溶解度的大小，必须通过计算确定。

值得注意的是，上述溶度积与溶解度之间的简单换算，只适用于基本不水解的难溶电解质，不适用于易溶电解质及难溶的弱电解质。

三、溶度积规则

改变难溶电解质的溶解-沉淀平衡的条件，平衡会发生移动。例如在 AgCl 的饱和溶液中

$$BaSO_4(s) \rightleftharpoons Ba^{2+} + SO_4^{2-}$$

如果增加平衡体系中 Ba^{2+} 或 SO_4^{2-} 的浓度，平衡就会被破坏，反应将向左进行，有新的沉淀析出，直到建立新的平衡。若降低平衡体系中 Ba^{2+} 或 SO_4^{2-} 的浓度，平衡同样被破坏，反应将向右进行，使 AgCl 沉淀溶解，直至建立新的平衡。

以 Q_i 表示任意浓度下难溶电解质 A_mB_n 的离子积，则

$$Q_i = c(A^{n+})^m c(B^{m-})^n$$

由上式可以看出 Q_i 与 K_{sp} 的表达形式虽然相同，但二者的意义是不一样的。Q_i 中的离子浓度是指非平衡状态时的浓度，所以离子积 Q_i 不是常数。

由此可以得出：

$Q_i > K_{sp}$，溶液呈过饱和状态，有沉淀生成；

$Q_i = K_{sp}$，溶液呈饱和状态，沉淀和溶解处于平衡状态；

$Q_i < K_{sp}$，溶液呈不饱和状态，若体系中原有沉淀存在，沉淀会溶解。

上述三种情况是难溶电解质多相离子平衡移动的规律，称作溶度积规则，它是难溶电解质沉淀平衡移动规律的总结，也是判断沉淀生成和溶解的依据。

四、溶度积规则的应用

1. 沉淀的生成

（1）生成沉淀的条件　根据溶度积规则，当溶液中 $Q_i > K_{sp}$ 时，就会生成沉淀。

[例 4-18] 将 0.10mol/L 的 $CaCl_2$ 溶液与 0.10mol/L 的 Na_2SO_4 溶液等体积混合，问是否有 $CaSO_4$ 沉淀生成？$K_{sp}(CaSO_4) = 4.93\times10^{-5}$。

解： 两种溶液等体积混合后，可以认为体积增大一倍，浓度减小至原来的一半。

即　　$c(Ca^{2+}) = 0.05mol/L$　$c(SO_4^{2-}) = 0.05(mol/L)$

$Q_i = c(Ca^{2+})c(SO_4^{2-}) = 0.05\times0.05 = 2.5\times10^{-3} > 4.93\times10^{-5}$

$Q_i > K_{sp}$，所以有 $CaSO_4$ 沉淀生成。

（2）沉淀的完全程度　在实际工作中，当利用沉淀反应来制备物质或分离杂质时，只有沉淀生成是不行的，还需要沉淀完全。由于难溶电解质溶液中始终存在着沉淀-溶解平衡，不论加入的沉淀剂如何过量，被沉淀离子的浓度也不可能等于零。我们通常所说的“沉淀完全”，一般是指留在溶液中的离子浓度小于 10^{-5}mol/L。

[例 4-19] 计算 0.1mol/L Mg^{2+} 开始沉淀和沉淀完全时的 pH。已知 $K_{sp}[Mg(OH)_2] = 5.61\times10^{-12}$。

解：

$$Mg(OH)_2(s) \rightleftharpoons Mg^{2+} + 2OH^-$$

Mg^{2+} 开始沉淀时　　$[Mg^{2+}][OH^-]^2 = K_{sp}[Mg(OH)_2]$

$$[OH^-]=\sqrt{\frac{K_{sp}[Mg(OH)_2]}{Mg^{2+}}}=\sqrt{\frac{5.61\times10^{-12}}{0.1}}=7.5\times10^{-6}(mol/L)$$

$$pH=14-pOH=14+\lg(7.5\times10^{-6})=8.88$$

Mg^{2+}完全沉淀时，溶液中的$c(Mg^{2+})\leqslant10^{-5}$ mol/L，则

$$[OH^-]\geqslant\sqrt{\frac{5.61\times10^{-12}}{10^{-5}}}\geqslant7.5\times10^{-4}(mol/L)$$

$$pH\geqslant14-pOH=14+\lg(7.5\times10^{-4})=10.88$$

2. 分步沉淀

在实际生产中，我们常常会遇到这样的情况：如果有多种离子同时存在于混合溶液中，加入某种沉淀剂时，这些离子可能都会发生沉淀反应，生成难溶电解质。但因沉淀溶解度的不同，发生沉淀的先后次序不同。这种现象称为分步沉淀。

[例 4-20] 在含有浓度均为 0.1mol/L 的 Cl^-、I^- 的混合溶液中，逐滴加入 $AgNO_3$ 试液，哪种离子先沉淀？第一种离子沉淀到什么程度，第二种离子开始沉淀？

解： AgCl 和 AgI 开始产生沉淀时所需的 Ag^+ 可由它们各自的溶度积计算

$$K_{sp}(AgCl)=[Ag^+][Cl^-]=1.8\times10^{-10}$$

$$K_{sp}(AgI)=[Ag^+][I^-]=8.3\times10^{-17}$$

则 Cl^- 开始沉淀需要的 $c(Ag^+)$ 为：

$$c(Ag^+)=\frac{1.8\times10^{-10}}{0.1}=1.8\times10^{-9}(mol/L)$$

I^- 开始沉淀需要的 $c(Ag^+)$ 为：

$$c(Ag^+)=\frac{8.3\times10^{-17}}{0.1}=8.3\times10^{-16}(mol/L)$$

沉淀 I^- 所需 Ag^+ 浓度比沉淀 Cl^- 小得多，因此 AgI 先沉淀。当 AgCl 开始沉淀时，溶液中 $c(Ag^+)=1.8\times10^{-9}$，此时溶液中 $c(I^-)$ 为

$$c(I^-)=\frac{K_{sp}(AgI)}{c(Ag^+)}=\frac{8.3\times10^{-17}}{1.8\times10^{-9}}=4.6\times10^{-8}(mol/L)$$

这就说明，当 Cl^- 开始沉淀时，I^- 已经沉淀完全。

根据分步沉淀原理，可使两种离子分离。如果是同一类型的难溶电解质，K_{sp} 小的首先沉淀，而且溶度积相差越大，混合离子越容易分离。但对于不同类型的难溶电解质，因有不同浓度的幂次关系，则不能直接根据 K_{sp} 来判断沉淀的次序。

3. 沉淀的溶解

根据溶度积规则，沉淀溶解的必要条件是降低难溶电解质饱和溶液中某一离子的浓度，使 $Q_i<K_{sp}$。常用的方法一般有以下几种。

(1) 生成弱电解质　包括生成弱酸、弱碱及弱电解质水，从而使沉淀溶解，以 HCl 溶解 $Fe(OH)_3$ 为例进行说明。

$$
\begin{array}{l}
Fe(OH)_3(s) \rightleftharpoons Fe^{3+} + 3OH^- \\
\qquad\qquad\qquad\qquad\quad + \\
\qquad\qquad 3HCl \longrightarrow 3Cl^- + 3H^+ \\
\qquad\qquad\qquad\qquad\quad \Updownarrow \\
\qquad\qquad\qquad\qquad\quad 3H_2O
\end{array}
$$

由于 $Fe(OH)_3$ 固体电离出的 OH^- 与 HCl 电离出的 H^+ 结合生成了弱电解质水，降低了 OH^- 浓度，$Q_i < K_{sp}$，$Fe(OH)_3$ 沉淀溶解。

(2) 氧化还原溶解法　利用氧化还原反应来降低溶液中难溶电解质组分离子的浓度，从而使难溶电解质溶解的方法，称为氧化还原溶解法。一些很难溶的金属硫化物，如 CuS、PbS 等，由于其溶解度非常小，即使外加高浓度的 HCl 或 H_2SO_4，都不足以将它们溶解。这时，可以利用氧化性很强的硝酸来溶解。反应式如下。

$$
\begin{array}{l}
3PbS(s) \rightleftharpoons 3Pb^{2+} + 3S^{2-} \\
\qquad\qquad\qquad\qquad\quad + \\
\qquad\qquad\qquad 2NO_3^- + 8H^+ \\
\qquad\qquad\qquad\qquad\quad \Updownarrow \\
\qquad\quad 3S\downarrow + 4H_2O + 2NO\uparrow
\end{array}
$$

(3) 配位溶解法　在难溶电解质的饱和溶液中，加入一定量的配位剂，与难溶电解质组分离子形成配离子，使得溶液中组分离子浓度降低，从而达到溶解的目的。例如不溶于稀硝酸的 AgCl，可以溶解在氨水中。溶解反应式为：

$$
\begin{array}{l}
AgCl(s) \rightleftharpoons Ag^+ + Cl^- \\
\qquad\qquad\qquad + \\
\qquad\quad 2NH_3 \cdot H_2O \\
\qquad\qquad\qquad \Updownarrow \\
\quad [Ag(NH_3)_2]^+ + 2H_2O
\end{array}
$$

4. 沉淀的转化

在含有沉淀的溶液中加入适当试剂，使之转化为另一种沉淀的过程称为沉淀的转化。例如锅炉锅垢中的 $CaSO_4$，它既不溶于水也不溶于酸，很难除去。但是在 $CaSO_4$ 的饱和溶液中加入 Na_2CO_3 可以将其除去，反应式如下。

$$
\begin{array}{l}
CaSO_4(s) \rightleftharpoons Ca^{2+} + SO_4^{2-} \\
\qquad\qquad\qquad\quad + \\
Na_2CO_3 \longrightarrow CO_3^{2-} + 2Na^+ \\
\qquad\qquad\qquad\quad \Updownarrow \\
\qquad\qquad\quad CaCO_3\downarrow
\end{array}
$$

由于 K_{sp}（$CaCO_3$）小于 K_{sp}（$CaSO_4$），Ca^{2+} 与 $CO_3{}^{2-}$ 能生成 $CaCO_3$ 沉淀，从而使溶液中的 Ca^{2+} 的浓度降低，平衡右移，使 $CaSO_4$ 逐渐溶解。只要加入足量的 Na_2CO_3，就能使 $CaSO_4$ 全部转化成 $CaCO_3$ 沉淀。

沉淀之间能否发生转化及转化的程度如何，完全取决于两种沉淀的 K_{sp} 的相对大小。一般 K_{sp} 大的能转化成 K_{sp} 小的，而且两者的差异越大，转化越完全。

进度检查

一、填空题

1. 当 Q_i________K_{sp}，溶液呈饱和状态，沉淀和溶解处于平衡状态。

2. $K_{sp}[Fe(OH)_2]<K_{sp}[Mg(OH)_2]$，则溶解度 $s[Fe(OH)_2]$______$s[Mg(OH)_2]$。

3. 对于难溶电解质 $CaCO_3$，可加入________生成 H_2CO_3 而发生溶解。

4. 明矾溶液呈______性，原因是________；小苏打溶液呈______性，原因是________。

二、计算题

1. 298K 时，AgCl 的溶解度为 1.92×10^{-3}g/L，试求该温度下 AgCl 的溶度积。

2. 某溶液中 Fe^{3+} 的浓度为 0.02mol/L，试计算 $Fe(OH)_3$ 开始沉淀和沉淀完全时的 pH。

编号 FJC-14-08

学习单元 4-8 沉淀反应与盐类水解实验操作

学习目标：在完成了本单元学习之后，能够掌握沉淀反应与盐类水解实验操作。

职业领域：化工、石油、环保、医药、冶金、建材等。

工作范围：分析。

所需仪器、药品见表 4-6。

表 4-6 所需仪器、药品

序号	名称及说明	数量
1	$NaCl$、$CaCl_2$、Na_2SO_4、K_2CrO_4、$AgNO_3$、$CaCO_3$、$AgCl$、CuS、Na_2S	各 1 瓶
2	HCl、$NH_3 \cdot H_2O$	各 1 瓶
3	试管	若干
4	pH 试纸	1 包
5	滴管	2 个
6	量筒(5mL)	2 个
7	玻璃棒	1 根

一、沉淀反应实验操作

1. 沉淀的生成

[实验 4-6] 取 1mL 0.1mol/L 的 $CaCl_2$ 于试管 1 中，加入 1mL 0.1mol/L 的 Na_2SO_4，观察有无沉淀生成并解释原因。另取 1mL 0.001mol/L 的 $CaCl_2$ 于试管 2 中，加入 1mL 0.001mol/L 的 Na_2SO_4，观察有无沉淀生成并解释原因。

解：实验观察到试管 1 有沉淀生成，试管 2 无沉淀生成。

原因：查附录 3 可得 $K_{sp}(CaSO_4)=3.16\times10^{-7}$

试管 1 的离子积 $Q_i(CaSO_4)=0.05\times0.05=2.5\times10^{-3}>K_{sp}(CaSO_4)$，

试管 2 的离子积 $Q_i(CaSO_4)=0.0005\times0.0005=2.5\times10^{-7}<K_{sp}(CaSO_4)$

因此，试管 1 有沉淀生成，试管 2 无沉淀生成。

[实验 4-7] 在装有 0.5mL 0.2mol/L 的 NaCl 和 0.5mL 0.1mol/L 的 K_2CrO_4 的试管中，逐滴加入 0.1mol/L 的 $AgNO_3$，观察现象并解释原因。

解：实验观察到先有白色沉淀生成，后有砖红色沉淀生成。

原因：当溶液中 $Q_i>K_{sp}$，就会生成沉淀。

查附录 3 得：$K_{sp}(AgCl)=1.8\times10^{-10}$，$K_{sp}(Ag_2CrO_4)=1.2\times10^{-12}$

当 $Q_i(AgCl)=c(Ag^+)c(Cl^-)>1.8\times10^{-10}$　即 $c(Ag^+)>1.8\times10^{-10}/0.1=1.8\times10^{-9}$mol/L 时，有 AgCl 沉淀生成。

当 $Q_i(Ag_2CrO_4)=c(Ag^+)^2c(CrO_4^{2-})>1.2\times10^{-12}$　即 $c(Ag^+)>\sqrt{1.2\times10^{-12}/0.05}=4.9\times10^{-6}$mol/L 时，有 Ag_2CrO_4 沉淀生成。

由于生成 AgCl 所需的 Ag^+ 浓度比生成 Ag_2CrO_4 所需的 Ag^+ 浓度低，因此先看到白色的 AgCl 沉淀，后看到砖红色的 Ag_2CrO_4 沉淀。

2. 沉淀的溶解

[实验 4-8] 设计实验方案：用生成弱电解质的方法溶解 $CaCO_3$。

解： 在盛有 $CaCO_3$ 固体的试管中逐滴加入 HCl 溶液直到完全溶解。

$$\begin{array}{rcl} CaCO_3(s) & \rightleftharpoons & Ca^{2+}+CO_3^{2-} \\ & & \quad\quad + \\ 2HCl & \longrightarrow & 2Cl^- + 2H^+ \\ & & \quad\quad \Updownarrow \\ & & \quad\quad H_2CO_3 \longrightarrow H_2O+CO_2\uparrow \end{array}$$

3. 沉淀的转化

[实验 4-9] 在试管中加入 5 滴 0.1mol/L 的 $AgNO_3$ 和 6 滴 0.1mol/L 的 NaCl，有何颜色的沉淀生成？取沉淀加入 0.1mol/L 的 Na_2S，有何现象？

解： 试管中先看到有白色沉淀生成，加入 0.1mol/L 的 Na_2S 后，白色沉淀转化为黑色沉淀。

$$\begin{array}{rcl} 2AgCl(s) & \rightleftharpoons & 2Ag^+ + 2Cl^- \\ & & + \\ Na_2S & \longrightarrow & S^{2-} + 2Na^+ \\ & & \Updownarrow \\ & & Ag_2S\downarrow \end{array}$$

二、盐的水解

[实验 4-10] 用 pH 试纸测定下面溶液的酸碱性：NaCl、CH_3COONa、NH_4Cl。

解： 将三种待测溶液分别滴在 pH 试纸上，然后把试纸显示的颜色与标准比色板对照，得到 NaCl 显中性，CH_3COONa 显碱性，NH_4Cl 显酸性。

[实验 4-11] 在 $SbCl_3(s)$ 中加入 1mL 蒸馏水，观察现象，用 pH 试纸测定其溶液的酸碱性并解释原因。继续加入 6mol/L HCl，观察现象并解释原因。再用蒸馏水稀释，观察现象并解释原因。

解： 在 $SbCl_3(s)$ 中加入 1mL 蒸馏水，可看到有白色沉淀生成，用 pH 试纸测定溶液显酸性。原因是 Sb^{3+} 发生水解，反应式为：$SbCl_3+H_2O\rightleftharpoons SbOCl\downarrow+2HCl$

加入 6mol/L HCl，沉淀逐渐溶解至溶液变澄清。原因是盐酸的加入抑制了上述水解的发生，使水解反应的平衡向左移动。

再用蒸馏水稀释，又会有沉淀析出。原因是盐的水解的程度与盐的浓度有关，盐的浓度越低，水解程度越大，加水稀释，使 $SbCl_3$ 的浓度降低，水解平衡向右移，又产生 SbOCl 沉淀。

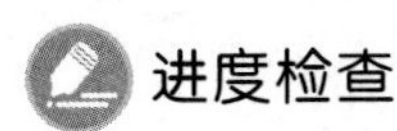

进度检查

实验题

1. 用生成配离子的方法溶解 AgCl，写出相应的反应式。

2. 取 1mL 0.2mol/L 的 $Pb(NO_3)_2$ 于试管 1 中，加入 1mL 0.2mol/L 的 KI，观察有无沉淀生成并解释原因。另取 1mL 0.002mol/L 的 $Pb(NO_3)_2$ 于试管 2 中，加入 1mL 0.002mol/L 的 KI，观察有无沉淀生成并解释原因。

素质拓展阅读

酸雨的危害及防治

在日常生活中我们都听过酸雨，什么是酸雨呢？酸雨是指 pH 值小于 5.6 的雨雪或其他形式的降水。酸雨是大气污染的直接结果，是由于烟囱排放出的二氧化硫酸性气体，或汽车排放出来的氮氧化物烟气上升到空中与水蒸气相遇时，就会形成硫酸和硝酸小滴，使雨水酸化，这时落到地面的雨水就成了酸雨。根据我们在溶液的酸碱性中的学习，pH＜7 的溶液是酸性溶液，酸性溶液电离出的 H^+ 对环境破坏很大，如：腐蚀建筑物和工业设备；破坏露天的文物古迹；损坏植物叶面，导致森林死亡；使湖泊中鱼虾死亡；破坏土壤成分，使农作物减产甚至死亡等。因此，应想办法减少酸雨的形成。可以通过调整以矿物染料为主的能源结构，增加无污染或少污染的能源比例，同时加强开发利用煤炭的新技术等措施，减少废气的排放。对于我们而言，在日常生活中可以通过步行、骑自行车、乘坐公共交通等绿色出行方式减少汽车尾气的排放，通过节约用电等减少能源的消耗，通过向身边的亲朋宣传酸雨的危害及防治措施让人们树立环保意识等方式为防治酸雨献出自己的一份力量。

喝碱性矿泉水有助于改善酸性体质吗？

经常有广告说，饮用弱碱性水有助于改善酸性体质，能够“祛病强身”等，这样的说法有理论依据吗？事实上这种说法是不科学的。首先，水是喝到胃里的，胃的环境是酸性的，pH 为 2～3。胃液的作用一是杀菌，二是帮助消化。而胃液是一种酸性较强的缓冲溶液，根据我们所学，缓冲溶液在一定范围内可以抵御外来少量酸或碱，而保持溶液 pH 相对稳定。因此不管你喝的水是弱酸性还是弱碱性，到胃里后，pH 值几乎不会发生改变。其次，人体有着强大的自我调节功能，让身体的酸碱值维持在稳定的范围，正常人体的酸碱度（pH 值）在 7.35～7.45 之间，除非身体本身出现了问题，失去了自我调节能力，这时候才需要借助外在力量维持体内酸碱度的平衡，而这种外力更多的是积极的治疗。通过这个事件告诉我们，在日常生活中看到这些广告词条的时候，要有科学求真的精神，用所学的理论知识去论证，去探究，千万不能信谣传谣，人云亦云。

模块 5　重要元素及化合物知识

编号 FJC-15-01

学习单元 5-1　卤素及其重要化合物

学习目标： 在完成了本单元学习之后，能够掌握卤素及其重要化合物的性质。
职业领域： 化工、石油、环保、医药、冶金、建材等。
工作范围： 分析。

非金属元素位于元素周期表 p 区的右上方，均为主族元素，价电子构型为 $1s^{1\sim2}ns^2np^{1\sim6}$，共 23 种元素。其中固态的有 9 种，为 B、C、Si、P、As、S、Se、Te、I，液态的有 Br_2，其余都是气体。

一、卤素单质

元素周期表中ⅦA 族的氟（F）、氯（Cl）、溴（Br）、碘（I）、砹（At）和鿬（Ts）六种元素，统称为卤族元素，简称卤素（通常以 X 表示）。卤素是成盐元素的意思，因为这些元素是典型的非金属，它们皆能与典型的金属化合生成典型的盐。其中砹是放射性元素，本节对砹不予讨论。

卤素是各周期中的原子半径最小、电负性最大的元素。它们的非金属性是同周期元素中最强的，表现出强的氧化性。

卤素原子的价电子构型为 ns^2np^5，易得到一个电子达到 8 个电子的稳定结构，化合物中最常见的氧化数是－1，是典型的非金属元素。在形成卤素的含氧酸及其盐时，可以表现出＋1、＋3、＋5、＋7 的正氧化态。氟的电负性最大，不能出现正氧化数。卤素的核电荷数和原子半径都按 F—Cl—Br—I 顺序依次增加，非金属性由氟到碘逐渐减弱，氧化性依次减弱。

1. 物理性质

卤素单质的一些物理性质见表 5-1。

表 5-1　卤素单质的一些物理性质

卤素单质	F_2	Cl_2	Br_2	I_2
熔点/℃	－219.7	－101.0	－7.3	113.6
沸点/℃	－188.2	－34.6	58.8	184.4
常温下颜色和状态	淡黄色气体	黄绿色气体	红棕色液体	紫黑色固体

卤素单质均为非极性的双原子分子，分子内原子间是以共价键相结合。分子间仅存在着微弱的分子间作用力，随着相对分子质量的增大，分子的变形性逐渐增大，分子间的色散力也逐渐增强，因此，卤素单质的一些物理性质呈现规律性变化。如卤素单质的熔点、沸点等按 F—Cl—Br—I 的顺序依次升高。

常温下，氟和氯是气体，溴是易挥发的液体，碘为固体（易升华）。由于从氟至碘，卤素单质分子的半径递增，核对外层电子的引力减弱，外层电子激发所需要的能量降低，故物质的颜色逐渐变深。

卤素单质均为双原子的非极性分子。在水中的溶解度不大，而易溶于有机溶剂。氟不溶于水，因为它剧烈地分解水而放出氧气。氯在常温下是黄绿色气体，具有强烈的刺激性气味。氯极易液化，常温时冷至239K或常温时加压至600kPa变为黄绿色油状液体，工业上称为“液氯”，储存在钢瓶中。氯气微溶于水，氯水呈黄绿色。氯气易溶于CCl_4、CS_2等非极性溶剂。氯气有毒，强烈刺激眼、鼻、气管等，吸入较多的氯蒸气会严重中毒，甚至死亡。吸入氯气，须立即到新鲜空气处，可通过吸入适量乙醇和乙醚混合蒸气或氨气解毒。

溴在有机溶剂中的颜色随溴浓度的增加而逐渐加深，从黄到棕红。碘溶于溶剂中所形成溶液的颜色随溶剂不同而有所区别。一般来说，在介电常数较大的溶剂中，溶液呈棕红色，而在介电常数较小的溶剂中，则呈紫色。此外，碘还易溶于KI、HI和其他碘化物溶液中。所有卤素均具有刺激性气味，强烈刺激眼、鼻、气管等，吸入较多的蒸气会发生严重中毒，甚至造成死亡。它们的毒性从氟到碘而减轻。氟和氯在常温下毒性大。溴易挥发，其蒸气具有强烈的令人窒息的恶臭味，液溴与皮肤接触产生疼痛并造成难以治愈的创伤；碘的蒸气有毒，可强烈刺激皮肤和眼睛，因此在使用时要特别小心。

2. 化学性质

化学活泼性是卤素单质的重要特性。卤素的化学反应类型基本上相同，但从氟到碘其活泼性逐渐减弱，反应的激烈程度也不相同。

（1）与金属反应　氟的化学活泼性极强，几乎能与所有的金属或非金属直接化合，而且反应十分激烈。氟与氢在低温暗处即能化合，并放出大量的热甚至引起爆炸。

氯的化学活泼性也很强，但较氟稍差，能与所有的金属或大多数非金属直接化合，但反应的剧烈程度不如氟。

$$Cu+Cl_2 \longrightarrow CuCl_2$$

$$2Na+Cl_2 \longrightarrow 2NaCl$$

$$2Fe+3Cl_2 \longrightarrow 2FeCl_3$$

溴和碘的活泼性与氯相比则较差，在常温或不太高的温度下，溴和碘能与较活泼的金属反应，一般可以与氯化合的其他金属大都也可以与溴和碘反应，只是要在较高的温度下才能发生反应。溴和碘与非金属的反应与氯相似，但反应的剧烈程度又较氯差。溴和碘与氢的化合则需在加热和催化剂作用下才具有明显的反应。

（2）与非金属反应　氯气能与大多数非金属元素（O_2、N_2、稀有气体除外）直接化合，反应较剧烈。如氯气与硫和磷的反应。

$$2S+Cl_2 \longrightarrow S_2Cl_2$$

$$S+Cl_2 \longrightarrow SCl_2$$

$$2P+3Cl_2 \longrightarrow 2PCl_3$$

$$2P+5Cl_2(\text{过量}) \longrightarrow 2PCl_5$$

氯和氢的混合气体在常温下反应进行得很慢。当强光照射或加热时，氯和氢立即反应并发生爆炸。这类因光引起的化学反应叫作“光化学反应”。

$$H_2+Cl_2 \longrightarrow 2HCl$$

（3）卤素间的置换反应　X_2的氧化能力由F_2至I_2逐渐减弱，位于前面的卤素能把电负性比它小的卤素从后者的卤化物中置换出来。如

$$Cl_2+2Br^- \longrightarrow 2Cl^-+Br_2$$

$$Br_2+2I^- \longrightarrow 2Br^-+I_2$$

(4) 与水、碱的反应　卤素与水发生两种重要的反应。第一类反应是卤素置换水中的氧。第二类反应是卤素的水解反应，即卤素的歧化反应。

$$2X_2 + 2H_2O \longrightarrow 4X^- + 4H^+ + O_2\uparrow$$

$$X_2 + H_2O \rightleftharpoons H^+ + X^- + HXO$$

氯只有在光照下缓慢地与水反应放出 O_2。氯水有很强的漂白、杀菌作用。

$$Cl_2 + H_2O = HCl + HClO$$

$$2HClO = 2HCl + O_2$$

氟与水反应激烈放出氧气，氯与水的反应主要按第二类反应进行，溴和碘与水虽然也可进行第二类反应，但反应比较困难。

卤素水解反应的平衡移动与 $[H^+]$ 有关，加酸有利于 X^- 离子被 HXO 所氧化，加碱则使平衡向卤素水解反应的方向移动。卤素与碱的反应是建立在卤素水解反应的基础上，在不同温度下，卤素在碱性溶液中发生如下的歧化反应。

$$X_2 + 2OH^- \longrightarrow X^- + XO^- + H_2O\text{(冷的条件下)}$$

$$3X_2 + 6OH^- \longrightarrow 5X^- + XO_3^- + 3H_2O\text{(加热条件下)}$$

I_2 与碱的反应，无论加热与否，均为同一反应。

$$3I_2 + 6NaOH \longrightarrow 5NaI + NaIO_3 + 3H_2O$$

通过上面的分析可以看出，卤素单质（X_2）氧化能力的递变顺序为：

$$F_2 > Cl_2 > Br_2 > I_2$$

卤素阴离子（X^-）的还原能力的递变顺序为：

$$F^- < Cl^- < Br^- < I^-$$

3. 卤素单质的制备与用途

(1) 制备　由于卤素在自然界主要以氧化数为－1 的离子存在，因此制备卤素单质一般采用使卤离子失去电子被氧化成卤素单质的方法。

$$2X^- - 2e \longrightarrow X_2$$

由于卤离子的还原能力相差很大，因此也可以利用电解法或化学法制备卤素单质。F^- 离子是一种极弱的还原剂，不可能用化学方法把它氧化，只能用最强有力的氧化还原手段——电解氧化法来实现。1886 年，法国化学家莫桑从电解氟氢化钾（KHF_2）的无水氟化氢溶液制得。

$$2KHF_2 \longrightarrow 2KF + H_2\uparrow + F_2\uparrow$$

氯的制备比氟容易，它既可用电解法也可用化学方法来制取。

除氟之外，其他卤素单质的制备，可用氧化剂与氢卤酸或卤化物反应制得。例如，实验室常用 MnO_2 作氧化剂与浓盐酸作用制取氯气。

由于卤素性质活泼，自然界中均以化合态的形式存在。工业上常用电解食盐水制取氯气。

$$2NaCl + 2H_2O \longrightarrow 2NaOH + H_2\uparrow + Cl_2\uparrow$$

实验室是用强氧化剂与浓盐酸来制取氯气。

$$2KMnO_4 + 16HCl\text{(浓)} \longrightarrow 2KCl + 2MnCl_2 + 5Cl_2\uparrow + 8H_2O$$

$$MnO_2 + 4HCl\text{(浓)} \longrightarrow MnCl_2 + 2H_2O + Cl_2\uparrow$$

溴离子和碘离子具有比较明显的还原性，常用氯来氧化 Br^- 和 I^- 以制取 Br_2 和 I_2。

$$2Br^- + Cl_2 \longrightarrow 2Cl^- + Br_2$$

$$2I^- + Cl_2 \longrightarrow 2Cl^- + I_2$$

制取 I_2 时要控制 Cl_2 的用量，否则过量的 Cl_2 会使 I_2 进一步氧化。

$$I_2+5Cl_2+6H_2O \longrightarrow 2IO_3^-+10Cl^-+12H^+$$

（2）用途　氟主要用于制取有机氟化物，如杀虫剂 CCl_3F、制冷剂 CCl_2F_2、高效灭火剂 CBr_2F_2。随着尖端科学技术的发展，氟的用途日益广泛。如在原子能工业中：

$$U+3F_2 \longrightarrow UF_6$$

六氟化铀（UF_6）主要用来分离铀的同位素。

$$S+3F_2 \longrightarrow SF_6$$

SF_6 具有很高的绝缘能力，主要用于电力工业部门。

氯是重要的化工产品和原料，它主要用于盐酸、农药、炸药、有机染料、有机溶剂等的制备，以及纺织品和纸张的漂白，饮用水、游泳池水的消毒等。较多的氯还用于合成塑料和橡胶以及石油化工方面。此外，氯也用来处理某些工业废水。

溴主要用于药物、染料、感光材料及无机溴化物和溴酸盐的制备，还用于制造汽油抗震的添加剂 $C_2H_4Br_2$、军事上的催泪性毒剂和高效低毒的灭火剂，NaBr、KBr 还可用作镇静剂。

碘在医药上用作消毒剂，如碘酒、碘仿等。碘化物有预防和治疗甲状腺肥大的功能，碘也是有机工业的重要原料。

二、卤素的化合物

1. 卤化氢与氢卤酸

卤素的氢化物称为卤化氢，即 HF、HCl、HBr、HI 等，以通式 HX 表示，有刺激性，遇潮湿空气则发烟（结合成酸雾），极易溶于水。HX 的水溶液称为氢卤酸。除氢氟酸是弱酸外，其余均为强酸，它们的主要性质列于表 5-2。

表 5-2　卤化氢的主要性质

卤化氢	HF	HCl	HBr	HI
相对分子质量	20.0	36.5	81.0	128.0
键能/(kJ/mol)	565	431	362	299
键长/pm	91.8	127.4	140.8	160.8
生成热/(kJ/mol)	−268.8	−92.30	−36.25	25.95
熔点/℃	−83.1	−114.8	−88.5	−50.8
沸点/℃	19.5	−84.9	−67.0	−35.4
饱和溶液浓度/%	35.3	42.0	49.0	57.0

（1）物理性质　卤化氢均为无色、有刺激性气味的气体，在空气中会“冒烟”，这是因为卤化氢与空气中的水蒸气结合形成了酸雾。从表 5-2 可以看出，卤化氢的性质依 HF—HCl—HBr—HI 的顺序有规律地变化，例如它们的熔点、沸点随着相对分子质量的增大而升高。这是由于从 HCl 至 HI 分子范德华力依次增大，其熔点、沸点依次递增。而 HF 具有反常的熔、沸点，是由于在 HF 分子中还存在着氢键，分子发生了缔合。

卤化氢都是极性分子，故它们都易溶于水。293K 时，1 体积的水可溶解 500 体积的氯化氢，溶解时放出大量的热。溴化氢和碘化氢在水中的溶解度与氯化氢相似，氟化氢则是无限制地溶于水中。

氯化氢是一种无色非可燃性气体，有刺激性气味，味酸。与空气中的水蒸气结合形成酸雾，在空气中会“冒烟”。极易溶于水，生成盐酸。能与乙醇任意混溶，溶于苯。

（2）化学性质

① 热稳定性。将卤化氢加热到足够高的温度，它们都会分解成卤素单质和氢气。

$$2HX \longrightarrow H_2 + X_2$$

卤化氢的稳定性可用键能的大小来说明。键能越大，卤化氢越稳定，由表 5-2 中的数据可知，HF、HCl、HBr、HI 的键能依次减小，故它们的热稳定性依 HF—HCl—HBr—HI 顺序急剧下降。

② 氢卤酸的酸性。卤化氢的水溶液称为氢卤酸。纯的氢卤酸都是无色液体，具有挥发性。氢卤酸的酸性按 HF—HCl—HBr—HI 的顺序依次增强。后三者都是强酸，而氢氟酸的酸性较弱。氢氟酸虽是弱酸，但它能与二氧化碳或硅酸盐反应，而其他氢卤酸则不能，利用氢氟酸的这一特性，氢氟酸被广泛用于分析化学上来测定矿物或钢板中 SiO_2 的含量，还用于在玻璃器皿上刻蚀标记和花纹。氢氟酸对皮肤会造成难以治愈的创伤，使用时应注意安全。

③ 氢卤酸的还原性。氢卤酸的 X^- 离子处于最低氧化态，它们都具有一定的还原性，其中 F^- 的还原性最弱，Cl^- 也较难被氧化，只有与一些强氧化剂如 $KMnO_4$、$K_2Cr_4O_7$、H_2O_2 等作用时才能体现出还原性，Br^-、I^- 易被氧化为单质，氢溴酸溶液在日光、空气的作用下就可变为棕色，而氢碘酸溶液即使在暗处也会逐渐变为棕色。

$$PbO_2 + 4HCl \longrightarrow PbCl_2 + Cl_2\uparrow + 2H_2O$$

$$K_2Cr_2O_7 + 14HCl \longrightarrow 2CrCl_3 + 2KCl + 3Cl_2\uparrow + 7H_2O$$

氢卤酸的还原能力按 HF、HCl、HBr、HI 顺序增强。

(3) 制备　卤化氢的制备可以采用直接合成法、复分解法和非金属卤化物水解法等方法。

① 直接合成法。直接合成法只能用于氯化氢的合成。工业盐酸就是由氯气和氢气直接合成氯化氢，经冷却用水吸收制得。

工业上用合成法制取氯化氢。

$$Cl_2 + H_2 \longrightarrow 2HCl$$

实验室是用氯化钠与浓硫酸来制取氯化氢。

$$NaCl + H_2SO_4(\text{浓}) \longrightarrow NaHSO_4 + HCl$$

$$2NaCl + H_2SO_4(\text{浓}) \longrightarrow Na_2SO_4 + 2HCl$$

氟和氢的反应异常激烈，甚至无法控制，况且以氟为原料很不经济，故氟化氢的制备不用直接合成法。溴和碘在加热催化下也能与氢化合，但反应的平衡常数小、产率低，故溴化氢、碘化氢的制备也不用此法。

② 复分解法。用卤化物和高沸点的酸如硫酸、磷酸复分解反应可以制取卤化氢。

用萤石和浓硫酸作用是制取氟化氢的主要方法，HF 溶于水即为氢氟酸。

$$CaF_2 + H_2SO_4(\text{浓}) \longrightarrow CaSO_4 + 2HF\uparrow$$

实验室中少量的氯化氢可用食盐和浓硫酸反应制得。

$$2NaCl + H_2SO_4(\text{浓}) \longrightarrow Na_2SO_4 + 2HCl\uparrow$$

本法不适用于制取 HBr 和 HI，因为 Br^- 和 I^- 有显著的还原性，它们将被浓硫酸氧化，得不到纯的 HBr 和 HI。

$$NaBr + H_2SO_4(\text{浓}) \longrightarrow NaHSO_4 + HBr\uparrow$$

$$NaI + H_2SO_4(\text{浓}) \longrightarrow NaHSO_4 + HI\uparrow$$

$$2HBr + H_2SO_4(\text{浓}) \longrightarrow SO_2\uparrow + 2H_2O + Br_2$$

$$8HI + H_2SO_4(\text{浓}) \longrightarrow H_2S\uparrow + 4H_2O + 4I_2$$

如用非氧化性、非挥发性的磷酸代替硫酸与溴化物和碘化物作用则可得到 HBr 和 HI。

$$NaBr + H_3PO_4 \longrightarrow NaH_2PO_4 + HBr\uparrow$$
$$NaI + H_3PO_4 \longrightarrow NaH_2PO_4 + HI\uparrow$$

③ 非金属卤化物水解。此法适用于 HBr 和 HI 的制备，将水滴到非金属卤化物上，卤化氢即可源源不断地产生。

$$PBr_3 + 3H_2O \longrightarrow H_3PO_3 + 3HBr\uparrow$$
$$PI_3 + 3H_2O \longrightarrow H_3PO_3 + 3HI\uparrow$$

实际上不需要事先制取卤化磷，把溴滴加到磷和少许水的混合物中或把水逐滴加入磷和碘的混合物中即可连续地产生 HBr 和 HI。

$$2P + 6H_2O + 3Br_2 \longrightarrow 2H_3PO_3 + 6HBr\uparrow$$
$$2P + 6H_2O + 3I_2 \longrightarrow 2H_3PO_3 + 6HI\uparrow$$

2. 卤化物

卤素和电负性较小的元素生成的化合物叫作卤化物。卤化物可根据组成元素的不同，分为金属卤化物和非金属卤化物两大类。根据卤化物的键型不同又可分为离子型卤化物和共价型卤化物。

卤化物化学键的类型与成键元素的电负性、离子半径、电荷以及卤素本身的电负性有关。卤素与ⅠA、ⅡA 和ⅢB 族的绝大多数金属元素形成离子型卤化物；卤素与非金属元素则形成共价型卤化物。随着金属离子半径的减小、离子电荷的增加以及 X 半径的增大，共价性依次增强，键型由离子型向共价型过渡。

(1) 卤化物的性质

① 键型与熔、沸点。离子型卤化物具有较高的熔点和沸点，挥发性低。共价型卤化物具有较低的熔点和沸点，挥发性高。卤化物从离子型向共价型过渡时，熔、沸点降低。如同一周期卤化物的键型从左向右，离子型逐渐过渡到共价型，其熔、沸点降低。表 5-3 列出了第三周期元素氟化物的熔点、沸点和键型的情况。

表 5-3 第三周期元素氟化物的熔点、沸点和键型

卤化物	NaF	MgF_2	AlF_3	SiF_4	PF_5	SF_6
熔点/℃	993	1250	1259	−90.2	−83	−50.5
沸点/℃	1693	2260	1260	−86	−75	−63.8(升华)
键型	离子键	离子键	离子键	共价键	共价键	共价键

同一金属不同氧化数的卤化物，它的高氧化态卤化物与其低氧化态卤化物相比较，前者的共价性更为显著，故而其熔、沸点较低。例如 $FeCl_3$ 显离子性，而 $FeCl_3$ 的熔点（282℃）和沸点（315℃）都很低，易溶解在有机溶剂中，说明 $FeCl_3$ 基本上是共价型化合物。

同一金属的不同卤化物，从氟化物至碘化物，键的离子性依次降低，共价性依次增加，所以熔点和沸点降低，见表 5-4。

表 5-4 卤化物的熔点和沸点

卤化物	NaF	NaCl	NaBr	NaI
熔点/℃	993	800	740	661
沸点/℃	1693	1440	1393	1300

② 溶解性和水解性。大多数氟化物溶于水，只有少数难溶。与之相反，大多数氯、溴、碘的卤化物易溶于水，而它们的银盐、铅盐等则难溶于水。

大多数金属卤化物在溶于水的同时，都会发生不同程度的水解，且随金属卤化物溶液的碱性减弱，其水解程度增强。大部分非金属卤化物遇水发生强烈水解，生成相应的含氧酸和

氢卤酸。例如

$$PCl_3+3H_2O \longrightarrow H_3PO_3+3HCl$$

（2）卤素离子的鉴定

① 与 $AgNO_3$ 作用生成不溶于稀 HNO_3 的沉淀。Cl^-、Br^- 和 I^- 与 Ag^+ 分别发生作用生成 AgCl 白色沉淀、AgBr 浅黄色沉淀和 AgI 黄色沉淀，且三种沉淀都不溶于稀 HNO_3，所以可用 $AgNO_3$ 来鉴定 Cl^-、Br^- 和 I^- 的存在。但是 F^- 不能用 $AgNO_3$ 来鉴定，因为生成的 AgF 不是沉淀。

② Br^- 和 I^- 与氧化剂作用生成的 Br_2 和 I_2 在 CCl_4 中显示不同的颜色。Br^- 和 I^- 均可被氯水氧化生成 Br_2 和 I_2，在反应体系中加入少量 CCl_4 后，Br_2 在 CCl_4 中显红棕色，而 I_2 在 CCl_4 中显紫红色。据此也可以鉴定 Br^- 和 I^- 的存在。

3. 卤素的含氧酸及其盐

（1）次卤酸（HXO）及其盐　已知的次卤酸都是很弱的酸，酸性一般随相对分子质量的增加而减弱，次卤酸很不稳定，只存在于稀溶液中，当见光受热时，会发生两种分解反应：

$$2HXO \longrightarrow 2HX+O_2\uparrow$$

$$3HXO \longrightarrow 2HX+HXO_3$$

次卤酸都是强氧化剂，在酸性介质中它的氧化性尤为显著。次氯酸见光分解后，产生原子状态的氧具有漂白和杀菌的能力，氯气具有漂白和杀菌能力也是因为与水作用生成次氯酸（HClO），而完全干燥的氯气无此性质。

次卤酸盐中比较重要的是次氯酸盐。将氯气通往冷的碱溶液中，便生成次氯酸盐。

$$Cl_2+2OH^- \longrightarrow ClO^-+Cl^-+H_2O$$

次氯酸盐具有氧化性和漂白作用。用氯气和消石灰作用可制得漂白粉。

$$2Cl_2+2Ca(OH)_2 \longrightarrow Ca(ClO)_2+CaCl_2+2H_2O$$

漂白粉是次氯酸钙和氯化钙的混合物，其有效成分是次氯酸钙。由于氯化钙的存在并不影响漂白粉的漂白作用，所以不必除去。保存漂白粉时应该密封保存，因为漂白粉暴露在空气中会吸收空气中的水蒸气和二氧化碳而失效。

$$Ca(ClO)_2+CO_2+H_2O \longrightarrow CaCO_3\downarrow+2HClO$$

漂白粉广泛用于纺织、漂染、造纸等工业中，也是常用的廉价消毒剂。但应注意，漂白粉有毒，吸入人体后会引起鼻腔和咽喉疼痛，甚至全身中毒。另外，使用漂白粉时还要注意不要与易燃物质混合，否则可能引起爆炸。

（2）亚卤酸（HXO_2）及其盐　亚氯酸是中强酸，酸性比次氯酸强，只能存在于溶液中。氯的含氧酸中，亚氯酸最不稳定，最易分解。

$$8HClO_2 \longrightarrow 6ClO_2+Cl_2+4H_2O$$

如果 ClO_2 受热或撞击，会立即发生爆炸。

$$2ClO_2 \longrightarrow Cl_2+O_2$$

亚氯酸盐比亚氯酸稳定。但是加热或者剧烈撞击固体亚氯酸盐时，会立即发生分解、爆炸。亚氯酸盐与有机物混合易发生爆炸，必须密闭储存在阴暗处。亚氯酸盐的水溶液较稳定，具有强氧化性，可以作漂白剂。

（3）卤酸（HXO_3）及其盐　用硫酸与相应的卤酸盐作用，可得到卤酸的水溶液，如氯酸或溴酸。

$$Ba(XO_3)_2+H_2SO_4 \longrightarrow 2HXO_3+BaSO_4\downarrow$$

滤去所生成的硫酸钡沉淀，将滤液减压蒸馏就可分别得到40%的氯酸或50%的溴酸。得不到纯酸，因为超过上述浓度，它们就迅速分解并发生爆炸。

用强氧化剂氧化单质碘可制得纯碘酸。

$$I_2 + 5Cl_2 + 6H_2O \longrightarrow 2HIO_3 + 10HCl$$

卤酸都是强酸，按 $HClO_3 \rightarrow HBrO_3 \rightarrow HIO_3$ 的顺序，酸性依次减弱，稳定性依次增加，它们的浓溶液都是强氧化剂。

卤酸盐中比较重要的是氯酸盐，将氯气通入热碱溶液，可制得氯酸盐。例如

$$3Cl_2 + 6KOH \longrightarrow KClO_3 + 5KCl + 3H_2O$$

氯酸钾在冷水中的溶解度较小，冷却溶液，即有 $KClO_3$ 析出。

氯酸盐比氯酸稳定，但加热到适当温度也会分解。例如

$$2KClO_3 \xrightarrow[200℃]{MnO_2} 2KCl + 3O_2\uparrow$$

$$4KClO_3 \xrightarrow{400℃} 3KClO_4 + KCl$$

固体氯酸盐在高温时是很强的氧化剂，它与易燃物质（如碳、硫、磷有机物质）混合时，一受撞击即剧烈燃烧或爆炸，因此氯酸盐常用来制造火柴、烟火及炸药等。

卤酸盐在水中的溶解度随卤素相对原子质量的增大而减小。绝大多数氯酸盐易溶于水，溴酸盐稍溶于水，而碘酸盐中有许多是不溶于水的。

与次卤酸盐不同，卤酸盐在中性或碱性溶液中氧化性很弱，只有在酸性溶液中才具有较强氧化性。

(4) 高卤酸（$HClO_4$）及其盐　用浓硫酸与高氯酸钾作用可制得高氯酸。

$$KClO_4 + H_2SO_4(浓) \longrightarrow KHSO_4 + HClO_4$$

将溶液蒸馏即可得到 $HClO_4$ 溶液。市售 $HClO_4$ 试剂为60%的水溶液。

高溴酸（$HBrO_4$）是强酸，在溶液中比较稳定，是强氧化剂。常见的高碘酸（H_5IO_6）是一种五元酸，为无色晶体，受热时转变为偏高碘酸（HIO_4）。

高卤酸及其盐中重要的是高氯酸及高氯酸盐。高氯酸是无色黏稠液体，被认为是已知无机酸中的最强酸。$HClO_4$ 的稀溶液比较稳定，但浓的 $HClO_4$ 不稳定，受热易分解，热的浓高氯酸与易燃物接触则会发生猛烈爆炸。

$$4HClO_4 \longrightarrow 2Cl_2\uparrow + 7O_2\uparrow + 2H_2O$$

高氯酸盐是氯的含氧酸盐中最稳定的。高氯酸盐大多是无色晶体，高氯酸盐一般可溶于水。高氯酸盐的氧化性比高氯酸弱，其水溶液几乎没有氧化性。固态高氯酸盐在高温下是强氧化剂，但其氧化能力比氯酸盐弱，高氯酸盐可用于制作较为安全的炸药。

(5) 卤素含氧酸及其盐性质的递变规律　以氯为例把氯的含氧酸及其盐性质变化的一般规律总结如下：

① 卤素各氧化态除 X^- 外，都是强氧化剂或比较强的氧化剂。

② 含氧酸的酸性，随着中心原子X氧化数的增大，酸性依次增强。同一周期中，不同元素含氧酸的酸性自左向右逐渐增强。同一族中，不同元素含氧酸的酸性自上而下逐渐减弱。

③ 卤素的含氧酸及其盐均具有氧化性，其氧化性随卤素的氧化数升高而逐渐减弱（$HClO_2$ 除外）。另外，卤素含氧酸的氧化性比其盐强。

卤素的含氧酸及其盐的氧化性与热稳定性之间有一定的关系。随着卤素氧化数的增加，卤素与氧之间的成键数目增加，因此热稳定性增强，氧化性减弱，而热稳定性越小，越容易发生分解，引起中心原子X氧化数降低，使氧化性增强。

卤素的含氧酸的热稳定性比其相应的含氧酸盐弱。

三、拟卤素

拟卤素是指由两个或两个以上电负性较大的元素的原子组成的原子团，这些原子团的性质由于与卤素相似，故称为拟卤素。重要的拟卤素有氰 $(CN)_2$、硫氰 $(SCN)_2$ 等。拟卤素和卤素性质相似是因为它们有相似的外层电子结构。

1. 氰和氰化物

(1) 氰 $(CN)_2$　氰为无色可燃气体，剧毒，在空气中的最高允许浓度为 0.0003mg/L。有苦杏仁味，熔点为 245K，沸点为 253K。氰与水反应生成氢氰酸和氰酸。

$$(CN)_2 + H_2O \longrightarrow HCN + HOCN$$

(2) 氰化氢和氢氰酸　氰化氢为无色气体，剧毒。299K 时液化，259K 凝固。液态氰化氢很不稳定，如无稳定剂存在，它会发生聚合，由于分子间的强烈缔合作用，液态氰化氢具有很高的介电常数。市售的 HCN 一般是加入了少量无机酸作稳定剂，HCN 含量在 90%以上。

工业上氰化氢是在催化剂作用下，用 CH_4 和 NH_3 作用制得。

$$2CH_4 + 3O_2 + 2NH_3 \xrightarrow[1073K]{催化剂} 2HCN + 6H_2O$$

氰化氢的水溶液称为氢氰酸，氢氰酸是极弱的酸（$K_a^{\ominus} = 4.93 \times 10^{-10}$）。在工业上，HCN 用作生产有机玻璃、染料、合成橡胶、合成纤维的原料。在农药方面，制成的 HCN 熏蒸剂，是消灭柑橘树害虫的特效农药，也可用于仓库、船舶的消毒等。

(3) 氰化物　氢氰酸的盐称为氰化物。常见的氰化物有氰化钠（NaCN）和氰化钾（KCN），它们都是易潮解的白色晶体，易溶于水，并因水解而使溶液显强碱性。

$$CN^- + H_2O \rightleftharpoons HCN + 2OH^-$$

CN^- 具有很强的配位能力，它极易与过渡金属形成稳定的配离子。基于 CN^- 的强配合作用，NaCN 和 KCN 被广泛用于矿物中提取金和银。

$$4Au + 8NaCN + 2H_2O + O_2 \longrightarrow 4NaAu(CN)_2 + 4NaOH$$

所有氰化物及其衍生物均有剧毒，氢氰酸和氰化钠的致死量为 0.05g，而且毒性发作极快，3～5min 就可导致死亡。氰化物的中毒可以通过多种途径，如由皮肤吸收、从伤口侵入、误食或由呼吸系统进入人体，因此使用时要特别小心，且应有严格的安全措施。使用过的设备和工具都要用 $KMnO_4$ 溶液洗至红色不消失，然后再用大量水冲洗。

国家对工业废水中氰化物的含量有严格的控制，规定排放标准为 0.05mg/L 以下。含氰工业废水可以利用 CN^- 的强配合性和还原性进行处理。

① 曝气碱液吸收法。先往含氰废水中加入硫酸，产生 HCN 气体，再用 NaOH 吸收。

$$2NaCN + H_2SO_4 \longrightarrow 2HCN\uparrow + Na_2SO_4$$

$$HCN + NaOH \longrightarrow NaCN + H_2O$$

② 化学氧化法。利用 CN^- 的还原性，选用氯气、双氧水、臭氧及漂白粉等作氧化剂与之反应，生成无毒性物质。

$$CN^- + Cl_2 + 2OH^- \longrightarrow CNO^- + 2Cl^- + H_2O$$

$$2CNO^- + 3Cl_2 + 4OH^- \longrightarrow 2CO_2 + N_2 + 6Cl^- + 2H_2O$$

③ 配位法。利用 CN^- 的配合性，可在废水中加入 $FeSO_4$ 和消石灰，使之转化为无毒的铁氰配合物。

$$Fe^{2+} + 6CN^- \longrightarrow [Fe(CN)_6]^{4-}$$

$$2Fe^{2+} + [Fe(CN)_6]^{4-} \longrightarrow Fe_2[Fe(CN)_6]\downarrow$$

2. 硫氰和硫氰化物

在常温下，硫氰（$(SCN)_2$）为黄色油状液体，凝固点为275K，它不稳定，逐渐聚合成不溶性的砖红色固态聚合物（$(SCN)_x$）。

实验室常用的硫氰化物有硫氰化钾（KSCN）、硫氰化钠（NaSCN）和硫氰化铵（NH_4SCN），它们都是常用的分析试剂。SCN^-是一个很好的配位体，可以与许多金属离子形成配合物。SCN^-一个特殊而灵敏的反应是与Fe^{3+}形成血红色的配离子。

$$Fe^{3+} + nSCN^- \rightleftharpoons [Fe(SCN)_n]^{3-n} \ (n=1\sim6)$$

SCN^-浓度越大，所形成的配合物溶液的颜色越深。化学检验中常用此反应鉴定Fe^{3+}。

进度检查

一、选择题

1. 下列卤化物不发生水解反应的是（　　）。

A. $SnCl_2$　　B. $SnCl_4$　　C. CCl_4　　D. BCl_3

2. 下列物质属于纯净物的是（　　）。

A. 盐酸　　B. 碘酒　　C. 漂白粉　　D. 液溴

3. 卤素单质氧化性最强的是（　　）。

A. F_2　　B. Cl_2　　C. Br_2　　D. I_2

4. 不能用于检验新制氯水和长期放置的氯水的试剂是（　　）。

A. 石蕊试液　　B. 品红溶液　　C. $FeCl_2$ 溶液　　D. $AgNO_3$ 溶液

5. 漂白粉的有效成分是（　　）。

A. 次氯酸钙　　B. 氯化镁　　C. 溴化银　　D. 碘化钾

6. 含有CN^-的废液应用（　　）处理。

A. Al^{3+}溶液　　B. Mg^{2+}溶液　　C. 硫代硫酸盐溶液　　D. 过氧化氢溶液

7. 下列化合物与水反应，放出HCl的是（　　）。

A. CCl_4　　B. NCl_3　　C. $POCl_3$　　D. Cl_2O_7

8. 鉴别氯气和氯化氢气体最好的方法是（　　）。

A. 硝酸银溶液　　B. 湿润的碘化钾淀粉试纸

C. 润的蓝色石蕊试纸　　D. 酚酞试液

9. 氯化碘的性质和氯气相似，预计它和水反应的最初生成物是（　　）。

A. HI和HClO　　B. HCl和HIO　　C. $HClO_3$ 和HIO　　D. HCl和HIO_3

10. 把氯水加入碘化钾溶液中，再加入四氯化碳，充分振荡静置分层后，现象描述正确的为（　　）。

A. 下层为紫红色溶液　　B. 上层为紫红色溶液

C. 下层为棕褐色溶液　　D. 上层为棕褐色溶液

二、填空题

1. 把Cl_2通入含有I^-、Br^-的溶液中，首先析出的是________，其次是________。

2. 氢氟酸最好储存在______________中。

3. ______是已知无机酸中最强的酸。它在冰醋酸、硫酸或硝酸溶液中仍能给出______。

4. 具有漂白作用的物质有______________。

5. HX 中 HF 的沸点“反常”是因为______________。

6. 氢氟酸不能用玻璃器皿贮存而只能用______________贮存，是因为______________。

7. 碘易溶于__________溶剂，也易溶于____________溶液中。

8. 卤素单质的沸点顺序为__________________，可以用______________力来解释。

9. 氯气具有漂白和杀菌作用，是因为____。

10. 亚氯酸盐与有机物混合易发生爆炸，必须密闭贮存在______处。亚氯酸盐的水溶液较稳定，具有____________，可作漂白剂。

三、简答题

1. 卤素单质在结构上有哪些特点?

2. HX 的热稳定性如何? 它们的水溶液的酸性强弱如何?

3. 氯的电负性比氧小，但为什么很多金属都比较容易和氯作用，而与氧作用反而较难?

4. 工业溴中常有少量杂质 Cl_2，如何除去? 提纯 KCl 又如何除去其中的杂质 KBr?

5. 什么是拟卤素，重要的拟卤素有哪些?

6. 卤族中什么元素最活泼，为什么由氟至氯，活泼性的变化有一个飞跃?

7. 为什么 I_2 难溶于水，却易溶于 KI 水溶液?

8. 用什么化学方法鉴别 HCl 和 HClO?

编号 FJC-15-02

学习单元 5-2　氧族元素及其重要化合物

学习目标： 在完成了本单元学习之后，能够掌握氧族元素及其重要化合物的性质。
职业领域： 化工、石油、环保、医药、冶金、建材等。
工作范围： 分析。

元素周期表中第ⅥA族元素，包括氧（O）、硫（S）、硒（Se）、碲（Te）、钋（Po）和鉝（Lv）六种元素，统称为氧族元素。其中氧和硫是典型的非金属元素，硒和碲是半金属，而钋是典型的金属。氧族元素从上而下随着原子序数的递增，元素的非金属性依次减弱，而金属性逐渐增强。

氧族元素原子的价电子层构型为 ns^2np^4，比相应的卤素原子在 p 轨道上少一个电子，其原子有获得 2 个电子达到稀有气体稳定电子层结构的趋势，因此它们表现出较强的非金属性。氧在ⅥA族中的半径最小，电负性最大（仅次于氟），所以，氧除了与氟化合时显正氧化数外，一般在化合物中其氧化数为－2，而氧族其他元素在化合物中常以正氧化态出现。氧与大多数金属元素形成离子化合物，硫、硒、碲只能与电负性较小的金属元素形成离子型化合物，与大多数金属元素化合时，主要是形成共价化合物，氧族元素与非金属元素化合时均形成共价化合物。

一、氧、臭氧、过氧化氢

1. 氧（O_2）

氧是地壳中分布最广、含量最多的元素。游离态的氧，约占空气的 21%（体积分数），化合态的氧以水、氧化物和含氧酸盐的形式广泛存在于自然界中。

氧是无色、无味的气体，在 90K 时，凝结为淡蓝色液体。在标准状况下，密度为 1.429g/L。氧在水中的溶解度很小（49mL/L H_2O），但氧是水中各种生物赖以生存的重要条件。

常温下，氧的化学性质很不活泼，与其他元素的反应较慢，但在加热或高温下，能同许多金属和非金属直接作用生成氧化物。在工业上，氧气是从液态空气中分馏而得，在实验室中可用含氧酸盐（$KMnO_4$、$KClO_3$ 等）的热分解来制备。

氧具有广泛的用途，富氧空气或纯氧用于医疗和高空飞行，炼钢采用纯（富）氧吹炼，氢氧焰和氧炔焰用来切割和焊接金属，液氧常用作空间技术的火箭发动机的助燃剂。

2. 臭氧（O_3）

臭氧和氧是同一种元素组成的不同单质，它们互为同素异形体。臭氧是淡蓝色的气体，有一种鱼腥臭味。在雷雨后的空气里，人们常常能嗅到一种特殊的腥味，这就是臭氧的气味。它是在打雷时，云层间的空气里的部分氧气在电火花的作用下发生化学反应而产生的。

臭氧与氧的性质有较大的差别，见表 5-5。

表 5-5　氧和臭氧的性质比较

性质	氧(O_2)	臭氧(O_3)
颜色	气体无色、液体蓝色	气体淡蓝色、液体深蓝色
气味	无味	鱼腥臭味
熔点/℃	−219	−193
沸点/℃	−183	−111
溶解度(0℃)/(mL/L H_2O)	49	494
稳定性	较强	不稳定,易分解为 O_2
氧化性	强	很强

O_3 比 O_2 具有更强的氧化性。在平常条件下，O_3 能氧化许多不活泼的单质如 Hg、S、Ag 等，而 O_2 则不能。如金属银被氧化为过氧化银，碘化钾被氧化为碘。

$$2Ag + 2O_3 \longrightarrow Ag_2O_2 + 2O_2\uparrow$$

$$2KI + O_3 + H_2O \longrightarrow 2KOH + I_2 + O_2$$

因此，利用 KI 淀粉试纸可以检验臭氧。煤气、松节油等在臭氧中能自燃，许多有机色素分子遇到臭氧会被破坏，变成无色的物质。

基于臭氧的强氧化性以及不容易导致二次污染的特点，用臭氧氧化代替通常用的催化氧化和高温氧化，可以简化化工工艺，提高产品的产率。在处理废气和净化废水方面，臭氧也大有作为，臭氧又是棉、麻、纸张、脂等的漂白剂与羽毛、皮毛的脱臭剂。用臭氧代替氯气进行饮水消毒有许多优点，除了杀菌效率大、速度快外，消毒后还能除去水中的异味。空气中微量的臭氧有益于人体健康，它不但能消毒杀菌，还能刺激中枢神经，加速血液循环，但是空气中臭氧含量过高，就会对人体健康有害。

3. 过氧化氢

过氧化氢的化学式为 H_2O_2，其结构式可表示为 H—O—O—H。纯的过氧化氢是一种无色黏稠的液体，沸点为 423K，凝固点为 272K。过氧化氢的水溶液俗称双氧水，与水相似，分子间存在氢键，在固态和液态时都发生缔合作用，而且缔合的程度比水高，所以沸点比水高。过氧化氢是极性分子，能与水以任意比混溶。市售的过氧化氢主要是 3% 和 30% 的两种稀溶液。

过氧化氢的主要化学性质如下：

(1) 弱酸性　过氧化氢在水溶液中可微弱地解离出 H^+，因而具有弱酸性。

$$H_2O_2 \rightleftharpoons H^+ + HO_2^- \qquad K_a = 1.6\times10^{-12}$$

过氧化氢可与碱反应，如

$$H_2O_2 + Ba(OH)_2 \longrightarrow BaO_2 + 2H_2O$$

(2) 热不稳定性　纯的过氧化氢相当稳定，但若加热到 426K 或更高的温度，纯过氧化氢便会猛烈地发生爆炸性分解反应。

$$2H_2O_2 \xrightarrow{\triangle} 2H_2O + O_2\uparrow$$

光照或增大溶液的碱度也能加速其分解。此外，很多重金属离子如 Fe^{2+}、Mn^{2+}、Cr^{3+}、Cu^{2+} 等对过氧化氢的分解有催化作用。因此，为防止其分解，过氧化氢应保存在棕色瓶中，置于阴凉处，有时也可加入一些稳定剂，如微量的锡酸钠、焦磷酸钠或尿素等来抑制其分解，增加稳定性。

(3) 氧化还原性　过氧化氢中氧的氧化数是 −1，它有向 −2 和零氧化态转化的两种可能性，因此，它既具有氧化性又具有还原性。其还原产物和氧化产物分别是 $H_2O(OH^-)$ 和 O_2。由电极电位可以看出

酸性介质 $$H_2O_2+2H^++2e \rightleftharpoons 2H_2O$$

$$O_2+2H^++2e \rightleftharpoons H_2O_2$$

碱性介质 $$HO_2^-+H_2O+2e \rightleftharpoons 3OH^-$$

过氧化氢在酸性介质或碱性介质中都是一种强氧化剂，尤其在酸性溶液中其氧化性更为突出。当过氧化氢遇到更强的氧化剂时，在酸性或碱性介质中，也可以作为还原剂。例如

$$Cl_2+H_2O_2 \longrightarrow 2HCl+O_2\uparrow$$

$$MnO_2+H_2O_2+2HCl \longrightarrow MnCl_2+O_2\uparrow+2H_2O$$

$$2KMnO_4+5H_2O_2+3H_2SO_4 \longrightarrow 2MnSO_4+K_2SO_4+8H_2O+5O_2\uparrow$$

一般地说，在酸性或碱性介质中，H_2O_2 的氧化性比还原性要强得多，它主要用作氧化剂。实验室中用冷的稀硫酸或盐酸与过氧化钠反应制备过氧化氢。

$$Na_2O_2+2HCl \longrightarrow 2NaCl+H_2O_2$$

工业上制备过氧化氢的主要方法是电解硫酸和硫酸铵的混合溶液，得到过二硫酸盐，后者水解生成过氧化氢。目前工业上还用乙基蒽醌法制备 H_2O_2，以钯为催化剂在苯溶液中用 H_2 还原乙基蒽醌得蒽醌，当蒽醌被氧氧化时生成原来的蒽醌和过氧化氢。

过氧化氢的主要用途是基于它的氧化性。在医药上用 3% 的 H_2O_2 作消毒剂、杀菌剂。在工业上用于漂白毛、丝等含动物蛋白质的织物，在实验室中 3% 或 30% 的 H_2O_2 被广泛用作氧化剂，氧化产物除了 H_2O 外不引入其他杂质。在化工生产中 H_2O_2 还可用于制取过氧化物。

H_2O_2 浓溶液和蒸气对人体都有较强的刺激性和腐蚀性。27% 的 H_2O_2 接触皮肤时，会使皮肤变白并有灼热痛感。H_2O_2 蒸气对眼睛黏膜有强烈的刺激作用，因此使用时要特别小心，不慎接触到浓的 H_2O_2 须立即用大量水冲洗。

二、硫及其重要化合物

1. 单质硫

硫以游离态和化合态存在于自然界中，化合态主要有两大类：硫化物和硫酸盐。矿物燃料和天然气中也含有硫，在动植物体内，硫以化合物形式存在。单质硫是从它的天然矿床或硫化物中制得。把含有天然硫的矿石隔绝空气加热，使硫熔化而和砂石等杂质分开。要分离更纯净的硫，可以进行蒸馏，硫蒸气冷却后形成微细结晶的粉状硫，这个过程叫作硫华。

硫有许多同素异性体，最重要的晶状硫是黄色透明的斜方硫和暗黄色的单斜硫，斜方硫又叫菱形硫，它是由蒸发硫的二硫化碳溶液制得的。在室温下斜方硫是最稳定的一种变体，若将熔化的硫缓慢冷却便生成单斜硫。

硫的化学性质比较活泼，它可以获得两个电子形成 S^{2-}，同时也能以共价键形成氧化数为 +4 或 +6 的化合物，因此硫既有氧化性又有还原性。

当硫与氢、金属或碳作用时生成硫化物，表现出硫的氧化性。

$$2H_2+S_2 \xrightarrow{\triangle} 2H_2S$$

$$Fe+S \xrightarrow{\triangle} FeS$$

$$C+2S \xrightarrow{\triangle} CS_2$$

硫的这些性质很像同族的氧，只不过生成的硫化物没有相应的氧化物稳定。硫在加热时能同电负性较大的氧、氯、溴等非金属作用，还能与浓硫酸和浓硝酸反应，表现出硫的还原性。

$$S + O_2 \xrightarrow{\triangle} SO_2$$

$$2S + Cl_2 \xrightarrow{\triangle} S_2Cl_2$$

$$2S + Br_2 \xrightarrow{\triangle} S_2Br_2$$

$$S + 2H_2SO_4(浓) \xrightarrow{\triangle} 3SO_2\uparrow + 2H_2O$$

$$S + 2HNO_3(浓) \xrightarrow{\triangle} H_2SO_4 + 2NO\uparrow$$

硫在碱液中也可发生歧化反应。

$$3S + 6NaOH \xrightarrow{\triangle} 2Na_2S + Na_2SO_3 + 3H_2O$$

上述硫的化合物中，CS_2 是一种重要的溶剂，大量用于人造丝工业。S_2Cl_2 用于硫化橡胶。硫在工业上用来制取硫酸、硫化橡胶、黑火药、火柴等。农业上用作杀虫剂，医药上用来制硫黄软膏以治疗皮肤病。

2. 硫化氢和氢硫酸

硫化氢是无色、有腐蛋臭味的有毒气体，比空气稍重。H_2S 分子结构与水相似，呈等腰三角形，为极性分子，但极性比水弱。H_2S 分子间不能形成氢键，因此其熔点（187K）和沸点（202K）都比水低。H_2S 有毒性，它会麻醉人的中枢神经并影响呼吸系统。吸入微量便使人感到头昏和恶心，长时间地吸入硫化氢后就不再感觉到它的臭味了。如果这样继续下去就会中毒，甚至死亡。所以在制取和使用 H_2S 时要注意通风。工业上规定空气中 H_2S 含量不得超过 0.01mg/L。

实验室中常用硫化亚铁与稀酸作用来制备 H_2S 气体，也可用硫代乙酰胺的水解来制备 H_2S 气体。

$$FeS + 2H^+ \longrightarrow Fe^{2+} + H_2S\uparrow$$

$$CH_3CSNH_2 + 2H_2O \longrightarrow CH_3COONH_4 + H_2S\uparrow$$

H_2S 中 S 的氧化数最低，为 −2，因此 H_2S 只具有还原性。H_2S 在空气中燃烧产生蓝色火焰。当空气充足时，生成 SO_2 和 H_2O，若空气不足，则生成 S 和 H_2O。

$$2H_2S + 3O_2 \longrightarrow 2SO_2\uparrow + 2H_2O$$

$$2H_2S + O_2 \longrightarrow 2S + 2H_2O$$

硫化氢气体能溶于水，在 293K 时 1 体积水能溶解 2.6 体积的硫化氢，生成的水溶液叫氢硫酸，浓度约为 0.1mol/L。氢硫酸比硫化氢气体具有更强的还原性，容易被空气氧化而析出硫，使溶液变浑浊。

S^{2-} 能被氧化为单质 S，当遇到过量强氧化剂时也可被氧化为 S^{4+} 或 S^{6+} 的化合物。

$$I_2 + H_2S \longrightarrow S\downarrow + 2HI$$

$$3H_2SO_4(浓) + H_2S \longrightarrow 4SO_2 + 4H_2O$$

$$4Cl_2 + H_2S + 4H_2O \longrightarrow H_2SO_4 + 8HCl$$

氢硫酸是很弱的二元酸，在水溶液中分两步解离。

$$H_2S \rightleftharpoons H^+ + HS^- \qquad K_{a1} = 1.32\times10^{-7}$$

$$HS^- \rightleftharpoons H^+ + S^{2-} \qquad K_{a2} = 7.10\times10^{-15}$$

从以上两步平衡关系可得

$$H_2S \rightleftharpoons 2H^+ + S^{2-}$$

$$K = \frac{[H^+]^2[S^{2-}]}{[H_2S]} = K_{a1}K_{a2} = 9.37\times10^{-22}$$

在室温下硫化氢饱和溶液中 $c(H_2S)$ 约为 0.1mol/L，可看作常数代入上式。

$$[H^+]^2[S^{2-}]=9.37\times10^{-22}\times0.1=9.37\times10^{-23}$$

上式表明，氢硫酸溶液中硫离子浓度的大小，取决于溶液中氢离子浓度，即取决于溶液的酸度，随着酸度的降低，硫离子浓度增大。

大多数金属离子与硫离子作用可形成难溶于水的硫化物，它们的溶度积各不相同，即各种金属离子生成硫化物沉淀所需硫离子浓度各有不同，所以可通过控制溶液的酸度，用硫化物把溶液中不同的金属离子分组分离。在化学分析中，H_2S 常作为阳离子组分的沉淀剂，它能与许多金属盐作用，生成难溶的金属硫化物。

3. 硫化物

氢硫酸是二元酸，可以形成酸式盐（硫氢化物）和正盐（硫化物）。酸式盐都易溶于水，正盐中碱金属（包括 NH_4^+）的硫化物易溶于水，而大多数金属硫化物不溶于水，并且具有特征颜色，见表 5-6。化学分析中常用金属硫化物的溶解性和颜色的不同来分离和鉴定金属离子。

表 5-6 硫化物的颜色和溶解性

名称	化学式	颜色	在水中	在稀酸中	溶度积 $K_{sp}^{\ominus}$
硫化钠	Na_2S	白色	易溶	易溶	—
硫化锌	α-ZnS	白色	不溶	易溶	1.6×10^{-24}
硫化锰	MnS	粉红色	不溶	易溶	2.5×10^{-10}
硫化亚铁	FeS	黑色	不溶	易溶	6.3×10^{-18}
硫化铅	PbS	黑色	不溶	不溶	1.0×10^{-28}
硫化镉	CdS	黄色	不溶	不溶	8.0×10^{-27}
硫化锑	Sb_2S_3	橘红色	不溶	不溶	1.5×10^{-93}
硫化亚锡	SnS	褐色	不溶	不溶	1.0×10^{-25}
硫化汞	HgS	黑色	不溶	不溶	1.6×10^{-52}
硫化银	Ag_2S	黑色	不溶	不溶	6.3×10^{-50}
硫化铜	CuS	黑色	不溶	不溶	6.3×10^{-36}

硫化物在酸中的溶解情况与其溶度积大小有关。以 MS 型硫化物为例进行说明，根据溶度积规则，如果要发生溶解作用，必须使 $[M^{2+}][S^{2-}]<K_{sp}$，因此应设法降低 $[S^{2-}]$ 或 $[M^{2+}]$。降低 $[S^{2-}]$ 的方法可以是：其一，提高溶液的酸度，抑制 H_2S 的解离；其二，加入氧化剂，将 S^{2-} 氧化。使 $[M^{2+}]$ 降低的方法，则是加入配位剂与之生成难解离的配合物。根据硫化物溶解性的不同，可采取不同的方法将其溶解。

（1）用稀盐酸溶解　对于溶度积较大的硫化物（$K_{sp}>10^{-24}$），加入稀盐酸，增大 $[H^+]$，降低 $[S^{2-}]$，从而使硫化物溶解。例如

$$ZnS+2H^+\longrightarrow Zn^{2+}+H_2S\uparrow$$

（2）用浓盐酸溶解　对于溶度积不太大的硫化物（K_{sp} 在 $10^{-25}\sim10^{-30}$），则需加浓盐酸才能使其溶解。因为高浓度的 H^+ 能显著降低 S^{2-} 浓度，高浓度的 Cl^- 又可与 M^{2+} 形成配离子。例如

$$CaS+4Cl^-+2H^+\longrightarrow[CaCl_4]^{2-}+H_2S\uparrow$$

（3）用硝酸溶解　对于溶度积更小的硫化物（$K_{sp}<10^{-30}$），即使加入大量 H^+ 也不能有效降低 S^{2-} 和 M^{2+} 的浓度，因此只能利用 HNO_3 将 S^{2-} 氧化，使 S^{2-} 变为单质 S，从而使硫化物溶解。例如

$$3CuS+8HNO_3\longrightarrow3Cu(NO_3)_2+3S\downarrow+2NO\uparrow+4H_2O$$

（4）用王水溶解　对于溶度积极小的硫化物如 HgS，只能溶于王水中，它不仅能氧化

S^{2-}，还能使 Hg^{2+} 与 Cl^- 配合，既降低了溶液中的 S^{2-} 浓度，又降低了 Hg^{2+} 浓度，而使 HgS 溶解。

$$3HgS + 2HNO_3 + 12HCl \longrightarrow 3H_2[HgCl_4] + 3S\downarrow + 2NO\uparrow + 4H_2O$$

碱金属硫化物易溶于水，碱土金属硫化物如 CaS、BaS 等微溶于水。由于氢硫酸是弱酸，故所有硫化物无论溶解度大小，都会在水中产生不同程度的水解，从而使溶液显碱性。

硫化物与盐酸或稀硫酸作用，放出 H_2S 气体，它可使醋酸铅试纸变黑，用此方法可以检验 S^{2-} 的存在。

$$S^{2-} + 2H^+ \longrightarrow H_2S\uparrow$$

$$Pb(Ac)_2 + H_2S \longrightarrow PbS\downarrow(\text{黑色}) + 2HAc$$

可溶性的硫化物比 H_2S 溶液更易被空气氧化，反应如下：

$$S + 2H^+ + 2e \longrightarrow H_2S$$

$$S + 2e \longrightarrow S^{2-}$$

碱金属或碱土金属硫化物的溶液能够溶解单质硫生成多硫化物。例如

$$Na_2S + (x-1)S \longrightarrow Na_2S_x$$

多硫化物的颜色随着硫原子数目的增加而逐渐加深，从黄色至橙色到变为红色。多硫化物既具有氧化性，又具有还原性。例如

$$SnS_2 + S^{2-} \longrightarrow SnS_3^{2-}(\text{硫代锡酸根})$$

$$3FeS_2 + 8O_2 \longrightarrow Fe_3O_4 + 6SO_2\uparrow$$

金属硫化物用途很广。Na_2S 因水解而使溶液呈碱性，工业上常以价格便宜的 Na_2S 代替 NaOH 作为碱使用。Na_2S 还广泛用于染料、印染、涂料、制革、食品等工业。Ca、Sr、Ba、Zn 等金属的硫化物是良好的发光材料，广泛用于夜光仪表和黑白彩色电视中。多硫化物在农业上用作杀虫剂，在皮革工业中作原皮的除毛剂。金属硫化物也是化学分析中常用的试剂。

4. 硫的氧化物

硫的氧化物主要有两种，即二氧化硫和三氧化硫。硫或黄铁矿在空气中燃烧生成 SO_2。

$$S + O_2 \xrightarrow{\text{燃烧}} SO_2$$

$$3FeS_2 + 8O_2 \xrightarrow{\triangle} Fe_3O_4 + 6SO_2\uparrow$$

SO_2 是无色、有刺激性臭味的气体，比空气重 2.26 倍，易溶于水，在 293K 时 1 体积水能溶解 40 体积的 SO_2。它的沸点是 263K，熔点是 197K，极易液化，液态 SO_2 汽化热较大，蒸发时吸收大量热，是一种制冷剂。SO_2 还能和一些有机色素结合成为无色的化合物，因此它可以用于漂白。但这些无色化合物不稳定，时间久了，便会分解而显出原来的颜色。

在 SO_2 中，S 的氧化数为+4，故 SO_2 既有氧化性又有还原性。但还原性较为显著，只有遇到强还原剂时，SO_2 才表现出氧化性。例如

$$2SO_2 + O_2 \xrightarrow[450℃]{V_2O_2} 2SO_3$$

$$SO_2 + 2CO \xrightarrow[550℃]{\text{铝矾土}} S + 2CO_2$$

$$SO_2 + 2H_2S \longrightarrow 3S + 2H_2O$$

第一个反应可用来制备 SO_3，第二个反应用于处理 SO_2 废气。

SO_2 主要用于生产硫酸、亚硫酸和亚硫酸盐，还大量用于生产合成洗涤剂、食品防腐剂、消毒剂、纸张等的漂白剂。

SO_2 是造成大气环境污染的重要污染物，它对人体的呼吸系统和消化系统危害极大，SO_2 有毒，高浓度 SO_2 会使人呼吸困难，甚至死亡。大气中由于 SO_2 的存在所形成的酸雨（pH<5.6），会使农作物大面积减产、毁坏森林、腐蚀建筑物。目前硫化矿冶炼厂、火力发电厂是产生 SO_2 的主要污染源。

SO_2 污染的治理方法很多，例如焦炉气中的 SO_2，可用 CO 处理，使其还原为单质 S。冶炼硫化矿的烟道气中 SO_2 的含量较高，可先将其氧化为 SO_3，吸收制取 H_2SO_4。如果 SO_2 的含量较少，则可用石灰水或 Na_2CO_3 溶液吸收而除去。

纯净的 SO_3 是一种无色易挥发的固体，熔点为 289.8K，沸点为 317K。它极易吸收水分，在空气中强烈冒烟，溶于水中即生成硫酸并放出大量热。

$$SO_3 + H_2O \longrightarrow H_2SO_4$$

SO_3 是一个强氧化剂。例如与磷接触时会引起燃烧，可将碘化物氧化为单质碘等。

$$10SO_3 + 4P \longrightarrow 10SO_2 + P_4O_{10}$$

$$SO_3 + 2KI \longrightarrow K_2SO_3 + I_2$$

5. 硫的含氧酸及其盐

硫的含氧酸中除硫酸、过硫酸和焦硫酸外，大多数不存在相应的自由酸，而只能存在于溶液中，其盐比相应的含氧酸稳定。

（1）亚硫酸及其盐　二氧化硫的水溶液叫作亚硫酸，目前尚未制得游离的亚硫酸，而且当它存在于水溶液时，已显著地分解为 SO_2 和 H_2O，所以亚硫酸的水溶液中存在着下列平衡。

$$SO_2 + H_2O \rightleftharpoons H_2SO_3$$

$$H_2SO_3 \rightleftharpoons H^+ + HSO_3^- \quad K_{a1} = 1.54 \times 10^{-2}$$

$$HSO_3^- \rightleftharpoons H^+ + SO_3^{2-} \quad K_{a2} = 1.02 \times 10^{-7}$$

在溶液中形成的亚硫酸是中等强度的二元酸。加热可逸出 SO_2，加碱生成酸式盐或正盐。

H_2SO_3 中的氧化数为+4，它既有氧化性又有还原性，但从 S 的电势图可知，H_2SO_3 的还原性较强，氧化性较弱，且亚硫酸、亚硫酸盐比 SO_2 具有更强的还原性。例如

$$2SO_2 + O_2 \longrightarrow 2SO_3$$

$$2H_2SO_3 + O_2 \longrightarrow 2H_2SO_4\text{（慢）}$$

$$2Na_2SO_3 + O_2 \longrightarrow 2Na_2SO_4\text{（快）}$$

由此可见，它们的还原性是依 SO_2-H_2SO_3-M_2SO_3 的顺序增强的，因此保存亚硫酸及其盐时，应防止空气进入。

亚硫酸及其盐只有当遇到更强的还原剂时才表现出氧化性。例如

$$H_2SO_3 + 2H_2S \longrightarrow 3S\downarrow + 3H_2O$$

碱金属的亚硫酸盐易溶于水，由于水解，溶液显碱性，其他金属的正盐都只微溶于水，而所有的酸式亚硫酸盐都易溶于水。亚硫酸盐受热易分解。例如

$$4Na_2SO_3 \longrightarrow 3Na_2SO_4 + Na_2S$$

亚硫酸盐或酸式亚硫酸盐遇强酸即分解，放出 SO_2。这是实验室制取少量 SO_2 的一种方法。

$$SO_3^{2-} + 2H^+ \longrightarrow H_2O + SO_2\uparrow$$

$$HSO_3^- + H^+ \longrightarrow H_2O + SO_2\uparrow$$

亚硫酸盐有很多用途。如亚硫酸钠是工业上重要的还原剂，在照相行业中用作显影保护剂，制革业中用作去钙剂，食品业中用于防腐等。亚硫酸氢钙大量用于造纸工业。亚硫酸钠

和亚硫酸氢钠大量用于染料工业，它们也用作漂白织物时的去氧剂。反应如下。

$$SO_3^{2-}+Cl_2+H_2O \longrightarrow SO_4^{2-}+2H^++2Cl^-$$

(2) 硫酸及其盐　纯硫酸是无色透明的油状液体，283.4K 时凝固，加热时会放出 SO_3 直至酸的浓度降为 98.3%为止，这时它成为恒沸溶液，沸点为 611K。市售浓硫酸一般含 96%～98% H_2SO_4，约相当于 18mol/L。

硫酸是 SO_3 的水合物，具有强烈的吸水性。在工业上和实验室里常用来作干燥剂，如干燥氯气、氢气和二氧化碳等气体。浓硫酸水合过程会放出大量的热，在稀释浓硫酸时，一定要将浓硫酸缓慢地经玻璃棒导入水中，并不断搅拌，切不可把水倒入浓硫酸中。浓硫酸不但能吸收游离的水分，还能从一些有机化合物中夺取与水分子组成相当的氢和氧，使这些有机物炭化。例如蔗糖或纤维被浓硫酸脱水。

因此，浓硫酸能严重地破坏动植物组织，如损坏衣服和烧坏皮肤等，使用时必须注意安全。如不慎将浓硫酸洒在皮肤上，先用软布或纸轻轻沾去，再用大量水冲洗，最后用 2%小苏打水或稀氨水浸泡片刻。

浓硫酸是一种氧化性酸。加热时氧化性更显著，它可以氧化许多非金属和金属。

$$C_{12}H_{22}O_{11}(\text{蔗糖}) \xrightarrow{\text{浓硫酸}} 12C+11H_2O$$

$$C+2H_2SO_4 \xrightarrow{\triangle} CO_2\uparrow+2H_2O+SO_2\uparrow$$

$$Cu+2H_2SO_4(\text{浓}) \xrightarrow{\triangle} CuSO_4+SO_2\uparrow+2H_2O$$

此外，冷浓硫酸（93%以上）不和铁、铝等金属作用。因为它会使铁、铝表面生成一层致密的氧化膜，保护了内部金属不继续与酸作用，这种现象称为“钝化”。故可将浓硫酸装在铁制或铝制容器中运输。

硫酸是二元强酸，纯硫酸中存在着大量未解离的硫酸分子，几乎不导电，但它的水溶液能导电。

稀硫酸具有一般酸类的通性，与浓硫酸的氧化作用不同，它的氧化作用是由 H_2SO_4 中的 H^+ 所致。因此，稀硫酸只能与电极电势顺序在氢以前的金属如 Mg、Zn、Fe 等反应而放出 H_2。

硫酸是化学工业中一种重要的化工原料，它大量地用于肥料工业、石油的精炼、炸药的生产上，以及制造各种矾、染料、颜料、药物等。利用浓硫酸沸点高的性质，使其与某些挥发性酸的盐共热，可生产较易挥发的酸，如盐酸和硝酸等。

将 SO_3 溶解在浓硫酸中所形成的溶液称为发烟硫酸 $H_2SO_4 \cdot nSO_3$。发烟硫酸暴露在空气中时，挥发出来的 SO_3 和空气中的水蒸气形成硫酸的细小露滴而发烟。当等物质的量的 SO_3 和纯硫酸化合时，形成的发烟硫酸称为焦硫酸 $H_2S_2O_7$（或 $H_2SO_4 \cdot SO_3$）。冷却发烟硫酸可析出焦硫酸无色晶体。焦硫酸与水作用又可生成硫酸。发烟硫酸具有比硫酸更强的氧化性。

硫酸是二元酸，能形成两种重要的盐，即正盐和酸式盐。在酸式硫酸盐中，仅最活泼的碱金属元素能形成稳定的固态酸式硫酸盐。在碱金属的正硫酸盐溶液内加入适量的硫酸，酸式硫酸盐即结晶析出。

$$Na_2SO_4+H_2SO_4 \longrightarrow 2NaHSO_4$$

其他酸的碱金属盐与硫酸共热也能得到酸式硫酸盐。

$$NaCl+H_2SO_4 \longrightarrow NaHSO_4+HCl$$

酸式硫酸盐都易溶于水，也易熔化，加热到熔点以上，它们即转变为焦硫酸盐 $M_2S_2O_7$，再加强热，就进一步分解正盐和三氧化硫。

硫酸盐具有如下一些性质：

① 一般硫酸盐都易溶于水。硫酸银微溶于水，碱土金属（Be、Mg 除外）硫酸盐和硫酸铅难溶于水，其中 $BaSO_4$ 不仅难溶于水，而且也不溶于酸和王水。若向某溶液加入可溶性钡盐（如 $BaCl_2$），有不溶于酸（如 HNO_3）的白色沉淀生成时，说明该溶液中有 SO_4^{2-} 存在。借此反应可以鉴定或分离 SO_4^{2-} 或 Ba^{2+}。

② 可溶性硫酸盐从溶液中析出的晶体常带有结晶水。如 $CuSO_4 \cdot 5H_2O$、$FeSO_4 \cdot 7H_2O$、$Na_2SO_4 \cdot 10H_2O$ 等。含有结晶水的硫酸盐受热时会逐步失去结晶水，成为无水盐。

③ 除了碱金属和碱土金属外，其他硫酸盐都有不同程度的水解作用。

④ 多数硫酸盐易形成复盐。如硫酸亚铁铵 $(NH_4)_2SO_4 \cdot FeSO_4 \cdot 6H_2O$（又称摩尔盐），$K_2SO_4 \cdot Al_2(SO_4)_3 \cdot 24H_2O$（又称钾明矾）。

⑤ 硫酸盐受热分解，硫酸盐的热稳定性与相应阳离子的电荷、半径以及最外层电子构型有关，8 电子构型的低电荷阳离子形成的硫酸盐如 K_2SO_4、Na_2SO_4、$BaSO_4$ 等较稳定，在 1273K 时也不分解，而 18 电子构型或不规则电子构型的高电荷阳离子形成的硫酸盐如 $CuSO_4$、Ag_2SO_4 等稳定性较差，在高温下这些硫酸盐一般分解为金属氧化物和三氧化硫。例如

$$CuSO_4 \xrightarrow{\triangle} CuO + SO_3\uparrow$$

$$2Ag_2SO_4 \xrightarrow{\triangle} 4Ag + 2SO_3\uparrow + O_2\uparrow$$

（3）硫代硫酸钠　硫代硫酸钠又名海波，俗称大苏打，是无色透明的晶体，易溶于水，其水溶液呈弱碱性。

亚硫酸盐与硫作用生成硫代硫酸盐，将硫粉溶于沸腾的亚硫酸钠溶液中可制得硫代硫酸钠。

$$Na_2SO_3 + S \xrightarrow{\triangle} Na_2S_2O_3$$

硫代硫酸钠在中性、碱性溶液中很稳定，在酸性溶液中迅速分解。

$$Na_2S_2O_3 + 2HCl \longrightarrow 2NaCl + S\downarrow + SO_2\uparrow + H_2O$$

硫代硫酸钠是一种中等强度的还原剂。与强氧化剂如氯、溴等作用时被氧化为硫酸钠，与较弱的氧化剂如碘作用时被氧化为连四硫酸钠。

$$Na_2S_2O_3 + 4Cl_2 + 5H_2O \longrightarrow 2H_2SO_4 + 2NaCl + 6HCl$$

$$2Na_2S_2O_3 + I_2 \longrightarrow 2NaI + Na_2S_4O_6$$

故硫代硫酸钠可作为脱氯剂，也可在定量分析中定量测定碘。硫代硫酸根具有很强的配合能力。

$$2S_2O_3^{2-} + AgX \longrightarrow [Ag(S_2O_3)_2]^{3-} + X^-$$

基于此性质，在照相行业中 $Na_2S_2O_3$ 用作定影剂，以除去胶片上未起作用的溴化银。硫代硫酸钠还用作化工生产中的还原剂、棉织物漂白后的脱氯剂，另外还用于电镀、鞣革等行业。

（4）过硫酸及其盐　过硫酸分子中含有过氧键，可看成是过氧化氢分子中的氢原子被磺酸基（—SO_3H）所取代的产物。$HO \cdot OH$ 中一个 H 被—SO_3H 取代后得 $HO \cdot OSO_3H$ 即过一硫酸 H_2SO_5；另一个 H 也被—SO_3H 取代后得 $HSO_3O \cdot OSO_3H$ 即过二硫酸 $H_2S_2O_8$。

过二硫酸是无色晶体，在 338K 时熔化并分解，具有极强的氧化性。所有的过硫酸盐都是强氧化剂。

$$S_2O_8^{2-} + 2e \rightleftharpoons 2SO_4^{2-} \qquad \varphi^{\ominus} = 2.0V$$

过二硫酸盐能与许多还原剂发生反应，甚至能将 Cr^{3+}、Mn^{2+} 分别氧化为 $Cr_2O_7^{2-}$、MnO_4^-。

$$2Cr^{3+}+3S_2O_8^{2-}+7H_2O \longrightarrow Cr_2O_7^{2-}+6SO_4^{2-}+14H^+$$

$$2Mn^{2+}+5S_2O_8^{2-}+8H_2O \longrightarrow 2MnO_4^-+10SO_4^{2-}+16H^+$$

在钢铁分析中常用过硫酸铵（或过硫酸钾）氧化法测定钢中锰的含量。过硫酸及其盐都是不稳定的，在加热时容易分解。例如

$$2K_2S_2O_8 \xrightarrow{\triangle} 2K_2SO_4+2SO_3\uparrow+O_2\uparrow$$

过二硫酸盐固体因逐渐分解而失去氧化性，此外它与有机物混合易引起爆炸，所以在保存和使用时应注意安全。过二硫酸盐在合成橡胶、树脂工业中作聚合引发剂，在肥皂、油脂工业中作漂白剂，在染料的氧化及金属的刻蚀等方面也有应用。

三、硒及其重要化合物

硒是稀有元素，自然界中无单独的硒矿，通常极少量的硒存在于一些硫化物矿内，在煅烧这些矿时，硒就富集于烟道内。所以硫酸工业的烟道尘和洗涤塔淤泥等，成为制取硒的主要原料。

单质硒在化学性质上与硫很相似，它们能与非金属如氟、氯发生激烈的作用。加热能与氧化合，也能和许多金属形成硒化物。

1. 氢化物

稀酸与硒化物作用时得到硒化氢（H_2Se）。硒化氢是无色、有恶臭味的气体，毒性比 H_2S 更大。热稳定性和在水中的溶解度比 H_2S 小。但其水溶液的酸性较 H_2S 强，这是因为硒离子的半径大，与氢离子之间的引力减弱，故酸的解离度增大。它的还原性较 H_2S 强，只要 H_2Se 与空气接触，硒便逐渐分解析出。燃烧 H_2Se 时有 SeO_2 产生，若空气不足则生成单质硒。加热至 573K，硒化氢即分解。现将硒的氢化物的重要性质与 H_2O、H_2S 和 H_2Te 相比较汇列于表 5-7。

表 5-7　氧族元素氢化物的性质比较

物质	H_2O	H_2S	H_2Se	H_2Te
沸点/K	373	202	232	271
熔点/K	273	187	212.8	224
解离常数 K_a/291K	1.8×10^{-16}	1.3×10^{-7}	1.3×10^{-4}	2.3×10^{-3}
负离子半径 M^{2-}/pm	132	184	191	211
酸性增强 还原性增强 热稳定性减小	$\longrightarrow$			

2. 氧化物及含氧酸

硒在空气或氧中燃烧能生成 SeO_2。SeO_2 是易挥发的白色固体，溶于水则生成亚硒酸。亚硒酸是一种比 H_2SO_3 弱的酸，但与硫不同，氧化数为 +4 的硒氧化物和相应的亚硒酸及盐比较稳定，而硫则以氧化数为 +6 的化合物较稳定。硒的氧化数为 +4 的化合物虽然也有还原性，但以氧化性为特征，它容易被还原为硒。其标准电极电位如下：

$$H_2SeO_3+4H^++4e \longrightarrow Se+3H_2O \quad \varphi^{\ominus}=0.75V$$

亚硒酸可以将亚硫酸（$\varphi^{\ominus}=0.45V$）氧化为硫酸。

$$2SO_2+H_2O+H_2SeO_3 \longrightarrow 2H_2SO_4+Se$$

此反应被用来从烟道尘和某些工业淤泥中回收硒。

硒的三氧化物制备比较困难，SeO_3 强烈吸收水分而成硒酸，加热达 450K 以上即分解为 SeO_2 和 O_2。

只有在强氧化剂如氯酸的作用下，+4 氧化数的亚硒酸才能被氧化为+6 氧化数的硒酸。

$$5H_2SeO_3 + 2HClO_3 \longrightarrow 5H_2SeO_4 + Cl_2 + H_2O$$

硒酸是一种无色晶体。硒酸溶液和硫酸溶液相似，都是强酸。在高浓度时也可使有机物炭化，但它的氧化性远高于硫酸。例如浓硒酸与盐酸混合会有氯气产生，故与王水一样，它可以溶解铂和金。

$$SeO_4^{2-} + 2H^+ + 2Cl^- \longrightarrow SeO_3^{2-} + Cl_2 + H_2O$$

硒酸盐和硫酸盐的性质也相似，同一种金属的硒酸盐和硫酸盐具有相近的溶解度和晶体，如铅、钡的硒酸盐都难溶于水。

3. 用途

硒是一种半导体材料，硒可制光电管应用在无线电传真、电视等上，还可用在电整流器上。少量的硒加到普通玻璃中可消除由于玻璃中含有硅酸铁而产生的绿色。大量的硒则使玻璃变成红色。此外，硒还用于生产不锈钢等。

进度检查

一、选择题

1. 下列硫化物中，难溶于水，易溶于稀盐酸的黑色沉淀是（　　）。

A. ZnS　　B. PbS　　C. FeS　　D. CuS

2. 下列关于氧族元素的叙述正确的是（　　）。

A. 均可显−2、+4、+6 化合价　　B. 能和大多数金属直接化合

C. 固体单质都不导电　　D. 都能和氢气直接化合

3. 下列物质中，只具有还原性的是（　　）。

A. S　　B. SO_2　　C. H_2S　　D. H_2SO_4

4. 在常温下，下列物质可盛放在铁制或铝制容器中的是（　　）。

A. 浓 H_2SO_4　　B. 稀 H_2SO_4　　C. 稀 HCl　　D. $CuSO_4$ 溶液

5. 下列单质中，最不易与 H_2 化合的是（　　）。

A. 氧　　B. 硫　　C. 硒　　D. 碲

6. 对氧族元素描述不正确的是（　　）。

A. 原子最外层电子数相同　　B. 由上而下原子半径依次增大

C. 由上而下阴离子的还原性增强　　D. 由上而下原子核对最外层电子的吸引力增大

7. 可以用两种单质直接化合而制得的物质是（　　）。

A. Cu_2S　　B. $FeCl_2$　　C. CuS　　D. Fe_2S_3

8. 下列各种物质中，其含氧酸和它的氧化物相互对应的是（　　）。

A. SO_2 和 H_2SO_4　　B. CO 和 H_2CO_3

C. TeO_2 和 H_2TeO_3　　D. SeO_3 和 H_2SeO_4

9. 在氧族元素的下列离子中，还原性最强的是（　　）。

A. O^{2-}　　B. S^{2-}　　C. Se^{2-}　　D. Te^{2-}

10. 在氧族元素的单质中，氧化性最强的是（　　）。

A. 氧　　B. 硫　　C. 硒　　D. 碲

二、填空题

1. 干燥 H_2S 气体，可用的干燥剂有________。

2. 既能表现浓硫酸的酸性，又能表现浓硫酸的氧化性的反应是________。

3. Na_2SO_3 与________共热可制得________，I_2 可将 $Na_2S_2O_3$ 氧化为________。

4. H_2S 水溶液久置后出现浑浊，原因是________。

5. 二氧化硫有漂白性，通入品红溶液中，品红溶液能够________色。

6. 二氧化硫是________污染的主要有害物质之一，也会危害人类健康，引起________疾病。

7. 含硫矿石的冶炼，硫酸等生产的工业废气，必须进行________回收。

8. 浓硫酸可用铁制的槽运输的主要原因是________。

9. 不能用浓硫酸干燥的气体有________。

10. 硒是一种________材料，硒可制光电管应用在无线电传真、电视等上。少量的硒加到普通玻璃中可消除由于玻璃中含有硅酸铁而产生的________色。

三、简答题

1. 长期存放的 Na_2S 或 $(NH_4)_2S$ 溶液为什么颜色会变深？

2. 用碱液处理含 SO_2 的工业废气，是否属于中和反应？写出反应方程式。

3. 将 SO_2 气体通入纯碱溶液中，然后向所得溶液加入硫黄粉并加热。反应后，把溶液分成两份。一份加入 HCl，一份滴加浓溴水。写出所发生的化学反应。

4. 怎样用化学方法鉴别 Na_2SO_3、Na_2SO_4、$Na_2S_2O_3$？

5. 减少酸雨可采取的措施有哪些？

编号 FJC-15-03

学习单元 5-3　氮族元素及其重要化合物

学习目标： 在完成了本单元学习之后，能够掌握氮族元素及其重要化合物的性质。
职业领域： 化工、石油、环保、医药、冶金、建材等。
工作范围： 分析。

氮族元素为周期表第ⅤA 族元素，包括氮（N）、磷（P）、砷（As）、锑（Sb）、铋（Bi）和镆（Mc）六种元素。随着原子半径的递增，电负性递减，该族元素从典型的非金属元素过渡到典型的金属元素，其中氮和磷是非金属元素，砷为半金属元素，锑和铋是金属元素。

氮族元素的价层电子构型为 ns^2np^3，它们主要形成氧化数为－3、＋3 和＋5 的化合物。当与电负性较小的元素结合时，可以形成氧化数为－3 的共价化合物，当与电负性较大元素结合时，它们主要的氧化数为＋3 和＋5。

与ⅦA 族、ⅥA 族元素比较，氮族元素要获得 3 个电子形成氧化数为－3 的离子相当困难，仅有电负性较大的氮和磷可以形成极少数氧化数为－3 的离子型固态化合物，如 Na_3P、Mg_3N_2、Ca_3P_2 等，这种离子型化合物只能存在于干态，遇水强烈水解生成 NH_3 和 PH_3，因此溶液中不存在 N^{3-} 和 P^{3-} 的简单水合离子。

氮族元素的金属性比相应的ⅦA 和ⅥA 族元素显著，形成正价的趋势较强，与电负性较大的元素化合时主要形成氧化数为＋3、＋5 的化合物。形成共价化合物是本族元素的特征。铋有较明显的金属性，它的氧化数为＋3 的化合物比＋5 的化合物稳定；氮和磷常见的是氧化数为＋5 的化合物；砷和锑常见的是氧化数为＋5、＋3 的化合物。

一、氮及其重要化合物

1. 氮气

氮主要以单质状态存在于空气中，约占空气组成的 78%（体积分数）。除了土壤中含有一些铵盐、硝酸盐外，氮普遍存在于有机体中，它是组成动植物体的蛋白质的重要元素。

工业上大量的氮气是分馏液态空气得到。实验室常用加热 NH_4Cl 饱和溶液和固体 $NaNO_2$ 的混合物来制备氮气。

$$NH_4Cl + NaNO_2 \longrightarrow NH_4NO_2 + NaCl$$

$$NH_4NO_2 \xrightarrow{\triangle} N_2\uparrow + 2H_2O$$

将氨通过红热的氧化铜，可得到较纯的 N_2。

氮气是无色、无味的气体，密度为 1.25g/L，熔点为 63K，沸点为 77K，临界温度为 126K，因此它是一个难以液化的气体，微溶于水。

氮气有很高的稳定性，在常温下不易参加化学反应。在高温时，氮能和某些金属或非金属化合生成氮化物，也能与氧、氢等直接反应，基于氮气的这种化学稳定性，常用氮气作保护性气体，以阻止某些物质在空气中氧化。

工业上氮气主要用于合成化肥、制造硝酸。液态氮可作深度冷冻剂。

2. 氨及铵盐

(1) 氨　氨是氮的最重要化合物之一。工业上氨的制备是用氮气和氢气在高温高压和催化剂条件下合成。

$$N_2+3H_2 \xrightarrow[\text{铁催化剂}]{\text{高温高压}} 2NH_3$$

在实验室中通常用铵盐和碱共热来制备少量氨气。

$$2NH_4Cl+Ca(OH)_2 \longrightarrow CaCl_2+2NH_3\uparrow+2H_2O$$

氨在常温下是一种具有特殊刺激气味的无色气体。在常压下冷却至239.6K，或于298K加压到990kPa，氨即凝聚为液体，称为液氨，故氨很容易在常温下加压液化。由于氨分子有较大极性且分子间存在着氢键，使氨与同族其他氢化物相比，具有较高的熔点、沸点。液态氨的汽化热较大，故液氨可作制冷剂。氨极易溶于水，在293K时，1体积水能溶解700体积氨。通常把溶有氨的水溶液叫作氨水。氨水密度小于1，氨含量越大，密度越小。一般市售浓氨水的密度为$0.91g/cm^3$，含NH_3约28%。

氨的化学性质活泼，能与许多物质发生反应。

① 氧化反应。NH_3分子中N的氧化数为-3，是N的最低氧化态，因此NH_3具有还原性，会被氧化。例如NH_3在纯O_2中燃烧生成N_2。

$$4NH_3+3O_2 \xrightarrow[800℃]{Pt} 2N_2+6H_2O$$

如果有催化剂存在，NH_3可被氧化为NO：

$$4NH_3+5O_2 \xrightarrow{\text{催化剂}} 4NO+6H_2O$$

氨的催化氧化反应是工业上制硝酸的基础反应。

② 取代反应。取代反应的一种形式，是氨分子中的氢被其他原子或基团所取代，生成一系列氨的衍生物，如氨基（$-NH_2$）的衍生物，如$NaNH_2$，亚氨基（$=NH$）的衍生物，如Ag_2NH，氮化物（$\equiv N$），如Mg_3N_2。

$$2NH_3+2Na \longrightarrow 2NaNH_2+H_2\uparrow$$

取代反应的另一种形式是氨以它的氨基或亚氨基取代其他化合物中的原子或基团，例如

$$COCl_2+4NH_3 \longrightarrow CO(NH_2)_2+2NH_4Cl$$

③ 加合反应。氨分子中氮原子上的孤电子对能与其他离子或分子形成共价配位键，发生加合反应。例如氨与水结合成氨的水合物。氨溶于水后，在生成水合物的同时，发生部分解离。

$$NH_3+H_2O \rightleftharpoons NH_4^++OH^-$$

所以氨水中既有自由的氨分子，也有水合氨分子和铵离子。NH_4^+可以看成是H^+与NH_3加合的产物。H^+受氮原子上孤对电子的吸引与NH_3加合在一起形成配位键。因此，氨在水中形成NH_4^+，同时解离出OH^-，使溶液呈碱性。

氨还能和许多金属离子加合形成配离子，例如NH_3与Ag^+、Cu^{2+}等离子形成$[Ag(NH_3)_2]^+$、$[Cu(NH_3)_4]^{2+}$等氨的配合物。

(2) 铵盐　氨与酸作用可得到相应的铵盐。铵盐一般是无色晶体，易溶于水。铵盐的性质类似于碱金属盐类，并有相似的溶解性。

由于氨的弱碱性，所以铵盐都有一定程度的水解。由强酸组成的铵盐，其水溶液呈酸性。

$$NH_4^+ + H_2O \rightleftharpoons NH_3 \cdot H_2O + H^+$$

因此，在任何铵盐溶液中加入强碱并加热，就会释放出氨气。常用来鉴定 NH_4^+ 的存在，

$$NH_4Cl + NaOH \xrightarrow{\triangle} NH_3\uparrow + H_2O + NaCl$$

固态铵盐加热时极易分解，其分解产物因组成铵盐的酸的性质不同而异。由挥发性酸形成的铵盐，加热时氨与相应的酸一起挥发。例如

$$NH_4Cl \xrightarrow{\triangle} NH_3\uparrow + HCl\uparrow$$

$$NH_4HCO_3 \xrightarrow{\triangle} NH_3\uparrow + CO_2\uparrow + H_2O$$

而由难挥发性酸形成的铵盐，则只有氨挥发逸出，酸或酸式盐却残留在容器中。

$$(NH_4)_2SO_4 \xrightarrow{\triangle} NH_3\uparrow + NH_4HSO_4$$

$$(NH_4)_3PO_4 \xrightarrow{\triangle} 3NH_3\uparrow + H_3PO_4$$

如果相应的酸有氧化性，则分解出来的 NH_3 会立即被氧化，生成 N_2 或 N_2O。例如

$$2NH_4NO_3 \xrightarrow{\triangle} 4H_2O + 2N_2\uparrow + O_2\uparrow$$

此反应可产生大量的气体和热量，在密闭容器中易引起爆炸。因此可用硝酸铵制造炸药。此外，铵盐还可作化学肥料。

(3) 氮的氧化物　氮可形成多种氧化物，常见的有 N_2O、NO、N_2O_3、NO_2（N_2O_4）、N_2O_5，氮的氧化数可以从+1 到+5。其中较为重要的是 NO 和 NO_2。

一氧化氮 NO 是无色、有毒的气体，微溶于水，但不与水反应，不助燃。在常温下极易与氧反应生成 NO_2。

$$2NO + O_2 \xrightarrow{\triangle} 2NO_2$$

二氧化氮 NO_2 是具有特殊臭味且有毒的红棕色气体，易压缩成无色液体，在低温时红棕色的 NO_2 可聚合为无色的 N_2O_4 气体，两者建立如下平衡。

$$N_2O_4 \rightleftharpoons 2NO_2$$

NO_2 易溶于水生成 HNO_3 和 NO。

$$3NO_2 + H_2O \longrightarrow 2HNO_3 + NO\uparrow$$

NO_2 也能和 NaOH 发生反应。

$$2NO_2 + 2NaOH \longrightarrow NaNO_3 + NaNO_2 + H_2O$$

NO_2 分子中氮的氧化数为+4，因此 NO_2 既有氧化性又有还原性，但氧化性更为显著，作为氧化剂，NO_2 可使碳、硫、磷等起火燃烧，其他如铁、铜、硫化氢等均可被 NO_2 所氧化。例如

$$2NO_2 + C \xrightarrow{\triangle} 2NO + CO_2$$

$$NO_2 + H_2S \longrightarrow NO + S\downarrow + H_2O$$

NO_2 也可以被更强的氧化剂所氧化。例如

$$5NO_2 + MnO_4^- + H_2O \longrightarrow 5NO_3^- + Mn^{2+} + 2H^+$$

(4) 氮的含氧酸及其盐

① 亚硝酸及其盐。将 NO 和 NO_2 的混合物溶解在冷冻的水中或在亚硝酸盐的冷溶液中加酸时，可生成亚硝酸（HNO_2）溶液。

$$NO + NO_2 + H_2O \longrightarrow 2HNO_2$$

$$NaNO_2 + H_2SO_4 \longrightarrow NaHSO_4 + HNO_2$$

亚硝酸是一种弱酸，$K_a^{\ominus}=7.2\times10^{-4}$，仅存在于冷的稀溶液中，溶液微热会立即分解。

$$2HNO_2 \xrightarrow{\text{加热}} NO\uparrow + NO_2\uparrow + H_2O$$

亚硝酸虽很不稳定，但亚硝酸盐却相当稳定。它们大多无色，一般都易溶于水。

在亚硝酸和亚酸盐中，N 的氧化数为+3，处于中间氧化态，因此它们既有氧化性又有还原性：

$$HNO_2 + H^+ + e \longrightarrow NO + H_2O$$

$$NO_3^- + 3H^+ + 2e \longrightarrow HNO_2 + H_2O$$

可见，在酸性溶液中，亚硝酸及其盐氧化性突出。例如

$$2NO_2^- + 2I^- + 4H^+ \longrightarrow 2NO + I_2 + 2H_2O$$

此反应可以定量进行，能用于定量测定 NO_2^- 的含量。

在碱性溶液中或遇到氧化能力比亚硝酸强的氧化剂时，亚硝酸及其盐还原性较突出。例如

$$5NO_2^- + 2MnO_4^- + 6H^+ \longrightarrow 5NO_3^- + 2Mn^{2+} + 3H_2O$$

在亚硝酸盐中，KNO_2 和 $NaNO_2$ 是两种常用的盐。KNO_2 和 $NaNO_2$ 大量用于染料工业和有机合成工业中，亚硝酸盐有毒且是致癌物质，人若误食会引起中毒甚至死亡。

② 硝酸及其盐。硝酸是工业上重要的无机酸之一，在国民经济和国防工业中，都有极其重要的用途。它是制造炸药、塑料、硝酸盐和许多其他化工产品的重要化工原料。

工业上制硝酸的最重要方法是氨的催化氧化法。将氨和空气的混合物通过灼热的铂丝网，氨可很安全地被氧化为 NO。

$$4NH_3 + 5O_2 \xrightarrow[1273K]{Pt} 4NO + 6H_2O$$

生成的 NO 进一步被空气中的 O_2 氧化为 NO_2，NO_2 再与水发生歧化反应而得 HNO_3。

$$2NO + O_2 \longrightarrow 2NO_2$$

$$3NO_2 + H_2O \longrightarrow 2HNO_3 + NO$$

在实验室中，用硝酸盐与浓硫酸反应来制备少量硝酸。

$$NaNO_3 + H_2SO_4 \longrightarrow NaHSO_4 + HNO_3\uparrow$$

纯硝酸是无色液体，沸点为 356K，在 231K 下凝成无色晶体，硝酸可以与水按任何比例混合，一般市售的硝酸含 HNO_3 68%～70%，相当于 16mol/L。硝酸具有挥发性，86%以上的浓硝酸由于其易挥发而产生白烟，故称为发烟硝酸。

硝酸受热或见光会发生分解。

$$4HNO_3 \xrightarrow{\text{光或热}} 4NO_2\uparrow + O_2\uparrow + 2H_2O$$

分解产生的 NO_2 又溶于 HNO_3，而使 HNO_3 呈现黄色或红棕色，因此实验室常把硝酸贮存于棕色瓶中。

硝酸是强酸且具有很强的氧化性，许多非金属元素如碳、硫、磷等都能被硝酸氧化为相应的氧化物或含氧酸。例如

$$C + 4HNO_3(\text{浓}) \longrightarrow CO_2\uparrow + 4NO_2\uparrow + 2H_2O$$

$$S + 6HNO_3(\text{浓}) \longrightarrow H_2SO_4 + 6NO_2\uparrow + 2H_2O$$

$$P + 5HNO_3(\text{浓}) \longrightarrow H_3PO_4 + 5NO_2\uparrow + H_2O$$

除了不活泼的金属如 Au、Pt 等和某些稀有金属外，硝酸几乎可氧化所有金属。硝酸作为氧化剂，则可能被还原为一系列较低氧化态的氮的化合物。当浓 HNO_3 与金属反应时，由于浓 HNO_3 的氧化性强，主要还原产物为 NO_2；当稀 HNO_3 与金属反应时，由于稀

HNO_3 的氧化性较弱，主要还原产物为 NO；极稀的硝酸与活泼金属（如 Zn）反应，则可被还原为 NH_4^+。例如

$$Cu+4HNO_3(浓) \longrightarrow Cu(NO_3)_2+2NO_2\uparrow+2H_2O$$
$$3Cu+8HNO_3(稀) \longrightarrow 3Cu(NO_3)_2+2NO\uparrow+4H_2O$$
$$4Zn+10HNO_3(稀) \longrightarrow 4Zn(NO_3)_2+N_2O\uparrow+5H_2O$$
$$4Zn+10HNO_3(极稀) \longrightarrow 4Zn(NO_3)_2+NH_4NO_3+3H_2O$$

事实上，凡有硝酸参加的反应都很复杂，往往同时生成多种还原产物，例如浓硝酸与金属反应，除 NO_2 外，也还有少量 NO 和其他低氧化态氮的化合物。

某些金属（如铁、铝、铬等）能溶于稀硝酸，但不溶于冷浓硝酸。这是因为这些金属表面被浓硝酸氧化形成一层薄而致密的氧化膜，阻止了内部金属与硝酸进一步作用。

浓硝酸与浓盐酸的混合液（体积比为 1∶3）称为王水，可溶解硝酸所不能作用的金属。例如

$$Au+HNO_3+4HCl \longrightarrow H[AuCl_4]+NO\uparrow+2H_2O$$
$$3Pt+4HNO_3+18HCl \longrightarrow 3H_2[PtCl_6]+4NO\uparrow+8H_2O$$

硝酸盐大多是无色、易溶于水的晶体，硝酸盐水溶液没有氧化性，固体硝酸盐在常温下比较稳定，但在高温时，会受热分解而显氧化性。硝酸盐热分解的产物取决于盐的阳离子。碱金属和碱土金属的硝酸盐在加热后即放出氧气而转化为相应的亚硝酸盐，电极电势顺序在 Mg 和 Cu 之间的金属所形成的硝酸盐分解时产生相应的氧化物，电极电势在铜以后的金属硝酸盐则分解为金属。例如

$$2NaNO_3 \xrightarrow{\triangle} 2NaNO_2+O_2\uparrow$$
$$2Pb(NO_3)_2 \xrightarrow{\triangle} 2PbO+4NO_2\uparrow+O_2\uparrow$$
$$2AgNO_3 \xrightarrow{\triangle} 2Ag+2NO_2\uparrow+O_2\uparrow$$

固体硝酸盐因在高温受热分解过程中都放出氧气，所以，固体硝酸盐在高温时是强氧化剂。它们与可燃物混在一起，受热会迅速燃烧，产生大量气体，引起爆炸。基于此性质，可用硝酸盐制造焰火及黑火药等。

二、磷及其重要化合物

1. 单质磷

磷有多种同素异形体，常见的有白磷和红磷。纯白磷是无色而透明的晶体，遇光即逐渐变为黄色，故又称黄磷。黄磷有剧毒，误食 0.1g 就能致死。白磷不溶于水，易溶于 CS_2 中，燃点为 40℃，因此必须将其保存在水中以隔绝空气。经测定，白磷的相对分子质量相当于 P_4，通常简写为 P。红磷是一种暗红色的粉末，它不溶于水，也不溶于 CS_2，没有毒，加热到 400℃以上才着火，白磷和红磷在隔绝空气条件下加热能相互转变。

$$白磷 \underset{\triangle}{\overset{533K}{\rightleftharpoons}} 红磷$$

单质磷的化学活泼性比氮强。白磷又比红磷活泼得多。磷易与卤素单质猛烈反应，也能同硫及若干金属猛烈反应。强氧化剂如硝酸能将磷氧化成磷酸。白磷能溶解在热的浓碱溶液中，还能将易被还原的金属从它们的盐中取代出来，有时也可以和取代出来的金属立即反应生成磷化物。

工业上白磷主要用于制备高纯度的 P_4O_{10} 及 H_3PO_4。利用白磷的易燃性和燃烧产物 P_2O_5 能形成烟雾的特性在军事上用来制造烟雾弹和燃烧弹等，红磷用于制造农药和安全火柴。

2. 磷的氧化物

磷的氧化物常见的有 P_4O_{10} 和 P_4O_6。磷在充足的空气中燃烧可得 P_4O_{10}，若氧气不足则生成 P_4O_6。P_4O_{10} 和 P_4O_6 分别简称为五氧化二磷和三氧化二磷，P_4O_{10} 是磷酸的酸酐，P_4O_6 是亚磷酸的酸酐。

P_4O_6 是白色易挥发的蜡状固体，与冷水反应生成亚磷酸。

$$P_4O_6 + 6H_2O(冷) \longrightarrow 4H_3PO_3$$

在热水中即发生强烈的歧化反应生成磷酸和膦。

$$P_4O_6 + 6H_2O(热) \longrightarrow 3H_3PO_4 + PH_3$$

P_4O_{10} 为白色雪花状固体，在不同的反应温度下，P_4O_{10} 可与不等量的水作用，得到磷的各种含氧酸。

$$P_4O_{10} + 2H_2O \xrightarrow{冷} 4HPO_3 \quad 偏磷酸$$

$$P_4O_{10} + 4H_2O \xrightarrow{热} 2H_4P_2O_7 \quad 焦磷酸$$

$$P_4O_{10} + 6H_2O \xrightarrow[热]{HNO_3} 4H_3PO_4 \quad 正磷酸$$

P_4O_{10} 具有强烈的吸水性，吸水后迅速潮解。因此它常用作气体和液体的干燥剂。它甚至可以使硫酸、硝酸等脱水成为相应的氧化物。

$$P_4O_{10} + 6H_2SO_4 \longrightarrow 6SO_3 + 4H_3PO_4$$

$$P_4O_{10} + 12HNO_3 \longrightarrow 6N_2O_5 + 4H_3PO_4$$

3. 磷的含氧酸及其盐

（1）磷的含氧酸　磷能形成多种含氧酸，现将磷的主要含氧酸列于表 5-8 中。

表 5-8　磷的主要含氧酸

氧化数	+1	+3	+5	+5	+5
化学式	H_3PO_2	H_3PO_3	H_3PO_4	$H_4P_2O_7$	HPO_3
名称	次磷酸	亚磷酸	（正）磷酸	焦磷酸	偏磷酸
酸性	一元酸 $K_a^{\ominus}=5.9\times10^{-2}$	二元酸 $K_a^{\ominus}=6.3\times10^{-3}$	三元酸 $K_a^{\ominus}=7.1\times10^{-3}$	四元酸 $K_a^{\ominus}=1.4\times10^{-1}$	一元酸 $K_a^{\ominus}=1\times10^{-1}$

在磷的各种含氧酸中，以正磷酸最为重要。工业上主要用 76%左右的硫酸分解磷灰石以制取磷酸。

$$Ca_3(PO_4)_2 + 3H_2SO_4 \longrightarrow 2H_3PO_4 + 3CaSO_4$$

此法制得的磷酸不纯，主要用于制造磷肥。纯的磷酸可用黄磷燃烧生成 P_4O_{10}，再用水吸收而制得。

纯净的磷酸为无色晶体，熔点为 315K，加热时磷酸逐渐脱水生成焦磷酸、偏磷酸。因此磷酸没有自身的沸点。磷酸能与水以任意比相混溶。市售磷酸为无色透明的黏稠状液体，含量约 85%。

磷酸无挥发性，无氧化性，易溶于水，为三元中强酸，它具有很强的配位能力，能与许多金属离子形成可溶性配合物。如与 Fe^{3+} 生成可溶性无色配合物 $H_3[Fe(PO_4)_2]$、$H[Fe(HPO_4)_2]$，在分析化学中用于掩蔽 Fe^{3+}，排除 Fe^{3+} 的干扰。

磷酸是重要的无机酸，用途广泛。除大量用于生产各种磷肥外，在印刷业作去污剂，有机合成中作催化剂，食品工业中作酸性调味剂等。此外，它还是制备某些医药及磷酸盐的原料。

（2）磷酸盐　磷酸是三元酸，可生成三种类型的盐：M_3PO_4、M_2HPO_4 和 MH_2PO_4。

磷酸二氢盐均易溶于水，而正盐和磷酸一氢盐除了 K^+、Na^+ 和 NH_4^+ 盐外，一般不溶于水。

可溶性磷酸盐在水中都有不同程度的水解作用，以 Na^+ 的磷酸盐为例，由于 PO_4^{3-} 的水解作用，因此 Na_3PO_4 溶液显强碱性，而 HPO_4^{2-} 兼有水解和解离双重作用，但因其水解程度大于解离程度，故 Na_2HPO_4 溶液呈弱碱性；$H_2PO_4^-$ 也有水解和解离作用，但其水解程度小于其解离程度，故 NaH_2PO_4 溶液呈弱酸性。

磷酸二氢钙是重要的磷肥，它是磷酸钙与硫酸作用的产物。

$$Ca_3(PO_4)_2 + 2H_2SO_4 \longrightarrow 2CaSO_4 + Ca(H_2PO_4)_2$$

生成的混合物叫过磷酸钙，其中有效成分磷酸二氢钙溶于水，易被植物吸收。PO_4^{3-} 与过量的钼酸铵 $(NH_4)_2MoO_4$ 混合于有 HNO_3 存在的水溶液中，当加热时，有黄色的磷钼酸铵慢慢析出。

$$PO_4^{3-} + 12MoO_4^{2-} + 24H^+ + 3NH_4^+ \longrightarrow (CH_4)_3PO_4 \cdot 12MoO_3 \downarrow + 12H_2O$$

这一反应可用来鉴定 PO_4^{3-}。

磷酸盐在工农业生产和日常生活中有着广泛用途。磷酸盐不仅可用作化肥，还可用作除垢剂、金属防护剂、电镀液和有机合成的催化剂、洗衣粉及动物饲料的添加剂。在食品工业中，磷是构成核酸、磷脂和某些酶的主要成分。磷酸盐在生物的新陈代谢、光合作用、神经功能和肌肉活动即所有能量传递过程中都起着重要作用。

三、砷及其重要化合物

1. 单质砷

砷是亲硫元素，主要以硫化物矿存在于自然界中，例如雄黄（As_4S_4）、雌黄（As_2S_3）。制备单质时，是先将硫化物矿放在空气中煅烧转变为氧化物，然后用碳还原。

$$2As_2S_3 + 9O_2 \longrightarrow 2As_2O_3 + 6SO_2$$

$$As_2O_3 + 3C \longrightarrow 2As + 3CO$$

常温下，砷在水和空气中都比较稳定，都不溶于稀酸，但能和硝酸、热浓硫酸、王水等反应，也可以和熔融的氢氧化钠反应。

$$2As + 3H_2SO_4(\text{热、浓}) \longrightarrow As_2O_3 + 3SO_2 \uparrow + 3H_2O$$

$$2As + 6NaOH(\text{熔融}) \longrightarrow 2Na_3AsO_3 + 3H_2 \uparrow$$

2. 砷的重要化合物

砷的氧化物有两种，氧化数为 +3 的 As_2O_3 和氧化数为 +5 的 As_2O_5。As_2O_3 是砷的重要化合物，俗称砒霜，是剧毒的白色粉状固体，致死量为 0.1g，主要用于制造杀虫剂、杀鼠剂、除草剂等。As_2O_3 微溶于水，是两性偏酸性氧化物，因此它易溶于碱生成亚砷酸盐。

$$As_2O_3 + 6NaOH \longrightarrow 2Na_3AsO_3 + 3H_2O$$

氧化数为 +5 的 As_2O_5 对应的酸 H_3AsO_4 称为砷酸，其酸性比亚砷酸 H_3AsO_3 强得多，近似于磷酸。As(Ⅲ) 的化合物具有较强的还原性。例如

$$AsO_3^{3-} + I_2 + 2OH^- \longrightarrow AsO_4^{3-} + 2I^- + H_2O$$

砷酸盐只有在酸性溶液中才呈现明显的氧化性。例如

$$H_3AsO_4 + 2I^- + 2H^+ \longrightarrow H_3AsO_3 + I_2 + H_2O$$

As^{3+} 的盐在水溶液中可强烈地水解。

$$AsCl_3 + 3H_2O \rightleftharpoons H_3AsO_3 + 3HCl$$

砷的硫化物有 As_2S_3 和 As_2S_5 两种，它们都是不溶于水和浓盐酸的黄色固体。但它们都易溶于碱和可溶性的硫化物［如 Na_2S 或 $(NH_4)_2S$］。

$$As_2S_3 + 6NaOH \longrightarrow Na_3AsO_3 + Na_3AsS_3 + 3H_2O$$

$$As_2S_3 + 3Na_2S \longrightarrow 2Na_3AsS_3$$

As_2S_5 易溶于碱或碱金属硫化物中，生成相应的硫代酸盐。硫代酸盐只能在中性或碱性介质中存在。在分析化学中常用硫代酸盐的生成与分解将砷的硫化物与其他金属硫化物分离。

3. 含砷废水的处理

砷及其化合物都是有毒物质，As(Ⅲ) 的毒性强于 As(Ⅴ)，有机砷化物又比无机砷化物的毒性更强。冶金、化工、化学制药等工业的废气和废水中常含有砷。砷及其化合物对人体危害很大，它们可在人体内积累，且是致癌物质。因此，必须采取有效措施，消除污染，保护环境，保证人体健康。国家规定，排放废水中的含砷量不得超过 0.5mg/L。

含砷废水的处理主要有以下两种方法：

（1）石灰法　在含砷的废水中投入石灰，使之生成难溶的砷酸盐或偏亚砷酸盐，沉降分离，即可将砷从废水中除去。例如

$$As_2O_3 + Ca(OH)_2 \xlongequal{} Ca(AsO_2)_2 \downarrow + H_2O$$

（2）硫化法　可用 H_2S 作沉淀剂，废水中的砷与之反应生成难溶的硫化物。例如

$$2As^{3+} + 3H_2S \xlongequal{} As_2S_3 \downarrow + 6H^+$$

这些含砷的难溶物虽然毒性较小，但仍不可随意丢弃，应进行妥善处理。

进度检查

一、选择题

1. 如果某试液加入 NaOH 并加热后，有 NH_3 逸出，那么下列说法中完全正确的是（　　）。

A. 只有 CN^- 存在　　B. 没有 CN^- 存在

C. 只有 NH_4^+ 存在　　D. NH_4^+、CN^- 均可能存在

2. 有四瓶硝酸盐溶液，分别是 $AgNO_3$、$Cu(NO_3)_2$、$Hg(NO_3)_2$、$Hg_2(NO_3)_2$，要用一种试剂可以将其鉴别开来，应选用（　　）。

A. $NH_3 \cdot H_2O$　　B. H_2SO_4　　C. HCl　　D. NaCl

3. NO_2 溶于 NaOH 溶液中可得到（　　）。

A. $NaNO_2$ 和 H_2O　　B. $NaNO_2$、O_2 和 H_2O

C. $NaNO_3$ 和 N_2O_5、H_2O　　D. $NaNO_3$ 和 $NaNO_2$、H_2O

4. 加热可以生成金属单质的是（　　）。

A. $Hg(NO_3)_2$　　B. $Cu(NO_3)_2$　　C. KNO_3　　D. $Mg(NO_3)_2$

5. 下列氢化物中，热稳定性最差的是（　　）。

A. NH_3　　B. PH_3　　C. AsH_3　　D. SbH_3

6. 下列物质可以用加热法进行分离的是（　　）。

A. 碘和氯化铵　　B. 氯化钡和氯化铵

C. 食盐和硅　　D. 氯酸钾和二氧化锰

7. 下列叙述中不属于氮的固定的是（　　）。

A. 根瘤菌把空气中氮气转化为氮的化合物

B. 合成氨

C. 氮气和氧气化合生成一氧化氮

D. 从液态空气中分离出氮气

8. 浓硝酸具有漂白性可使有色试纸褪色，下列物质在一定条件下也具有漂白性，其漂白原理与浓硝酸不同的是（　　）。

A. Na_2O_2　　B. HClO　　C. SO_2　　D. O_3

9. 导致下列现象的原因与 NO_2 排放有关的是（　　）。

A. 光化学烟雾　　B. 臭氧空洞　　C. 温室效应　　D. 酸雨

10. 下列物质间发生反应时，硝酸既表现氧化性又表现酸性的是（　　）。

A. 浓硝酸和氢氧化钠　　B. 稀硝酸和铜

C. 浓硝酸和炭粉共热　　D. 稀硝酸和氧化铜

二、完成反应

（1）$Hg + HNO_3$(浓)$\longrightarrow$

（2）$S + 6HNO_3$(浓)$\longrightarrow$

（3）向亚硝酸钠溶液中加几滴酸，再加入碘化钾溶液，然后加入少量四氯化碳，振荡，静置。写出反应式。

（4）过量的硝酸银溶液与硫代硫酸钠溶液反应。写出反应式。

（5）试描述工业上用 NH_3 氧化法制备 HNO_3 的过程。写出反应式。

三、简答题

1. 用碱液处理含 NO_2 的工业废气，是否都属于中和反应？写出反应方程式。

2. 为什么装浓 HNO_3 的瓶子在日光照射下，瓶内溶液逐渐显棕色？

3. 如何鉴别 As^{3+}、Sb^{3+}、Bi^{3+}？

4. 如何去除 NO 中含有的微量 NO_2？

5. 为什么磷和热的 KOH 溶液反应生成 PH_3 气体遇空气变白烟？

编号 FJC-15-04

学习单元 5-4 粗盐的提纯操作

学习目标：在完成了本单元学习之后，既能掌握粗食盐的提纯方法和原理，又能掌握沉淀、过滤、蒸发、结晶等操作方法，还能掌握离心分离的操作方法。

职业领域：化工、石油、环保、医药、冶金、建材等。

工作范围：分析。

所用仪器和药品见表 5-9。

表 5-9 所用仪器和药品

序号	名称及说明	数量
仪器	托盘天平、烧杯、漏斗、漏斗架、布氏漏斗、抽滤瓶、蒸发皿、石棉网、玻璃棒、量筒(杯)、酒精灯(或电炉)、pH 试纸	各一个
药品	粗食盐、$BaCl_2$(1.0mol/L)、NaOH(2.0mol/L)、Na_2CO_3(1.0mol/L)、HCl(2.0mol/L)、$(NH_4)C_2O_4$ 溶液(饱和)、乙醇(65%)、镁试剂	适量

一、实验原理

粗盐中含有泥沙等不溶性杂质，以及可溶性杂质如：Ca^{2+}、Mg^{2+}、SO_4^{2-} 等。不溶性杂质可以用过滤的方法除去，可溶性杂质中的 Ca^{2+}、Mg^{2+}、SO_4^{2-} 则可通过加入 Na_2CO_3、NaOH 和 $BaCl_2$ 溶液，生成沉淀而除去，也可加入 $BaCO_3$ 固体来除去。然后蒸发水分得到较纯净的精盐。

二、操作步骤

1. 粗食盐的提纯

（1）溶解粗盐并过滤除去不溶性杂质　在托盘天平上称取 5.0g 粗食盐，置于 100mL 小烧杯中，加入 25mL 蒸馏水，用玻璃棒搅拌；加热使其溶解，用三角漏斗过滤，除去不溶性杂质。

（2）沉淀并过滤除去 SO_4^{2-}　将滤液加热至沸腾，边搅拌边滴加 1mol/L $BaCl_2$ 溶液（约 1mL）至沉淀完全，继续加热 2～4min 后停止加热。待沉淀沉降后，检查 SO_4^{2-} 是否沉淀完全。

检查沉淀是否完全的方法是：暂停加热，待沉淀下降后，滴加 1～2 滴 $BaCl_2$ 溶液于上层清液中，若滴落点处不再出现浑浊，说明 SO_4^{2-} 已沉淀完全。如果仍有混浊现象，则继续滴加适量的 $BaCl_2$ 溶液。

沉淀完全后，用三角漏斗采用倾注法过滤，用少量蒸馏水洗涤沉淀 2～3 次，滤液收集在烧杯中，弃去沉淀。

（3）沉淀并过滤除去 Ca^{2+}、Mg^{2+}、Ba^{2+} 等阳离子　在过滤后的滤液中加 10mL 2mol/L NaOH 溶液和 1.5mL 1mol/L Na_2CO_3 溶液，搅拌并加热至沸腾，待沉淀沉降后，检查是否沉淀完全。当沉淀完全后，用三角漏斗以倾注法过滤，弃去沉淀。

（4）调节溶液酸度，除去剩余的 CO_3^{2-}　向滤液中滴加 2mol/L HCl，搅拌并加热，以除去 CO_2 气体，用 pH 试纸检验，当溶液呈微酸性时即可。

（5）蒸发浓缩和结晶　把溶液倒入瓷蒸发皿中，用小火加热蒸发，浓缩至大量 NaCl 晶体析出，溶液呈糊状时，停止加热。切勿将溶液蒸发至干。

（6）冷却、抽滤和干燥　将 NaCl 浓缩液在室温下冷却后，用布氏漏斗进行减压过滤，将 NaCl 晶体抽干，并用少量蒸馏水或 65%乙醇溶液洗涤晶体表面上的母液，尽量将晶体抽干，然后将晶体移入事先称量好的蒸发皿中，在石棉网上用小火加热干燥，冷却至室温，称量并计算产率。

$$\text{精盐产率}=\frac{\text{精盐质量(g)}}{\text{粗盐质量(g)}}\times 100\%$$

2. 离心机的使用

① 检查离心机的底座是否紧贴台面，将离心机壳体接好地线，电源开关应在“关”的位置，调速旋钮应指向“0”位置。

② 将电源插头插入插座，开启电源开关，指示灯亮。将调速旋钮顺时针旋至“1”档，若是无级变速的离心机可旋至 1/4 处。

③ 将待分离的离心管分别放置在试管座的各孔内，离心管的管口应高出离心机套孔，必要时，在套孔中垫些柔软的物质（如纸、布等），以提高试管的高度。

④ 开启离心机，先将旋钮调到“1”档，待稳定后，再旋转至“2”档。并依次加快旋转速度。

⑤ 当转速稳定时，开启定时开关至 5min 处（无定时开关，应人为控制），使离心机在 5min 后停止转动。

⑥ 待离心机停稳后（不可用外力迫使离心机停止转动），将定时旋钮和调速旋钮逐档回至“0”位置，关闭电源开关，取出离心管，盖好顶盖。

进度检查

一、选择题

1. 下列不属于“粗盐提纯”实验所需要的仪器的是（　　）。

A. 烧杯　　B. 蒸发皿　　C. 酒精灯　　D. 试管夹

2. 下列说法不正确的是（　　）。

A. 粗盐经过“溶解、过滤、结晶”提纯后得到的是纯净的氯化钠

B. “海水晒盐”的原理是蒸发溶剂结晶法

C. 铵态氮肥不宜与熟石灰混合使用

D. 工业上常用“多级闪蒸法”淡化海水

3. 将含有少量泥沙的粗盐提纯，并用制得精盐配制一定质量分数的氯化钠溶液，下列描述错误的是（　　）。

A. 过滤时搅拌漏斗中的液体可以加快过滤速率

B. 蒸发滤液时，要不断用玻璃棒搅动蒸发皿中的液体

C. 配制氯化钠溶液的实验过程需要经过计算、称量、溶解、装液等步骤

D. 配制氯化钠溶液时需用的仪器有托盘天平、量筒、烧杯、玻璃棒等

二、填空题

1. 将下列物质填入空中

A. 浓硫酸　　　　B. 食盐　　　　C. 硝酸铵　　　　D. 硝酸钾

常用作干燥剂的是__________；可用作调味品和防腐剂的是________；

农业上可作复合肥使用的是______；溶于水使溶液温度显著降低的是______。

2. 除去粗盐中不溶性杂质，过滤操作使用了玻璃棒，其作用是______；在蒸发过程中使用玻璃棒的目的是______________________。

三、简答题

1. 要除去粗盐中的镁离子、硫酸根离子、钙离子，可在溶液中加入哪些试剂？

2. 过滤前后的水有什么不同？滤纸上留下了什么？

3. 某个小组过滤后滤液仍然浑浊，你能帮他们分析一下原因吗？

4. 生活中哪些事例也利用了过滤的原理？

编号 FJC-15-05

学习单元 5-5　碱金属、碱土金属元素及其重要化合物

学习目标： 在完成了本单元学习之后，能够掌握碱金属和碱土金属及其重要化合物的性质。

职业领域： 化工、石油、环保、医药、冶金、建材等。

工作范围： 分析。

碱金属和碱土金属的单质具有金属光泽及良好的导电性、传热性、延展性，都是低熔点、低硬度的轻金属。

元素周期表中ⅠA族（除氢外）由锂（Li）、钠（Na）、钾（K）、铷（Rb）、铯（Cs）、钫（Fr）六种元素组成，它们的氧化物溶于水呈强碱性，所以又称为碱金属元素。锂、铷、铯是稀有金属元素，钫是放射性元素。

碱金属元素原子的价层电子构型为 ns^1。因此，碱金属元素只有+1氧化态。碱金属原子最外层只有一个电子，次外层为稀有气体的电子层结构。由于最外层电子数目少，内层结构稳定，同时，碱金属元素的原子半径为同周期元素中（稀有气体除外）最大，而核电荷数为同周期元素中最小，故碱金属元素很容易失去最外层的1个s电子，成为同周期元素中金属性最强的元素。同一族元素，自上而下，原子半径和核电荷逐渐增大，而原子半径增大起主要作用，核对外层电子的引力逐渐减弱，失去电子的倾向逐渐增大，所以碱金属元素原子的金属性从上而下逐渐增强。

碱金属元素的化合物大多是离子型的。碱金属元素是最活泼的金属元素，它们的单质能与大多数非金属反应，形成各种氧化物、氢氧化物，还可以形成许多重要的盐类。某些金属单质或其挥发性化合物在无色火焰中灼烧时，火焰呈现特征颜色，这种现象叫焰色反应。

一、钠及其重要化合物

1. 钠单质的性质

钠是银白色金属，熔点为371K，沸点为1156K，密度为$0.97g/cm^3$。钠的硬度很低，是电和热的良导体。

钠的化学性质很活泼，可以和很多物质发生化学反应，通常保存在煤油或石蜡油中。

（1）与氧的反应　钠在空气中很容易氧化，在室温下就能迅速与空气中的氧反应，在空气中放置一段时间后，表面生成一层氧化物。

$$4Na+O_2 \longrightarrow 2Na_2O$$

钠在空气中稍微加热就燃烧起来。

$$2Na+O_2 \xrightarrow{\text{燃烧}} Na_2O_2$$

（2）与非金属的反应　钠单质能与大多数非金属直接化合。

$$2Na+S \longrightarrow Na_2S$$

与 H_2 反应时，生成氢化钠。

$$2Na + H_2 \longrightarrow 2NaH$$

（3）与水的反应

$$2Na + 2H_2O \longrightarrow 2NaOH + H_2\uparrow$$

（4）与稀酸的反应

$$2Na + 2HCl \longrightarrow 2NaCl + H_2\uparrow$$

2. 钠的制备和用途

（1）钠的制备　钠的还原性很强，自然界中钠只能以化合态存在，要把钠单质从化合物中还原出来，常常采用熔融盐电解法。工业上制取钠是电解熔融的氯化钠。

$$2NaCl(\text{熔融}) \xrightarrow{\text{电解}} 2Na + Cl_2\uparrow$$

为了降低 NaCl 的熔点（纯 NaCl 的熔点高达 1074K），常常加入 $CaCl_2$，既降低了熔点（混合熔盐熔点为 873K），减少了能量的损耗，又提高了熔盐的密度，有利于金属的上浮分离。

（2）钠的用途　钠的用途十分广泛。钠在常温下能形成液态合金和钠汞齐，液态合金由于具有较高的比热容和较宽的液化范围而被用作核反应堆的冷却剂，钠汞齐由于具有缓和的还原性常用作还原剂。由于钠具有强还原性和强传热性，越来越多地用于冶金工业和原子能工业中，是重要的还原剂和核反应堆的导热剂。钠光灯的黄色能穿透雾气，因而广泛用于公路照明。

3. 钠的重要化合物

（1）氧化钠与过氧化钠　氧化钠是碱性氧化物，能与水反应生成强碱。

$$Na_2O + H_2O \longrightarrow 2NaOH$$

过氧化钠为淡黄色粉末，易吸潮，较稳定。

Na_2O_2 与水或稀酸反应产生 H_2O_2，H_2O_2 立即分解放出氧气。Na_2O_2 与 CO_2 反应，也能放出氧气。

$$Na_2O_2 + 2H_2O \longrightarrow 2NaOH + H_2O_2$$
$$Na_2O_2 + H_2SO_4 \longrightarrow Na_2SO_4 + H_2O_2$$
$$2H_2O_2 \longrightarrow 2H_2O + O_2\uparrow$$
$$2Na_2O_2 + 2CO_2 \longrightarrow 2Na_2CO_3 + O_2\uparrow$$

所以 Na_2O_2 可用作氧化剂、漂白剂和氧气发生剂，利用这一性质，Na_2O_2 在防毒面具、高空飞行和潜水作业中用作 CO_2 的吸收剂和供氧剂。

Na_2O_2 在碱性介质中是一种强氧化剂。例如在碱性溶液中它能将硫、锰、铬、钒、锡等氧化成可溶性的含氧酸盐从试样中分离出来，因此常用作分解矿石的溶剂。例如

$$Cr_2O_3 + 3Na_2O_2 \longrightarrow 2Na_2CrO_4 + Na_2O$$
$$MnO_2 + Na_2O_2 \longrightarrow Na_2MnO_4$$

由于 Na_2O_2 具有强碱性，熔融时不能采用瓷制器皿或石英器皿，宜用铁、镍器皿。由于它有强氧化性，熔融时遇到棉花、炭粉等会发生燃烧或爆炸，使用时应特别注意安全。

（2）氢化钠　氢化钠是白色固体，不稳定，在潮湿的空气中发生反应放出氢气。

$$NaH + H_2O \longrightarrow NaOH + H_2\uparrow$$

氢化钠是很强的还原剂，能从一些金属化合物中还原出金属。如

$$4NaH + TiCl_4 \longrightarrow Ti + 4NaCl + 2H_2\uparrow$$

（3）氢氧化钠　氢氧化钠对纤维和皮肤有强烈的腐蚀作用，所以称它为苛性碱、烧碱或

火碱，是白色固体，具有较低的熔点。易溶于水，并放出大量的热。在空气中容易吸湿潮解，所以固体 NaOH 是常用的干燥剂。它还容易与空气中的 CO_2 反应生成碳酸钠，所以要密封保存。

氢氧化钠的突出化学性质是强碱性。它的水溶液和熔融物，既能溶解某些金属（Al、Zn 等）及其氧化物，也能溶解某些非金属（Si、B 等）及其氧化物。

$$2Al+2NaOH+6H_2O \longrightarrow 2Na[Al(OH)_4]+3H_2\uparrow$$

$$Al_2O_3+2NaOH \longrightarrow 2NaAlO_2+H_2O$$

$$Si+2NaOH+H_2O \longrightarrow Na_2SiO_3+2H_2\uparrow$$

$$SiO_2+2NaOH \longrightarrow Na_2SiO_3+H_2O$$

因为氢氧化钠易于熔化，又具有溶解某些金属氧化物、非金属氧化物的能力，因此工业生产和分析工作中常用于分解矿石。

玻璃、陶瓷中含有 SiO_2，易受氢氧化钠腐蚀。实验室盛装氢氧化钠的试剂瓶，应用橡胶塞，而不能用玻璃塞。否则时间一长，氢氧化钠与瓶口玻璃中的 SiO_2 生成黏性的 Na_2SiO_3，同时还吸收二氧化碳生成易结块的 Na_2CO_3，瓶塞就打不开了。

氢氧化钠是一种重要的化工原料，有很多重要用途，广泛用于造纸、制革、制皂、纺织、玻璃、无机和有机合成等工业中。

工业上是用电解食盐水溶液的方法来制备氢氧化钠的。

$$2NaCl+2H_2O \xrightarrow{电解} 2NaOH+H_2\uparrow+Cl_2\uparrow$$

（4）重要的盐　钠盐一般都是无色或白色固体（除少数阴离子有颜色外），绝大多数都易溶于水，具有较高的熔点和较高的稳定性。

氯化钠是白色晶体，易溶于水，熔点为 1074K，是食盐的主要成分。氯化钠的一个特点是温度对其溶解度影响较小。自 273K 到 373K，它在水中的溶解度从 $35.6g/100gH_2O$ 只增加到 $39.1g/100gH_2O$，因此 NaCl 不能用冷却结晶法提纯。

氯化钠在农业上可作选种之用。它也是制备其他钠盐、氢氧化钠、氯气、盐酸等多种化工产品的基本原料。

碳酸钠俗称苏打，工业上又叫纯碱。它是一种基本的化工原料，用于炼钢、炼铝及其他有色金属的冶炼，也用于肥皂生产、造纸、纺织和漂染工业，它还是制备其他钠盐的原料。

工业上常用氨碱法制备碳酸钠。将饱和的食盐溶液在冷却时用氨饱和，然后在加压下通入 CO_2，$NaHCO_3$ 溶解度较小，将析出的 $NaHCO_3$ 晶体煅烧，即分解得碳酸钠。联合制碱是用氨、二氧化碳和食盐水制碱，同时得到的副产品氯化铵还可作氮肥，该法是 20 世纪 40 年代由我国化工专家侯德榜研究成功的，也称为侯氏制碱法。

$$NH_3+CO_2+H_2O \longrightarrow NH_4HCO_3$$

$$NH_4HCO_3+NaCl \longrightarrow NaHCO_3\downarrow+NH_4Cl$$

$$2NaHCO_3 \xrightarrow{\triangle} Na_2CO_3+CO_2\uparrow+H_2O\uparrow$$

母液中的 NH_4Cl 加消石灰可回收氨，以便循环利用。

$$2NH_4Cl+Ca(OH)_2 \longrightarrow 2NH_3\uparrow+CaCl_2+2H_2O$$

碳酸氢钠（$NaHCO_3$）俗称小苏打，它的水溶液呈弱碱性。$NaHCO_3$ 与酒石酸氢钾 $KHC_4H_4O_6$ 在溶液中反应时产生 CO_2，它们的混合物是发酵粉的主要成分。

$$NaHCO_3+KHC_4H_4O_6 \longrightarrow KNaC_4H_4O_6+H_2O+CO_2\uparrow$$

泡沫灭火器是利用下面反应生成的 CO_2 来灭火的。

$$3NaHCO_3+Al_2(SO_4)_3+3H_2O \longrightarrow 3NaHSO_4+2Al(OH)_3+3CO_2\uparrow$$

$Na_2SO_4 \cdot 10H_2O$ 称为芒硝，在医药上用作泻药。无水硫酸钠（又称为元明粉）大量用于制造玻璃、纸、水玻璃、陶瓷等，也是制造硫化钠、硫代硫酸钠的原料。

二、钾及其重要化合物

1. 钾单质的性质

钾也是银白色金属，熔点为903K，沸点为1033K，密度为0.86g/cm^3。钾的硬度比钠高，是电和热的良导体。

钾比钠更活泼，制备、储存和使用时应更加小心。

（1）与氧的反应　钾暴露在空气中，能被氧化生成氧化钾。

$$4K + O_2 \longrightarrow 2K_2O$$

钾在过量氧气中燃烧即得超氧化钾KO_2。

$$K + O_2 \xrightarrow{\text{燃烧}} KO_2$$

KO_2是橙黄色固体，是强氧化剂，与水剧烈反应生成H_2O_2和O_2，也能和CO_2反应放出O_2。

$$2KO_2 + 2H_2O \longrightarrow 2KOH + H_2O_2 + O_2\uparrow$$

$$4KO_2 + 2CO_2 \longrightarrow 2K_2CO_3 + 3O_2\uparrow$$

（2）与非金属的反应　钾的单质能与大多数非金属直接化合。

$$2K + Cl_2 \longrightarrow 2KCl$$

（3）与水的反应　钾与水的反应比钠与水的反应更为剧烈，发生燃烧，量大时甚至可以发生爆炸。

$$2K + 2H_2O \longrightarrow 2KOH + H_2\uparrow$$

（4）与稀酸的反应

$$2K + 2HCl(\text{稀}) \longrightarrow 2KCl + H_2\uparrow$$

2. 钾的制备和用途

（1）钾的制备　金属钾在熔融盐中溶解度较大，一般不用电解熔融盐的方法制备。工业上多采用高温热还原法，即在熔融状态下，用金属钠从氯化钾中还原出金属钾。

$$KCl(l) + Na(l) \longrightarrow NaCl(l) + K(g)$$

（2）钾的用途　钾和钠一样具有强还原性和强传热性，主要用于冶金工业和原子能工业中，作为重要的还原剂和核反应堆的导热剂。

3. 钾的重要化合物

（1）氧化钾　氧化钾是碱性氧化物，能与水反应生成强碱。

$$K_2O + H_2O \longrightarrow 2KOH$$

钾的氧化物还有过氧化钾（K_2O_2）和超氧化钾（KO_2）。

（2）氢化钾　氢化钾是白色固体，不稳定，在潮湿的空气中发生反应放出氢气。

$$KH + H_2O \longrightarrow KOH + H_2\uparrow$$

（3）氢氧化钾　氢氧化钾与氢氧化钠一样具有强碱性，其性质与氢氧化钠相似，能与酸、酸性氧化物及某些盐类发生反应，但氢氧化钾的价格比氢氧化钠昂贵，因此一般情况下多使用氢氧化钠。

（4）重要的钾盐　钾盐一般都是无色或白色固体（除少数阴离子有颜色外），绝大多数都易溶于水，具有较高的熔点和较高的稳定性。

应用最多的钾盐是碳酸钾，又叫钾碱，易溶于水，主要用于制备硬质玻璃和氰化钾（KCN）。碳酸钾存在于草木灰中，可利用植物的籽壳（如向日葵籽壳），经焚烧、浸取、蒸发、结晶等过程得到碳酸钾。

三、碱土金属及其重要化合物

周期表中ⅡA族包括铍（Be）、镁（Mg）、钙（Ca）、锶（Sr）、钡（Ba）、镭（Ra）六种金属元素，由于钙、锶、钡的氧化物在性质上介于“碱性”和“土性”（把黏土的主要成分，既难溶于水又难熔融的 Al_2O_3 称为“土”）之间，所以，这几种元素有碱土金属之称。其中铍是稀有金属，镭是放射性元素。

与碱金属元素比较，碱土金属最外层有2个s电子，次外层电子数目和排列与相邻的碱金属元素相同。由于核电荷相应增加了一个单位，对电子的引力要强一些，所以碱土金属的原子半径比相邻的碱金属要小，电离能要大。碱土金属在失去2个电子形成外层稳定的8电子构型（Be为2电子构型）后，则难以失去第3个电子，因此，它们的主要氧化数是+2。出于上述原因，碱土金属的金属活泼性比碱金属稍差。与碱金属元素一样，碱土金属元素的原子半径和核电荷数由上而下逐渐增大，它们的金属活泼性由上而下逐渐增强，ⅡA族金属元素所形成的化合物也大多是离子型的化合物，少数铍、镁的化合物是共价型。

碱土金属由于核外有2个s电子，原子间距离较小，自由电子活动性较差。因此，它们的熔点、沸点和硬度均较碱金属高，导电性却低于碱金属。

碱土金属元素也能与大多数非金属反应。例如，在空气中易燃烧，生成各种类型的氧化物，除铍、镁外，都较易与水反应，可形成稳定的氢氧化物和许多重要的盐。

1. 镁及其重要化合物

（1）镁单质的性质　镁是银白色的轻金属，熔点为923K，密度为$1.74g/cm^3$。镁的化学性质相当活泼，但在空气中却很稳定。常温下，镁与空气中的氧发生缓慢氧化反应，在其表面上生成一层十分致密的氧化膜，保护内层镁不再继续被空气氧化。因此，镁不需要密闭保存。镁的化学性质主要表现在以下几个方面：

① 与氧的反应。镁在空气中加热时，剧烈燃烧，并发出耀眼的白光。

$$2Mg+O_2 \xrightarrow{\text{燃烧}} 2MgO$$

② 与非金属的反应。在一定的温度下，镁能与卤素、氮等非金属反应。

$$Mg+Br_2 \xrightarrow{\text{燃烧}} MgBr_2$$

$$3Mg+N_2 \xrightarrow{\text{燃烧}} Mg_3N_2$$

③ 与水的反应。镁与冷水几乎不发生反应，只有在沸水中，反应才显著。

$$Mg+2H_2O(\text{沸水}) \longrightarrow Mg(OH)_2+H_2\uparrow$$

④ 与稀酸的反应。镁易与稀酸反应，生成相应的盐和氢气。

$$Mg+2HCl \longrightarrow MgCl_2+H_2\uparrow$$

（2）镁的制备和用途

① 镁的制备。镁在自然界中都以化合态存在，工业上用电解熔融盐的方法制备，也常采用高温热还原法制备金属镁。

$$MgCl_2(\text{熔融}) \xrightarrow{\text{电解}} Mg+Cl_2\uparrow$$

$$MgO(s)+C(s) \xrightarrow{\text{高温}} Mg(s)+CO(g)$$

② 镁的用途。由于镁燃烧时能发出强光，并放出大量的热，所以可用来制造烟火和照明弹。镁还用于制备轻质合金（与铝或钛），用作飞机、汽车、仪表、电子计算机的部件，是航空工业的重要材料。

(3) 镁的重要化合物

① 氧化镁。氧化镁是一种白色粉末，不溶于水，熔点高达 3073K。根据制备方法不同可分为轻质氧化镁和重质氧化镁。将 1 克细粉状氧化镁自然倒入量器中，所占体积在 $5cm^3$ 以上者为轻质氧化镁。反之，即为重质氧化镁。重质氧化镁主要用来制造大理石、隔热板一类的建筑材料。而轻质氧化镁用途比较广，常用来制造耐火材料和金属陶瓷。

② 氢氧化镁。氢氧化镁是一种微溶于水的白色粉末，属于中等强度的碱，可用镁的易溶盐和石灰水反应制取。氢氧化镁主要用作造纸工业中的填充材料，也可用于制牙膏、牙粉等。

③ 重要的镁盐。氯化镁（$MgCl_2 \cdot 6H_2O$）是无色晶体，味苦，易溶于水。要得到无水氯化镁，必须在干燥的氯化氢气流中加热 $MgCl_2 \cdot 6H_2O$ 使其脱水。无水氯化镁是生产金属镁的主要原料。

④ 硫酸镁（$MgSO_4 \cdot 7H_2O$）。硫酸镁是无色晶体，易溶于水，味苦，在医学上常被用作泻药，造纸、纺织工业也常用到它。

2. 钙及其重要化合物

(1) 钙单质的性质　钙是银白色的轻金属，熔点为 1021K，密度为 $1.55g/cm^3$，钙比镁稍软。钙的化学性质主要表现在以下几个方面：

① 与氧的反应。钙在空气中极易氧化，若暴露在空气中，表面上会很快形成一层疏松的氧化钙，但它对内层的金属钙没有保护作用。因此钙必须密闭保存。加热时，钙在空气中也能燃烧，生成氧化钙。

② 与非金属的反应。钙能与卤素、硫、氮等非金属反应。在加热条件下（200～300℃），钙能与氢气反应生成氢化钙。

$$Ca + S \xrightarrow{\triangle} CaS$$

$$Ca + H_2 \xrightarrow{\triangle} CaH_2$$

③ 与水的反应。钙与冷水就能迅速发生反应，生成氢氧化钙和氢气。

$$Ca + 2H_2O \longrightarrow Ca(OH)_2 + H_2\uparrow$$

④ 与稀酸的反应。钙易与稀酸反应，生成相应的盐和氢气。

$$Ca + 2HCl \longrightarrow CaCl_2 + H_2\uparrow$$

(2) 钙的制备和用途

① 钙的制备。电解熔融的氯化钙可制得金属钙。

$$CaCl_2(熔融) \xrightarrow{电解} Ca + Cl_2\uparrow$$

② 钙的用途。钙是植物生长的营养元素之一，钙在冶金工业中用作还原剂和净化剂，还可用作有机溶剂的脱水剂，它与铅的合金可作轴承材料。

(3) 钙的重要化合物

① 氧化钙。氧化钙是白色块状或粉状固体，又叫生石灰或石灰，由自然界的石灰石、大理石等矿物煅烧而得。石灰的用途非常广泛，大量消耗在建筑、铺路和生产水泥上。在冶金工业中，石灰作为溶剂可除去钢中多余的磷、硫和硅。

② 氢氧化钙。氢氧化钙是白色粉末状固体，俗称熟石灰，在水中的溶解度不大，且溶解度随温度的升高而降低，其饱和溶液叫石灰水。氢氧化钙是一种最便宜的强碱，在工业生产中常用氢氧化钙制成石灰乳代替烧碱使用。氢氧化钙除广泛用于建筑行业外，还用于制药、橡胶和石油工业中。

③ 重要的钙盐。钙盐中最重要的是氯化钙和硫酸钙。

无水氯化钙具有很强的吸水性，是一种重要的干燥剂，广泛用于氮气、氧气、二氧化碳、硫化氢等气体的干燥，但不能用它来干燥氨、乙醇等，因为它能与氨、乙醇生成 $CaCl_2 \cdot 8NH_3$ 和 $CaCl_2 \cdot 4C_2H_5OH$。氯化钙和冰的混合物常用作制冷剂。

硫酸钙的二水合物 $CaSO_4 \cdot 2H_2O$ 俗称生石膏，加热到 393K 左右部分脱水生成 $CaSO_4 \cdot H_2O$，叫熟石膏。熟石膏与水混合又会转变成生石膏并凝固成硬块，其体积略有增大，所以可以用熟石膏制造塑像、模型和医疗上用的石膏绷带。如把生石膏加热到 773K 以上，则全部脱水变成无水石膏（硬石膏），无水石膏没有可塑性。

四、硬水软化和纯水制备

溶有较多钙盐或镁盐的天然水称为硬水，只含少量或完全不含钙盐或镁盐的水称为软水。天然水中钙盐和镁盐的含量常用硬度来表示。我国规定的硬度标准是：1 升水中含 10mg CaO 和 MgO，则这种水的硬度为 1°。按照水硬度的不同，可以把水分为很软水、软水、中硬水、硬水和很硬水五种。含有钙或镁的酸式碳酸盐的硬水，可以用煮沸的办法使它软化，称为暂时硬水；含有钙、镁硫酸盐或氯化物的硬水，则称为永久硬水，永久硬水只能用蒸馏或化学净化等方法处理，才能使其软化。

一般硬水可以饮用，并且由于 $Ca(HCO_3)_2$ 的存在而有一种蒸馏水所没有的、醇厚的新鲜味道。但在化工生产中，在蒸汽动力、运输、纺织洗染等部门，使用硬水则很不利。蒸汽锅炉若长期使用硬水，锅炉内壁会结有坚实的锅垢（主要成分为 $CaSO_4$、$CaCO_3$、$MgCO_3$ 和部分铁、铝盐等）。由于锅垢的传热不良，不但浪费燃料，而且由于受热不均，会引起锅炉的爆裂。

硬水也不宜用于洗涤，因为肥皂中的可溶性脂肪酸遇 Ca^{2+}、Mg^{2+} 等离子，即生成不溶性沉淀，不仅浪费肥皂，而且污染衣物。

暂时硬水可以用加热法使之软化

$$Ca(HCO_3)_2 \xrightarrow{\triangle} CaCO_3 \downarrow + CO_2 \uparrow + H_2O$$

$$2Mg(HCO_3)_2 \xrightarrow{\triangle} Mg_2(OH)_2CO_3 \downarrow + 3CO_2 \uparrow + H_2O$$

工业上硬水的软化，较早是用熟石灰碳酸钠法。先测定水的硬度之后，再加入定量的 $Ca(OH)_2$ 及 Na_2CO_3，除去 Ca^{2+} 和 Mg^{2+} 等。

现在比较新的、经济有效的方法是用沸石（组成可简写为 Na_2Z）、磺化煤或离子交换树脂来处理水。前两种物质可以将水中的 Ca^{2+}、Mg^{2+}、Fe^{3+} 等除去。

$$Na_2Z + Ca^{2+} \longrightarrow CaZ + 2Na^+$$

用离子交换树脂可以将水中各种杂质离子全部除去，从而得到除去各种离子的去离子水。离子交换树脂是一种带有可交换离子的高分子化合物。它分为阳离子交换树脂和阴离子交换树脂。能交换阳离子的树脂叫阳离子交换树脂，例如磺酸型阳离子交换树脂 $R—SO_3H^+$（R 代表树脂的骨架），能交换阴离子的树脂叫阴离子交换树脂，如 $R—N(CH_3)_3^+OH^-$。树脂中 H^+ 与 OH^- 都是可交换离子。待净化的水流经阳离子交换树脂层时，水中的阳离子如 K^+、Na^+、Ca^{2+}、Mg^{2+} 被树脂吸附。

$$R—SO_3H^+ + Na^+ \rightleftharpoons R—SO_3^-Na^+ + H^+$$

树脂上可交换的阳离子 H^+ 进入水中，当水经过阳离子交换树脂层进入阴离子交换树脂层时，水中的阴离子如 SO_4^{2-}、Cl^-、HCO_3^- 等被阴离子交换树脂吸附。

$$R—N(CH_3)_3^+OH^- + Cl^- \longrightarrow R—N(CH_3)_3^+Cl^- + OH^-$$

树脂上可交换的 OH^- 进入水中，并与水中的 H^+ 结合成水。把几个阳、阴离子交换柱串连起来或采用混合离子交换柱（把阳、阴离子交换树脂混合在一起）处理，可以得到较纯净的水（纯水）。

离子交换树脂使用一段时间后，由于水中溶解的离子已将其饱和，便失去交换能力，必须进行处理，使它再生。再生是用一定浓度的酸碱溶液浸泡，分别将树脂所吸附的阳、阴离子置换出来，使树脂重新获得交换能力，实际上再生反应是交换反应的逆过程。

$$R—SO_3^- Na^+ + H^+ \rightleftharpoons R—SO_3^- H^+ + Na^+$$

树脂具有再生能力，可以反复使用，这是离子交换树脂获得广泛使用的原因之一。

进度检查

一、选择题

1. 下列关于碱土金属氢氧化物的叙述正确的是（　　）。

A. 碱土金属的氢氧化物均难溶于水

B. 碱土金属的氢氧化物均为强碱

C. 碱土金属的氢氧化物的碱性由铍到钡依次递增

D. 碱土金属的氢氧化物的碱性强于碱金属

2. 下列碳酸盐与碳酸氢盐，热稳定性顺序正确的是（　　）。

A. $NaHCO_3 < Na_2CO_3 < BaCO_3$　　B. $Na_2CO_3 < NaHCO_3 < BaCO_3$

C. $BaCO_3 < NaHCO_3 < Na_2CO_3$　　D. $NaHCO_3 < BaCO_3 < Na_2CO_3$

3. 下列物质中溶解度最小的是（　　）。

A. $Ba(OH)_2$　　B. $Be(OH)_2$　　C. $Sr(OH)_2$　　D. $Ca(OH)_2$

4. 下列关于铯的性质叙述不正确的是（　　）。

A. 无水硫酸铯易溶于水，化学式为 Cs_2SO_4

B. 碳酸铯加热分解为二氧化碳和氧化铯

C. 铯与水反应发生爆炸，铯可以通过电解它的熔融氯化物提取

D. 在碱金属中铯的熔点最低

二、鉴别题

1. 现有五瓶无标签的白色固体粉末，它们是 $MgCO_3$、$BaCO_3$、无水 Na_2CO_3、无水 $CaCl_2$ 及无水 Na_2SO_4，试设法加以鉴别。

2. 鉴别 Na_2CO_3、$NaHCO_3$、NaOH。

3. 鉴别 $CaSO_4$、$CaCO_3$。

三、简答题

1. 固体 NaOH 中常含有杂质 Na_2CO_3，试用最简单的方法检验其存在，并设法去除。

2. 如何由原料 Ca 用化学方法制备 $CaCl_2$？

3. 为什么金属钠在自然界中多以化合物的形式存在？

4. 写出工业制备金属钠的化学反应式。

5. 用化学方法鉴别 Na_2O 和 Na_2O_2。

四、推断题

某金属 A 与水反应激烈，生成的产物 B 呈碱性。B 与溶液 C 反应得到溶液 D，D 在无色火焰中的焰色反应呈黄色。在 D 中加入 $AgNO_3$ 溶液有白色沉淀 E 生成，E 可溶于氨水溶液。一黄色粉末状物质 F 与 A 反应生成 G，G 溶于水得到 B。F 溶于水则得到 B 和 H 的混合溶液，H 的酸性溶液使高锰酸钾溶液褪色，并放出气体 I。试确定各字母所代表的物质，并写出有关的反应方程式。

编号 FJC-15-06

学习单元 5-6　铁、铜、铝及其常见化合物

学习目标： 在完成了本单元学习之后，能够了解铁、铜、铝单质及其化合物的存在、性质和用途，掌握铁、铜、铝及其化合物的化学性质和制备。

职业领域： 化工、石油、环保、医药、冶金、建材等。

工作范围： 分析。

一、铁及其化合物的性质

铁位于元素周期表第四周期第Ⅷ族，一般表现为＋2、＋3 氧化数。铁以＋3 氧化值较稳定。

1. 铁单质的存在、物理性质

铁在地壳中的含量居第四位，均以化合态存在，在自然界里分布很广。铁主要存在于磁铁矿（Fe_3O_4）、赤铁矿（Fe_2O_3）、褐铁矿（$Fe_2O_3 \cdot H_2O$）和菱铁矿（$FeCO_3$）等中。纯净的铁是光亮的银白色金属，密度为 $7.85g/cm^3$，熔点为 1540℃，沸点为 2500℃。铁具有磁性、延展性、导电性和导热性。

2. 铁单质的化学性质

铁是比较活泼的金属，在潮湿的空气中容易生锈。在干燥的空气中加热到 150℃也不与氧作用，灼烧到 500℃则形成 Fe_3O_4，在更高温度时，可形成 Fe_2O_3。铁在 570℃左右能与水蒸气作用。

铁能溶于稀盐酸和稀硫酸中，形成 Fe^{2+} 并放出氢气。

$$Fe + 2H^+ \longrightarrow Fe^{2+} + H_2\uparrow$$

冷的浓硝酸和浓硫酸能使铁钝化。热的稀硝酸能使铁形成 Fe^{3+}，本身被还原为 NO 气体，甚至形成铵离子。

$$Fe + 4HNO_3(\text{稀}) \longrightarrow Fe(NO_3)_3 + NO\uparrow + 2H_2O$$

在加热时铁与氯发生剧烈反应形成 $FeCl_3$。它也能和硫、磷直接化合。

3. 铁的化合物

（1）氧化物　铁的氧化物有氧化亚铁（FeO）、氧化铁（Fe_2O_3）和四氧化三铁（Fe_3O_4），都不溶于水。

氧化亚铁是碱性氧化物，能溶于强酸而不溶于碱，溶于酸形成亚铁盐。氧化亚铁容易被氧化成 Fe_2O_3，若在高温灼烧，可得到 Fe_3O_4。

氧化铁俗称铁红，它是两性氧化物，但碱性强于酸性。与酸作用生成铁盐，与 NaOH、Na_2CO_3、Na_2O 等碱性物质共熔生成铁酸盐。Fe_2O_3 可以作红色颜料、磨光粉、催化剂等。

四氧化三铁是具有磁性的黑色晶体，俗称磁性氧化铁。其晶体中有两种不同价态的铁离子组成的较复杂的化合物，Fe^{2+} 占 1/3，Fe^{3+} 占 2/3，$FeO \cdot Fe_2O_3$。四氧化三铁是一种最

稳定的铁的氧化物，不溶于水也不溶于硝酸，但能溶于盐酸。

(2) 氢氧化物　铁的氢氧化物有两种，即氢氧化亚铁与氢氧化铁。

亚铁盐与碱作用能析出白色 $Fe(OH)_2$ 沉淀。

$$Fe^{2+}+2OH^- \longrightarrow Fe(OH)_2\downarrow$$

$Fe(OH)_2$ 的还原性很强，在空气中迅速被氧化，沉淀很快由白色变为灰绿色 [$Fe_3(OH)_8$]，最后成为红棕色 $Fe(OH)_3$ 沉淀。

$$4Fe(OH)_2+O_2+2H_2O \longrightarrow 4Fe(OH)_3\downarrow$$

氢氧化亚铁易溶于酸，生成氧化值为+2 的亚铁盐，用离子反应方程式表示为

$$Fe(OH)_2+2H^+ \longrightarrow Fe^{2+}+2H_2O$$

氢氧化铁是用氧化值为+3 的铁盐溶液与碱液作用而生成的红棕色沉淀，用离子反应方程式表示为

$$Fe^{3+}+3OH^- \longrightarrow Fe(OH)_3\downarrow$$

氢氧化铁溶于酸生成氧化值为+3 的铁盐，用离子反应方程式表示为

$$Fe(OH)_3+3H^+ \longrightarrow Fe^{3+}+3H_2O$$

加热氢氧化铁，可脱水生成红棕色粉末状的 Fe_2O_3。

(3) 铁盐　亚铁盐溶液显浅绿色，Fe^{2+} 的强酸盐几乎都溶于水，如硫酸盐、硝酸盐、卤化物等。

Fe^{2+} 的弱酸盐大都难溶于水而溶于酸，如碳酸盐、磷酸盐、硫化物等。

$FeSO_4$ 为白色粉末，带有结晶水的 $FeSO_4 \cdot 7H_2O$ 为蓝绿色晶体，俗称绿矾。它在空气中可逐渐风化，且表面容易氧化为黄褐色碱式硫酸铁。

$$4FeSO_4+O_2+2H_2O \longrightarrow 4Fe(OH)SO_4$$

硫酸亚铁由金属 Fe 与稀 H_2SO_4 反应可制得 $FeSO_4$。工业上用氧化黄铁矿的方法来制取 $FeSO_4$。

$$2FeS_2+7O_2+2H_2O \longrightarrow 2FeSO_4+2H_2SO_4$$

由于亚铁盐有较强的还原性，易被氧化成 Fe(Ⅲ) 盐。

亚铁盐在酸性介质中较稳定，在碱性介质中立即被氧化，因而在保存亚铁盐溶液时，应加入一定量的酸，同时加入少量的 Fe 屑来防止氧化。

$$2Fe^{3+}+Fe \longrightarrow 3Fe^{2+}$$

在酸性溶液中，只有强氧化剂如 $KMnO_4$、$K_2Cr_2O_7$、Cl_2 等，才能将 Fe^{2+} 氧化。例如：

$$2FeCl_2+Cl_2 \longrightarrow 2FeCl_3$$

亚铁盐在分析化学中是常用的还原剂，通常使用的是比绿矾稳定的莫尔盐，常用来标定 $K_2Cr_2O_7$ 或 $KMnO_4$ 溶液的浓度。$FeSO_4$ 可以用作媒染剂、鞣革剂、木材防腐剂、种子杀虫剂及制备蓝黑墨水。

铁盐的氧化能力相对较弱，但在一定条件下，它仍有较强的氧化性。例如，在酸性介质中，Fe^{3+} 可将 H_2S、KI、$SnCl_2$ 等物质氧化。铁盐容易水解，溶液显酸性。

$$Fe^{3+}+3H_2O \longrightarrow Fe(OH)_3+3H^+$$

故配制 Fe 盐溶液时，往往需加入一定的酸抑制其水解。

在生产中，常用加热的方法，使 Fe^{3+} 水解析出 $Fe(OH)_3$ 沉淀，来除去产品中的杂质铁，例如用 $FeCl_3$ 或 $Fe_2(SO_4)_3$ 作净水剂。

棕黑色的无水 $FeCl_3$ 可由 Fe 屑与 Cl_2 在高温下直接合成，所生成的 $FeCl_3$ 因升华而分

离出来。将 Fe 屑溶于盐酸中，再进行氧化（如通 Cl_2），可制得橘黄色的 $FeCl_3 \cdot 6H_2O$ 晶体。

$FeCl_3$ 主要用于有机染料的生产中，在印刷制版中，它可用作铜版的腐蚀剂。

$$2FeCl_3 + Cu = 2FeCl_2 + CuCl_2$$

$FeCl_3$ 能引起蛋白质的迅速凝聚，所以在医疗上用作伤口的止血剂。

硫酸铁也是重要的 Fe(Ⅲ) 盐，易形成矾，如蓝紫色硫酸铁铵晶体 $NH_4Fe(SO_4)_2 \cdot 12H_2O$。

（4）铁离子的检验　在 Fe^{2+} 溶液中加入铁氰化钾溶液，生成深蓝色沉淀，检验 Fe^{2+} 的存在。在 Fe^{3+} 溶液中加入亚铁氰化钾溶液，生成深蓝色沉淀，检验 Fe^{3+} 的存在。

$$3Fe^{2+} + 2[Fe(CN)_6]^{3-} \longrightarrow \underset{\text{滕氏蓝}}{Fe_3[Fe(CN)_6]_2} \downarrow \quad \text{（铁氰化亚铁）}$$

$$4Fe^{3+} + 3[Fe(CN)_6]^{4-} \longrightarrow \underset{\text{普鲁士蓝}}{Fe_4[Fe(CN)_6]_3} \downarrow \quad \text{（亚铁氰化铁）}$$

在实验室中，常用无色的硫氰化钾（KSCN）或硫氰化铵（NH_4SCN）溶液作检验剂，加入 Fe^{3+} 盐溶液中，此时，Fe^{3+} 盐溶液将变成血红色的硫氰化铁溶液，用此方法可检验微量 Fe^{3+} 的存在。

$$FeCl_3 + 3KSCN \longrightarrow \underset{\substack{\text{硫氰化铁} \\ \text{（血红色）}}}{Fe(SCN)_3} + 3KCl$$

二、铜及其化合物的性质

1. 铜

（1）铜单质的存在、物理性质　铜存在于地壳和海洋中，多数以化合物即铜矿物存在，如辉铜矿（Cu_2S）、黄铜矿（$CuFeS_2$）、赤铜矿（Cu_2O）、蓝铜矿［$2CuCO_3 \cdot Cu(OH)_2$］和孔雀石［$CuCO_3 \cdot Cu(OH)_2$］。

铜是呈紫红色光泽的软金属，稍硬、极坚韧、耐磨损，密度为 8.95g/cm^3，熔点为 1083℃，有很好的延展性、导热性和导电性。铜有较好的耐腐蚀能力，在干燥的空气里很稳定。

（2）铜单质的化学性质　常温下不与氧化合。在潮湿的空气中久置，铜表面慢慢生成一层绿色的铜锈，其主要成分是 $Cu_2(OH)_2CO_3$（碱式碳酸铜）。

$$2Cu + O_2 + CO_2 + H_2O \longrightarrow Cu_2(OH)_2CO_3$$

在空气中将铜加热，能生成黑色的氧化铜。在高温时，铜能和卤素、硫、氨等非金属直接化合。铜不与水或稀酸反应，但在空气中，铜可缓慢地溶于稀盐酸或稀硫酸中。铜易被 HNO_3、热浓硫酸等氧化性较强的酸氧化而溶解。

2. 铜的重要化合物

铜通常有+1 和+2 两种氧化数的化合物，+2 化合物较常见。

CuO 为黑色粉末，难溶于水，能溶于酸生成铜盐，由于配合作用，也溶于氯化铵或氰化钾。CuO 对热较稳定，高温时 CuO 表现出强氧化性。在有机分析中，常应用 CuO 的氧化性来测定有机物中 C 和 H 的含量。

Cu_2O 为鲜红色固体，有毒。在自然界中，以赤铜矿形式存在，难溶于水，Cu_2O 是制造玻璃和搪瓷的红色颜料。

$Cu(OH)_2$ 呈淡蓝色，难溶于水。受热脱水变成黑色的 CuO。$Cu(OH)_2$ 易溶于 $NH_3 \cdot H_2O$，生成深蓝色的 $[Cu(NH_3)_4]^{2+}$。四羟基合铜离子可被葡萄糖还原为鲜红色的 Cu_2O，医疗上常用此反应来检验尿糖含量。

$$2[Cu(OH)_4]^{2-}+C_6H_{12}O_6 \longrightarrow Cu_2O\downarrow+2H_2O+C_6H_{12}O_7+4OH^-$$

$CuSO_4$ 为白色粉末，有毒，极易吸水，生成蓝色水合物 $[Cu(H_2O)_4]^{2+}$。故无水 $CuSO_4$ 可以用来检验或除去有机物（如乙醇、乙醚）中的微量水分。$CuSO_4 \cdot 5H_2O$ 俗称蓝矾或胆矾，为蓝色晶体，在空气中表面缓慢风化，成为白色粉状物。$CuSO_4$ 具有较强的杀菌能力，同石灰乳混合得到的波尔多液，可以杀灭树木上的害虫。在医疗上用于治疗沙眼、磷中毒等。

氯化亚铜为白色晶体，难溶于水，它是共价化合物。CuCl 是亚铜盐中最重要的一种，它是有机合成的催化剂和干燥剂，是石油工业的脱硫剂和脱色剂，是肥皂、脂肪的凝聚剂，还用作杀虫剂和防腐剂。在分析化学中 CuCl 的 HCl 溶液作为 CO 的吸收剂（定量生成 $CuCl \cdot CO$）。

无水氯化铜为棕黄色固体，有毒，是共价化合物，易溶于水，还易溶于乙醇、丙酮等有机溶剂。$CuCl_2 \cdot 2H_2O$ 为绿色结晶，在潮湿空气中潮解，在干燥空气中却易风化。$CuCl_2$ 浓溶液为黄绿色或绿色，稀溶液为蓝色。$CuCl_2$ 受热分解，可得到氯化亚铜。

三、铝及其化合物的性质

铝元素在地壳中的含量居第三位，仅次于氧和硅。铝位于元素周期表第ⅢA 族，最外层有 3 个电子，是比较活泼的金属，能与氧、卤素、硫、酸、碱等物质作用，所以在自然界以化合态存在。含铝的主要矿物有长石、云母、高岭石、铝土矿、明矾石等。

1. 铝单质的性质

铝是银白色的金属，熔点为 933K，密度为 $2.7g/cm^3$，质轻，具有延展性，导电性好，有一定的强度且耐化学腐蚀。

铝很活泼，在一般化学反应中，它的氧化态为+3。铝接触空气或氧气，其表面就立即被一层致密的氧化膜所覆盖，这层膜可阻止内层的铝被氧化，也不溶于水或酸，所以铝在空气及水中都很稳定。一旦此膜被除去或被破坏，则铝的化学活泼性就可表现出来。在不同温度下，铝还能与 Br_2、I_2、Cl_2、S、N_2、P 等非金属单质化合。

铝是典型的两性元素，既能跟稀盐酸或稀硫酸反应，也能跟强碱溶液反应，生成相应的盐并放出氢气。

$$2Al+6H^+ \longrightarrow 2Al^{3+}+3H_2\uparrow$$

$$2Al+2OH^-+2H_2O \longrightarrow 2AlO_2^-+3H_2\uparrow$$

高纯度的铝不与一般酸作用，只溶于王水。铝溶于稀盐酸或稀硫酸，但能被冷的浓硫酸或浓硝酸所钝化，所以常用铝桶装运浓硫酸和浓硝酸。

但是铝能同热的浓硫酸反应。

$$2Al+6H_2SO_4(浓) \longrightarrow Al_2(SO_4)_3+3SO_2\uparrow+6H_2O$$

工业上主要用电解 Al_2O_3 来冶炼金属铝。

$$2Al_2O_3(熔融) \xrightarrow[1000℃]{电解} 4Al+3O_2\uparrow$$

铝及其合金用途很广泛，可用于电讯器材、建筑设备、电气设备的制造以及机械、石油、化工和食品工业中，大量用来制轻质合金，用于汽车、飞机的制造。铝粉还用于冶金，制作油漆、涂料和焰火等。

2. 铝的重要化合物

（1）氧化铝　氧化铝为一种白色无定形粉末。它有多种变体，其中主要的变体有两种，即 α-Al_2O_3 和 γ-Al_2O_3。两者晶体结构不同，因此表现出的性质不同。α-Al_2O_3 熔点高、硬度大，化学性质稳定，不溶于水，也不溶于酸和碱。除溶于熔融的碱外，与其他试剂不反应。自然界存在的刚玉为 α-Al_2O_3，刚玉由于含有不同杂质呈现多种颜色。例如含微量 Cr(Ⅲ) 的呈红色，称为红宝石；含有 Fe(Ⅱ)、Fe(Ⅲ) 或 Ti(Ⅳ) 的称为蓝宝石。工业上用高温电炉或氢氧焰熔化氢氧化铝以制得人造刚玉。刚玉可用以制造机器轴承和钟表中的钻石，它也是优良的耐火、耐腐蚀和高硬度材料。γ-Al_2O_3 硬度小，不溶于水，但可溶于酸和碱，具有强的吸附能力和催化活性，所以又称为活性氧化铝，可以用作吸附剂和催化剂。

$$Al_2O_3 + 6H^+ \longrightarrow 2Al^{3+} + 3H_2O$$

$$Al_2O_3 + 2OH^- \longrightarrow 2AlO_2^- + H_2O$$

(2) 氢氧化铝　在铝盐溶液中加入氨水或碱，得到一种白色无定形凝胶状氢氧化铝 $Al(OH)_3$ 沉淀。它是两性氢氧化物，其碱性略强于酸性，仍属弱碱。

$$Al(OH)_3 + 3H^+ \longrightarrow Al^{3+} + 3H_2O$$

$$Al(OH)_3 + OH^- \longrightarrow AlO_2^- + 2H_2O$$

氢氧化铝加热灼烧，分解为氧化铝和水，即

$$2Al(OH)_3 \xrightarrow{\text{灼烧}} Al_2O_3 + 3H_2O$$

氢氧化铝通常用来制药（中和胃酸），也广泛用于玻璃和陶瓷工业。

(3) 铝盐　铝、氧化铝或氢氧化铝与酸反应可制得铝盐，与碱反应生成铝酸盐，重要的铝盐有卤化物和硫酸盐。

铝盐都含有 Al^{3+}。Al^{3+} 在水溶液中以水合配离子 $[Al(H_2O)_6]^{3+}$ 存在。它在水中解离，使溶液显酸性。

$$[Al(H_2O)_6]^{3+} + H_2O \rightleftharpoons [Al(H_2O)_5OH]^{2+} + H_3O^+$$

$[Al(H_2O)_5OH]^{2+}$ 还将逐级解离。

在铝盐溶液中加入碳酸钠，产物是 $Al(OH)_3$，即水合氧化铝。

$$2Al^{3+} + 3CO_3^{2-} + 3H_2O \longrightarrow 2Al(OH)_3 \downarrow + 3CO_2 \uparrow$$

弱酸的铝盐在水中几乎完全或大部分水解，所以不能用湿法制得。

铝的卤化物以氯化铝最为重要，有无水物和水合结晶两种。常温下无水的 $AlCl_3$ 为白色晶体，露置于空气中极易吸收水分并水解，在 453K 时升华，遇水发生强烈的水解作用，因此无水 $AlCl_3$ 只能用干法制取，从水溶液中只能制得 $AlCl_3 \cdot 6H_2O$。氯化铝是有机合成中常用的催化剂。

无水硫酸铝 $Al_2(SO_4)_3$ 为白色粉末，常温下从水溶液中得到的是白色针状结晶 $Al_2(SO_4)_3 \cdot 18H_2O$。纯氢氧化铝溶于热的浓硫酸或者用硫酸直接处理铝土矿或黏土，可以制得 $Al_2(SO_4)_3$。

硫酸铝易与钠、钾、铵的硫酸盐结合形成复盐，称为矾。例如硫酸铝钾 $KAl(SO_4)_2 \cdot 12H_2O$，叫作铝钾矾，俗称明矾，它是无色晶体，$Al_2(SO_4)_3$ 或明矾都易溶于水并发生水解作用，它们的水解过程与 $AlCl_3$ 的相同，产物也是从碱式盐到 $Al(OH)_3$ 胶状沉淀。因此，$Al_2(SO_4)_3$ 和明矾用作净水剂，还用作媒染剂。此外，$Al_2(SO_4)_3$ 还是泡沫灭火器中的常用药剂。

进度检查

一、用反应方程式说明下列现象

1. 在 Fe^{3+} 离子的溶液中加入 KSCN 溶液时出现了血红色，但加入少许铁粉后，血红色立即消失。

2. 铜器在潮湿空气中会慢慢生成一层铜绿。

3. 在铝盐溶液中加入氨水，得到白色凝胶状沉淀。

4. 为什么 $FeSO_4$ 溶液久置会变黄？为了防止变质，储存 $FeSO_4$ 溶液可采取什么措施？为什么？

二、完成下列反应方程式：

1. $Fe+HNO_3$(稀)$\longrightarrow$

2. $Fe(OH)_2+O_2+H_2O\longrightarrow$

3. $FeCl_2+Cl_2\longrightarrow$

4. $Al+H^+\longrightarrow$

5. $Al+OH^-+H_2O\longrightarrow$

6. $Al(OH)_3+H^+\longrightarrow$

7. $Al(OH)_3+OH^-\longrightarrow$

编号 FJC-15-07

学习单元 5-7　其他常见的金属及其化合物

学习目标： 在完成了本单元学习之后，能够掌握锌、镉、汞、钛、铬、锰及其化合物的物理性质、化学性质和用途。

职业领域： 化工、石油、环保、医药、冶金、建材等。

工作范围： 分析。

一、锌、镉、汞及其化合物的性质

1. 锌、镉、汞单质的性质

游离状态的锌、镉、汞都是银白色金属。它们的物理性质列于表 5-10 中。

表 5-10　锌、镉、汞的物理性质

项目	锌	镉	汞
密度/(g/cm^3)	7.133	8.65	13.546
熔点/K	692.58	593.9	234.13
沸点/K	1180	1038	629.58

锌、镉、汞之间以及与其他金属容易形成合金。锌的最重要的合金是黄铜。制造黄铜是锌的主要用途之一。大量的锌用于制造白铁皮，锌也是制造干电池的重要材料。汞可以溶解许多金属，形成汞齐，汞齐在化学、化工和冶金中有重要用途。利用汞能溶解金、银的性质，在冶金中用汞来提炼这些贵金属。此外，汞还可用来制造温度计等，汞和它的化合物有毒，使用时必须十分小心。

锌、镉、汞的化学性质如下：锌与铝相似，都是两性金属，既可溶于酸，又能溶于强碱溶液中。

$$Zn+2NaOH+2H_2O \longrightarrow Na_2[Zn(OH)_4]+H_2\uparrow$$

锌溶于氨水，而铝不溶于氨水。

$$Zn+4NH_3+2H_2O \longrightarrow [Zn(NH_3)_4]^{2+}+H_2\uparrow+2OH^-$$

锌在加热的条件下可以与绝大多数的非金属发生化学反应。

在常温下，汞与硫混合进行研磨能生成 HgS。因此，可利用撒硫粉的方法处理落在地上的汞，使其化合，以消除汞蒸气污染。

2. 锌、镉、汞的主要化合物

锌和镉在常见化合物中氧化数表现为+2，汞有+1 和+2 两种氧化数的化合物，多数常见的盐类都含有结晶水。形成配合物的倾向较大。

(1) 氧化物和氢氧化物　锌、镉、汞在加热时与氧反应，可以得到氧化物。锌、镉的碳酸盐加热也可以制得 ZnO 和 CdO。ZnO 为白色粉末，CdO 为棕黄色粉末，HgO 为红色晶体或黄色晶体，它们均不溶于水。

ZnO 和 CdO 较稳定，HgO 受热易分解为汞和氧。

$$2HgO \xrightarrow{\triangle} 2Hg + O_2\uparrow$$

ZnO 为两性氧化物，既溶于酸，又溶于强碱。

$$ZnO + 2HCl \longrightarrow ZnCl_2 + H_2O$$

$$ZnO + 2NaOH + H_2O \longrightarrow Na_2[Zn(OH)_4]$$

这些氧化物常被用作颜料。ZnO 俗称锌白，用作白色颜料，它的优点是遇到 H_2S 不变黑，因为 ZnS 也是白色。ZnO 还用作催化剂。ZnO 无毒，具有收敛性和一定的杀菌能力，在医药上常用于调制软膏。

向锌盐和镉盐中加入过量强碱，可以得到 $Zn(OH)_2$ 和 $Cd(OH)_2$。它们都是难溶于水的白色沉淀。$Zn(OH)_2$ 显两性，溶于强酸成锌盐，溶于强碱成锌酸盐。

$$Zn(OH)_2 + 2H^+ \longrightarrow Zn^{2+} + 2H_2O$$

$$Zn(OH)_2 + 2OH^- \longrightarrow [Zn(OH)_4]^{2-}$$

$Cd(OH)_2$ 虽也有两性，但不明显，易溶于酸，不易溶于强碱。$Zn(OH)_2$ 和 $Cd(OH)_2$ 还可溶于氨水中，生成配合物。

$$Zn(OH)_2 + 4NH_3 \longrightarrow [Zn(NH_3)_4]^{2+} + 2OH^-$$

$$Cd(OH)_2 + 4NH_3 \longrightarrow [Cd(NH_3)_4]^{2+} + 2OH^-$$

汞盐溶液与碱反应，析出的不是 $Hg(OH)_2$，而是黄色的 HgO，因为 $Hg(OH)_2$ 不稳定，会立即分解。

$$Hg^{2+} + 2OH^- \longrightarrow HgO\downarrow + H_2O$$

(2) 盐　无水氯化锌是白色固体，可由金属锌和氯气直接作用制取，易潮解，吸水性很强，溶解度很大，有机化学中常用它作去水剂和催化剂。

氯化锌的浓溶液由于生成配合酸而具有显著的酸性，能溶解金属氧化物。在焊接金属时可以用 $ZnCl_2$ 清除金属表面的氧化物，焊接金属用的“熟镪水”就是氯化锌的浓溶液。

氯化汞为白色针状晶体，熔点低，易升华，俗称升汞。有剧毒，内服 0.2～0.4g 可致死，医院里用 $HgCl_2$ 的稀溶液作消毒剂。将 HgO 溶于盐酸可以制得 $HgCl_2$，将 $HgSO_4$ 和 NaCl 的混合物加热也可以制得 $HgCl_2$。

$$HgSO_4 + 2NaCl \xrightarrow{\triangle} HgCl_2 + Na_2SO_4$$

氯化汞微溶于水，在水中稍有水解，它在水中的解离度很小，大量以 $HgCl_2$ 分子存在。氯化汞与氨水作用即析出氯化氨基汞白色沉淀。

$$HgCl_2 + 2NH_3 \longrightarrow Hg(NH_2)Cl\downarrow + NH_4Cl$$

在酸性溶液中，$HgCl_2$ 是一个较强的氧化剂，同一些还原剂（如 $SnCl_2$）反应可被还原成 Hg_2Cl_2 或 Hg。

$$2HgCl_2 + SnCl_2 + 2HCl \longrightarrow Hg_2Cl_2\downarrow(\text{白色}) + H_2SnCl_6$$

如果 $SnCl_2$ 过量，生成的氯化亚汞进一步被还原为黑色的 Hg，使沉淀变黑。

$$Hg_2Cl_2 + SnCl_2 + 2HCl \longrightarrow 2Hg\downarrow(\text{黑色}) + H_2SnCl_6$$

在分析化学中可利用上述反应鉴定 Hg(Ⅱ) 或 Sn(Ⅱ)。

氯化亚汞中汞的氧化数为+1，常以 Hg_2^{2+} 的形式存在。氯化亚汞是难溶于水的白色粉末，无毒，因味略甜，俗称甘汞。它可由金属汞和固体氯化汞研磨而得。

$$HgCl_2 + Hg \longrightarrow Hg_2Cl_2$$

Hg_2Cl_2 见光分解为汞和氯化汞，故应保存在棕色瓶中。

Hg_2Cl_2 在化学上用以制作甘汞电极，在医药上作轻泻剂。

在 Zn^{2+}、Cd^{2+}、Hg^{2+} 溶液中分别通入 H_2S 时，便会产生相应的硫化物沉淀。

$$Zn^{2+} + H_2S \longrightarrow ZnS\downarrow(白色) + 2H^+$$

$$Cd^{2+} + H_2S \longrightarrow CdS\downarrow(黄色) + 2H^+$$

$$Hg^{2+} + H_2S \longrightarrow HgS\downarrow(黑色) + 2H^+$$

ZnS、CdS、HgS的溶度积很小，硫化锌可用作白色颜料，它同硫酸钡共沉淀所形成的混合晶体 $ZnS \cdot BaSO_4$ 叫作锌钡白（俗称立德粉），是一种优良的白色颜料。

$$ZnSO_4 + BaS \longrightarrow ZnS \cdot BaSO_4\downarrow$$

在晶体ZnS加入微量的Cu、Mn、Ag作活化剂，经光照后能发出不同颜色的荧光，这种材料叫荧光粉，可制作荧光屏、夜光表等。

硫化镉又称为镉黄，用作黄色颜料。

ZnS能溶于稀酸，CdS不溶于稀酸，但能溶于浓酸，而HgS只溶于王水。

$$3HgS + 12HCl + 2HNO_3 \longrightarrow 3[HgCl_4]^{2-} + 6H^+ + 3S\downarrow + 2NO\uparrow + 4H_2O$$

(3) 配合物　锌族元素为18电子层结构，它们的离子具有很强的极化力与明显的变形性。因此有较强的形成配合物的倾向。

Zn^{2+}、Cd^{2+} 与氨水反应，生成稳定的氨配合物。

$$Zn^{2+} + 4NH_3 \longrightarrow [Zn(NH_3)_4]^{2+}$$

$$Cd^{2+} + 6NH_3 \longrightarrow [Cd(NH_3)_6]^{2+}$$

Zn^{2+}、Cd^{2+}、Hg^{2+} 与氰化钾均能生成很稳定的氰配合物。

$$M^{2+} + 4CN^- \longrightarrow [M(CN)_4]^{2-}$$

Hg_2^{2+} 形成配离子的倾向较小。Hg^{2+} 离子与卤素离子形成配合物的倾向，依Cl—Br—I离子顺序增强。

Hg^{2+} 与适量KI反应，生成无色的配离子 $[HgI_4]^{2-}$。$K_2[HgI_4]$ 和KOH的混合溶液，称为奈斯勒试剂。如果溶液有微量 NH_4^+ 存在时，滴入该试剂，立刻生成红棕色的碘化汞铵沉淀。

$$NH_4Cl + 2K_2[HgI_4] + 4KOH \longrightarrow [OHg_2NH_2]I\downarrow + KCl + 7KI + 3H_2O$$

这个反应常用来鉴定 NH_4^+ 或 Hg^{2+}。

3. 含镉、汞废水的处理

含镉、汞废水是世界上危害较大的工业废水之一。化学工业、冶炼、电镀等生产部门是含镉、汞废水的重要来源。

国家标准规定含镉废水的排放标准为0.1mg/L。含汞废水的排放标准为不大于0.05mg/L。

(1) 含镉废水的处理

① 中和沉淀。就是在含镉废水中投加石灰、电石渣，使镉离子变为难溶的 $Cd(OH)_2$ 沉淀。

$$Cd^{2+} + 2OH^- \longrightarrow Cd(OH)_2\downarrow$$

此法可以用于处理冶炼含镉废水和电镀含镉废水。

② 电解法。用于处理氰化镀镉废水。在废水中加入适量食盐和NaOH，进行电解。阳极上产生的 Cl_2 与溶液中的NaOH反应生成NaClO，NaClO把 CN^- 氧化成 CO_3^{2-} 和 N_2。

$$CN^- + ClO^- \longrightarrow CNO^- + Cl^-$$

$$2CNO^- + 3ClO^- + 2OH^- \longrightarrow 2CO_3^{2-} + N_2\uparrow + 3Cl^- + H_2O$$

溶液中 OH^- 与 Cd^{2+} 结合成 $Cd(OH)_2$，从溶液中沉淀出来。这种方法的优点是可以同时除氰和除镉，缺点是耗电大，有部分 CN^- 被氧化生成有毒的 $(CN)_2$ 而污染空气。

③ 离子交换法。这是比较先进的方法。基本原理是利用 Cd^{2+} 比水中其他离子与阳离子

交换树脂有更强的结合力，能优先交换。

（2）含汞废水的处理

① 金属还原法。可以用铜屑、铁屑、锌粒、硼氢化钠等作还原剂，这种方法的最大优点是可以直接回收金属汞。

铜屑置换：用废料——紫铜屑、铅黄铜屑、铝屑，以废治废，可回收标准电池车间排出的强酸性含汞废水。反应式为

$$Cu+Hg^{2+} \longrightarrow Cu^{2+}+Hg\downarrow$$

电池车间废水含有硫酸亚汞等。进水含汞浓度为1～400mg/L，经过三组铜屑，一组铝屑过滤置换，出水含汞量小于0.05mg/L，回收率达99%。

② 化学沉淀法。这种方法适用于不同浓度、不同种类的汞盐。缺点是含汞泥渣较多，后处理麻烦。如硫化钠、硫酸亚铁共沉淀，电石渣、三氯化铁沉淀等。现以硫氢化钠沉淀为例，用硫氢化钠加明矾凝聚沉淀，可以处理多种汞盐洗涤废水，除汞率可达99%，反应式为

$$Hg^{2+}+S^{2-} \longrightarrow HgS\downarrow$$

经过滤后可使 Hg^{2+} 浓度达到国家排放标准。

含汞废水处理方法还有活性炭吸附法、电解法、离子交换法、微生物法等。

二、钛、铬、锰及其化合物的性质

1. 钛及其重要化合物

钛属于ⅣB族元素，是稀有金属。其价层电子构型为 $3d^24s^2$，由于在d轨道全空（即 d^0）的情况下，其离子的结构比较稳定，因此，钛以失去核外四个电子为特征。除氧化数为+4的化合物外，钛还有氧化数为+3的化合物，但是氧化数为+2的化合物就很少见。钛（Ⅳ）化合物主要以共价键结合。在水溶液中主要以 TiO^{2+} 形式存在，并且容易水解。

（1）钛单质的性质　钛金属外观似钢，纯钛具有良好的可塑性，含杂质时变得脆而硬。钛的机械强度与钢相近。钛金属的熔点为1941K，密度为 $4.54g/cm^3$。

在通常温度下，钛金属具有很好的抗腐蚀性，因为它的表面容易形成致密的氧化物薄膜。但在加热时，它能与 O_2、N_2、H_2、S和卤素等非金属作用。

在室温时，它与水、稀盐酸、稀硫酸和硝酸都不作用，但能被氢氟酸、磷酸、熔融碱侵蚀。钛能溶于热浓盐酸中，得到 $TiCl_3$。

$$2Ti+6HCl \longrightarrow 2TiCl_3+3H_2\uparrow$$

金属钛更易溶于HF+HCl（H_2SO_4）中，这时除浓酸与金属的作用外，还利用 F^- 与 Ti^{4+} 的配合作用，促进钛的分解。

$$Ti+6HF \longrightarrow TiF_6^{2-}+2H^++2H_2\uparrow$$

钛由于具有密度小、强度高、耐高温、抗腐蚀性强等优点，在现代科学技术上有着广泛的用途。如飞机的发动机、坦克、军舰等国防工业上应用广泛。在化学工业上，钛可代替不锈钢。钛在医学上有着独特的用途，可用它代替损坏的骨头，被称为“亲生物金属”。

工业上常用硫酸分解钛铁矿（$FeTiO_3$）的方法来制取 TiO_2，也可采用 $TiCl_4$ 的金属热还原法。如在1070K用熔融的Mg还原 $TiCl_4$ 蒸气可制得金属钛。

$$TiCl_4+2Mg(\text{熔融}) \longrightarrow 2MgCl_2+Ti$$

（2）钛的重要化合物　钛是银白色金属，是电和热的良导体，质地轻盈，坚韧耐腐蚀，是航空等不可缺少的材料，有“太空金属”之称。在形成化合物时，钛主要显+4氧化态，

在强还原剂作用下，也可显+3和+2的氧化态，但不稳定。

① 钛(Ⅳ) 化合物。纯二氧化钛呈白色粉末状，常用来作白色颜料，制造高级白色油漆，在工业上称二氧化钛为钛白。二氧化钛在造纸工业中用作填充剂，人造纤维中作消光剂。在陶瓷和搪瓷中，加入 TiO_2 可增强耐酸性。此外，二氧化钛在许多化学反应中用作催化剂，如乙醇的脱水和脱氢等。

二氧化钛不溶于水，也不溶于稀酸，但能溶于热的浓硫酸中形成 $Ti(SO_4)_2$ 和 $TiOSO_4$。

$$TiO_2 + 2H_2SO_4 \longrightarrow Ti(SO_4)_2 + 2H_2O$$

$$TiO_2 + H_2SO_4 \longrightarrow TiOSO_4 + H_2O$$

二氧化钛的水合物——$TiO_2 \cdot xH_2O$[H_4TiO_4 或 $Ti(OH)_4$] 称为钛酸。这种水合物既溶于酸也溶于碱，具有两性。与强碱作用得碱金属偏钛酸盐的水合物。

钛的卤化物中最重要的是四氯化钛。它是无色液体，熔点为250K，沸点为409K，有刺激性气味。它在水中或潮湿空气中都极易水解，因此四氯化钛暴露在空气中会发烟。

$$TiCl_4 + 3H_2O \longrightarrow H_2TiO_3 + 4HCl$$

钛(Ⅳ) 能够与许多配合剂形成配合物，如 $[TiF_6]^{2-}$、$[TiCl_6]^{2-}$、$[TiO(H_2O_2)]^{2+}$ 等，其中与 H_2O_2 的配合物比较重要。

钛(Ⅳ) 离子与 H_2O_2 在酸性溶液中，生成比较稳定的橘黄色的 $[TiO(H_2O_2)^{2+}]$。

$$TiO^{2+} + H_2O_2 \longrightarrow [TiO(H_2O_2)]^{2+}$$

利用此反应可进行钛的比色分析。加入氨水则生成黄色的过氧钛酸（H_4TiO_5）沉淀，这是定性检出钛的灵敏方法。

② 钛(Ⅲ) 化合物。用锌处理钛(Ⅳ) 盐的盐酸溶液，或将钛溶于热浓盐酸中得到三氯化钛的水溶液，可以析出紫色的六水合三氯化钛（$TiCl_3 \cdot 6H_2O$）晶体。其化学式应为 $[Ti(H_2O)_6]Cl_3$。

如将干燥的气态四氯化钛和过量的氢气在灼热管中还原可以得到紫色粉末状三氯化钛。

$$2TiCl_4 + H_2 \longrightarrow 2TiCl_3 + 2HCl$$

钛(Ⅲ) 盐非常容易被空气或水所氧化。

Ti(Ⅲ) 离子是一个强还原剂（比 Sn^{2+} 稍强)，利用钛(Ⅲ) 离子的还原性，可以测定溶液中钛的含量。例如在 Ti(Ⅳ) 的硫酸溶液中，在隔绝空气的情况下，金属铝片可使溶液中的 Ti(Ⅳ) 还原为 Ti^{3+}。

$$6Ti(SO_4)_2 + 2Al \longrightarrow 3Ti_2(SO_4)_3 + Al_2(SO_4)_3$$

溶液中的 Ti^{3+} 可以用 Fe^{3+} 为氧化剂进行滴定，其反应为

$$Ti_2(SO_4)_3 + Fe_2(SO_4)_3 \longrightarrow 2Ti(SO_4)_2 + 2FeSO_4$$

溶液中加 KSCN 为指示剂。当加入稍过量的 Fe^{3+} 时，Fe^{3+} 即与 SCN^- 生成红色的 $K_3[Fe(SCN)_6]$，表示反应已达终点。

2. 铬及其化合物

(1) 铬单质的性质　铬金属活泼性较差，在空气中铬表面易形成致密的氧化物保护膜，在空气和水中都比较稳定。铬缓缓地溶于稀盐酸、稀硫酸，但不溶于稀硝酸。在热盐中，能很快地溶解并放出氢气，溶液呈蓝色（Cr^{2+}），随即又被空气氧化成绿色（Cr^{3+}）。

铬在浓硫酸中也能迅速溶解。

在高温下，铬能与卤素、硫、氮、碳等直接化合。

铬能从锡、镍、铜的盐溶液中将它们置换出来，有钝化膜的铬在冷的硝酸、浓硫酸和王水中皆不溶解。

含铬12%的钢称为“不锈钢”，有极强的耐腐蚀性，应用范围广泛。铬和镍的合金用来制造电热丝和电热设备。

(2) 铬的重要化合物

① 铬(Ⅲ) 的化合物。Cr_2O_3 是绿色晶体，难溶于水。Cr_2O_3 可由重铬酸铵加热分解或用金属 Cr 在 O_2 中燃烧而制得。

Cr_2O_3 具有两性，溶于酸生成 Cr(Ⅲ) 盐，溶于强碱生成亚铬酸盐。

$$Cr_2O_3+3H_2SO_4 \longrightarrow Cr_2(SO_4)_3+3H_2O$$

$$Cr_2O_3+2NaOH \longrightarrow 2NaCrO_2+H_2O$$

经过高温灼烧的 Cr_2O_3 不溶于酸碱，但可用熔融法使它变为可溶性的盐。如 Cr_2O_3 与焦硫酸钾在高温下反应。

Cr_2O_3 常作为绿色颜料（铬绿）而广泛用于油漆、陶瓷及玻璃工业，还可作有机合成的催化剂，也是制取铬盐和冶炼金属 Cr 的原料。

$Cr(OH)_3$ 是蓝灰色胶状沉淀，在铬(Ⅲ) 盐溶液中加入适量的 $NH_3 \cdot H_2O$ 或 NaOH 溶液，即有 $Cr(OH)_3$ 析出。

氢氧化铬 $Cr(OH)_3$ 是一种两性物质，能溶于酸也能溶于碱。

$$Cr(OH)_3+3HCl \longrightarrow CrCl_3+3H_2O$$

$$Cr(OH)_3+NaOH \longrightarrow NaCrO_2+2H_2O$$

$$Cr(OH)_3+NaOH \longrightarrow Na[Cr(OH)_4]$$

$Cr(OH)_3$ 还能溶于液氨中，形成相应的配离子。

$CrCl_3 \cdot 6H_2O$ 为紫色或暗绿色晶体，易潮解，在工业上用作催化剂、媒染剂和防腐剂等。由铬酐（CrO_3）的水溶液中慢慢加入浓盐酸即可制得。

$$2CrO_3+H_2O \longrightarrow H_2Cr_2O_7$$

$$H_2Cr_2O_7+12HCl \longrightarrow 2CrCl_3+3Cl_2+7H_2O$$

在碱性介质中，Cr(Ⅲ) 化合物有较强的还原性，可被 H_2O_2 或 Na_2O_2 氧化，生成 Cr(Ⅵ) 酸盐。常利用此反应来鉴定 Cr^{3+} 的存在。

在酸性介质中，Cr(Ⅲ) 盐的还原性很弱，只有用强氧化剂（如 $K_2S_2O_8$、$KMnO_4$ 等）才能将 Cr(Ⅲ) 氧化成 Cr(Ⅵ)。

Cr^{3+} 常易形成配位数为6的配合物，常见配位体有 H_2O、CN^-、Cl^-、SCN^-、NH_3、$C_2O_4^{2-}$ 等。如 $CrCl_3 \cdot 6H_2O$ 的三种不同颜色的异构体为：$[Cr(H_2O)_4Cl_2]Cl$（绿色）、$[Cr(H_2O)_5Cl]Cl_2$（蓝绿色）、$[Cr(H_2O)_6]Cl_3$（紫色）。

② 铬(Ⅵ) 的化合物。CrO_3 为暗红色的针状晶体，易潮解，易溶于水，有毒。向重铬酸钾的溶液中加入浓 H_2SO_4，可以析出 CrO_3 晶体。

$$K_2Cr_2O_7+H_2SO_4 \longrightarrow 2CrO_3\downarrow+K_2SO_4+H_2O$$

CrO_3 遇热不稳定，超过熔点即分解放出 O_2。因此，CrO_3 是一种强氧化剂，一些有机物质如乙醇等与 CrO_3 接触时即着火。

CrO_3 溶于水中，生成铬酸（H_2CrO_4），因此它是 H_2CrO_4 的酸酐，称为铬酐。CrO_3 也可与水反应生成重铬酸（$H_2Cr_2O_7$）。

$$2CrO_3+H_2O \longrightarrow H_2Cr_2O_7$$

H_2CrO_4 为二元强酸，与 H_2SO_4 的酸性强度接近，但它不稳定，只能存在于溶液中。

CrO_3 与冷的氨水反应生成重铬酸铵 $(NH_4)_2Cr_2O_7$，生成的 $(NH_4)_2Cr_2O_7$ 受热即可完全分解。CrO_3 溶于碱生成铬酸盐。

$$2CrO_3+2NH_3+H_2O \longrightarrow (NH_4)_2Cr_2O_7$$

$$CrO_3 + 2NaOH \longrightarrow Na_2CrO_4 + H_2O$$

常见的铬酸盐有铬酸钾（K_2CrO_4）和铬酸钠（Na_2CrO_4），它们都是黄色晶体。碱金属和铵的铬酸盐易溶于水，其他金属的铬酸盐大多难溶于水。实验室常用来鉴定 Pb^{2+}、Ba^{2+}、Ag^+ 及 CrO_4^{2-} 的存在。

$$Pb^{2+} + CrO_4^{2-} \longrightarrow PbCrO_4 \downarrow \text{（黄色）}$$

$$Ba^{2+} + CrO_4^{2-} \longrightarrow BaCrO_4 \downarrow \text{（柠檬黄色）}$$

$$2Ag^+ + CrO_4^{2-} \longrightarrow Ag_2CrO_4 \downarrow \text{（砖红色）}$$

钾、钠的重铬酸盐都是橙红色的晶体，$K_2Cr_2O_7$ 俗称红钾矾，$Na_2Cr_2O_7$ 俗称红钠矾。

CrO_4^{2-} 和 $Cr_2O_7^{2-}$ 离子之间存在如下平衡：

$$2CrO_4^{2-} + 2H^+ \longrightarrow 2HCrO_4^- \longrightarrow Cr_2O_7^{2-} + H_2O$$

在酸性介质中主要以 $Cr_2O_7^{2-}$ 形式存在，在碱性介质中主要以 CrO_4^{2-} 形式存在。重铬酸盐在酸性介质中，显强氧化性。如经酸化的 $K_2Cr_2O_7$ 溶液，能氧化 S^{2-}、I^-、Fe^{2+}、Sn^{2+} 等离子，本身被还原为绿色的 Cr^{3+}。

$K_2Cr_2O_7$ 是分析化学中常用的基准试剂之一，等体积的 $K_2Cr_2O_7$ 饱和溶液与浓 H_2SO_4 的混合液称为铬酸洗液，用来洗涤玻璃器皿的油污，当溶液变为暗绿色时，洗液失效。在工业上 $K_2Cr_2O_7$ 大量用于鞣革、印染、电镀和医药等行业。

3. 锰及其化合物

（1）锰单质的性质　金属锰外形似铁，致密的块状锰是银白色的，粉末状为灰色，它的熔点为 1517K，沸点为 2235K，电负性为 1.55，密度为 7.11～7.44g/cm^3。

锰在空气中氧化燃烧时生成 Mn_3O_4，在高温下可直接与氯、碳、磷等非金属作用。金属锰易溶于稀酸中，生成 Mn^{2+}。

$$Mn + 2H^+ \longrightarrow Mn^{2+} + H_2 \uparrow$$

在氧化剂存在下，金属锰还能同熔融碱作用生成锰酸盐。

$$2Mn + 4KOH + 3O_2 \longrightarrow 2K_2MnO_4 + 2H_2O$$

纯锰的用途不多，但它的合金非常重要。含 Mn 12%～15%，Fe 83%～87%，C 0.9%～1.4%的锰钢很坚硬，抗冲击，耐磨损，是目前最重要的耐磨钢，可用来制造钢轨和钢甲、破碎机等。

（2）锰的化合物　锰原子的价层电子构型为 $3d^54S^2$。可形成氧化数为＋2、＋3、＋4、＋5、＋6、＋7 等的化合物。其中以＋2、＋4、＋6、＋7 氧化数的化合物最常见。在酸性溶液中 Mn^{2+} 较稳定，不易被氧化，也不易被还原。Mn^{3+} 易发生歧化反应。MnO_4^{2-} 和 MnO_2 有强氧化性。在碱性溶液中，$Mn(OH)_2$ 不稳定，易被空气中的氧气氧化为 MnO_2。MnO_4^{2-} 也能发生歧化反应，但反应不如在碱性溶液中进行得完全。

① 锰(Ⅱ) 化合物。一氧化锰 MnO 为灰绿色固体，在空气中易被氧化。MnO 溶于酸后得到相应的 Mn(Ⅱ) 盐。

Mn^{2+} 与碱溶液作用，生成白色的氢氧化物 $Mn(OH)_2$ 沉淀。

$$Mn^{2+} + 2OH^- \longrightarrow Mn(OH)_2 \downarrow$$

$Mn(OH)_2$ 还原性强，极易被氧化，故不能稳定存在。在空气中，白色的 $Mn(OH)_2$ 很快地变为棕色的水合二氧化锰，甚至溶解在水中的少量氧也能将其氧化变成褐色的水合二氧化锰。

$$2Mn(OH)_2 + O_2 \longrightarrow 2MnO(OH)_2$$

这个反应在水质分析中用于测定水中的溶解氧。

在Mn(Ⅱ)的化合物中，Mn(Ⅱ)盐最为常见，如$MnCl_2$、$MnSO_4$、$Mn(NO_3)_2$、$MnCO_3$、MnS等。Mn(Ⅱ)的强酸盐易溶于水，少数弱酸盐如$MnCO_3$、MnS等则难溶于水。在水溶液中，Mn^{2+}以淡红色的$[Mn(H_2O)_6]^{2+}$水合离子形式存在。从溶液中结晶出来的锰(Ⅱ)盐，均为带有结晶水的粉红色晶体。

如上所述，在酸性溶液中，Mn^{2+}体现出很高的稳定性，若使其氧化，需用很强的氧化剂如$(NH_4)_2S_2O_8$与之作用。

$$2Mn^{2+} + 5S_2O_8^{2-} + 8H_2O \longrightarrow 2MnO_4^- + 10SO_4^{2-} + 16H^+$$

反应产物MnO_4^-即使在很稀的溶液中，也能显出它特征的紫红色。因此，该反应可用于溶液中Mn^{2+}的鉴定。

可溶性锰(Ⅱ)盐中以硫酸锰最稳定，是常用的化工原料。

② 锰(Ⅳ)化合物。二氧化锰(MnO_2)在锰(Ⅳ)化合物中最为重要，它是一种不溶于水的黑色粉末。MnO_2在酸性溶液中具有很强的氧化性。如与浓HCl作用产生氯气。实验室常以此反应制备少量氯气。

$$MnO_2 + 4HCl(浓) \longrightarrow MnCl_2 + Cl_2\uparrow + 2H_2O$$

MnO_2用途很广，可用于制造干电池，是制备锰的其他化合物的主要原料。

③ 锰(Ⅵ)化合物。锰(Ⅵ)的化合物中，比较稳定的是锰酸盐，如锰酸钾K_2MnO_4。MnO_2和KOH混合，在空气中加热至250℃共熔，可得到绿色的锰酸钾。

$$2MnO_2 + 4KOH + O_2 \xrightarrow{熔融} 2K_2MnO_4 + 2H_2O$$

$$3MnO_2 + 6KOH + KClO_3 \xrightarrow{熔融} 3K_2MnO_4 + KCl + 3H_2O$$

绿色的锰酸根(MnO_4^{2-})仅存在于强碱性溶液中(pH＞13.5)，在酸性、中性或弱碱性溶液中均会发生歧化反应而变为紫色的MnO_4^-和棕色的MnO_2沉淀。

$$3MnO_4^{2-} + 4H^+ \longrightarrow 2MnO_4^- + MnO_2\downarrow + 2H_2O$$

$$3MnO_4^{2-} + 2H_2O \longrightarrow 2MnO_4^- + MnO_2\downarrow + 4OH^-$$

锰酸盐是制备高锰酸盐的中间产品。

④ 锰(Ⅶ)化合物。锰(Ⅶ)化合物中，最主要的是高锰酸钾$KMnO_4$(俗名灰锰氧)，为暗紫色晶体，有金属光泽。其热稳定性差，将固体加热至200℃以上，会分解放出氧气，这是实验室制取氧气的一个简便方法。

$$2KMnO_4 \xrightarrow{\triangle} K_2MnO_4 + MnO_2 + O_2\uparrow$$

$KMnO_4$易溶于水，其水溶液也不很稳定。在酸性溶液中会缓慢分解，析出棕色的MnO_2，并有氧气放出。

$$4MnO_4^- + 4H^+ \longrightarrow 4MnO_2\downarrow + 3O_2\uparrow + 2H_2O$$

在中性或弱碱性溶液中，MnO_4^-也会分解，只是这种分解速率更为缓慢。光线对MnO_4^-的分解能起催化作用，故$KMnO_4$溶液应保存在棕色瓶中。

当向$KMnO_4$溶液中加入浓碱时，MnO_4^-被OH^-还原为MnO_4^{2-}，溶液由紫红变绿，同时有氧气放出。

$$4MnO_4^- + 4OH^- \longrightarrow 4MnO_4^{2-} + O_2\uparrow + 2H_2O$$

$KMnO_4$是最重要和最常用的氧化剂之一，还原产物因溶液的酸碱性不同而异。例如，以SO_3^{2-}作为还原剂，在酸性溶液中，MnO_4^-被还原为Mn^{2+}。

$$2MnO_4^- + 6H^+ + 5SO_3^{2-} \longrightarrow 2Mn^{2+} + 5SO_4^{2-} + 3H_2O$$

若 MnO_4^- 过量，它可与产生的 Mn^{2+} 发生反歧化反应，生成 MnO_2。在中性或弱碱性溶液中，被还原为 MnO_2。在强碱性溶液中，被还原为 MnO_4^{2-}。

$$2MnO_4^- + 3Mn^{2+} + 2H_2O \longrightarrow 5MnO_2\downarrow + 4H^+$$

$$2MnO_4^- + H_2O + 3SO_3^{2-} \longrightarrow 2MnO_2\downarrow + 3SO_4^{2-} + 2OH^-$$

$$2MnO_4^- + SO_3^{2-} + 2OH^- \longrightarrow 2MnO_4^{2-} + SO_4^{2-} + H_2O$$

若 SO_3^{2-} 过量，它可与生成的 MnO_4^{2-} 作用，产生 MnO_2 沉淀。

$$MnO_4^{2-} + SO_3^{2-} + H_2O \longrightarrow MnO_2\downarrow + SO_4^{2-} + 2OH^-$$

高锰酸钾的用途广泛，是常用的化学试剂，除可作氧化剂之外，还可用作油脂、树脂及蜡的漂白剂，在医药上也用作消毒剂和防腐剂等。

进度检查

一、填空题

1. 使用汞时如溅落，汞无孔不入，对遗留在缝隙处的汞要覆盖上______防止其挥发。

2. 锰在自然界主要以______的形式存在。锰有从______到______氧化数的化合物，在酸性溶液中 Mn^{2+} 的还原性较______。

3. 含______的钢称为“不锈钢”，有极强的耐腐蚀性，应用范围广泛。

4. 钛是航空等不可缺少的材料，有________之称。

5. 锌是______金属，既可溶于______，又能溶于______溶液中。

二、完成下列反应方程式

1. $ZnO + HCl \longrightarrow$

2. $ZnO + NaOH + H_2O \longrightarrow$

3. $HgCl_2 + NH_3 \longrightarrow$

4. $Hg^{2+} + S^{2+} \longrightarrow$

5. $HgCl_2 + Hg \longrightarrow$

6. $Ti + HCl \longrightarrow$

7. $Ag^+ + CrO_4^{2-} \longrightarrow$

8. $Mn^{2+} + S_2O_8^{2-} + H_2O \longrightarrow$

编号 FJC-15-08

学习单元 5-8　常见金属离子的鉴定操作

学习目标： 在完成了本单元学习之后，能够掌握用化学分析对常见金属离子进行定性鉴定的基本方法，理解各类金属材料在国防、工业生产和日常生活中均具有广泛的应用。

职业领域： 化工、石油、环保、医药、冶金、建材等。

工作范围： 分析。

所需仪器、药品和设备见表 5-11。

表 5-11　所需仪器、药品和设备

序号	名称及说明	数量
1	Ag^+、Cu^{2+}、Al^{3+}、Fe^{3+}、Ba^{2+}、Na^+的混合液	50mL
2	6mol/L HCl 2mol/L HCl 浓 $NH_3 \cdot H_2O$ 6mol/L HNO_3 2mol/L NH_4Cl 6mol/L NaOH 冰醋酸 0.1%铝试剂 5% NH_4SCN 1mol/L H_2SO_4 0.2%玫瑰红酸钠 1mol/L $K_4[Fe(CN)_6]$ 6mol/L HAc 10%醋酸铀酰锌溶液	各 50mL
3	离心机，水浴锅，离心管，滴管，玻璃棒	各一个

一、实验目的

1. 掌握含 Ag^+、Cu^{2+}、Al^{3+}、Fe^{3+}、Ba^{2+}、Na^+ 的混合液的分离和鉴定方法。
2. 熟悉沉淀的洗涤、转移、溶解等基本操作。
3. 掌握常见阳离子混合液的系统分析步骤和方法。

二、实验原理

1. 分别分析

分别分析是指共存的离子对待鉴定的离子进行的反应不干扰，或者是加入掩蔽剂可消除其干扰，直接在试液中用专属性或选择性高的反应检出待鉴定离子的方法。它适用于指定范围内离子的定性分析。

2. 系统分析

系统分析是以一定的先后顺序将试液中的离子进行分离（分组）后再鉴定待检离子的方法。首先用几种试剂将试液中性质相似的离子分成若干组，在每一组中，用适宜的鉴定反应鉴定某离子是否存在。

系统分析有两种方法：一种是以硫化物的溶解度不同为基础的系统分析法，以 HCl、H_2S、$(NH_4)_2S$ 和 $(NH_4)_2CO_3$ 为组试剂，将常见离子分为盐酸组、硫化氢组、硫化铵组、碳酸铵组和可溶组五组，这种方法称为硫化氢系统分析法；另一种是以氢氧化物溶解度不同为基础的系统分析法，以两酸（HCl、H_2SO_4）两碱（$NH_3 \cdot H_2O$、NaOH）为试剂，将常见离子分为盐酸组、硫酸组、氨组、碱组和可溶组五组，这种方法称为两酸两碱系统分析法。

三、实验仪器和药品

1. 仪器

离心机，水浴锅，离心管，滴管，玻璃棒。

2. 药品

含有 Ag^+、Cu^{2+}、Al^{3+}、Fe^{3+}、Ba^{2+}、Na^+ 的混合液，6mol/L HCl，2mol/L HCl，浓 $NH_3 \cdot H_2O$，6mol/L HNO_3，2mol/L NH_4Cl，6mol/L NaOH，冰醋酸，0.1%铝试剂，5% NH_4SCN，1mol/L H_2SO_4，0.2%玫瑰红酸钠，1mol/L $K_4[Fe(CN)_6]$，6mol/L HAc，10%醋酸铀酰锌溶液。

四、试验内容

操作步骤如下：

（1）Ag^+ 的分离及检出　取 2mL 试液于离心管中，逐滴加入 6mol/L HCl，至上层清液不再有白色沉淀析出为止，搅拌，离心分离并保留离心液。沉淀用 2mol/L HCl 洗涤一次，然后向沉淀中逐滴滴加浓 $NH_3 \cdot H_2O$，搅拌使之溶解，再用 6mol/L HNO_3 酸化，又重新生成 AgCl 白色沉淀，证明有 Ag^+ 存在。

（2）Al^{3+} 的分离及检出　将（1）中的离心液加浓 $NH_3 \cdot H_2O$ 中和至微碱性，使 $Al(OH)_3$、$Fe(OH)_3$ 沉淀完全。离心分离，保留离心液。沉淀用 2mol/L 的 NH_4Cl 溶液 2 滴和 8 滴水洗涤一次，于沉淀中加入 8 滴 6mol/L 的 NaOH 溶液，搅拌并稍加热，离心分离，保留沉淀。离心液用冰醋酸酸化，用铝试剂检验，有红色配合物生成，证明有 Al^{3+} 存在。

（3）Fe^{3+} 的分离及检出　取（2）中离心分离 Al^{3+} 后沉淀，滴加 6mol/L HCl 至沉淀溶解，滴加 5% NH_4SCN 2 滴，有血红色配合物生成。证明有 Fe^{3+} 存在。

（4）Ba^{2+} 的分离及检出　取（2）中分离 $Al(OH)_3$、$Fe(OH)_3$ 后的离心液 5 滴于离心管中，加 10 滴 1mol/L H_2SO_4，生成白色的沉淀，离心分离，保留离心液。于沉淀中加入 6mol/L HNO_3 沉淀不溶解，证明有 Ba^{2+} 的存在。另取（2）中的离心液 2 滴于试管中，加入 2 滴 0.2%玫瑰红酸钠，振荡，再加 2 滴 2mol/L HCl，溶液变为鲜红色，亦证实有 Ba^{2+} 的存在。

（5）Cu^{2+} 的分离及检出　取（4）中的离心液 5 滴于试管中，加 6mol/L HAc 酸化，取出 3 滴加入 2 滴 $K_4[Fe(CN)_6]$，有红棕色沉淀生成，证明有 Cu^{2+} 存在。

（6）Na^+ 的分离及检出　把（5）中的沉淀离心分离，沉淀弃去，在离心液中加醋酸铀酞锌溶液，有淡黄色结晶状沉淀生成，证明有 Na^+ 存在。

进度检查

思考题

1. 本实验是采用什么系统分析法进行分离的？
2. 分离 Ag^+ 后的溶液中，加入 NaOH 能把 Al^{3+} 分离出来吗？为什么？
3. 在 $[Ag(NH_3)_2]^+$ 中加入 HNO_3 为什么又有 AgCl 沉淀生成？
4. 用 $K_4[Fe(CN)_6]$ 鉴定 Cu^{2+} 时，为什么要加入 HAc？

编号 FJC-15-09

学习单元 5-9 分析操作中常见的配位化合物

学习目标： 在完成了本单元学习之后，能够认识配位化合物的结构与组成，了解分析操作中常见的配位化合物性质与用途。

职业领域： 化工、石油、环保、医药、冶金、建材等。

工作范围： 分析。

配位化合物（配合物）是一类较为复杂而又相当普遍存在的化合物。绝大多数无机化合物都是以配合物形式存在的。如：$CuSO_4 \cdot 5H_2O$ 其结构是 $[Cu(H_2O)_4]SO_4 \cdot H_2O$；$AlCl_3 \cdot 6H_2O$ 的结构是 $[Al(H_2O)_6]Cl_3$，在水溶液中几乎不存在简单金属离子，大多数金属离子都与水分子形成较复杂的配离子即水合离子。配合物具有相当广泛的用途，它不仅在冶金、染料、医药、电镀等工业上有重要用途，而且在催化剂和生物方面也有广泛的应用。

一、配位化合物的定义和组成

1. 配位化合物的定义

[实验 5-1] 在一支试管中加入 1mL 0.1mol/L $CuSO_4$ 溶液，逐滴加入 6mol/L 的浓 $NH_3 \cdot H_2O$。可以观察到加入氨水后开始有蓝色沉淀出现，随着氨水的不断加入，沉淀逐渐消失转变成深蓝色溶液。其离子反应方程式是：

$$Cu^{2+} + 2NH_3 \cdot H_2O \longrightarrow Cu(OH)_2 \downarrow + 2NH_4^+$$

$$Cu(OH)_2 + 4NH_3 \longrightarrow [Cu(NH_3)_4]^{2+} + 2OH^-$$

[实验 5-2] 取两支试管加入 1mL 上述深蓝色溶液，在一支试管中滴加 1mol/L $BaCl_2$ 溶液，立即出现白色沉淀。在另一支试管中加入少量 1mol/L NaOH 溶液观察不到沉淀析出。加入 Ba^{2+} 生成了 $BaSO_4$ 白色沉淀，这表明溶液中仍有 SO_4^{2-}，但溶液中几乎没有 Cu^{2+} 存在，观察不到 $Cu(OH)_2$ 沉淀的析出。其相应的离子反应方程式是：

$$Ba^{2+} + SO_4^{2-} \longrightarrow BaSO_4 \downarrow$$

经过分析证明，在这种深蓝色的溶液中生成了一种复杂的离子 $[Cu(NH_3)_4]^{2+}$，它和 Ca^{2+}、Cu^{2+}、SO_4^{2-}、PO_4^{3-} 等不同，这种复杂的离子叫配离子。它是由中心离子（原子）与几个中性分子或阴离子以配位键结合而成的。含配离子的化合物叫配合物。

2. 配位化合物的组成

配合物结构较复杂，通常配合物是由配离子和带相反电荷的其他离子所组成的化合物。

配合物一般由内界和外界两部分组成，外界和内界以离子键结合。配合物的内界是由中心离子（原子）与配位体以配位键结合组成，书写化学式时，用方括号括起来；外界为一般离子。在配合物内，提供电子对的分子或离子称为配位体；接受电子对的离子或原子称为中心离子（原子）。

配合物中的其他离子构成配合物的外界，写在括号外面。以 $[Cu(NH_3)_4]SO_4$、$K_3[Fe(CN)_6]$ 为例说明配合物的组成。

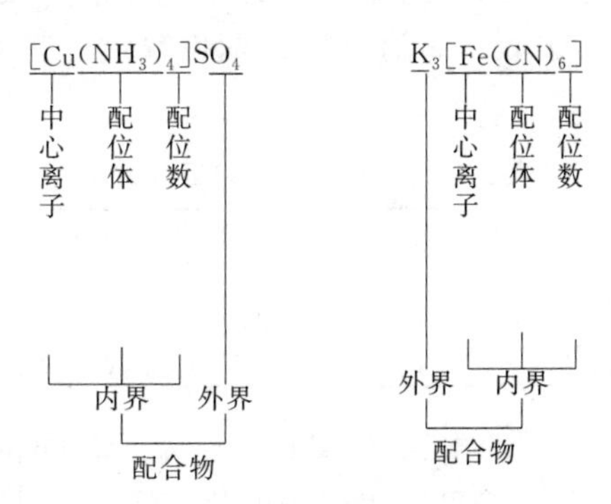

（1）中心离子（原子） 中心离子（原子）是配合物的形成体，是配合物的核心，位于配合物的中心位置。绝大多数是过渡金属阳离子如：Fe^{2+}、Fe^{3+}、Cu^{2+}、Co^{2+}、Ni^{2+}、Zn^{2+} 等，因为过渡金属离子具有空的价电子轨道，能接受配位体的孤对电子（或 π 电子）而形成配位键。过渡金属阳离子也可能是一些金属原子或高氧化数的非金属元素。如：$[Ni(CO)_4]$ 中的 Ni 原子、$[Fe(CO)_5]$ 中 Fe 原子、$[SiF_6]^{2-}$ 中的 Si^{4+} 等。

（2）配位体 指与中心离子（原子）直接相连的分子或离子，简称为配体。能提供配位体的物质称为配位剂。如下面反应式中的 KI 就是配位剂。

$$HgCl_2 + 4KI \longrightarrow K_2[HgI_4] + 2KCl$$

配位体位于中心离子周围，它可以是中性分子，如：NH_3、H_2O 等，也可以是阴离子，如：Cl^-、CN^-、OH^-、S^{2-} 等。配位体以配位键与中心离子（原子）结合。配位体中与中心离子（原子）直接相连的原子（即提供孤对电子的原子）称为配位原子。如 NH_3 中的 N 原子，H_2O 中的 O 原子，CO 中的 C 原子等。一般常见的配位原子主要是周期表中电负性较大的非金属原子，如：F、Cl、Br、I、O、N、S、P、C 等。常见的配位体有

卤素配位体：F^-、Cl^-、Br^-、I^-。

含氧配位体：H_2O、OH^-、无机含氧酸根、ROH。

含硫配位体：S^{2-}、SCN^-、RSH^-、R_2S。

含氮配位体：NH_3、NO、$-NO_2$、RNH_2。

含碳配位体：CN^-、CO。

根据配位体所含配位原子的数目不同，可分为单齿配位体和多齿配位体。单齿配位体只含有一个配位原子，如：X^-、NH_3、H_2O、CN^- 等。多齿配位体中含有两个或两个以上的配位原子，如乙二胺、$C_2O_4^{2-}$、EDTA 等。由多齿配位体和中心离子形成的配合物称为螯合物，又称为内配合物。“螯”字形象地说明这类配合物中配位体提供的配位原子将中心原子钳住，形成多原子组成的螯环结构，所以螯合物比一般配合物稳定得多，难以分解和解离。

（3）配位数 直接和中心离子（原子）相连的配位原子总数称为该中心离子（原子）的配位数。计算中心离子的配位数时，如果配位体是单齿的，配位体的数目就是该中心离子

（原子）的配位数，配位体的数目和配位数相等。如果配位体是多齿的，配位体的数目就不等于中心离子（原子）的配位数，如：$[Ni(NH_2\text{-}CH_2\text{-}CH_2\text{-}NH_2)_2]^{2+}$配离子中，乙二胺（简写为 en）是双齿配位体，$Ni^{2+}$的配位数是 4 而不是 2。在计算中心离子的配位数时，不能只看配合物的组成，要看实际的配位情况。实际配位数的多少与中心离子（原子）半径的大小、氧化数的高低，配位体半径的大小，配位体的电荷及形成配合物的温度等因素有关。但对于某一中心离子（原子）来说，常有一特征配位数，一些常见离子的特征配位数如表 5-12 所示。

表 5-12　常见离子的特征配位数

配位数	金属阳离子
2	Ag^+、Cu^+、Au^+
4	Cu^{2+}、Zn^{2+}、Hg^{2+}、Ni^{2+}、Pt^{2+}
6	Fe^{2+}、Fe^{3+}、Co^{2+}、Co^{3+}、Cr^{3+}、Al^{3+}、Ca^{2+}

（4）配离子的电荷　配离子的电荷数等于中心离子和配位体总电荷的代数和。如在$[Fe(CN)_6]^{4-}$中，中心离子Fe^{2+}带 2 个单位正电荷，配位体共有 6 个CN^-，每一个CN^-带一个单位负电荷，所以$[Fe(CN)_6]^{4-}$配离子带 4 个单位负电荷。配离子的电荷数还可根据外界离子的电荷总数和配离子的电荷总数相等而符号相反这一原则来推断。如在$K_4[Fe(CN)_6]$中，外界有 4 个K^+构成，推出配离子带 4 个单位负电荷。配离子有的带正电荷，有的带负电荷，带正电荷的配离子叫配阳离子，如：$[Cu(NH_3)_4]^{2+}$、$[Ag(NH_3)_2]^+$等，带负电荷的配离子叫配阴离子，如：$[FeF_6]^{3-}$、$[Ag(CN)_2]^-$等。还有一些配离子不带电荷，它本身构成配合物，如：$[Fe(CO)_5]$、$[Co(NO_2)_3(NH_3)_3]$等。

二、配位化合物的命名

配合物的结构组成较复杂，它不能再按一般简单的无机物命名方式命名，它的命名方法如下。

1. 命名原则

① 配位体名称列在中心原子之前，配位体的数目用一、二、三、四等数字表示。

② 不同配位体名称之间以中圆点“·”分开。

③ 配位体与中心离子之间用“合”字连接，即在最后一个配位体名称之后缀以“合”字。

④ 中心离子后用罗马数字标明氧化数，并加括号。

2. 含配阳离子配合物的命名

命名顺序为外界阴离子-配位体-中心离子，与无机盐的命名相似。例如

$[Cu(NH_3)_4]SO_4$　　硫酸四氨合铜(Ⅱ)

$[Ag(NH_3)_2]Cl$　　氯化二氨合银(Ⅰ)

$[Pt(NH_3)_6]Cl_4$　　四氯化六氨合铂(Ⅳ)

3. 含配阴离子配合物的命名

命名顺序为配位体-中心离子-外界阳离子，外界与配离子用酸字连接。例如

$K_3[F_e(CN)_6]$　　六氰合铁(Ⅲ)酸钾

$Na_3[Ag(S_2O_3)_2]$　　二硫代硫酸合银(Ⅰ)酸钠

$H_2[SiF_6]$　　六氟合硅(Ⅳ)酸

4. 含多个配位体的命名

配位体的命名顺序为先读阴离子后读中性分子，同类配位体中按配位原子元素符号的英文字母顺序排列。无机配位体与有机配位体，无机配位体排在前面，有机配位体排在后面。例如

$K[PtCl_5(NH_3)]$	五氯·一氨合铂(Ⅳ)酸钾
$[Co(NH_3)_5(H_2O)]Cl_3$	三氯化五氨·一水合钴(Ⅲ)
$[CoCl_2(en)_2]Cl$	氯化二氯·二乙胺合钴(Ⅲ)

5. 没有外界的配合物的命名

命名方法与配离子的命名相同。

$[Ni(CO)_4]$	四羰基合镍
$[CoCl_3(NH_3)_3]$	三氯·三氨合钴(Ⅲ)
$[PtCl_4(NH_3)_2]$	四氯·二氨合铂(Ⅳ)

三、分析中常见配位化合物

无机化合物的分子或离子作为配位体，一般只有一个原子（如 NH_3 分子中的 N 原子，CN^- 中的 C 原子）作为配位原子。这种只有一个配位原子的配位体叫作单基配位体。除此以外，许多有机化合物分子和酸根阴离子也能与金属离子形成配合物，而这些有机物分子和酸根阴离子往往含有一个以上的配位原子。这种含有一个以上的配位原子的配位体叫多基配位体。例如用乙二胺 $NH_2—CH_2—CH_2—NH_2$ 作配合剂时，分子中的两个氮原子都是配位原子。当它与金属离子结合时，形成具有环状结构的配合物。如 Ni^{2+} 与乙二胺的配位反应，在形成的配离子中有两个五元环，我们把这种由中心离子与多基配位体形成的具有环状结构的配合物叫内配合物或螯合物。

由于螯合物具有环状结构，它比由相同配位原子形成的一般配合物稳定得多，大多数螯合物具有五元环或六元环。

能和中心离子形成螯合物、含有多基配位体的配位剂称为螯合剂。一般常见的螯合剂是含有 N、O、S、P 等配位原子的有机化合物。除上述的乙二胺外，更常用的一种螯合剂是乙二胺四乙酸（简称 EDTA）。

螯合物是目前配合物中应用最广的一种类型，它的稳定性高，几乎不溶于水而溶于有机溶剂，且一般有特殊的颜色，所以常用于金属元素的分离、提纯等。有的螯合剂对金属离子有很强的选择性，因此螯合物还广泛用作滴定剂、显色剂、沉淀剂、掩蔽剂、萃取剂等。

配合物在自然界广泛存在，跟人类生活的关系很密切。例如，生物体中的许多金属元素都是以配合物的形式存在的。在植物生长中起光合作用的叶绿素是镁的配合物；动物血液中输送氧气的血红素是铁的配合物；在人体生理过程中起重要作用的各种酶，也都是配合物。医疗上用作重金属解毒剂的 EDTA，就是一种重要的配合物。

在定性分析中，广泛应用形成配合物的反应以达到离子鉴定和离子分离的目的。

① 离子的鉴定。某种配位剂若能和金属离子形成特征的有色配合物或沉淀，即可用于对该离子的特效鉴定。例如用氨水作为检验溶液中 Cu^{2+} 的极灵敏的试剂，离子反应式为

$$Cu^{2+} + 4NH_3 \longrightarrow \underset{\text{深蓝}}{[Cu(NH_3)_4]^{2+}}$$

用亚铁氰化钾 $K_4[Fe(CN)_6]$ 作为检验 Fe^{3+} 的试剂，离子反应式为

$$4Fe^{3+}+3[Fe(CN)_6]^{4-} \longrightarrow \underset{\text{普鲁士蓝}}{Fe_4[Fe(CN)_6]_3} \downarrow$$

用铁氰化钾 $K_3[Fe(CN)_6]$ 作为检验 Fe^{2+} 的试剂，离子反应式为

$$3Fe^{2+}+2[Fe(CN)_6]^{3-} \longrightarrow \underset{\text{滕氏蓝}}{Fe_3[Fe(CN)_6]_2} \downarrow$$

② 离子的分离。两种离子，若其中有一种能和某种配位剂形成配合物，这种配位剂可使这两种离子彼此分离，这种分离方法常常是将配位剂加到难溶固体混合物中，其中一种离子与配位剂生成可溶性配合物而进入溶液，其余的保持不溶状态。

③ 掩蔽某些离子对其他离子的干扰作用。在含有多种金属离子的溶液中，要测定其中某种金属离子，其他离子往往会发生类似的反应而干扰测定。例如，在含有 Co^{2+} 和 Fe^{3+} 的混合溶液中，加入配位剂 KSCN 检测 Co^{2+} 时，Fe^{3+} 也可与 SCN^- 反应形成血红色 $[Fe(SCN)]^{2+}$，妨碍了对 Co^{2+} 的鉴定。如果先在溶液中加入足够量的 NaF（或 NH_4F），使 Fe^{3+} 生成稳定的无色 $[FeF_6]^{3-}$，这样就可排除 Fe^{3+} 对 Co^{2+} 鉴定的干扰作用。这种防止干扰的作用称为掩蔽效应，所用的配位剂（如 NaF）称为掩蔽剂。掩蔽效应不仅用于元素的分析、分离过程，而且在其他方面也有广泛的用途。

进度检查

填空题

1. 配位化合物 $[CO(NH_3)_4(H_2O)_2]_2(SO_4)_3$ 的内界是____________，配位体是________，________原子是中心离子，配位数为________，配离子的电荷是________，该配位化合物的名称是________________。

2. 配合物 $[Cr(H_2O)(en)(OH)_3]$ 的名称为__________，配合数为________，配位体为__________，中心离子为________。

3. 配合物“硝酸一氯·一硝基·二乙二胺合钴（Ⅲ）”的化学式是____________，它的外界是____________。

4. 完成表 5-13。

表 5-13　配合物命名和组成

配合物	命名	中心离子	配位数
$[Cd(NH_3)_4]Cl_2$			
$[Co(NH_3)_6]Cl_3$			
$[Pt(NH_3)_2]Cl_2$			
$K_2[PtI_4]$			
$[Co(NH_3)_5Cl]Cl$			

5. 写出下列配合物和配离子的化学式

（1）二氯化四氨合铜（Ⅱ）（2）氯化二氯·三氨·一水合钴（Ⅲ）（3）四硫氰·二氨合铬（Ⅲ）酸铵 （4）六氯合铂（Ⅲ）酸钾 （5）二氰合银（Ⅰ）配离子 （6）二羟基四水合铝（Ⅲ）配离子

素质拓展阅读

中国近代化工的奠基人

范旭东（1883—1945 年），湖南人，中国化工实业家，中国重化学工业奠基人，被称作“中国民族化学工业之父”。他在天津塘沽先后创办大精盐公司和永利制碱公司。办厂过程中积极支持中国制碱工业大师——侯德榜革新索尔维制碱工艺。1921 年，在范旭东邀请下侯德榜回国，加入天津永利碱厂。两人通过合作开创了中国的纯碱工业生产，打破了外国在制碱技术上的封锁垄断，并带着刚刚萌芽的中国化学工业一步步发展壮大。侯德榜先生在国内原材料条件有限的情况下，将原料从浓氨水改为硫酸铵，并一步步通过降低硫酸铵原料浓度及降低向塔内注入硫酸铵的速度，逐步生产出纯白的碱。

1926 年 6 月 29 日，永利碱厂克服重重困难成功制出了雪白的纯碱，也就是碳酸钠（Na_2CO_3）。这次成功在中国近现代化工史上有着里程碑式的意义，它代表着我们独立自主地突破了西方技术封锁，永利还是全亚洲第一家成功使用索尔维法的制碱厂，对于这一成就，范旭东和侯德榜功不可没。

1926 年 8 月，范旭东带着“红三角”品牌纯碱到美国参与在费城举办的国际博览会。会议期间，中国人自己的纯碱凭借过硬的质量获得了金质奖章，动摇了当时的巨头卜内门公司对碱的垄断。侯德榜先生发明的“侯氏制碱法”，为我国化学工业的发展写下辉煌一页。侯德榜于 1943 年成功研发出联合制碱新工艺。此后，永利厂的纯碱也远销日本、东南亚等地，成为中国化学工业产品出海的一扇窗口。

作为事业伙伴的范旭东与侯德榜，两人都是以振兴中国民族化学工业为目标。在混乱的年代，他们对技术的推崇、爱国情怀和抱负是一致的。在范旭东身上，“实业救国”理念被发挥到极致。他所创办和掌管的企业以为社会服务为最大光荣。抗战全面爆发后，他毫不犹豫将天津、南京等地设备转运到大后方复产，抬不走的宁可沉江。由于永利碱厂在国际上享有盛名，日本人想与范旭东合作，但被他断然拒绝。

1945 年范旭东逝世后，正在重庆谈判的毛泽东为他题写了“工业先导，功在中华”的挽联。他的科学救国之心炽热。每个时代背景下成长起来的企业家自带着自强不息与家国大义的底色，把不辜负这个时代作为与生俱来的使命，他们演绎了“家国情怀”的企业家精神，也是中国企业家对全球企业发展的独特贡献。

模块6 烃

编号 FJC-06-01

学习单元6-1 有机化合物概述

学习目标： 在完成了本单元学习之后，能够掌握表示有机化合物结构式，能指出所给有机化合物类别。了解常见有机化合物的结构、性质和用途。

职业领域： 化工、石油、环保、医药、冶金、建材等。

工作范围： 分析。

自然界的物质种类繁多，数不胜数。为了系统研究各种物质，根据它们的组成、结构、性质及来源，通常将物质分为无机化合物和有机化合物两大类。化学家最初界定无机物和有机物就是从它们的来源不同出发的。19世纪以前，人们已知的有机物都从动植物等有机体中取得，所以把这类化合物叫作有机物。到19世纪20年代，科学家先后用无机物人工合成了许多有机物，如尿素、乙酸、脂肪等，从而打破了有机物只能从有机体中取得的观念。现在有机化合物的名称已失去原有的意义，只是化学界仍在沿用这一习惯名称。

有机化合物是生命产生的物质基础，所有的生命体都含有机化合物。如脂肪、氨基酸、蛋白质、糖、血红素、叶绿素、酶、激素等。生物体内的新陈代谢、遗传变异都涉及有机化合物的转变，生命过程说到底是一个有机化学问题。此外，有机物遍布于人类的物质世界，在人们的衣食住行、医疗卫生、工农业生产、能源、材料、生命科学等领域中起着重要的作用。在本模块中，我们主要学习有机物的概念、结构、特性和分类等一些基础知识。

一、有机化合物的概念

大多数有机化合物由碳、氢、氧、氮等元素组成，少数还含有硫、磷、卤素等。这几种为数不多的元素，以不同的原子数目和排列方式组成不同的有机化合物分子。任何一种有机化合物，其分子组成中都含有碳元素，绝大多数还含有氢元素。仅含有碳、氢两种元素的有机化合物称为碳氢化合物，简称为烃。由于有机化合物分子中的氢原子可以被其他的原子或原子团所替代，从而衍生出许多不同种类的有机化合物，所以把碳氢化合物及其衍生物称为有机化合物，简称有机物。研究有机化合物的化学称为有机化学。有机化学是一门基础科学，是研究有机化合物的组成、结构、性质及其变化规律的学科，是化学中极其重要的一个分支。

并非所有的含碳化合物都是有机化合物，少数含碳化合物如：一氧化碳、二氧化碳、碳酸及其盐、氰化物、硫氰化物、金属碳化物等，这类物质由于其组成和性质与无机化合物相似，习惯上仍把它们归为无机化合物。

二、有机化合物的特性

目前人类已知的有机化合物达8000多万种，数量远远超过无机物，有机物结构千差万别，性质各异，但有机化合物也具有共性，碳原子的特殊结构以及有机物分子的化学键主要是共价键，导致了大多数有机物与无机物相比具有下列特性：

1. 容易燃烧

绝大多数有机化合物都容易燃烧，如棉花、油脂、乙醇、汽油等，碳氢化合物还可烧尽，最终产物是二氧化碳和水。但也有少量有机物难以燃烧，如四氯化碳不但不能燃烧，反而可以灭火。大部分无机物如酸、碱、盐、氧化物等则不能燃烧。因此，通过检验物质是否能燃烧可初步判别有机物和无机物。

2. 熔沸点低

有机化合物室温下常为气体、液体或低熔点的固体。有机化合物的熔沸点一般在300℃以下，很少超过400℃。如肉桂酸的熔点为133℃，沸点为300℃。而无机化合物的熔沸点一般较高，如氧化铝的熔点高达2054℃，沸点2980℃。

3. 难溶于水，易溶于有机溶剂

根据相似相溶原理，水是极性分子，而有机化合物大多是非极性分子或极性较弱的分子。绝大多数有机化合物难溶或不溶于水，而易溶于乙醇、汽油、乙醚等有机溶剂。因此，有机物反应常在有机溶剂中进行。而无机化合物则相反，大多易溶于水，难溶于有机溶剂。

4. 稳定性差

有机化合物分子中的化学键大多是共价键，其键能相对于无机化物分子中的离子键要低许多，因此，其稳定性相对来说也较差，许多有机化合物常因温度、细菌、空气或光照的影响而分解变质。例如白色的维生素C片长时间放置于空气中会被氧化而变质呈黄色，失去药效。

5. 反应速度慢且反应产物复杂

有机化合物之间的反应多数为分子反应，当分子具有一定能量时才能反应，有时需要几小时、几天，甚至更长时间才能完成，所以常采用加热、光照或使用催化剂等方法加快反应的进行。而无机化合物之间的反应主要是阴阳离子间的反应，因此反应速度很快，如酸碱中和反应能在瞬间完成。

多数有机化合物之间的反应，常伴有副反应发生，所以反应产物复杂，常常是混合物。而无机物之间的反应比较专一，一般没有副反应发生。

6. 普遍存在同分异构现象

有机化合物中有一种现象，同一个化学式可以代表许多性质完全不同的化合物。如化学式为 C_2H_6O 的有机化合物就有乙醇和甲醚两种性质不同的化合物。

```
    H  H                 H     H
    |  |                 |     |
H—C—C—O—H          H—C—O—C—H
    |  |                 |     |
    H  H                 H     H
```

乙醇(沸点 78.3℃)　　甲醚(沸点 −23.6℃)

像这种分子式相同，结构不同的化合物彼此互称同分异构体。这种现象称为同分异构现象。有机化合物中普遍存在同分异构现象，并且同分异构体的数目随着碳原子数目的增多而增多，这是造成有机化合物数目繁多的主要原因之一。

三、有机化合物的结构

有机化合物的结构特点，主要是由碳原子的结构特点决定的。

1. 碳原子的结构

碳原子位于元素周期表中第 2 周期第ⅣA 族，最外层有 4 个电子，它既不容易失去电子也不容易得到电子，为不活泼的非金属元素。因此，在有机化合物中碳原子易与其他原子共用 4 对电子达到 8 电子的稳定结构，表现为 4 价。我们把原子间通过共用电子对形成的化学键称为共价键，可用短线“—”表示。

例如：甲烷（CH_4）分子中，碳原子最外电子层的 4 个电子，能与 4 个氢原子各出一个电子配对成共用电子对，形成 4 个共价键。如果以“×”表示氢原子的 1 个电子，以“·”表示碳原子的最外层电子，则是甲烷分子的电子式；如果把电子式中的共用电子对用短线“—”表示，则为甲烷分子的结构式。

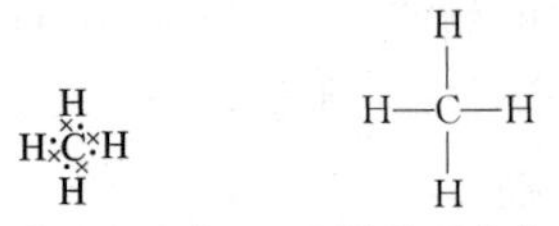

甲烷分子电子式　　甲烷分子结构式

这种能表示有机化合物分子中原子之间的连接顺序和方式的图式，称为分子结构式，简称结构式。

共价键的形成方式有两种，一种是沿着原子轨道对称轴的方向“头对头”地重叠，形成的共价键称为 σ 键；另一种是原子轨道的对称轴相互平行，原子轨道从侧面“肩并肩”地重叠，形成的共价键为 π 键。

2. 碳碳键的类型

有机化合物中，碳原子的 4 个价电子不仅能与氢原子或其他原子（O、N、S 等）形成共价键，而且碳原子之间也能相互形成共价键。两个碳原子之间共用一对电子形成的共价键称为碳碳单键；两个碳原子之间共用两对电子形成的共价键称为碳碳双键；两个碳原子之间共用三对电子形成的共价键称为碳碳三键。碳原子之间的单键、双键、三键可表示如下：

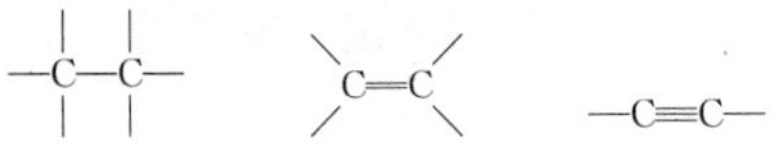

—C—C—　　C═C　　—C≡C—

单键　　双键　　三键

碳原子之间还能够相互连接形成长短不一的链状和各种不同的环状，构成有机化合物的基本骨架。

3. 杂化轨道理论

在形成共价键过程中，由于原子间的相互影响，同一个原子中参与成键的几个能量相近的原子轨道可以重新组合，重新分配能量和空间方向，组成数目相等的、成键能力更强的新的原子轨道，称为杂化轨道，这一过程叫作杂化。有机化合物分子中碳原子都是通过杂化形成共价键的，杂化轨道的数目与参与杂化的原子轨道数目相同，杂化轨道的成键过程可分为激发、杂化和重叠三个步骤。下面介绍三种杂化类型。

（1）sp^3 杂化　烷烃分子中碳原子是 sp^3 杂化的，即碳原子在形成烷烃时，碳原子 2s 轨道中的一个电子跃迁到 2p 空轨道上去。一个 2s 轨道和三个 2p 轨道进行杂化，形成四个能量相等、形状相同的新的原子轨道。这种杂化方式称为 sp^3 杂化，形成的新原子轨道称为 sp^3 杂化轨道。如图 6-1 所示。sp^3 杂化轨道形状是一头大，一头小，彼此间的夹角为 109.5°。甲烷分子是由四个 sp^3 杂化轨道分别与四个氢原子的 1s 轨道沿着键轴重叠形成四个完全相同的碳氢键。

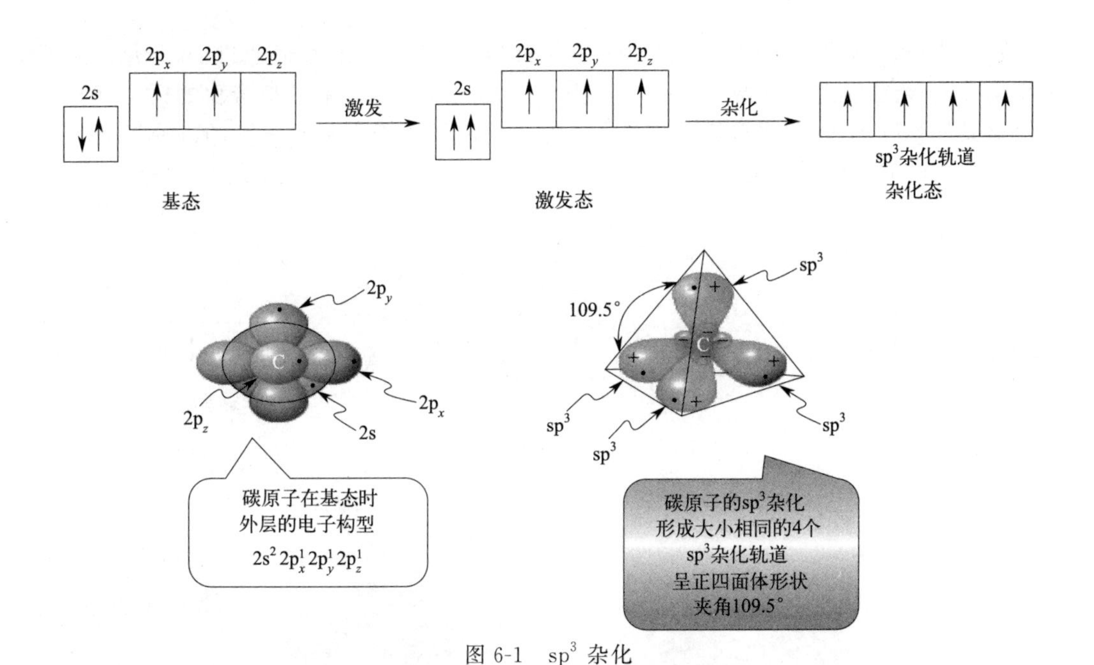

图 6-1　sp^3 杂化

（2）sp^2 杂化　烯烃分子中，碳原子的一个 1s 轨道和两个 2p 轨道通过 sp^2 杂化形成三个能量相同的 sp^2 杂化轨道，他们为平面的三角形杂化，轨道之间的夹角为 120°，未参与杂化的 $2p_z$ 轨道垂直于三个 sp^2 杂化轨道所处的平面，如图 6-2 所示。烯烃分子中构成双键的碳原子和其他不饱和化合物分子中构成双键的碳原子均为 sp^2 杂化。

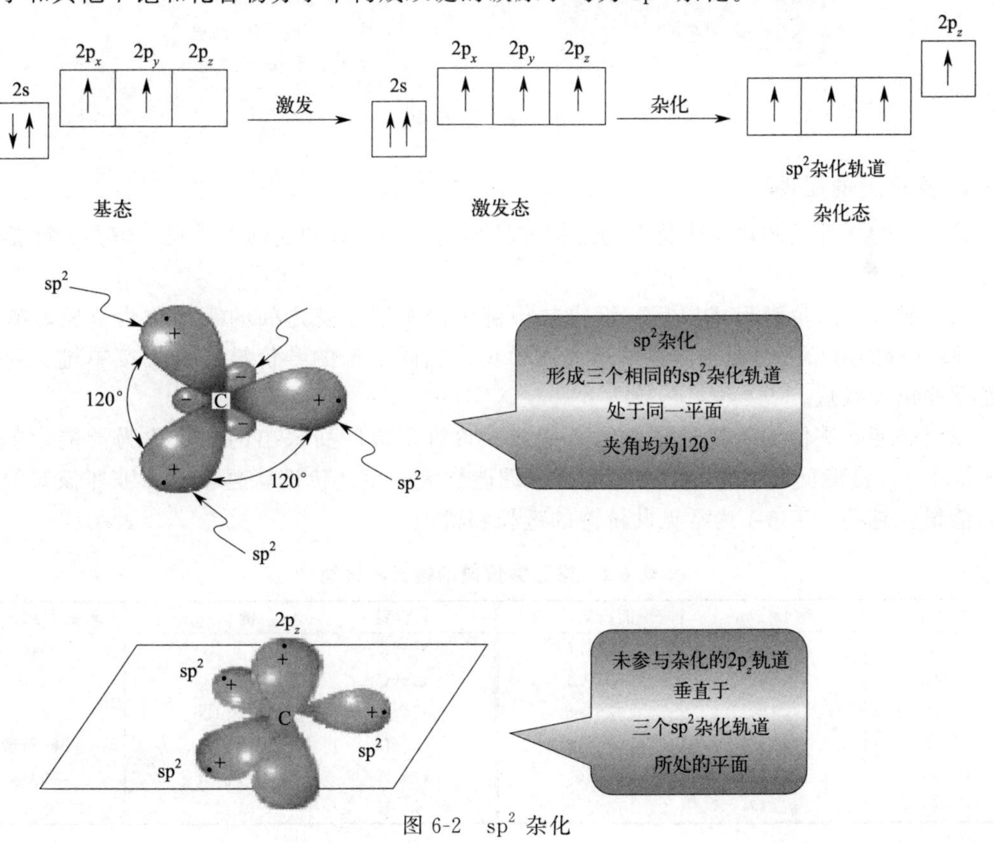

图 6-2　sp^2 杂化

（3）sp 杂化　炔烃分子中，碳原子的一个 2s 轨道和一个 2p 轨道通过 sp 杂化形成两个能量相同的 sp 杂化轨道，这两个轨道夹角为 180°，呈直线形。未参与杂化的两个互相垂直的 p 轨道又都垂直于 sp 杂化轨道，如图 6-3 所示。炔烃分子中碳碳三键的碳原子和其他化合物中含有三键的碳原子均为 sp 杂化。

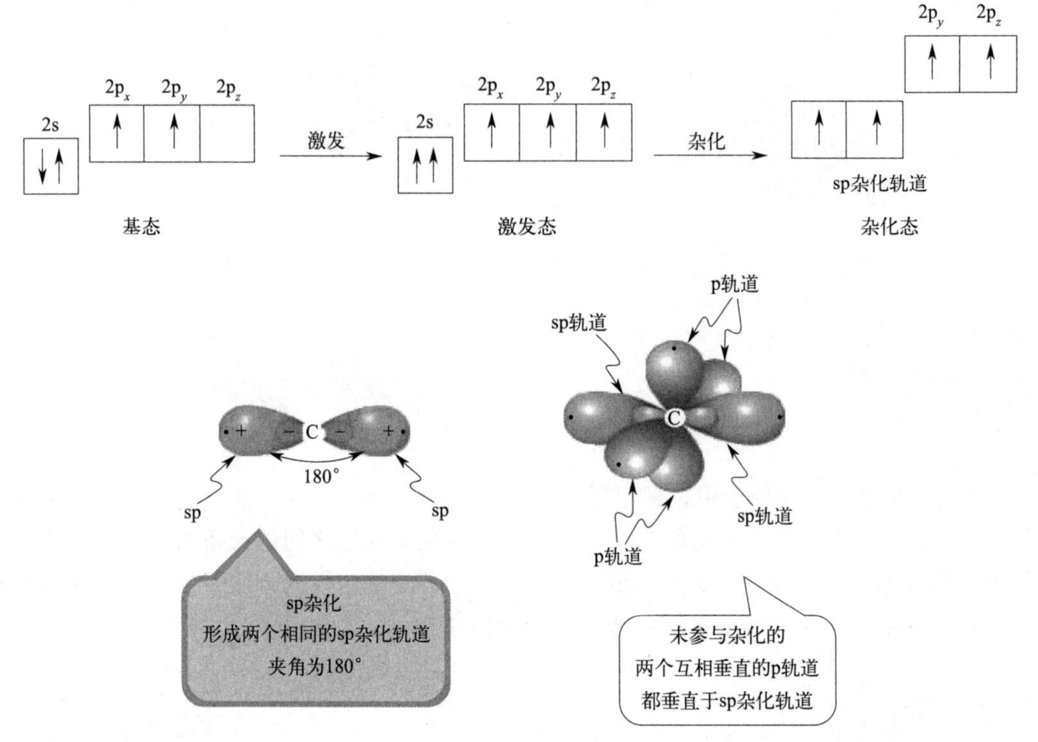

图 6-3　sp 杂化

4. 共价键的属性

共价键的属性是阐述有机化合物结构和性质的基础。键的属性指键长、键角、键能和键的极性等物理量。

（1）键长　共价键形成以后，组成共价键的两个原子核之间的距离称为键长，单位为 nm。共价键的键长随着原子半径的增大而增长，相同原子的共价键的键长按单键、双键和三键顺序依次减短。

（2）键能　共价键断裂时需要的能量或共价键形成时所放出的能量称为键能，单位为 $kJ \cdot mol^{-1}$。键能反映了共价键的稳定性，键能越大，该共价键就越稳定，破坏该共价键需要的能量就越高。表 6-1 为常见共价键的键长和键能。

表 6-1　常见共价键的键长和键能

共价键	键长/nm	键能/(kJ/mol)	共价键	键长/nm	键能/(kJ/mol)
C—H	0.109	414.4	C—C	0.154	346
C—Cl	0.177	339.1	C═C	0.134	610
C—Br	0.191	284.6	C≡C	0.120	836
C—I	0.212	217.8	C═O	0.122	736.7(醛)
C—O	0.143	360	O—H	0.096	464.4
C—N	0.147	305.6	N—H	0.103	389.3

一般情况下，共价键的键长愈短，键能愈大，键愈牢固，有机化合物的化学性质就愈不活泼。

（3）键角　两个共价键之间的夹角称为键角。如甲烷分子中 H—C—H 的键角为 109.5°，水分子中 H—O—H 键角为 104.5°。键角反映了有机化合物分子的空间构型。

（4）键的极性　分子中以共价键相连接的原子吸引电子的能力是以元素电负性的大小来表示的，电负性大吸电子能力强，电负性小则吸电子能力弱。由相同原子形成的共价键，由于元素的电负性相同，所形成的共价键无极性；而由不同原子形成的共价键，由于元素的电负性不同，所形成的共价键有极性。

双原子分子键的极性就是分子的极性，而多原子分子的分子极性除了与键的极性有关，还与分子中原子的空间排布有关。由极性键构成的对称分子，是非极性分子，而由极性键构成的非对称分子，则是极性分子。

四、有机化合物的分类

有机化合物的数量庞大，种类繁杂，为了便于学习和研究，对有机化合物进行科学合理的分类是十分必要的。常用的分类方法有两种：按碳的骨架分类和按官能团分类。

1. 按碳的骨架分类

根据有机化合物碳原子的连接方式以及组成碳骨架的原子可将有机化合物分为两大类。

（1）链状化合物（脂肪族化合物）　链状化合物是指碳原子间或碳原子与其他原子之间相互连接成链状的有机化合物。由于此类化合物最初是在油脂中发现的，所以又称为脂肪族化合物。例如：

$$CH_3CH_2CH_2CH_2CH_3 \qquad CH_3CH_2OH$$

正戊烷　　乙醇

（2）环状化合物　环状化合物是指碳原子间或碳原子与其他原子之间连接成环状的有机化合物。根据分子中成环的原子或结构又分为三类。

① 脂环化合物：指碳原子之间连接成环状，与脂肪族化合物性质相似的化合物。例如：

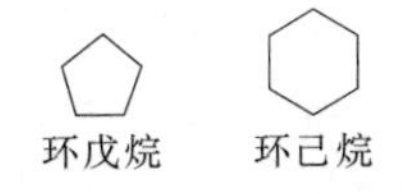

环戊烷　环己烷

② 芳香族化合物：大多数含有苯环，是一类具有特殊性质的化合物。例如：

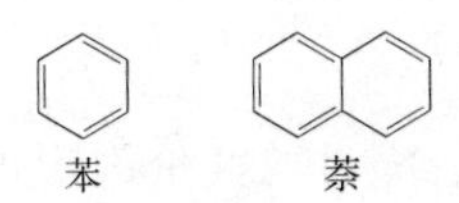

苯　萘

③ 杂环化合物：是指组成环的原子除碳原子外，还含有其他元素原子（如氧、氮、硫等）的化合物。例如：

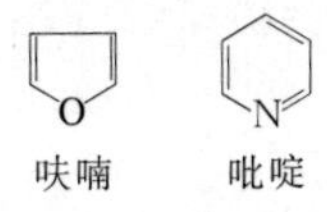

呋喃　吡啶

2. 按官能团分类

我们把能决定有机化合物特殊性质的原子或原子团，称为官能团。官能团是分子中比较活泼而易发生反应的原子或原子团，常决定着化合物的主要化学性质。有机化合物中，含有相同官能团的化合物化学性质相似，因此，通常将含有相同官能团的化合物归为一类。表

6-2 中列出的是几类比较重要的有机物和它们所含的官能团。

表 6-2　部分有机化合物类型及官能团

官能团	官能团名称	有机化合物类别	实例
$>C=C<$	碳碳双键	烯烃	$CH_2=CH_2$　乙烯
$-C\equiv C-$	碳碳三键	炔烃	$CH\equiv CH$　乙炔
$-X$	卤原子	卤代烃	CH_3CH_2Br　溴乙烷
$-OH$	醇羟基	醇	CH_3CH_2OH　乙醇
	酚羟基	酚	C_6H_5OH　苯酚
$-\overset{\mid}{\underset{\mid}{C}}-O-\overset{\mid}{\underset{\mid}{C}}-$	醚键	醚	$C_2H_5OC_2H_5$　乙醚
$-\overset{O}{\overset{\Vert}{C}}-H$	醛基	醛	CH_3CHO　乙醛
$-\overset{O}{\overset{\Vert}{C}}-$	酮基	酮	CH_3COCH_3　丙酮
$-\overset{O}{\overset{\Vert}{C}}-OH$	羧基	羧酸	CH_3COOH　乙酸
$-NO_2$	硝基	硝基化合物	$C_6H_5NO_2$　硝基苯
$-NH_2$	氨基	胺	$C_6H_5NH_2$　苯胺

进度检查

简答题

1. 简述有机化合物的结构特点。

2. 指出下列化合物的官能团，说明它们各属于哪一类有机物。

（1）$CH_2=CH_2CH_3$

（2）$CH\equiv CCH_3$

（3）CH_3CH_2Cl

（4）$CH_3CH(OH)CH_3$

（5）CH_3CH_2CHO

（6）CH_3COCH_3

（7）CH_3CH_2COOH

（8）$C_6H_5-NO_2$（苯环结构式）

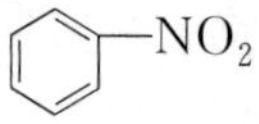

3. 请结合已学知识，试列举有机化合物在经济建设和日常生活中的应用。

编号 FJC-16-02

学习单元 6-2　有机化学药品的分类、包装、贮存及安全

学习目标： 在完成了本单元学习之后，能够掌握常用有机化学药品的分类、包装、贮存及安全。

职业领域： 化工、石油、环保、医药、冶金、建材等。

工作范围： 分析。

有机化学实验是有机化学的重要组成部分，通过实验可加深对有机化学知识的理解与掌握。实验中用到的有机化学药品又称为有机化学试剂，基础有机化学实验所涉及的化学药品如：烃类、卤代烃、酚、硝基化合物、胺类等，与之相对应的催化剂等辅助试剂更是种类繁多。有机药品与一般的无机药品在性质上有较大的差别，主要表现为：

(1) 易燃性　绝大多数有机化学药品是可燃的，一部分是易燃的，其中有少数还会由于燃烧过快而发生燃爆。

(2) 爆炸性　许多化学药品易发生爆炸。爆炸分为两类，一类是可燃性气体或固体小颗粒与空气混合，达到其爆炸界限浓度时，着火发生燃烧爆炸；另一类则是易于分解的物质，由于加热或撞击而分解，突然分解气化而爆炸。

(3) 化学毒性　实验室中所用的有机化学药品除葡萄糖等极少数之外都是有毒的。通常进行化学实验时，因为用量较少，除非严重违反使用规则，否则不会由于一般性的试剂而引起中毒事件。但是，对毒性大的物质，倘若一旦用错，就会发生事故，甚至会有生命危险。

多数有机化学药品具有易燃、易爆、易挥发、有毒、腐蚀性强等化学性质，属于危险化学药品。针对危化品的注意事项有：

① 必须事先充分了解所用物质的理化性质、状态，特别是易燃、易爆及中毒的危险性。

② 应避免阳光照射，贮存在阴凉、通风的地方，与火源和热源隔开。

③ 毒物及剧毒物质，还需要放于专用药品橱内，加锁保存。

④ 尽可能避免使用危化品，如必须使用一定要严格控制使用量。

⑤ 在使用危化品之前，必须预先考虑到发生灾害事故时的防护手段，并做好周密的应对办法。对于有火灾或爆炸性危险的实验，应准备好防护镜或防护面具，耐热防护衣及灭火器材等物品；而有中毒危险时，则要准备好防护手套、防毒面具及防毒衣物。

⑥ 处理有毒试剂及含有毒物的废弃物时，必须考虑避免引起水质及大气的污染。

一、有机化学药品的分类

1. 按纯度（杂质含量的多少）划分

我国的试剂规格有高纯、光谱纯、基准、分光纯、优级纯、分析纯和化学纯等 7 种。国家和主管部门颁布质量指标的主要有优级纯、分析纯、化学纯和实验试剂 4 种，如表 6-3 所示。

表 6-3　国内常见试剂规格一览表

纯度等级	优级纯	分析纯	化学纯	实验试剂
英文代号	G. R.	A. R.	C. P.	L. R.
标签颜色	绿色	红色	蓝色	黄色

(1) 优级纯 (guaranteed reagent)　又称一级品或保证试剂，这种试剂纯度最高，99.8%，杂质含量最低，适合于重要精密的分析工作和科学研究工作，使用绿色标签。

(2) 分析纯 (analytical reagent)　又称二级试剂，纯度很高，99.7%，略次于优级纯，适合于重要分析及一般研究工作，使用红色标签。

(3) 化学纯 (chemical pure)　又称三级试剂，纯度与分析纯相差较大，≥99.5%，适用于工矿、学校一般分析工作。使用蓝色（深蓝色）标签。

(4) 实验试剂 (laboratory reagent)　又称四级试剂。

除了上述四个级别外，目前市场上尚有：

基准试剂 (primary reagent)：专门作为基准物用，可直接配制标准溶液。

光谱纯试剂 (spectrum pure)：表示光谱纯净。但由于有机物在光谱上显示不出，所以有时主成分达不到 99.9%以上，使用时必须注意，特别是作基准物时，必须进行标定。

纯度远高于优级纯的试剂叫作高纯试剂（≥99.99%）。

目前，国外试剂厂生产的化学试剂的规格趋向于按用途划分，常见的包括 ultra pure (超纯)，high purity (高纯)，biotech (生物技术级)，reagent (试剂级)，ACS (美国化学学会标准)，USP (药用级)。见表 6-4。

表 6-4　国外按照用途分类试剂中英文对照表

序号	中文	英文	缩写或简称
1	优级纯试剂	guaranteed reagent	GR
2	分析纯试剂	analytical reagent	AR
3	化学纯试剂	chemical pure	CP
4	实验试剂	laboratory reagent	LR
5	纯	pure	Purum Pur
6	高纯物质(特纯)	extra pure	EP
7	特纯	purissimum	Puriss
8	超纯	ultra pure	UP
9	精制	purified	Purif
10	分光纯	ultra violet Pure	UV
11	光谱纯	spectrum pure	SP
12	闪烁纯	scintillation Pure	
13	研究级	research grade	
14	生化试剂	biochemical	BC
15	生物试剂	biological reagent	BR
16	生物染色剂	biological stain	BS
17	生物学用	for biological purpose	FBP
18	组织培养用	for tissue medium purpose	
19	微生物用	for microbiological	FMB
20	显微镜用	for microscopic purpose	FMP
21	电子显微镜用	for electron microscopy	
22	涂镜用	for lens blooming	FLB
23	工业用	technical grade	Tech
24	实习用	pratical use	Pract
25	分析用	pro analysis	PA
26	精密分析用	super special grade	SSG
27	合成用	for synthesis	FS
28	闪烁用	for scintillation	Scint

续表

序号	中文	英文	缩写或简称
29	电泳用	for electrophoresis use	
30	测折光率用	for refractive index	RI
31	显色剂	developer	
32	指示剂	indicator	Ind
33	配位指示剂	complexon indicator	Complex ind
34	荧光指示剂	fluorescene indicator	Fluor ind
35	氧化还原指示剂	redox indicator	Redox ind
36	吸附指示剂	adsorption indicator	Adsorb ind
37	基准试剂	primary reagent	PT
38	光谱标准物质	spectrographic standard substance	SSS
39	原子吸收光谱	atomic adsorption spectorm	AAS
40	红外吸收光谱	infrared adsorption spectrum	IR
41	核磁共振光谱	nuclear magnetic resonance spectrum	NMR
42	有机分析试剂	organic analytical reagent	OAS
43	微量分析试剂	micro analytical reagent	MAR
44	微量分析标准	micro analytical standard	MAS
45	点滴试剂	spot-test reagent	STR
46	气相色谱	gas chromatography	GC
47	液相色谱	liquid chromatography	LC
48	高效液相色谱	high performance liquid chromatography	HPLC
49	气液色谱	gas-liquid chromatography	GLC
50	气固色谱	gas-solid chromatography	GSC
51	薄层色谱	thin layer chromatography	TLC
52	凝胶渗透色谱	gel permeation chromatography	GPC
53	层析用	for chromatography purpose	FCP

2. 按结构划分

根据《化学试剂分类》(GB/T 37885—2019)，按产品用途将化学试剂分为以下十个大类：基础无机化学试剂，基础有机化学试剂，高纯化学试剂，标准物质/标准样品和对照品（不包含生物化学标准物质/标准样品和对照品），化学分析用化学试剂，仪器分析用化学试剂，生命科学用化学试剂（包含生物化学标准物质/标准样品和对照品），同位素化学试剂，专用化学试剂，其他化学试剂。基本有机化学试剂按化合物结构分为 28 个中类（表 6-5）、124 个小类。

表 6-5 基础有机化学试剂的名称与代码

代码	名称	代码	名称
B01	脂肪烃	B15	胺
B02	芳香烃	B16	季铵盐
B03	醇及其金属化合物	B17	氨羧配位剂(络合剂)
B04	酚及其盐	B18	腈
B05	醚及冠醚	B19	重氮和偶氮化合物
B06	醛	B20	脲、肼、胍、腙、肟类化合物
B07	酮和醌	B21	官能团含硫化合物
B08	羧酸及酸酐	B22	官能团含砷、磷等元素有机化合物
B09	羧酸盐	B23	含氧杂环有机化合物
B10	羧酸酯	B24	含氮杂环有机化合物
B11	无机酸酯	B25	其他杂环有机化合物
B12	有机过氧化物	B26	非金属元素有机化合物
B13	酰卤	B27	金属元素有机化合物
B14	酰胺	B99	其他基础有机化学试剂

3. 按实验室化学试剂的管理划分

结合试剂的特征性质和管理实用性，一般可分为危险试剂和非危险试剂。危险试剂的管理要严格遵循安全操作规则。常见的危险化学品有以下几类：

① 易燃试剂。这类试剂指在空气中能够自燃或遇其他物质容易引起燃烧的化学物质，如易燃液体试剂苯、汽油、乙醚等。

② 易爆试剂。指受外力作用发生剧烈化学反应而引起燃烧爆炸同时能放出大量有害气体的化学物质，如 3.25g 丙酮气体燃烧释放的能量相当于 10g 炸药。

③ 毒害性试剂。指对人或生物以及环境有强烈毒害性的化学物质。如溴、甲醇等。

④ 腐蚀性试剂。指具有强烈腐蚀性，对人体和其他物品能因腐蚀作用发生破坏现象，甚至引起燃烧、爆炸或伤亡的化学物质，如甲醛、苯酚等。

危险化学品的定义和确定原则

定义：具有毒害、腐蚀、爆炸、燃烧、助燃等性质，对人体、设施、环境具有危害的剧毒化学品和其他化学品。

确定原则：危险化学品的品种依据化学品分类[《危险化学品目录》(2022 版)、《化学品分类和危险性公示　通则》]和标签国家标准，从下列危险和危害特性类别中确定。

1. 物理危险

爆炸物：不稳定爆炸物、1.1、1.2、1.3、1.4。

易燃气体：类别 1、类别 2、化学不稳定性气体类别 A、化学不稳定性气体类别 B。

气溶胶（又称气雾剂）：类别 1。

氧化性气体：类别 1。

加压气体：压缩气体、液化气体、冷冻液化气体、溶解气体。

易燃液体：类别 1、类别 2、类别 3。

易燃固体：类别 1、类别 2。

自反应物质和混合物：A 型、B 型、C 型、D 型、E 型。

自燃液体：类别 1。

自燃固体：类别 1。

自热物质和混合物：类别 1、类别 2。

遇水放出易燃气体的物质和混合物：类别 1、类别 2、类别 3。

氧化性液体：类别 1、类别 2、类别 3。

氧化性固体：类别 1、类别 2、类别 3。

有机过氧化物：A 型、B 型、C 型、D 型、E 型、F 型。

金属腐蚀物：类别 1。

2. 健康危害

急性毒性：类别 1、类别 2、类别 3。

皮肤腐蚀/刺激：类别 1A、类别 1B、类别 1C、类别 2。

严重眼损伤/眼刺激：类别 1、类别 2A、类别 2B。

呼吸道或皮肤致敏：呼吸道致敏物 1A、呼吸道致敏物 1B、皮肤致敏物 1A、皮肤致敏物 1B。

生殖细胞致突变性：类别 1A、类别 1B、类别 2。致癌性：类别 1A、类别 1B、类别 2。

生殖毒性：类别 1A、类别 1B、类别 2、附加类别。

特异性靶器官毒性-一次接触：类别 1、类别 2、类别 3。

特异性靶器官毒性-反复接触：类别 1、类别 2。
吸入危害：类别 1。

3. 环境危害

危害水生环境-急性危害：类别 1、类别 2；
危害水生环境-长期危害：类别 1、类别 2、类别 3。
危害臭氧层：类别 1。

根据非危险试剂的性质与储存要求，非危险试剂可分为：

① 遇光易变质的试剂。指受紫外光线的影响，易引起试剂本身分解变质，或促使试剂与空气中的成分发生化学变化的物质。如硝酸、硝酸银、硫化铵、硫酸亚铁等。

② 遇热易变质的试剂。这类试剂多为生物制品及不稳定的物质，在高气温中就可发生分解、发霉、发酵作用，有的常温也如此。如硝酸铵、碳酸氢铵、琼脂等。

③ 易冻结试剂。这类试剂的熔点或凝固点都在气温变化以内，当气温高于其熔点，或下降到凝固点以下时，则试剂由于熔化或凝固而发生体积的膨胀或收缩，易造成试剂瓶的炸裂。如冰醋酸、溴的水溶液等

④ 易潮解试剂。这类试剂易吸收空气中的潮气（水分）产生潮解、变质，外形改变，含量降低甚至发生霉变等。如甲基橙、琼脂等。

二、有机化学试剂的包装

工业产品的包装是现代工业中不可缺少的组成部分。有机化学试剂包装分为内包装、中包装和外包装，具有保护产品、提供产品信息、方便储存和运输等作用。有机化学试剂的包装对于保证安全具有重大的意义。根据《化学试剂　包装及标志》（GB 15346—2012）的规定，一般化学试剂运输包装件应符合 GB/T 9174—2008 第 3 章总则的要求，必要时应按 GB/T 9174—2008 中第 6 章的规定做相应性能试验。按 GB 13690 的规定对危险化学品进行分类。危险品化学试剂运输包装件的性能试验应符合 GB 12463—2009 的规定。

1. 包装分类与包装性能试验

按包装结构强度和防护性能及内装物的危险程度，将危险品包装分成三类：

Ⅰ类包装：货物具有较大危险性，包装强度要求高；

Ⅱ类包装：货物具有中等危险性，包装强度要求较高；

Ⅲ类包装：货物具有的危险性小，包装强度要求一般。

《危险货物运输包装通用技术条件》（GB12463—2009）规定了危险品包装的四种试验方法，即堆码试验、跌落试验、气密试验、液压试验。

堆码试验：将坚硬载荷平板置于试验包装件的顶面，在平板上放置重物，一定堆码高度（陆运 3m、海运 8m）和一定时间下（一般 24h），观察堆码是否稳定、包装是否变形和破损。

跌落试验：按不同跌落方向及高度跌落包装，观察包装是否破损和撒漏。如钢桶的跌落方向为：第一次，以桶的凸边呈斜角线撞击在地面上，如无凸边，则以桶身与桶底接缝处撞击。第二次，第一次没有试验到的最薄弱的地方，如纵向焊缝、封闭口等。

气密试验：将包装侵入水中，对包装充气加压，观察有无气泡产生，或在桶接缝处或其他易渗漏处涂上皂液或其他合适的液体后向包装内充气加压，观察有无气泡产生。

液压试验：按不同包装类型，选择不同压力加压 5min，观察包装是否损坏。如对耐酸坛、陶瓷坛，Ⅰ类包装选择压力为 250kPa，Ⅱ类包装压力为 200kPa，Ⅲ类为 200kPa。

盛装化学品的包装，必须到指定部门检验，满足有关试验标准后方可启用。

2. 包装标志

（1）包装储运图示标志　为了保证化学品运输中的安全，《包装储运图示标志》（GB 191—2008）规定了运输包装件上提醒贮运人员注意的一些图示符号，见图 6-4。如：防雨、防晒、易碎等，提醒操作人员在装卸时能针对不同情况进行相应的操作。

图 6-4　包装储运图示标志

（2）危险货物包装标志　不同化学品的危险性、危险程度不同，为了使接触者对其危险性一目了然，《危险货物包装标志》（GB 190—2009）规定了危险货物图示标志的类别、名称、尺寸和颜色，共有危险品标记 4 个、标签 26 个，如表 6-6、表 6-7 所示。

表 6-6　标记

标记名称	标记图形
危害环境物质和物品标记	(符号：黑色，底色：白色)
方向标记	(符号：黑色或正红色，底色：白色)　(符号：黑色或正红色，底色：白色)
高温运输标记	(符号：正红色，底色：白色)

表 6-7　标签

标签名称	标签图形
爆炸性物质或物品	(符号：黑色，底色：橙红色)
	1.4 (符号：黑色，底色：橙红色)
	1.5 (符号：黑色，底色：橙红色)
	1.6 (符号：黑色，底色：橙红色)
易燃气体	(符号：黑色，底色：正红色)
易燃气体	(符号：白色，底色：正红色)
非易燃无毒气体	(符号：黑色，底色：绿色)
	(符号：白色，底色：绿色)
毒性气体	(符号：黑色，底色：白色)
易燃液体	(符号：黑色，底色：正红色)

标签名称	标签图形	标签名称	标签图形
易燃液体	 3 (符号：白色，底色：正红色)	氧化物性质	 5.1 (符号：黑色，底色：柠檬黄色)
易燃固体	 4 (符号：黑色，底色：白色红条)	有机过氧化物	 5.2 (符号：黑色，底色：红色和柠檬黄色)
易于自燃的物质	 4 (符号：黑色，底色：上白下红)		 5.2 (符号：白色，底色：红色和柠檬黄色)
遇水放出易燃气体的物质	 4 (符号：黑色，底色：蓝色) 4 (符号：白色，底色：蓝色)	毒性物质	 6 (符号：黑色，底色：白色)
		感染性物质	 6 (符号：黑色，底色：白色)

续表

标签名称	标签图形	标签名称	标签图形
一级放射性物质	RADIOACTIVE Ⅰ CONTENTS .... ACTIVITY .... 7 (符号：黑色，底色：白色，附一条红竖条)	裂变性物质	FISSILE CRITICALITY SAFETY INDEX 7 (符号：黑色，底色：白色)
二级放射性物质	RADIOACTIVE Ⅱ CONTENTS .... ACTIVITY .... TRANSPORT INDEX 7 (符号：黑色，底色：上黄下白，附两条红竖条)	腐蚀性物质	8 (符号：黑色，底色：上白下黑)
三级放射性物质	RADIOACTIVE Ⅲ CONTENTS .... ACTIVITY .... TRANSPORT INDEX 7 (符号：黑色，底色：上黄下白，附三条红竖条)	杂项危险物质和物品	9 (符号：黑色，底色：白色)

危险货物包装标志的使用如图 6-5 所示，标志应粘贴、钉附或喷涂在明显处。如遇特大或特小的运输包装件，标志的尺寸可按规定适当扩大或缩小。

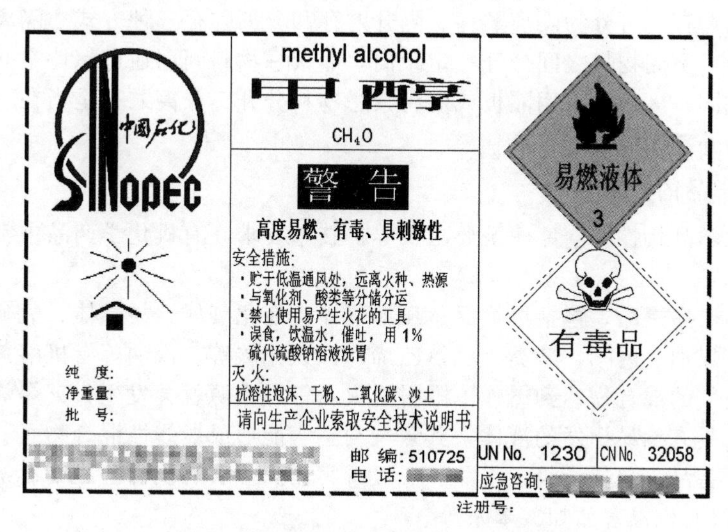

图 6-5 甲醇危险化学品的货物包装标志

（3）安全标签　在化学品包装上粘贴安全标签（见图 6-5），是向化学品接触人员警示其危险性、正确掌握该化学品安全处置方法的良好途径，《化学品安全标签编写规定》（GB 15258—2009）规定了化学品安全标签的内容、制作要求、使用方法及注意事项。标签随商品流动，一旦发生事故，可从标签上了解到有关处置资料，同时，标签还提供了生产厂家的应急咨询电话，必要时，可通过该电话与生产单位取得联系，得到处理方法。

（4）危险品的包装标志及安全标签的使用　使用代号见表 6-8。

表 6-8　危险品的包装标志及安全标签的使用代号

<table>
<tr><th>包装级别的标记代号</th><th>包装容器的标记代号</th><th>包装容器材质标记代号</th></tr>
<tr><td>X——包装符合Ⅰ、Ⅱ、Ⅲ级包装要求
y——包装符合Ⅱ、Ⅲ级包装要求
z——包装符合Ⅱ级包装要求</td><td rowspan="3">1-桶
2-木琵琶桶
3-罐
4-箱、盒
5-袋、软管
6-复合包装
7-压力容器
8-筐、篓
9-瓶、坛</td><td rowspan="3">A-钢
B-铝
C-天然木
D-胶合板
F-再生木板
G-硬质纤维板、硬纸板等
H-塑料材料
K-柳条、荆条等
L-编织材料
M-多层纸
N-金属（钢、铝除外）
P-玻璃、陶瓷</td></tr>
<tr><td>包装件组合类型标记</td></tr>
<tr><td>单一包装：包装容器类型＋包装容器材质
复合包装：6＋包装材质＋包装形式
其他标记：S-拟装固体的包装标记
L-拟装液体的包装标记
R-修复后的包装标记
GB-符合国家标准要求</td></tr>
</table>

三、有机化学药品的贮存与安全

1. 危险化学品贮存

危险化学品贮存是指企业、个体单位等储存爆炸品、易燃体、氧化剂、有毒品和腐蚀品等危险化学品的行为。

危险化学品贮存包括整装贮存和散装贮存。前者将物品装于小型容器或包件中，如各种瓶装、袋装、箱装或钢瓶装，储存存放的品种多，物品的性质复杂，比较难管理。后者是将物品不带外包装的净货储存，如有机液体甲醇、苯等，量比较大，一旦发生事故难以施救。

危险化学品贮存还可分为隔离贮存、隔开贮存和分离贮存三种方式。隔离贮存是指在同一房间或区域内，不同物料之间分开一定距离，非禁忌物料间用通道保持空间。隔开贮存是指在同一建筑或同一区域内，用隔板或墙将禁忌物料分开。分离贮存是指在不同的建筑物或远离所有建筑的外部区域内贮存。

2. 危险化学品的贮存原则

根据危险化学品特性和仓库建筑要求及养护技术要求，有机化学药品中常见的危险化学品包括以下类别：

第一类：易燃易爆品，包括爆炸品、压缩气体、液化气体、易燃体、氧化剂。如常用的有机溶剂汽油、煤油、丙酮、苯类、三氯乙烯和四氯化碳等。汽油等有机溶剂在空气中易挥发，其蒸气与空气的混合物达到爆炸下限时遇火花等点火源就会发生火灾爆炸事故。三氯乙烯和二氯甲烷都是有毒易挥发的液体，其蒸气与空气能形成爆炸性混合物。

第二类：毒害品，包括一级毒害品、二级毒害品。一级有机毒害品如有机磷、硫的化合物（农药），二级有机毒害品如二苯汞等。

第三类：腐蚀品，包括酸性腐蚀品、碱性腐蚀品、其他腐蚀品。一级酸性腐蚀品如甲酸，二级酸性腐蚀品如冰醋酸，一级碱性腐蚀品如氢氧化钠、乙醇钠，二级碱性腐蚀品如二环乙胺，一级其他腐蚀品如苯酚钠等。

其贮存时要遵循以下原则：

① 危险化学品根据其不同性质，应进行分区、分类隔离贮存。个别性质极为特殊的物品，应单独贮存。

② 对爆炸品、剧毒品和放射性物品，必须单独存放于专门的仓库中，起爆器不得与炸药在同一库房内存放。

③ 对于化学性质、防护或灭火方法相互抵触或相互有影响的危险化学品，不允许在同一仓库贮存。例如：放射性物品不得与其他危险化学品同存一库；氧化剂不得与易燃易爆品同存一库；氧化剂不得与强酸性腐蚀品存放在一起；氰化物不得与酸性腐蚀品存放在一起；炸药不得与易爆品同存一库；能自燃或遇水燃烧的物品不得与易燃易爆品同存一库。

④ 易燃易爆品不准和其他类物品同储，必须单独隔离、限量储存。

⑤ 有毒品存放在阴凉、通风、干燥场所，不得露天存放，不要接近酸类物质。腐蚀品包装必须严密，不允许泄漏，严禁与液化气体和其他物品共存。

3. 危险化学品使用规范

（1）易燃易爆品　使用易燃易爆品时，作业人员应穿工作服、戴手套和口罩等必要的防护用具，操作中轻搬轻放，防止摩擦和撞击。各种操作不得使用能产生火花的工具，作业场所应远离热源与火源。操作易燃液体需穿防静电工作服，禁止穿带钉鞋。桶装的各种氧化剂不得在水泥地上滚动。

（2）腐蚀品　使用腐蚀品时，作业人员应穿工作服，戴护目镜、橡胶手套、橡胶围裙等防护用具。操作中轻搬轻放，严禁背负肩扛，防止摩擦和撞击。不能使用能产生火花的机具，作业场所远离热源和火源。

（3）毒害品　作业人员应佩戴手套和相应防毒口罩或面具，穿防护服。装卸人员应具有操作毒害品的一般知识，轻拿轻放，不得碰撞、倒置，防止包装破损，商品外溢。作业中不得饮食，不得用手擦嘴、脸、眼睛。每次作业完及时清洗面部、手部。防护用具及时清洗，集中存放。

4. 剧毒化学品的安全防范

① 剧毒化学品必须在专用仓库内单独存放，采取双人收发、双人记账、双人双锁、双人运输和双人使用的“五双”制度。

② 对盛装剧毒物品的容器不得用来盛装它物，特殊情况需要改装时须进行清洗。

③ 贮存有毒气体的仓库，密封性能要良好，要配备通风装置。

④ 剧毒化学品生产、贮存、使用单位，应当对剧毒化学品的产量、流向、贮存量和用途如实记录，并采取必要的安保措施。

5. 实验室常见的有机化学药品

实验室常见的有机化学药品见表6-9。

表6-9　实验室常见的有机化学药品一览表

名称	结构式	安全特性	贮存
三氯甲烷（氯仿）	$CHCl_3$	强麻醉作用，在光的作用下，能与空气中的氧反应生成氯化氢和剧毒的光气	贮存于阴凉、干燥、通风处，远离火种、热源，防止日光直射。避免受潮。与氧化剂、硝酸隔离储运

续表

名称	结构式	安全特性	贮存
四氯化碳	CCl_4	毒害品，最危险的溶剂之一，在潮湿的空气中逐渐分解成光气和氯化氢	贮存于阴凉、干燥、通风处，远离火种、热源，防止日光直射。避免受潮。与氧化剂、硝酸隔离储运
苯		中等毒性，甲类火灾危险物品	遵守贮藏和运输易燃物质的规则，贮藏于密封的置于地面上的容器内，放置在有通风设备的阴凉处，避免阳光直晒，远离禁忌物与热源，采用无火花的通风系统和电气设备
甲苯	$-CH_3$	剧毒，长期暴露如用鼻吸进会使大脑和肾受到永久伤害，有高度火灾危险，与氧化剂激烈反应	贮存于阴凉、干燥、有良好通风的地方，避免日光暴晒，远离禁忌物与火源
乙醇	CH_3CH_2OH	微毒类，易燃	贮存于阴凉、干燥、通风处，与氧化剂隔绝，远离火源，炎热气候采取通风降温措施，保持库温低于30℃。注意轻装轻卸，防止容器破损
苯酚	$-OH$	高毒类，可燃，应禁止明火及吸烟，能腐蚀铅、锌和铝	防火、干燥
乙醚	$CH_3CH_2OCH_2CH_3$	对人体有麻醉性能，过量吸入会引起严重的急性中毒。易燃	贮存于阴凉、干燥、通风的低温库房内，库温最好控制在25℃以下。远离热源、火种，避免阳光直射。乙醚具有优良的绝缘性，在空气中震动因摩擦起电也有自燃的危险
甲醛	HCHO	能凝固蛋白质，可燃，属乙类火灾危险物质	防火，与氧化剂隔开，冷藏，通风，防止碰撞
丙酮	CH_3COCH_3	微毒性，高度易燃性	将丙酮贮藏于密封的容器内，置于阴凉、干燥、通风的地方，远离热源、火源和禁忌物。所有容器都应放在地面上
甲酸	HCOOH	剧毒类，并具有极强的刺激性、腐蚀性，可燃，其蒸气可与空气形成易燃易爆混合物	贮存于阴凉、干燥、通风处。远离热源、火种，避免日光直射，与氧化剂、碱类物品隔离储运
乙酸	CH_3COOH	低毒类，醋酸蒸气可与空气形成爆炸性混合物	应贮存于阴凉、干燥、通风良好的不燃材料结构的库房内。地坪须涂敷耐酸涂料。库温保持在凝固点以上，远离火源，与氧化物隔离储运

进度检查

一、填空题

1. ________与甲醚为同分异构体。
2. 最简单的酚类有机物为________。
3. ________对皮肤、黏膜有强烈的腐蚀作用，可抑制中枢神经或损害肝、肾功能。
4. 芳香烃的母体为________。
5. 乙醚的分子式为________。
6. 福尔马林即________。

7. __________与四氯化碳混合可制成不冻的防火液体。

8. __________在 500℃以上时可以与水反应，加快臭氧层的分解。

二、判断题

1. 乙酸可通过其气味进行鉴别。(   )

2. 乙醇能与水以任意比例混溶。(   )

3. 甲酸同时具有酸和醛的性质。(   )

4. 甲苯能被氧化成苯甲酸。(   )

5. 苯酚具有弱碱性，遇三氯甲烷显紫色。(   )

6. 苯是石油化工的基本原料，其产量和生产的技术水平是一个国家石油化工发展水平的标志之一。(   )

7. 乙醚为良好的有机溶剂，可作麻醉剂使用。(   )

8. 氯仿在光照下遇空气逐渐被氧化生成剧毒的光气，应在棕色瓶中密封保存。(   )

三、简答题

请查阅资料，说出危化品的定义，并尝试将常用有机化学药品进行分类。

编号 FJC-16-03

学习单元 6-3　常用的烷烃、烯烃和炔烃及其性质

学习目标： 在完成了本单元学习之后，能够掌握烷烃、烯烃、炔烃的命名方式，并掌握其化学性质。

职业领域： 化工、石油、环保、医药、冶金、建材等。

工作范围： 分析。

分子中只含有碳和氢两种元素的有机化合物叫碳氢化合物，简称烃（hydrocarbon）。烃是有机化合物的母体，其他各类有机化合物都可以看作是烃的衍生物。烃的种类很多，根据烃分子中碳原子互相连接的方式不同，可将烃分为两大类：链烃和环烃。根据碳原子间化学键的不同，链烃可分为饱和烃和不饱和烃。饱和烃又称烷烃（alkane）。不饱和烃包括烯烃（alkene）、二烯烃（diene）和炔烃（alkyne）等。

一、烷烃

烷烃广泛地存在于自然界中，可作为燃料以及化学工业的原料。

1. 烷烃的通式和同系列化合物

烷烃分子中，碳原子之间都以单键连接，碳原子的其余价键全部与氢原子结合的烃称为饱和烃，开链的饱和烃称为烷烃。通式是指一类物质共同的分子式。最简单的烷烃是甲烷，分子式为 CH_4，依次还有乙烷、丙烷、丁烷、戊烷等，分子式依次为 C_2H_6、C_3H_8、C_4H_{10}、C_5H_{12} 等。从这些分子的组成可以推出，烷烃分子中，每增加一个碳原子，分子中就要增加 2 个氢原子，故可用 $C_nH_{2n+2}(n\geqslant1)$ 表示烷烃的通式。

烷烃分子中，随着碳原子的递增，分子形成一个系列，此系列的化合物在组成上都相差一个或几个 CH_2。相邻两个烷烃在组成上相差 CH_2，这个 CH_2 称为系列差，在组成上相差一个或几个 CH_2 的化合物称为同系列，同系列中的化合物互称为同系物。

2. 烷烃的结构

烷烃分子中，碳原子通过 sp^3 杂化形成了四个完全相同的 sp^3 杂化轨道。sp^3 杂化轨道是一头大，一头小的轴对称形状，且有方向性。烷烃成键时需沿着碳原子 sp^3 杂化轨道对称轴的方向，碳原子的杂化轨道间或与其他原子轨道实现“头对头”正面重叠。这种由轨道正面重叠，成键电子云围绕两个成键原子的键轴对称分布的键叫 σ 键。σ 键重叠程度较大，键能大，键较稳定，可沿键轴自由旋转而不影响成键。

甲烷分子是由四个 sp^3 杂化轨道分别与四个氢原子的 1s 轨道沿着键轴重叠形成四个完全相同的 C—Hσ 键，呈正四面体构型。乙烷分子中每个碳原子各用三个 sp^3 杂化轨道分别和 3 个氢原子的 1s 轨道沿着键轴重叠形成三个 C—Hσ 键，每个碳原子余下的一个 sp^3 杂化轨道沿着键轴相互重叠形成 C—Cσ 键（图 6-6）。

三个碳原子以上的烷烃分子中碳原子并不在同一直线上，而呈锯齿形，例如：戊烷的结构式为 。

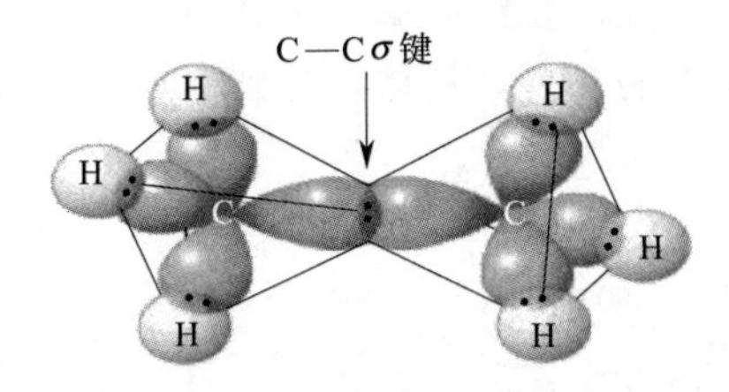

图 6-6　乙烷的结构

3. 烷烃的同分异构现象

烷烃分子中，分子式相同而碳原子连接方式和顺序不同产生的异构现象称为碳链异构，其异构体称为碳链异构体，它是构造异构的一种。

甲烷、乙烷和丙烷分子中的碳原子间只有一种连接方式，因此它们无碳链异构。除此之外，其他烷烃都存在碳链异构。例如：丁烷（C_4H_{10}）有两种不同的异构体；戊烷（C_5H_{12}）有三种异构体。

C_4H_{10}　　$CH_3CH_2CH_2CH_3$　　$\underset{\displaystyle CH_3}{CH_3\underset{|}{C}HCH_3}$

C_5H_{12}　　$CH_3CH_2CH_2CH_2CH_3$　　$\underset{\displaystyle CH_3}{CH_3\underset{|}{C}HCH_2CH_3}$　　$CH_3—\overset{\displaystyle CH_3}{\underset{\displaystyle CH_3}{\overset{|}{\underset{|}{C}}}}—CH_3$

随着烷烃分子中碳原子数的增多，同分异构体的数目也随之增加。如：己烷（C_6H_{14}）有 5 个异构体，庚烷（C_7H_{16}）有 9 个异构体，十二烷（$C_{12}H_{26}$）有 355 个异构体。

在一种烷烃分子中，碳原子所处位置不同，即碳原子直接相连的碳原子，是造成碳链异构的最根本原因。碳原子按照在分子中所处的位置不同可分为 4 类。

与一个碳原子相连的碳原子为一级碳原子或伯碳原子，常用 1°表示；

与两个碳原子相连的碳原子为二级碳原子或仲碳原子，常用 2°表示；

与三个碳原子相连的碳原子为三级碳原子或叔碳原子，常用 3°表示；

与四个碳原子相连的碳原子为四级碳原子或季碳原子，常用 4°表示。

$$\overset{1°}{CH_3}—\underset{3°}{\overset{\displaystyle CH_3}{\overset{|}{C}H}}—\overset{2°}{CH_2}—\overset{\displaystyle CH_3}{\underset{\displaystyle CH_3}{\overset{4°|}{\underset{|}{C}}}}—CH_3$$

与伯、仲、叔碳原子相连的氢原子分别称为伯氢（1°）、仲氢（2°）、叔氢（3°）原子。

4. 烷烃的命名

有机化合物结构复杂、种类繁多。为区别每一种有机化合物，一般采用的命名方法有普通命名法和系统命名法。

（1）普通命名法　普通命名法又称习惯命名法。结构比较简单的烷烃的命名原则如下。

① 根据分子中碳原子的数目称“某烷”。碳原子数在十以内时，采用十大天干（甲、乙、丙、丁、戊、己、庚、辛、壬、癸）来表示碳原子数，例如 CH_4 叫甲烷，C_2H_6 叫乙烷，C_3H_8 叫丙烷，以此类推；碳原子数在十个以上时，则以十一、十二、十三……表示，例如 $C_{12}H_{26}$ 叫十二烷。

$CH_3CH_2CH_2CH_2CH_3$　　$CH_3(CH_2)_{10}CH_3$

戊烷　　十二烷

② 为了区别异构体，直链烷烃称“正”某烷；在链端第二个碳原子上连有一个甲基且

无其他支链的烷烃，称“异”某烷；在链端第二个碳原子上连有两个甲基且无其他支链的烷烃，称“新”某烷。例如：戊烷的三种异构体，分别称为正戊烷、异戊烷、新戊烷。

$$\underset{\text{正戊烷}}{CH_3CH_2CH_2CH_2CH_3} \qquad \underset{\text{异戊烷}}{\begin{array}{c}CH_3CHCH_2CH_3\\ |\\ CH_3\end{array}} \qquad \underset{\text{新戊烷}}{\begin{array}{c}CH_3\\ |\\ CH_3—C—CH_3\\ |\\ CH_3\end{array}}$$

（2）系统命名法　系统命名法又称为国际命名法，是国际纯粹与应用化学联合会（international union of pure and applied chemistry，IUPAC）制定的命名原则，简称 IUPAC 命名原则。其基本精神是体现化合物的系列和结构的特点，具有普遍适用性。

直链烷烃的系统命名法与普通命名法相同，只是把“正”字取消，据碳原子的数目称“某烷”。对于结构复杂的烷烃，则按以下原则命名。

① 选主链。首先在分子中选择一个最长的碳链作为主链，根据主链所含的碳原子数，命名为“某烷”。同一分子中若有两条以上等长的主链时，则应选取分支最多的碳链作主链，将支链作为取代基，称为烷基。烷基（R—）是烷烃（RH）分子去掉一个氢原子剩下的基团。常见烷基的结构和名称见表 6-10。

表 6-10　常见烷基的结构和名称

烷基名称	烷基结构式	烷基名称	烷基结构式
甲基(Me)	$CH_3—$	异丁基	$(CH_3)_2CHCH_2—$
乙基(Et)	$CH_3CH_2—$		
正丙基	$CH_3CH_2CH_2—$	仲丁基	$\begin{array}{c}CH_3CH_2CH—\\ \quad\ \ |\\ \quad\ \ CH_3\end{array}$
异丙基	$(CH_3)_2CH—$		
正丁基	$CH_3CH_2CH_2CH_2—$	叔丁基	$(CH_3)_3C—$

$$\begin{array}{c}\overline{CH_3CH_2CHCH_2CH_3}\ \text{主链}\\ |\\ CH_3\end{array} \qquad \text{主链}\ \begin{array}{l}CH_3CH_2CHCH_2CH_3\\ \quad\quad\ \ |\\ \quad\quad\ \ CHCH_3\\ \quad\quad\ \ |\\ \quad\quad\ \ CH_3\end{array}$$

② 编号。从靠近支链的一端开始，将主链上的碳原子用阿拉伯数字编号，使取代基的位次最小。例如：

$$\begin{array}{c}\overset{6}{C}H_3\overset{5}{C}H_2\overset{4}{C}H_2\overset{3}{C}H_2\overset{2}{C}H\overset{1}{C}H_2CH_3\\ |\\ CH_3\end{array}$$

③ 命名。以主链为母体，将取代基的位次和名称写在母体名称的前面，阿拉伯数字和汉字之间必须加一半字线隔开。如果含有几个相同的取代基时，要把它们合并起来。取代基的数目用二、三、四……表示，写在取代基的前面，其位次必须逐个注明，位次的数字之间要用逗号隔开。例如：

$$\begin{array}{c}\quad\quad\quad CH_3\quad CH_3\\ \quad\quad\quad |\quad\quad |\\ \overset{6}{C}H_3\overset{5}{C}H_2\overset{4}{C}H_2\overset{3}{C}H—\overset{2}{C}—\overset{1}{C}H_3\\ \quad\quad\quad\quad\quad |\\ \quad\quad\quad\quad\quad CH_3\end{array}$$

2,2,3-三甲基己烷

如果含有几个不同取代基时，应按“次序规则”，较优基团后列出。

甲基 乙基 丙基 丁基 戊基 异戊基 异丁基 新戊基 异丙基 仲丁基 叔丁基

$\longrightarrow$

列在后面的是较优基团

例如：

$$\overset{5}{CH_3}-\overset{4}{CH}(CH_3)-\overset{3}{CH_2}-\overset{2}{C}(CH_3)_2-\overset{1}{CH_3}$$

2,2,4-三甲基戊烷

$$\overset{1}{CH_3}\overset{2}{CH_2}\overset{3}{CH_2}\overset{4}{CH}(CH(CH_3)CH_3)\overset{5}{CH_2}\overset{6}{CH}(CH_2CH_2CH_3)\overset{7}{CH_2}\overset{8}{CH_2}\overset{9}{CH_2}\overset{10}{CH_3}$$

6-丙基-4-异丙基癸烷

$$CH_3\overset{3}{CH}(\overset{2}{CH_2}\overset{1}{CH_3})\overset{4}{CH_2}\overset{5}{C}H(CH_3)\overset{6}{CH}(C_2H_5)\overset{7}{CH_2}\overset{8}{CH_2}\overset{9}{CH_3}$$

3,5-二甲基-6-乙基壬烷

5. 烷烃的性质

(1) 烷烃的物理性质　有机化合物的物理性质通常包括化合物的状态、熔点、沸点、溶解度、相对密度及旋光度等。这些物理常数是用物理方法测定出来的，可从化学和物理手册中查到。烷烃的物理常数通常都随分子量增加而呈现一定规律。一些正烷烃的物理常数见表 6-11。

表 6-11　正烷烃的物理常数

状态	名称	化学式	熔点/℃	沸点/℃	相对密度/(g/m^3)
气态	甲烷	CH_4	−182.5	−164	0.466
	乙烷	C_2H_6	−183.3	−88.6	0.572
	丙烷	C_3H_8	−189.7	−42.1	0.5002
	丁烷	C_4H_{10}	−138.4	−0.5	0.6012
液态	戊烷	C_5H_{12}	−129.7	36.1	0.6262
	己烷	C_6H_{14}	−95.0	68.9	0.6603
	庚烷	C_7H_{16}	−90.6	98.4	0.6838
	辛烷	C_8H_{18}	−56.8	125.7	0.7025
	壬烷	C_9H_{20}	−51	150.8	0.7176
	癸烷	$C_{10}H_{22}$	−29.7	174	0.7298
	十一烷	$C_{11}H_{24}$	−25.6	195.9	0.7402
	十二烷	$C_{12}H_{26}$	−9.6	216.3	0.7487
	十三烷	$C_{13}H_{28}$	−5.5	235.4	0.7564
	十四烷	$C_{14}H_{30}$	5.9	253.7	0.7628
	十五烷	$C_{15}H_{32}$	10	270.6	0.7685
	十六烷	$C_{16}H_{34}$	18.2	287	0.7733

续表

状态	名称	化学式	熔点/℃	沸点/℃	相对密度/(g/m³)
固态	十七烷	$C_{17}H_{36}$	22	301.8	0.7780
	十八烷	$C_{18}H_{38}$	28.2	316.1	0.7768
	十九烷	$C_{19}H_{40}$	32.1	329.7	0.7774
	二十烷	$C_{20}H_{42}$	36.8	343	0.7886
	二十二烷	$C_{22}H_{46}$	44.4	368.6	0.7944

由表6-9可以看出，烷烃的物理性质随着它们相对分子质量逐渐增大而呈现规律性的变化。

① 物质存在状态。常温常压下，C_1～C_4 的正烷烃以气体形式存在；C_5～C_{16} 的正烷烃以液体形式存在；C_{17} 以上的正烷烃则开始以固体的形式存在。

② 熔沸点。烷烃的熔点和沸点都很低，并且熔点和沸点随着相对分子质量的增加而升高。但值得注意的是：a. 相同碳原子的烷烃，结构对称的分子熔点高。因为结构对称的分子在固体晶格中紧密排列，分子间的色散力作用较大，因而使之熔融就需要提供更多的能量。b. 含偶数碳原子的正烷烃比含奇数碳原子的正烷烃熔点高，这取决于晶体中碳链的空间排布情况。

烷烃沸点的上升比较有规则，烷烃分子中每增加一个 CH_2，其沸点就升高 20～30℃，但碳原子数越多上升越慢。在相同碳原子数的烷烃中，直链烷烃的沸点比带支链烷烃的高，这是因为在液态下，直链的烷烃分子容易相互接近，而有支链的烷烃分子空间位阻较大，不易靠近。

③ 相对密度。所有烷烃的相对密度都比水小，但随着相对分子质量的增加，烷烃的密度也逐渐增加。

（2）烷烃的化学性质　烷烃的化学性质很不活泼。在常温常压下，烷烃与强酸、强碱、强氧化剂、强还原剂等都不易反应，在有机反应中常用作溶剂，但烷烃的这种稳定性也是相对的，在一定的条件下，如在适当的温度或压力及催化剂存在的条件下，烷烃也可以和一些试剂反应。

① 氧化反应。烷烃分子中的碳碳键和碳氢键是稳定的，不易与其他试剂反应，但在一定条件下，如催化剂、高温条件下，也可以发生氧化反应。

a. 燃烧。常温常压下，烷烃不与氧气反应，但却可以在空气中燃烧，生成二氧化碳和水，同时放出大量的热。例如：

$$CH_4 + 2O_2 \xrightarrow{燃烧} CO_2 + 2H_2O \qquad \Delta H = -881kJ/mol$$

b. 催化氧化。

在一定条件下，烷烃也可以只氧化为含氧化合物，如在高锰酸钾、二氧化锰等催化剂作用下，高级烷烃氧化可制得高级脂肪酸。

$$RCH_2CH_2R' \xrightarrow[120℃, 1.5\sim3MPa]{O_2, 锰盐} RCOOH + R'COOH$$

② 卤代反应。烷烃分子中氢原子被卤素原子取代的反应称为卤代反应，卤素分子与烷烃反应的活泼顺序为：氟＞氯＞溴＞碘。氟的取代反应非常剧烈，很难控制，而碘的反应却非常缓慢，因而一般的卤代反应都是指氯代反应和溴代反应。

烷烃和卤素（Cl_2、Br_2）在暗处不发生反应，但在光照或高温下反应猛烈甚至可能引起爆炸。

例如，甲烷与氯气在高温或光照下反应：

$$CH_4 + Cl_2 \xrightarrow{h\nu} CH_3Cl + HCl$$

甲烷的氯代反应并不会自动停留在一氯甲烷阶段，产物为四种氯代物的混合物。

$$CH_3Cl + Cl_2 \xrightarrow{h\nu} CH_2Cl_2 + HCl$$

$$CH_2Cl_2 + Cl_2 \xrightarrow{h\nu} CHCl_3 + HCl$$

$$CHCl_3 + Cl_2 \xrightarrow{h\nu} CCl_4 + HCl$$

6. 烷烃的来源和重要的烷烃

烷烃在自然界的主要来源是石油和天然气，是重要的化工原料和能源物资。天然气是一种主要由甲烷组成的气态化石燃料。它主要存在于油田和天然气田，也有少量出于煤层。有些天然气还有乙烷、丙烷、二氧化碳、氮气等，天然气中甲烷的含量取决于产地的不同，其他杂质的种类也有较大的差别。天然气主要用途是作燃料，还可制造炭黑、化学药品和液化石油气，由天然气生产的丙烷、丁烷是现代工业的重要原料。

石油是古代动植物的尸体在隔绝空气的情况下逐渐分解而产生的碳氢化合物，是一种黏稠的、深褐色液体，被称为“工业的血液”。地壳上层部分地区有石油储存。石油主要成分是各种烷烃、环烷烃、芳香烃的混合物，是国民经济和国防建设的重要资源。石油主要被用来作燃油和汽油，也是许多化学工业产品，如化肥、杀虫剂和塑料等的原料。

石油经过蒸馏，分成各种馏分，由于沸点和相对分子质量之间存在一定的关系，这种蒸馏就相当于按碳原子数进行粗略的分离。可是每个馏分仍是一个非常复杂的混合物，因为每个馏分是由一定范围碳原子数的烷烃组成的，而且同一碳原子数还有许多异构体，各个馏分的利用主要是根据它们的挥发性或黏度，而与它是一个复杂混合物还是一个单纯的化合物无关。

常用的烷烃混合物有以下几种。

（1）石油醚　石油醚是由石油分馏而得，属于低级烷烃的混合物，为无色透明液体，因具有类似乙醚的气味，故称为石油醚。石油醚不溶于水，可溶解大多数有机物，特别是能溶解油和脂肪，因此它主要被用作有机溶剂。石油醚沸点低，30 号石油醚沸点范围在 30～60℃，是戊烷和己烷的混合物；60 号石油醚沸点范围在 60～90℃。因此，石油醚极易挥发和燃烧，具有毒性，使用及贮存时要特别注意安全。

（2）石蜡　石蜡分为液体石蜡和固体石蜡。液体石蜡主要成分是 18～24 个碳原子的液体烷烃的混合物，为无色透明液体，不溶于水和醇，能溶于醚和氯仿中。液体石蜡性质稳定，精制的液体石蜡在医药上用作滴鼻剂或喷雾剂的基质，也可作肠道润滑的缓泻剂。固体石蜡为白色蜡状固体，在医药上用于蜡疗和调节软膏的硬度，工业上是制造蜡烛的原料。

（3）凡士林　凡士林是液体石蜡和固体石蜡的混合物，一般为黄色，经漂白后为白色，呈软膏状半固体，不溶于水，溶于乙醚和石油醚。由于凡士林不能被皮肤吸收，而且化学性质稳定，不易和软膏中的药物反应，在医药上常用作软膏基质。

二、烯烃

链烃分子中，含有碳碳双键或碳碳三键的烃称为不饱和烃。其中分子中含有碳碳双键的不饱和烃称为烯烃。烯烃分子中由于含有一个碳碳双键，相比相同碳原子数的烷烃少了 2 个氢原子。因此，烯烃的通式为 C_nH_{2n}（$n \geqslant 2$）。

1. 烯烃的结构

碳碳双键是烯烃的结构特征，最简单的烯烃为乙烯。乙烯分子中，碳原子的一个 s 轨道和两个 p 轨道通过 sp^2 杂化形成了三个相同的 sp^2 杂化轨道，另一个 p 轨道未参与杂化。乙烯分子呈平面形结构，如图 6-7(a) 所示。每个碳原子各以两个 sp^2 杂化轨道分别与两个氢原子形成 C—H σ 键，两个碳原子又各与另一个 sp^2 杂化轨道相互结合形成 C—C σ 键，形成的五个 σ 键在同一个平面，如图 6-7(b) 所示。每一个未参与杂化的 p 轨道垂直于乙烯分子 σ 键的平面，从侧面“肩并肩”重叠形成的化学键称为 π 键，如图 6-7(c)、(d) 所示。π 键重叠程度小，键能较小。

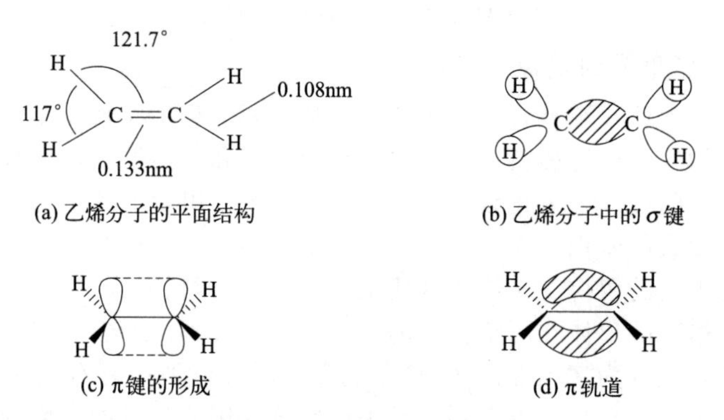

(a) 乙烯分子的平面结构　(b) 乙烯分子中的σ键

(c) π键的形成　(d) π轨道

图 6-7　乙烯分子结构

烯烃分子中碳碳双键由一个 σ 键和一个 π 键组成。σ 键与 π 键性质不同，特点各异，二者比较见表 6-12。

表 6-12　σ 键与 π 键性质比较

性质	σ 键	π 键
存在	单独存在	不能单独存在，必与 σ 键共存
形成形式	成键轨道为“头碰头”重叠	成键轨道为“肩并肩”重叠
键能	较大，键稳定	较小，键不稳定
键的旋转	成键原子可沿键轴自由旋转	成键原子不能沿键轴自由旋转
键的极化度	较小	较大

2. 烯烃的异构现象

烯烃的异构现象较烷烃复杂，除具有碳链异构外，由于双键位置不同还具有位置异构和顺反异构，碳链异构和位置异构都属于构造异构。

（1）碳链异构　四个碳的烯烃开始出现碳链的多种连接方式，即碳链异构。例如：

$$CH_3CH_2CH{=}CH_2 \qquad \underset{\displaystyle CH_3}{CH_3{-}\overset{}{C}{=}CH_2}$$

1-丁烯　　2-甲基-1-丙烯

（2）位置异构　烯烃分子中由于含有一个碳碳双键，在含相同碳原子的烯烃中，双键位置不同形成位置异构。例如：

$$CH_3CH_2CH{=}CH_2 \qquad CH_3CH{=}CHCH_3$$

1-丁烯　　2-丁烯

（3）顺反异构　由于乙烯分子是平面形的，碳碳双键不能绕键轴自由转动。因此，当双键的两个碳原子各连有两个不同的原子或基团时，烯烃就会产生两种不同的空间排列方式。其中，两个相同的原子或基团处在碳碳双键同侧的叫作顺式；两个相同的原子或基团处在碳碳双键两侧的叫作反式。例如：

顺式　　　　反式

这种由于原子和基团在空间的排列方式不同所引起的异构现象就叫作顺反异构，这两种异构体叫作顺反异构体。

并不是所有烯烃都有顺反异构现象。顺反异构形成的条件是：双键碳原子上连接的必须是两个不相同的原子或基团，例如：abC ═Cab、abC ═Cac、abC ═Ccd 都有顺反异构体。

有顺反异构的类型　　　　无顺反异构的类型

3. 烯烃的命名

烯烃的命名多采用系统命名法，基本和烷烃的命名方法相似。但由于烯烃分子中含有碳碳双键，在命名时要以双键为主，对于有顺反异构的烯烃可采用顺反命名法或 Z、E 命名法。

（1）系统命名法　具体命名原则如下。

① 选择含碳碳双键在内的最长碳链为主链，根据主链上的碳原子数目称为“某烯”。

② 优先从靠近碳碳双键的一端开始，将主链碳原子依次编号，以编号较小的数字表示碳碳双键的位次，写于烯烃名称之前，并用短线隔开。

③ 与烷烃的命名相似，将取代基的位次、数目、名称分别写在烯烃名称之前。例如：

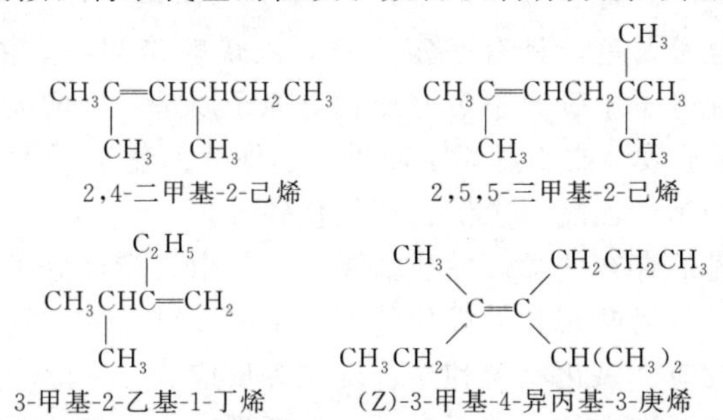

2,4-二甲基-2-己烯　　2,5,5-三甲基-2-己烯

3-甲基-2-乙基-1-丁烯　　(Z)-3-甲基-4-异丙基-3-庚烯

（2）顺反命名法　两个相同的原子或基团处在碳碳双键同侧的叫作顺式；两个相同的原子或基团处在碳碳双键两侧的叫作反式。例如：

顺-2-丁烯　　　　反-2-丁烯

（3）Z、E 命名法　含有顺反异构的烯烃的命名普遍适用的方法是 Z、E 命名法。所谓 Z、E 命名法，Z 是德语“Zusammen”的第一个字母，是“同侧”的意思；E 是德语“Entgegen”的第一个字母，是“相反”的意思。Z、E 命名法是以各碳碳双键碳原子上的取代基的优先顺序来区别顺反异构体的，而取代基的优先顺序可用“次序规则”来判断。其要点如下。

① 将碳碳双键中每个碳原子上直接相连的原子按原子序数递减的次序排列，原子序数相对大的确定为优先基团。原子序数相同时，相对原子质量大的优先，例如：D>H。两个优先基团在双键同侧的为“Z-型”，异侧为“E-型”。

② 当碳碳双键每个碳原子上连接的第一个原子相同时，则考虑连接的第二个原子的原子序数大小，若第二个原子仍然相同，则延伸看第三个原子的原子序数大小，以此类推，直到确定出优先基团为止。如$-CH_3$与$-CH_2CH_3$比较，第一个原子都是碳，但是，在$-CH_3$中与这个碳原子相连的是三个氢原子，而在$-CH_2CH_3$中则是一个碳原子和两个氢原子，由于碳的原子序数大于氢，所以$-CH_2CH_3$为优先基团。

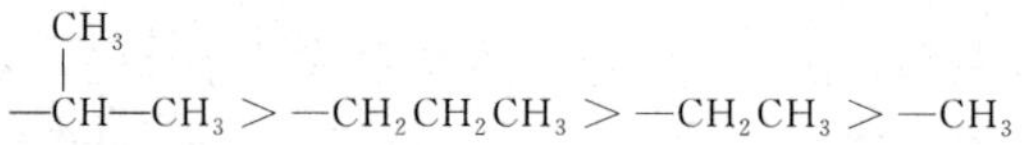

$$-\underset{}{\overset{CH_3}{\overset{|}{C}}}H-CH_3 > -CH_2CH_2CH_3 > -CH_2CH_3 > -CH_3$$

③ 如果与双键碳原子直接相连的是含有双键或三键的基团时，则把不饱和键看成是单键的重复，即认为双键和三键原子分别连接两个和三个相同的原子。例如：$-CH{=}CH_2$相当于—C与C、C、H相连，$-C{\equiv}CH$相当于—C与C、C、C相连。这样处理后，再进行比较。

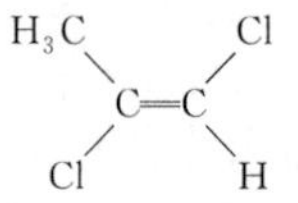

H_3C、Cl / C=C / Cl、H
反或(E)-1,2-二氯丙烯

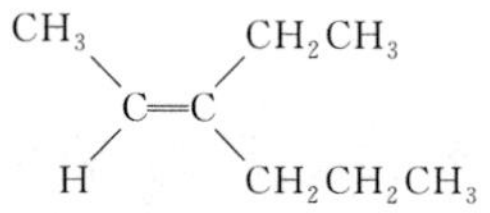

CH_3、CH_2CH_3 / C=C / H、$CH_2CH_2CH_3$
(E)-3-乙基-2-己烯

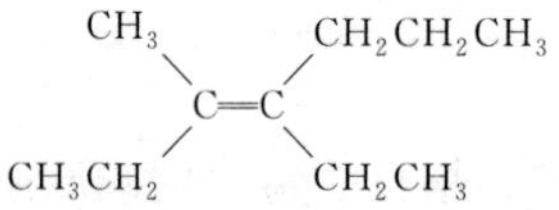

CH_3、$CH_2CH_2CH_3$ / C=C / CH_3CH_2、CH_2CH_3
顺或(E)-3-甲基-4-乙基-3-庚烯

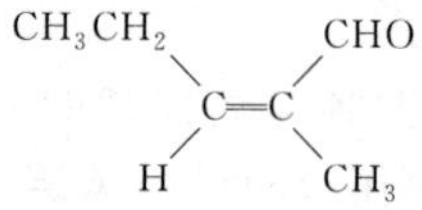

CH_3CH_2、CHO / C=C / H、CH_3
(Z)-2-甲基-2-戊烯醛

4. 烯烃的性质

烯烃的物理性质与烷烃相似。常温下，C_2～C_4的烯烃是气体，C_5～C_{18}的烯烃是液体，C_{18}以上是固体。烯烃均为无色，具有一定气味，乙烯略带甜味，液态烯烃具有汽油的气味。烯烃的沸点和熔点随分子中碳原子数（或相对原子质量）的增大而升高。烯烃的相对密度小于1，随分子中碳原子数（或相对原子质量）的增大而逐渐增大。常温时，烯烃难溶于水而易溶于有机溶剂（如苯、乙醚、氯仿、四氯化碳等）。

烯烃分子中碳碳双键的存在使烯烃性质活泼。这是由于烯烃分子中双键是由一个σ键和一个π键组成的，烯烃具有易断裂和易极化的不稳定的π键，使它具有不同于烷烃的特殊化学性质，如可发生加成反应、氧化反应和聚合反应等反应。

（1）加成反应　碳碳双键中的π键不牢固，易断裂，在双键的两个碳原子上各加一个原子或基团，形成两个新的σ键，这种反应称为加成反应。

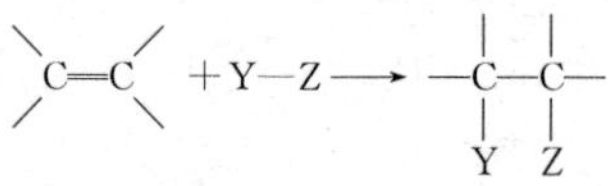

$$>C{=}C< + Y-Z \longrightarrow -\underset{Y}{\underset{|}{\overset{|}{C}}}-\underset{Z}{\underset{|}{\overset{|}{C}}}-$$

一般加成反应生成两个σ键时放出的能量远大于π键断裂时所需吸收的能量，因此加成反应多为放热反应。

① 催化加氢。在催化剂铂、钯、镍的催化下，烯烃可以与氢加成生成烷烃。

$$CH_2{=}CHCH_3 + H_2 \xrightarrow{\text{催化剂}} CH_3CH_2CH_3$$

常温常压下，氢的还原能力弱，高温下也难以进行加成反应，但当加入金属催化剂时，催化剂能吸附氢气和烯烃，在金属表面可先形成金属氢化物及金属与烯烃结合的配合物。金属氢化物的一个氢原子和双键碳原子先结合得到中间体，再与另一金属氢化物的氢原子生成烷烃，最后烷烃脱离金属表面。

催化加氢可以在气相进行，也可以在液相进行。在液相中进行时，实验室常用乙醇作为溶剂。

汽油中含有少量烯烃，性能不稳定，可通过催化加氢将汽油中的烯烃转化为烷烃，从而提高汽油质量。液态油脂中含有少量烯烃，容易变质，将液态油脂转变为固态油脂，便于保存和运输。

② 加卤素。氟与烯烃反应太剧烈，难以控制，而碘与烯烃反应太慢，所以烯烃的加卤素反应实际上是指与氯和溴的反应。烯烃能与氯或溴发生加成反应，生成连二氯代烷或连二溴代烷。

$$CH_2{=}CH_2 + Br_2 \xrightarrow{CCl_4} \underset{Br}{CH_2}\underset{Br}{CH_2}$$

烯烃与溴水或溴的四氯化碳溶液反应时，溴的红棕色迅速消失成为无色，因此可以用来鉴别烯烃。

③ 加卤化氢。烯烃能与卤化氢加成，生成相应的卤代烷。

$$CH_2{=}CH_2 + HI \longrightarrow \underset{H}{CH_2}\underset{I}{CH_2}$$

同一烯烃与不同卤化氢反应时，加成的活性顺序为：HI＞HBr＞HCl。烯烃与 HX、H_2SO_4、H_2O 这类极性分子发生加成反应时，加在烯烃双键上的两部分（H 与 X）是不一样的，这类试剂叫作不对称试剂。不对称试剂与乙烯这样的对称烯烃反应时产物只有一种。若不对称试剂和不对称烯烃发生加成反应时，加成产物有两种。例如：

$$CH_3CH{=}CH_2 + HCl \longrightarrow \begin{cases} CH_3\underset{Cl}{CH}\underset{H}{CH_2} & 90\% \\ CH_3\underset{H}{CH}\underset{Cl}{CH_2} & 10\% \end{cases}$$

也就是说烯烃与卤化氢加成时，卤化氢分子中的氢原子主要加在碳碳双键含氢较多的那个碳原子上，卤原子则加在含氢较少的那个碳原子上。这是 1869 年马尔科夫尼科夫（Markovnikov）根据一些实验结果总结出来的一条经验规则，叫作马尔科夫尼科夫规则，简称马氏规则。利用马氏规则可预测烯烃加成反应的主要产物。

烯烃与溴化氢加成，如果是在过氧化物存在下进行，则反应生成反马氏规则的产物。例如：

$$CH_3CH{=}CH_2 + HBr \begin{cases} \xrightarrow{\text{无过氧化物}} CH_3\underset{Br}{CH}\underset{H}{CH_2} & \text{符合马氏规则} \\ \xrightarrow[\text{有过氧化物}]{} CH_3\underset{H}{CH}\underset{Br}{CH_2} & \text{反马氏规则} \end{cases}$$

④ 加水。在酸催化下，烯烃与水可发生加成反应，生成醇。例如：

$$CH_2{=}CHCH_3 + H_2O \xrightarrow[\triangle]{H_2SO_4} CH_3\underset{OH}{CH}CH_3$$

烯烃与水反应符合马氏规则。烯烃直接加水制备醇叫作烯烃直接水合法，是工业上生产乙醇、异丙醇的重要方法。直接水合法的优点是避免了硫酸对设备的腐蚀，而且省去了稀硫酸的浓缩回收过程，这既节约设备投资和减少能源消耗，又避免了酸性废水的污染。但直接水合法的缺点是对烯烃纯度要求较高，需要达到 97%以上。

⑤ 加硫酸。烯烃与硫酸加成符合马氏规则，加成产物为硫酸氢酯，经水解后生成醇。

$$CH_3CH{=}CH_2 + H_2SO_4 \longrightarrow \underset{\displaystyle OSO_3H}{CH_3\underset{|}{C}HCH_3}$$

$$\underset{OSO_3H}{CH_3CHCH_3} + H_2O \xrightarrow{\triangle} \underset{OH}{CH_3CHCH_3} + H_2SO_4$$

烯烃与硫酸加成产物再水解生成醇，相当于在烯烃分子中加入了一分子水。因此，这一反应又叫作烯烃的间接水合法。工业上利用间接水合法制取乙醇、异丙醇等低级醇。此法的优点是对烯烃的纯度要求不高，对于回收利用炼厂气中的烯烃是一种好方法。但缺点是水解后产生的硫酸对生产设备有腐蚀作用。

⑥ 加次卤酸。烯烃与次卤酸（HOX）加成，生成β-卤代醇，一般是烯烃与溴或氯的水溶液反应。

$$CH_2{=}CH_2 + Cl_2 + H_2O \rightarrow \underset{\text{2-氯乙醇}}{ClCH_2CH_2OH} + HCl$$

$$CH_3CH{=}CH_2 + Cl_2 + H_2O \rightarrow \underset{\text{1-氯-2-丙醇}}{\underset{OH}{CH_3CHCH_2Cl}} + HCl$$

（2）聚合反应　烯烃分子中的碳碳双键不但能与许多试剂加成，而且还能在引发剂或催化剂作用下，断裂π键，通过加成反应自身结合起来生成聚合物，这类反应叫作聚合反应。能发生聚合反应的相对分子质量较小的化合物叫作单体，聚合生成的相对分子质量较大的产物叫作聚合物。例如：

$$nCH_2{=}CH_2 \xrightarrow[\text{温度,压力}]{\text{少量 }O_2} \underset{\text{聚乙烯}}{\left[CH_2-CH_2\right]_n}$$

（3）氧化反应　烯烃的碳碳双键非常活泼，极易被许多氧化剂所氧化。氧化剂和氧化条件不同，氧化产物各异。氧化能力稍低时，烯烃仅发生π键的断裂，氧化能力强时，σ键也可发生断裂。

① 在空气中燃烧。烯烃在空气中燃烧生成水和二氧化碳。乙烯燃烧时的火焰比甲烷明亮。例如：

$$CH_2{=}CH_2 + 3O_2 \xrightarrow{\text{燃烧}} 2CO_2 + 2H_2O$$

② 高锰酸钾氧化。在中性或碱性条件下，烯烃与稀、冷的高锰酸钾溶液发生反应时，双键中的π键可断裂，生成邻二醇。

$$3RCH{=}CH_2 + 2KMnO_4 + 4H_2O \longrightarrow 3\underset{OH}{RCH}-\underset{OH}{CH_2} + 2KOH + 2MnO_2\downarrow$$

当烯烃与酸性高锰酸钾溶液反应时，双键中的π键和σ键先后断开，碳碳双键发生完全断裂，以双键结合的每一个碳原子被氧化成羧基（—COOH），与双键碳原子结合的氢原子被氧化生成羟基（—OH）。双键所连接的基团不同，氧化产物也不同，结果是$CH_2{=}$氧化生成CO_2和H_2O；$RCH{=}$氧化生成羧酸（RCOOH）；$RR'C{=}$氧化生成酮（$R-\overset{O}{\overset{\|}{C}}-R'$）。因此根据双键氧化后的产物不同可推断出原来烯烃的结构。

$$RCH{=}CH_2 \xrightarrow{KMnO_4/H^+} \underset{\text{羧酸}}{R-\overset{O}{\overset{\|}{C}}-OH} + HO-\overset{O}{\overset{\|}{C}}-OH \rightarrow CO_2\uparrow + H_2O$$

$$\underset{R'}{\overset{R}{}}\!\!>C=C<\!\!\underset{H}{\overset{R''}{}} \xrightarrow{KMnO_4/H^+} \underset{酮}{R-\overset{O}{\overset{\|}{C}}-R'} + \underset{羧酸}{R''-\overset{O}{\overset{\|}{C}}-OH}$$

（4）α-H 的卤代反应　烯烃中与碳碳双键直接相连的碳原子上的氢原子称为 α-H 原子，由于受碳碳双键的影响，α-H 表现出较高的活性。在高温或光照条件下可与卤素发生卤代反应，生成相应的卤代烯烃。例如：

$$CH_3CH=CH_2 + Cl_2 \xrightarrow{500℃} \underset{\text{3-氯丙烯}}{\underset{Cl}{\underset{|}{CH_2}}CH=CH_2} + HCl$$

5. 重要的烯烃

乙烯、丙烯和丁烯都是重要的烯烃，它们都是有机合成的重要原料，是高分子合成的重要单体，是合成树脂、合成纤维和合成橡胶的主要原料。因此，烯烃生产量的大小标志着一个国家化学工业发展的水平。

乙烯、丙烯和丁烯主要是从石油炼制过程中得到的炼厂气和热裂气中分离得到的。乙烯是无色、略有甜味的气体，燃烧时有明亮的火焰和黑色的烟。乙烯在医药上与氧气混合可作麻醉剂；农业上，乙烯可用作水果和蔬菜的催熟剂，是一种已证实的植物激素；乙烯在工业上的应用非常广泛，不仅可以用来制备乙醇、环氧乙烷、苯乙烯等化工原料，还可聚合成聚乙烯。乙烯是世界上产量最大的化学产品之一，乙烯工业是石油化工产业的核心，乙烯产品占石化产品的 75%以上，在国民经济中占有重要的地位。

丙烯为无色气体，燃烧时有明亮火焰，广泛应用于有机合成中。丙烯聚合后生成的聚丙烯相对密度小，力学强度比聚乙烯高，耐热性好，主要用来做薄膜、纤维、耐热和耐化学腐蚀的管道及装置、医疗器械、电缆等。

三、二烯烃

二烯烃是分子中含有 2 个碳碳双键的烯烃。二烯烃比碳原子数相同的烯烃少两个氢原子，其通式为 C_nH_{2n-2}（$n \geqslant 3$），与碳原子数相同的炔烃互为同分异构体。

1. 二烯烃的分类和命名

（1）二烯烃的分类　根据二烯烃分子中 2 个碳碳双键的相对位置的不同可分为三类。

① 隔离二烯烃。2 个碳碳双键被 2 个或 2 个以上的单键隔开的叫隔离双键，含有隔离双键的二烯烃叫作隔离二烯烃。例如：

$$CH_2=CHCH_2CH=CH_2$$

1,4-戊二烯

② 聚集二烯烃。2 个碳碳双键连在同一个碳原子上的叫聚集双键，含有聚集双键的二烯烃叫作聚集二烯烃。例如：

$$CH_2=C=CH_2$$

丙二烯

③ 共轭二烯烃。2 个碳碳双键被一个单键隔开的叫共轭双键，含有共轭双键的二烯烃叫作共轭二烯烃。例如：

$$CH_2=CHCH=CH_2$$

1,3-丁二烯

（2）二烯烃的命名　二烯烃的命名与烯烃相似，其命名规则如下：

① 选择含有 2 个碳碳双键的最长碳链作为主链，根据主链上所含的碳原子数称为“某

二烯"，十个以上碳原子的二烯烃，命名时，在"二烯"之前加上"碳"字，称为"某碳二烯"。

② 从距离碳碳双键最近的一端给主链上的碳原子编号，在二烯烃名称前用阿拉伯数字标明 2 个碳碳双键的位置。

③ 顺反异构体需标明构型。例如：

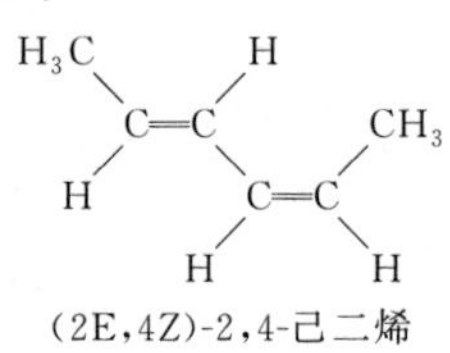

(2E,4Z)-2,4-己二烯

2. 共轭二烯烃的结构

(1) 1,3-丁二烯的结构　最简单的共轭二烯烃是 1,3-丁二烯。如图 6-8 所示，1,3-丁二烯分子中碳原子都是 sp^2 杂化，每个碳原子都形成三个 σ 键，四个碳原子和六个氢原子共处一个平面，每个碳原子上未参与杂化的 p 轨道垂直于丁二烯分子平面。

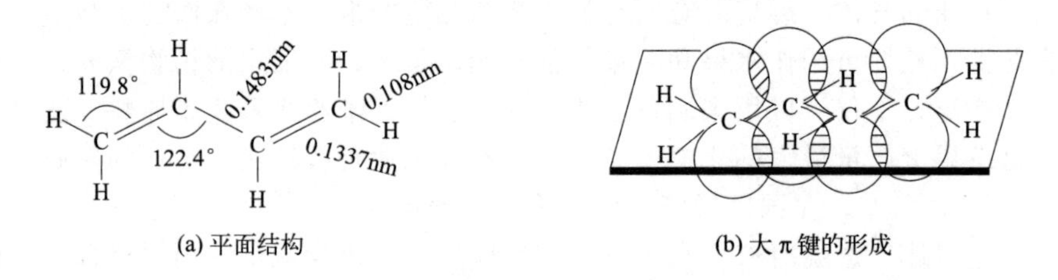

(a) 平面结构　(b) 大 π 键的形成

图 6-8　1,3-丁二烯的结构

在形成 σ 键的同时，四个相互平行的 p 轨道两两从侧面"肩并肩"在 C_1 与 C_2 和 C_3 与 C_4 之间各形成一个 π 键，C_2 和 C_3 的 p 轨道也能够"肩并肩"重叠（重叠程度较小），这使得四个碳原子的 p 轨道都"肩并肩"地重叠起来，形成一个包括四个原子、四个电子的整体，具有 π 键的性质。包括三个或三个以上原子的 π 键叫作共轭 π 键，共轭 π 键也叫作大 π 键或离域 π 键。含有共轭 π 键的分子叫作共轭分子。

(2) 共轭效应　具有共轭 π 键的体系叫作共轭体系。在共轭体系中，由于原子间的相互影响而使体系内的电子云分布发生变化的一种电子效应称为共轭效应。共轭效应具有以下特点。

① 共轭体的碳碳双键和碳碳单键的键长趋于平均化。

② 共轭体系受到外界试剂进攻时，形成共轭键的原子电荷会发生正、负极性交替现象，这种现象可沿共轭链传递而不减弱。

③ 共轭体系能量较低，性质比较稳定。

3. 共轭二烯烃的性质

共轭二烯烃分子中含有共轭 π 键，与碳碳双键相似，主要发生加成和聚合反应。但由于其共轭体系结构的特殊性，加成和聚合反应表现出它的特殊性。现以 1,3-丁二烯为例，介绍共轭二烯烃的化学性质。

(1) 加成反应

① 催化加氢。在催化剂铂、钯等的作用下，1,3-丁二烯既可以与一分子氢加成生成 1,2-加成产物（1-丁烯）与 1,4-加成产物（2-丁烯），又可与两分子氢加成生成正丁烷。

$$CH_2{=}CHCH{=}CH_2 + H_2 \xrightarrow{催化剂} \begin{cases} \xrightarrow{1,2\text{-}加成} CH_3CH_2CH{=}CH_2 \\ \xrightarrow{1,4\text{-}加成} CH_3CH{=}CHCH_3 \end{cases}$$

② 加卤素或卤化氢。1,3-丁二烯与一分子卤素或卤化氢加成时，既生成1,2-加成产物，又生成1,4-加成产物。例如：

$$CH_2{=}CHCH{=}CH_2 + Cl_2 \xrightarrow{常温} \begin{cases} \xrightarrow[约60\%]{1,2\text{-}加成} CH_2(Cl)CH(Cl)CH{=}CH_2 \\ \xrightarrow[约40\%]{1,4\text{-}加成} CH_2(Cl)CH{=}CHCH_2(Cl) \end{cases}$$

控制反应条件，可调节两种产物的比例。如在低温下或非极性溶剂中有利于1,2-加成产物的生成，升高温度或在极性溶剂中则有利于1,4-加成产物的生成。例如：

$$CH_2{=}CHCH{=}CH_2 + HBr \begin{cases} \xrightarrow{-80℃} \underset{(80\%)}{CH_3CH(Br)CH{=}CH_2} + \underset{(20\%)}{CH_2(Br)CH{=}CHCH_3} \\ \xrightarrow{40℃} \underset{(80\%)}{CH_2(Br)CH{=}CHCH_3} + \underset{(20\%)}{CH_3CH(Br)CH{=}CH_2} \end{cases}$$

1,3-丁二烯与卤素或卤化氢的加成是亲电加成，与卤化氢加成时符合马氏规则。

(2) 狄尔斯-阿尔德反应

在光和热作用下，共轭二烯烃可与具有碳碳双键或碳碳三键的化合物进行1,4-加成反应，生成环状化合物，这类反应称为狄尔斯-阿尔德反应（Diels-Alder reaction），又称双烯合成。例如：

$$CH_2{=}CHCH{=}CH_2 + CH_2{=}CH_2 \xrightarrow[高压]{高温} \text{(环己烯)}$$

环己烯

此反应是双烯合成中最简单的反应，但反应条件较高，一般需要在高温、高压条件下反应，且产率较低。

在双烯合成中，含有共轭双键的二烯烃叫作双烯体；含有碳碳双键或碳碳三键的不饱和化合物叫作亲双烯体。实践证明，亲双烯体的碳碳双键上如连有吸电子基团（—CHO、—COR、—COOR、—CN、$—NO_2$）时，反应比较容易进行。例如：

$$CH_2{=}CHCH{=}CH_2 + \underset{丙烯酸甲酯}{CH_2{=}CHCOOCH_3} \xrightarrow{150℃} \underset{4\text{-}环己烯甲酸甲酯}{\text{(环己烯)—}COOCH_3}$$

4. 重要的共轭二烯烃

(1) 1,3-丁二烯　1,3-丁二烯是无色略带有香味的气体，沸点为-4.4℃，微溶于水，易溶于有机溶剂。可发生加成反应、双烯合成反应，比单烯更容易发生聚合反应。

$$nCH_2{=}CHCH{=}CH_2 \xrightarrow{Na/加热} \underset{聚丁二烯}{[CH_2{-}CH{=}CH{-}CH_2]_n}$$

聚二丁烯又称为丁钠橡胶，为人工合成橡胶，具有良好的弹性，在国防、工农业生产、医疗及日常生活中应用广泛。

(2) 异戊二烯　异戊二烯又称为2-甲基-1,3-丁二烯，为无色略带有刺激性气味的液体，沸点为 34℃，难溶于水，易溶于有机溶剂。异戊二烯在催化剂作用下发生聚合，可生成聚异戊二烯。

$$nCH_2{=}CH{-}\underset{\displaystyle CH_3}{\underset{|}{C}}{=}CH_2 \xrightarrow{\text{催化剂}} {\left[CH_2{-}CH{=}\underset{\displaystyle CH_3}{\underset{|}{C}}{-}CH_2\right]}_n$$

聚异戊二烯

聚异戊二烯的结构和性质与天然橡胶相似，因此又被称为合成天然橡胶。天然橡胶和合成天然橡胶都是线性高分子化合物，黏性大且较软。

四、炔烃

分子中含有碳碳三键的不饱和链烃称为炔烃。碳碳三键是炔烃的官能团。由于炔烃比相应的烯烃多一个碳碳键，相应地减少了 2 个氢原子，所以炔烃的通式为 C_nH_{2n-2}（$n \geqslant 2$）。

1. 炔烃的结构

炔烃的结构特征是分子中具有碳碳三键，如乙炔，实验测定乙炔分子中的两个碳原子和两个氢原子都在同一条直线上，呈直线形结构。碳原子的一个 2s 轨道和一个 2p 轨道通过 sp 杂化形成两个能量相同的 sp 杂化轨道。

乙炔分子中，两个碳原子各以一个 sp 杂化轨道沿着键轴重叠形成一个 C—Cσ 键，每个碳原子的另一个 sp 杂化轨道分别与氢原子的 s 轨道沿着键轴重叠形成两个 C—Hσ 键，这三个 σ 键的对称轴同在一条直线，键角为 180°。碳原子上没有参与杂化的 2p 轨道在两个碳原子形成 C—Cσ 键的同时也两两对应，从侧面“肩并肩”重叠形成两个相互垂直的 π 键。如图 6-9 所示。

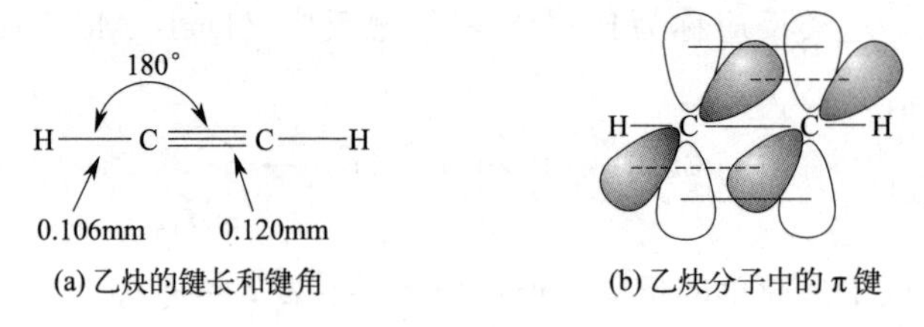

(a) 乙炔的键长和键角　　(b) 乙炔分子中的 π 键

图 6-9　乙炔分子的结构

其他炔烃分子中碳碳三键的结构与乙炔完全相同。

2. 炔烃的异构现象与命名

（1）炔烃的异构现象　炔烃的同分异构现象与烯烃相似，既有碳链异构又有碳碳三键的位置异构。乙炔和丙炔没有异构现象，从丁炔开始，有碳碳三键的位置异构现象，但由于炔烃的碳碳三键结构造成炔烃同分异构体的数目比相同碳原子的烯烃要少。炔烃没有顺反异构。例如：丁烯有 3 个同分异构体而丁炔只有 2 个同分异构体。

$CH_3CH_2C{\equiv}CH$（1-丁炔）　　$CH_3C{\equiv}CCH_3$（2-丁炔）

戊烯有 5 个同分异构体而戊炔只有 3 个同分异构体。

$CH_3CH_2CH_2C{\equiv}CH$（1-戊炔）　　$CH_3CH_2C{\equiv}CCH_3$（2-戊炔）　　$CH_3\underset{\displaystyle CH_3}{\underset{|}{C}H}C{\equiv}CH$（3-甲基-1-丁炔）

（2）炔烃的命名　炔烃的系统命名法与烯烃相似，原则如下：

① 选择包含碳碳三键在内的最长碳链作为主链，按主链的碳原子数命名为“某炔”。

② 从离碳碳三键最近的一端开始给主链编号，将碳碳三键位置的阿拉伯数字写在主链名称之前并使碳碳三键的位次处于最小，支链作为取代基命名。

③ 当分子中同时存在碳碳双键和碳碳三键时，应选择包含碳碳双键和碳碳三键的最长碳链作为主链，并将其命名为“某烯炔”（烯在前，炔在后），编号时，应使烯、炔的不饱和键位次之和最小。例如：

$$\underset{\text{2,2,5-三甲基-3-己炔}}{CH_3\overset{CH_3}{\overset{|}{\underset{CH_3}{\underset{|}{C}}}}C\equiv C\underset{CH_3}{\underset{|}{C}}HCH_3} \qquad \underset{\text{1-戊烯-4-炔}}{CH_2=CHCH_2C\equiv CH} \qquad \underset{\text{3-戊烯-1-炔}}{CH_3CH=CHC\equiv CH}$$

3. 炔烃的性质

炔烃是低极性化合物，物理性质类似于烷烃和烯烃。在常温常压下，$C_2 \sim C_4$ 的炔烃为气体，$C_5 \sim C_{15}$ 的炔烃为液体，C_{15} 以上的炔烃为固体。直链炔烃的沸点、熔点都随碳原子数的增加而增加，一般比相同碳原子数的烷烃、烯烃略高。相同碳原子数的烷烃、烯烃、炔烃的相对密度：炔烃＞烯烃＞烷烃，但都比水轻。炔烃易溶于石油醚、乙醚、苯和四氯化碳等有机溶剂，难溶于水。低级炔烃在水中的溶解度较对应的烷烃、烯烃略大。

炔烃的化学性质主要表现在碳碳三键的反应上，碳碳三键中的 π 键不稳定，因此炔烃的化学性质比较活泼，与烯烃相似，容易发生加成、氧化和聚合反应。由于 sp 杂化碳原子的电负性比较大，因此与碳碳三键中碳原子直接相连的氢原子具有一定酸性，比较活泼，容易被某些金属或金属离子取代，生成金属炔化物。

（1）加成反应　炔烃分子中含有的碳碳三键键长较短，键能较大，所以炔烃虽有 2 个 π 键，可与 2 个分子试剂发生加成反应，但是活泼性不如烯烃。

① 催化加氢。炔烃在催化剂 Pd、Ni 等存在下加氢，先生成烯烃，再生成烷烃。在氢气过量的情况下，加氢反应不易停留在烯烃阶段，而是生成烷烃。

$$CH_3C\equiv CH \xrightarrow[Pt]{H_2} CH_3CH=CH_2 \xrightarrow[Pt]{H_2} CH_3CH_2CH_3$$

若选用催化活性较低的林德拉（Lindlar）催化剂（喹啉处理过的吸附在硫酸钡或碳酸钙上的金属钯），可使炔烃的催化加氢反应停留在生成烯烃的阶段，得顺式烯烃。

$$CH_3C\equiv CH \xrightarrow[\text{Pd-BaSO}_4\text{/喹啉}]{H_2} CH_3CH=CH_2$$

② 亲电加成反应

a. 加卤素。炔烃和卤素加成，先生成二卤化物，若卤素过量可继续加成，生成四卤化物。工业上就是利用氯加成乙炔制得四氯乙烷。

$$CH\equiv CH \xrightarrow[Cl_2]{FeCl_3} \underset{Cl}{\underset{|}{H C}}=\underset{Cl}{\underset{|}{CH}} \xrightarrow[Cl_2]{FeCl_3} \underset{Cl}{\underset{|}{\overset{Cl}{\overset{|}{HC}}}}-\underset{Cl}{\underset{|}{\overset{Cl}{\overset{|}{CH}}}}$$

炔烃与溴水或溴的四氯化碳溶液反应，可看到溴的红棕色迅速消失，此法可鉴定炔烃的不饱和键的存在。

b. 加卤化氢。炔烃与卤化氢的加成反应不如烯烃活泼，不对称炔烃加成时按马氏规则进行。

$$RC\equiv CH + HBr \longrightarrow \underset{\displaystyle Br}{\underset{|}{RC}}=CH_2 \xrightarrow{HBr} \overset{\displaystyle Br}{\overset{|}{\underset{\displaystyle Br}{\underset{|}{RC}}}}-CH_3$$

卤化氢与炔烃反应的活性顺序为：HI>HBr >HCl。

c. 加水。炔烃与水加成需要在稀硫酸和硫酸汞存在下才能完成，反应先生成烯醇，烯醇不稳定，立刻发生分子内重排，羟基上的氢原子转移到相邻的双键碳原子上，原来的碳碳双键转变为碳氧双键，形成醛或酮。

$$CH\equiv CH + H_2O \xrightarrow{H_2SO_4/HgSO_4} [CH_2=\overset{HO:}{\overset{|}{C}}H] \xrightarrow{重排} CH_3-\overset{O}{\overset{\|}{C}}H$$

乙醛

(2) 氧化反应

① 炔烃在空气中燃烧，生成二氧化碳和水，同时放出大量的热。例如：

$$CH\equiv CH + 5/2O_2 \xrightarrow{燃烧} 2CO_2 + H_2O$$

② 炔烃容易被高锰酸钾等氧化剂氧化，碳碳三键完全断裂，乙炔生成二氧化碳，其他的末端炔烃生成羧酸和二氧化碳，非末端炔烃生成两分子羧酸。例如：

$$RC\equiv CH \xrightarrow[H_2O]{KMnO_4} RCOOH + CO_2\uparrow$$

$$RC\equiv CR' \xrightarrow[H_2O]{KMnO_4} RCOOH + R'COOH$$

(3) 生成金属炔化物的反应　由于炔烃显示弱酸性，具有末端三键的炔烃易被某些金属离子取代生成金属炔化物，如乙炔气体通过加热熔融的金属钠时，可生成乙炔钠和乙炔二钠。

$$HC\equiv CH \xrightarrow{Na} HC\equiv CNa \xrightarrow{Na} NaC\equiv CNa$$

具有末端三键的炔烃与氨基钠反应时，三键上的氢原子可被钠原子取代。

$$RC\equiv CH + NaNH_2 \xrightarrow{液氨} RC\equiv CNa + NH_3$$

具有末端三键的炔烃与某些重金属发生取代反应，生成重金属炔化物，如将乙炔通入硝酸银或氯化亚铜的氨溶液中，则分别生成白色的炔化银和棕色的炔化亚铜沉淀。

$$CH\equiv CH + 2[Ag(NH_3)_2]NO_3 \longrightarrow AgC\equiv CAg\downarrow + 2NH_3\uparrow + 2NH_4NO_3$$

炔化银(白色)

$$CH\equiv CH + 2[Cu(NH_3)_2]Cl \longrightarrow CuC\equiv CCu\downarrow + 2NH_3\uparrow + 2NH_4Cl$$

炔化亚铜(棕色)

由于生成的重金属炔化物遇酸易分解为原来的炔烃，可利用此法将末端三键的烃从混合物中分离提纯出来。但需要注意的是，炔化银或炔化亚铜在溶液中较稳定，但在干燥时或受到撞击时会发生爆炸，因此，实验后要将生成的金属炔化物加入硝酸使之分解。

(4) 聚合反应　炔烃也能聚合，但较烯烃困难，在不同的反应条件下，生成不同的聚合产物。例如：

$$2HC\equiv CH \xrightarrow{Cu_2Cl_2/NH_4Cl} CH_2=CHC\equiv CH$$

1-丁烯-3-炔

$$3HC\equiv CH \xrightarrow[金属羰基化合物]{高温} \text{(苯)}$$

4. 重要的炔烃

乙炔是炔烃中最简单也是最重要的炔烃，它不仅是有机合成的重要基本原料，还是高温氧炔焰的燃料。纯乙炔是无色无臭的气体，沸点为－84℃，微溶于水，易溶于有机溶剂，为易燃易爆气体。液态乙炔受热或振动会发生爆炸，但乙炔的丙酮溶液较稳定，因此为避免危险，常在储存和运输时，将钢瓶中填入丙酮浸透过的多孔物质，如硅藻土、石棉等。

乙炔的制法：一般大规模制造乙炔的原料是碳化钙（电石），将碳化钙与水反应即可制得乙炔。

$$CaC_2 + 2H_2O \longrightarrow CH \equiv CH + Ca(OH)_2$$

电石法制乙炔生产工艺虽简单，但耗电量大，同时由于电石中含有磷化氢和硫化氢等杂质，使产生的气体有难闻的气味，因此工业上也常用甲烷裂解法。

$$2CH_4 \xrightarrow[\text{电弧}]{1500℃} CH \equiv CH + 3H_2$$

甲烷裂解法为强吸热反应，工业上通过使一部分甲烷被氧化放出热量，从而提供合成乙炔所需要的大量能量，此方法又叫作甲烷的部分氧化法。

$$4CH_4 + 2O_2 \longrightarrow CH \equiv CH + 2CO_2 + 7H_2$$

进度检查

一、用系统命名法命名下列化合物

（1）$(CH_3)_3C\underset{\underset{CH_2CH_3}{|}}{C}HCH_2CH(CH_3)_2$

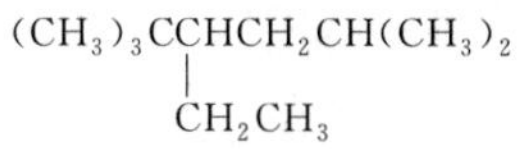

（2）$CH_3CH_2\underset{\underset{CH(CH_3)_2}{|}}{C}HCH_2CH_2\overset{\overset{CH_2CH_3}{|}}{\underset{\underset{CH_3}{|}}{C}}CH_2CH_3$

（3）$\begin{matrix} CH_3 & & & & CH_2CH_3 \\ & \diagdown & & \diagup & \\ & & C{=}C & & \\ & \diagup & & \diagdown & \\ H & & & & CH(CH_3)_2 \end{matrix}$

（4）$CH_3CH_2CH_2\underset{\underset{CH_2CH_3}{|}}{C}{=}CH_2$

（5）$(H_3C)_3CC \equiv C\underset{\underset{CH_3}{|}}{C}HCH_3$

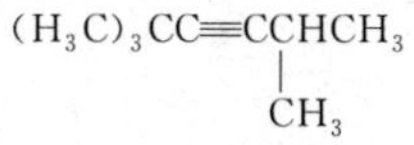

（6）$CH_2 = CHCH_2C \equiv CCH_2CH_3$

（7）$CH_2{=}CH\underset{\underset{CH_3}{|}}{C}HCH_2\underset{\underset{CH_3}{|}}{C}{=}CH_2$

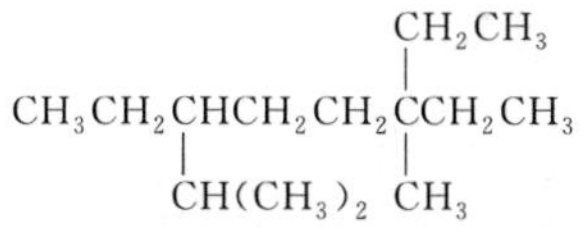

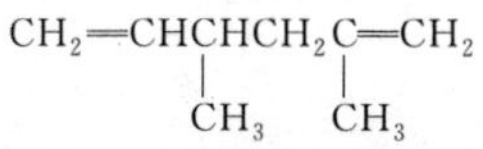

（8）$\begin{matrix} CH_3 & & & & CH_2CH_3 \\ & \diagdown & & \diagup & \\ & & C{=}C & & \\ & \diagup & & \diagdown & \\ CH_3CH_2 & & & & CH(CH_3)_2 \end{matrix}$

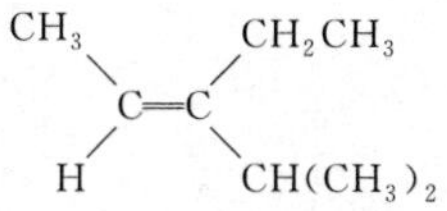

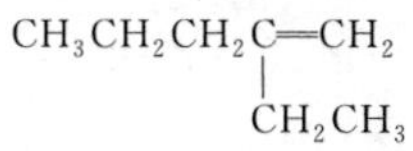

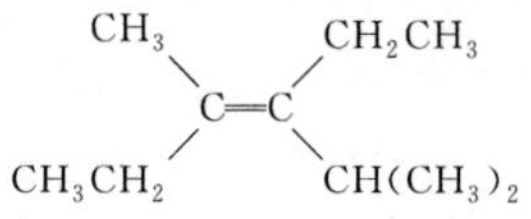

二、写出下列化合物的结构式

（1）2-甲基-4-乙基庚烷　　（2）2,2-二甲基-4-异丙基-庚烷

（3）2,3-二甲基-2-戊烯　　（4）2,5-二甲基-3,4-二乙基-3-己烯

（5）4-甲基-2-己炔　　（6）3-甲基-3-戊烯-1-炔

（7）顺-3,4-二甲基-3-庚烯　　（8）2-甲基-1,3-丁二烯

三、完成下列方程式

（1）$CH_3\underset{\underset{CH_3}{|}}{C}HCH_3 + Cl_2 \xrightarrow{h\nu}$

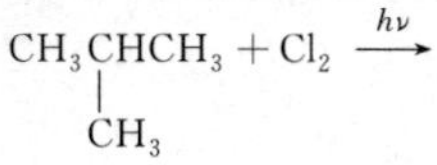

（2）$CH_3CH{=}\underset{\underset{CH_3}{|}}{C}CH_3 + Br_2 \longrightarrow$

（3）$CH_3CH{=}\underset{\underset{CH_3}{|}}{C}CH_3 + HBr \longrightarrow$

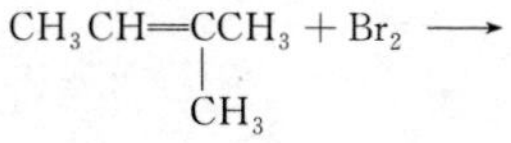

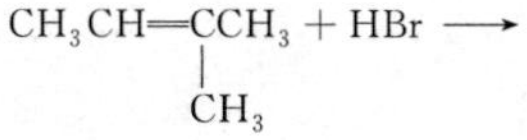

(4) $CH_3C(CH_3){=}CH_2 + H_2SO_4 \longrightarrow$

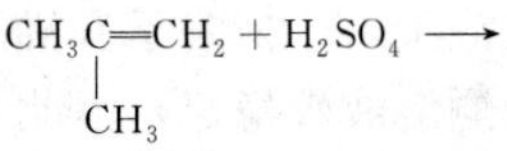

(5) $CH_3CH_2CH{=}CH_2 \xrightarrow{\text{冷、稀 }KMnO_4\text{ 水溶液}}$

(6) 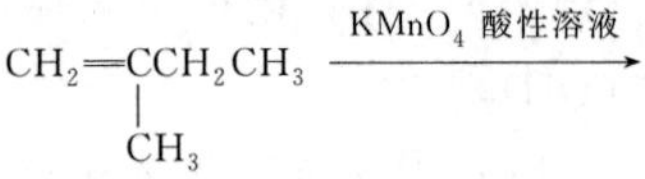 $CH_2{=}C(CH_3)CH_2CH_3 \xrightarrow{KMnO_4\text{ 酸性溶液}}$

(7) $CH_3CH(CH_3)C{\equiv}CH + 2[Cu(NH_3)_2]Cl \longrightarrow$

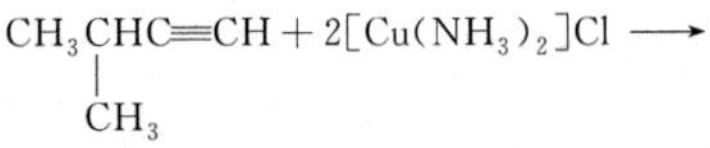

(8) $CH_3C{\equiv}CH + HBr \longrightarrow$

四、用化学方法鉴别下列化合物

(1) 乙烷、乙烯　　(2) 1-戊炔、2-戊炔

(3) 丁烷、1-丁烯、1-丁炔

五、推断题

某烯烃化学式为 C_5H_{10}。用酸性高锰酸钾溶液氧化后，得到 CH_3COOH 和 CH_3COCH_3。试推测该烯烃的结构式。

编号 FJC-16-04

学习单元 6-4 脂环烃和芳香烃化合物

学习目标： 在完成了本单元学习之后，能够掌握芳香烃的命名方法，并掌握其化学性质。

职业领域： 化工、石油、环保、医药、冶金、建材等。

工作范围： 分析。

环烃包括脂环烃和芳香烃两大类，脂环烃是指具有类似脂肪烃的性质而分子中含有碳环结构的烃类。环烷烃是一类重要的脂环烃，石油中就含有多种环烷烃，一些植物的挥发油、萜类和甾体等天然化合物都是环烷烃的衍生物，抗菌药物环丙沙星也具有环烷烃的结构。

一、脂环烃

饱和的脂环烃又称环烷烃。链状烷烃两头的两个碳原子形成碳碳单键，即形成环状结构，把这种结构的烷烃叫环烷烃。环烷烃通式为 C_nH_{2n}（$n \geqslant 3$），它们在性质上与链状烷烃相似。

环的大小不同，环烷烃的稳定性不同。小环如三元环和四元环的环烷烃不稳定，易发生开环加成反应。环烷烃不稳定原因为轨道重叠程度小，碳碳单键为弯曲键，稳定性较低，成键电子云分布在两核连线外侧，核对其束缚小，存在扭转张力，相邻两碳原子上碳氢键均为重叠式构象。随着碳原子数的增加，键的弯曲程度减小，环碳原子不在同一平面上，轨道重叠程度增大，角张力减小，环烷烃稳定性增加。

自环戊烷开始，成环的碳原子不在一个平面内，碳碳单键间的夹角基本上可以保持正常的 $109°28'$ 和最大程度的重叠。所以，五元环以上的大环都是稳定的，六元环是最稳定的环，在自然界中存在最普遍。

1. 环烷烃的命名

环烷烃与链状烯烃互为同分异构体。简单环烷烃的命名基本与直链烷烃相同，加前缀“环”称为环某烷。当环上有一个支链时，以环烷烃为母体，支链为取代基进行命名。若连有多个取代基时，将成环碳原子编号，从小基团开始，使取代基位次最小进行编号。例如：

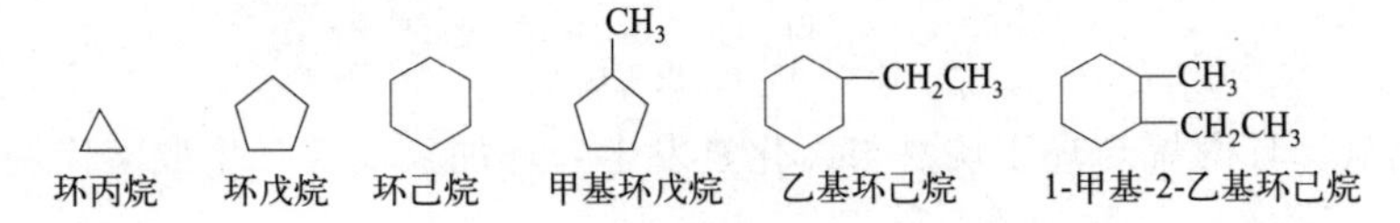

含有多个环的环烷烃结构复杂，例如桥环烷烃，这类化合物是两个或两个以上的碳环通过共用的两个碳原子来连接。编号从其中一个桥头碳原子开始，沿着最长的桥到另一桥头碳原子，然后沿次长桥回到桥头碳原子，再到最短的桥的编号。例如：

不饱和脂肪烃的命名，在相应的不饱和烃名称前加上“环”字，编号时从不饱和碳原子

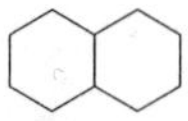

二环[4.4.0]癸烷

开始，使所有不饱和键编号位次最小。例如：

1,3-环戊二烯　环己烯

2. 环烷烃的性质

环烷烃的熔点、沸点和相对密度较碳原子数相同的开链烷烃高。由于环烷烃的环状结构，使分子较有序，排列较紧密，分子间作用力较大。

环烷烃的性质与烷烃相似，具有饱和性，不活泼，但在一定条件下能发生取代反应和氧化反应；同时环烷烃的性质与烯烃也相似，由于环的张力作用，易开环，发生加成反应。

（1）卤代反应　在光照或高温下，环烷烃与烷烃一样，可以发生卤代反应生成卤代环烷烃。例如：

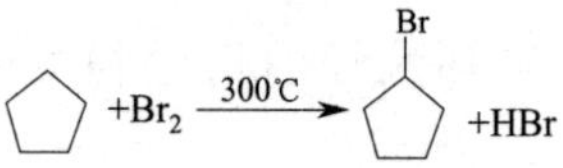

$$+Br_2 \xrightarrow{300℃} \text{(Br)} + HBr$$

溴代环戊烷

$$\text{—}CH_3 + Cl_2 \xrightarrow{光照} \text{(Cl, }CH_3\text{)} + HCl$$

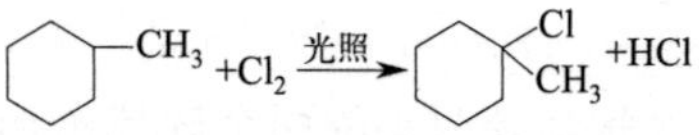

1-甲基-1-氯环己烷

（2）开环加成反应　环烷烃的碳环被打开，形成链状的化合物，这样的反应被称为开环加成反应。

① 催化加氢。在催化剂作用下，环丙烷在80℃即开始加氢，120℃时反应很容易；环丁烷在120℃即开始加氢，200℃时反应很容易；环戊烷、环己烷等较大的环烷烃在300℃以上才开始加氢。例如：

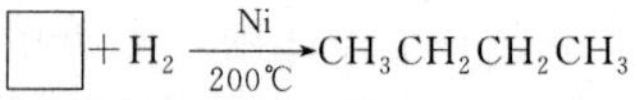

$$+H_2 \xrightarrow[200℃]{Ni} CH_3CH_2CH_2CH_3$$

② 加卤素。环丙烷及其衍生物易与卤素进行开环加成反应，生成二卤代烷，而环丁烷需加热才能与卤素发生加成反应。

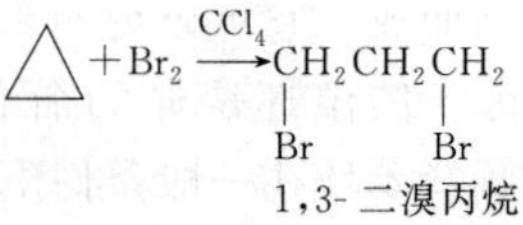

$$+Br_2 \xrightarrow{CCl_4} \underset{Br}{CH_2}CH_2\underset{Br}{CH_2}$$

1,3-二溴丙烷

$$+Br_2 \xrightarrow{\triangle} \underset{Br}{CH_2}CH_2CH_2\underset{Br}{CH_2}$$

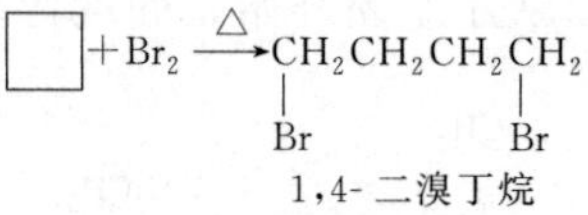

1,4-二溴丁烷

③ 加卤化氢。环丙烷与环丁烷易与卤化氢发生开环加氢反应，生成卤代烷。例如：

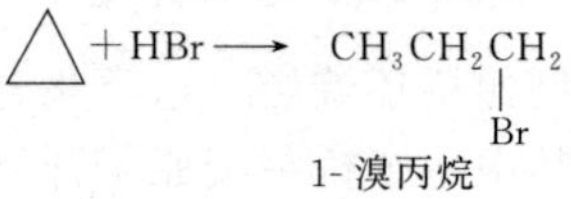

$$+HBr \longrightarrow CH_3CH_2\underset{Br}{CH_2}$$

1-溴丙烷

$$+HBr \xrightarrow{\triangle} CH_3CH_2CH_2\underset{Br}{CH_2}$$

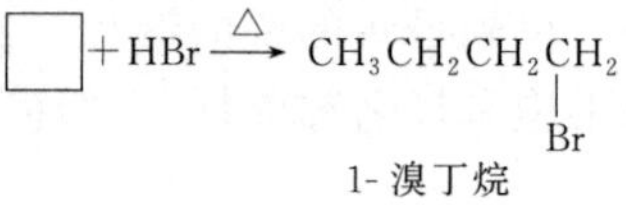

1-溴丁烷

环丙烷的衍生物与卤化氢发生开环加氢反应时遵循马氏规则，卤原子加到含氢最少的碳原子上。

（3）氧化反应　在常温下，环烷烃与氧化剂不发生反应，即便是环丙烷，常温下也不能使高锰酸钾溶液褪色，可以此鉴别环烷烃和烯烃。但加热或有催化剂存在时，环烷烃可被强氧化剂氧化，环破裂生成二元酸。例如：

$$+O_2 \xrightarrow[100℃,1.0\times10^6\,Pa]{钴,乙酸} \begin{array}{l}CH_2CH_2COOH\\ |\\ CH_2CH_2COOH\end{array}$$

己二酸

二、芳香烃

芳香烃简称芳烃，是芳香族化合物的母体。芳香族化合物最初是从香树脂、香料油等天然产物中得到，具有芳香气味而得名。芳香烃大都含有苯环结构，苯的分子式为 C_6H_6，其同系物的通式为 C_nH_{2n-6}。现代芳烃的概念是指具有芳香性的一类环状化合物，它们不一定具有香味，也不一定含有苯环结构。芳香烃具有其特征性质——芳香性（易取代，难加成，难氧化）。

芳烃一般可分为苯系芳烃和非苯系芳烃。含有苯环的芳烃称为苯系芳烃；不含苯环，但具有苯环结构特征的平面碳环，有芳香性的芳烃称为非苯系芳烃。

苯系芳烃按苯环的数目和结构不同可分为三类。

（1）单环芳烃　分子中只含有一个苯环的芳烃，包括苯及其同系物，如苯、甲苯等。

（2）多环芳烃　分子中含有两个或两个以上苯环的芳烃，如联苯、三苯甲烷等。

（3）稠环芳烃　分子中含有两个或多个苯环，彼此间通过共用两个相邻碳原子稠合而成的芳烃，如萘、蒽、菲等。

1. 苯的结构

苯是最简单又最重要的芳烃，也是所有苯系芳香族化合物的母体，要掌握芳香烃的特性，就要从认识苯的分子结构开始，从而进一步理解和掌握芳香烃及其衍生物的特殊性。

1825 年，英国化学家法拉第（M. Faraday）从照明气的液体冷凝物中分离出苯，1833 年测得苯的分子式为 C_6H_6，1865 年德国化学家凯库勒提出了关于苯的结构的构想，而真正解决苯分子结构的问题是在 20 世纪 30 年代分子轨道理论发展起来后。

凯库勒认为苯分子是一个由六个碳原子组成的平面环状六边形结构，键角为 120°，碳环是由三个碳碳单键和三个碳碳双键交替排列而成，它可以说明苯分子的组成及原子间的相互连接次序，并表明碳原子是四价的，六个氢原子的位置等同，因而可以解释苯的一元取代产物只有一种的实验事实。但凯库勒结构式不能解释苯环在一般条件下不能发生类似烯烃的加成、氧化反应，也不能解释苯的邻位二元取代产物只有一种的实验事实。苯的凯库勒结构式为：

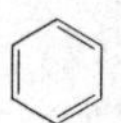

按照杂化轨道理论，苯分子中的六个碳原子均以 sp^2 杂化轨道成键，杂化轨道相互沿对称轴的方向重叠形成六个 C—Cσ 键，组成一个正六边形。苯分子中六个碳原子各以一个 sp^2 杂化轨道与六个氢原子 1s 轨道沿对称轴方向重叠形成六个 C—Hσ 键，碳原子的 sp^2 杂化轨道的对称轴夹角为 120°，苯分子的六个碳原子和六个氢原子在同一个平面上。此外，每个碳原子剩下一个未参加杂化的 p 轨道，六个 p 轨道的对称轴彼此平行，且垂直于 σ 键所在的平面，这样六个 p 轨道依次“肩并肩”平行重叠，形成了一个包括六个碳原子和六个 π 电子在内的共轭大 π 键。

由于苯分子中碳碳键完全等同，他们既不同于一般的碳碳单键，也不同于碳碳双键，但每个碳碳键都具有闭合的共轭大π键的特殊性质，所以，苯的结构可以用一个带有圆圈的正六边形（⌬）表示，直线表示碳碳σ键，圆圈表示苯分子中完全平均化的大π键。虽然如此，为了方便起见，本书仍按习惯采用苯的凯库勒结构式。

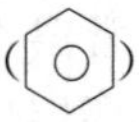

2. 单环芳烃的命名

简单的一元取代苯，命名时以苯作为母体，烷基为取代基，称为某烃基苯。例如：

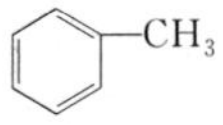

$C_6H_5-CH_3$ 甲苯　$C_6H_5-CH_2CH_3$ 乙苯　$C_6H_5-CH(CH_3)_2$ 异丙苯　$C_6H_5-CH_2(CH_2)_{10}CH_3$ 十二烷基苯

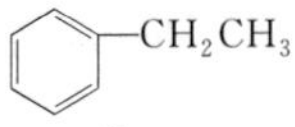

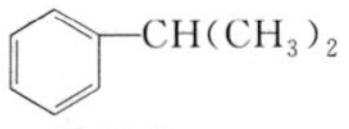

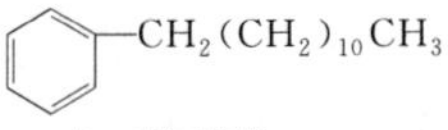

二元取代苯可用邻、间、对作为字头来标明取代基的相对位置或用 *o*-、*m*-、*p*-表示，也可用阿拉伯数字标明取代基的相对位置。例如：

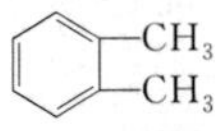

1,2-二甲苯 邻(*o*-)二甲苯　1,3-二甲苯 间(*m*-)二甲苯　1,4-二甲苯 对(*p*-)二甲苯

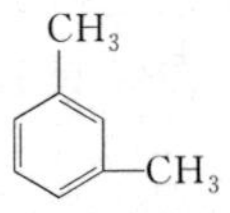

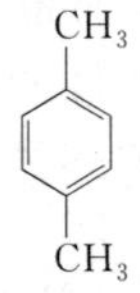

若苯环上有三个取代基时，常用连、偏、均表示它们的相对位置。例如：

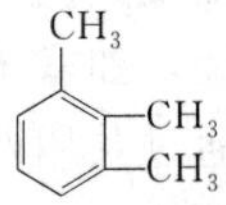

1,2,3-三甲苯 连三甲苯　1,2,4-三甲苯 偏三甲苯　1,3,5-三甲苯 均三甲苯

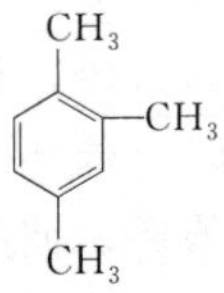

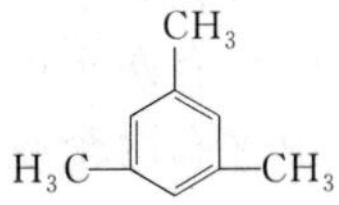

芳烃去掉一个氢原子剩下的部分为芳基，用 Ar—表示，苯基常用 Ph—表示。重要的芳基有：

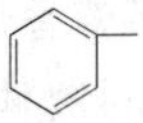

C_6H_5- 苯基　$C_6H_5-CH_2-$ 苯甲基(苄基)　$o-CH_3C_6H_4-$ 邻甲苯基

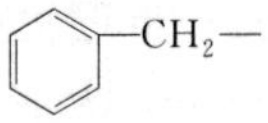

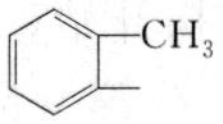

对于支链比较复杂的芳烃，命名时把苯环作为取代基。例如：

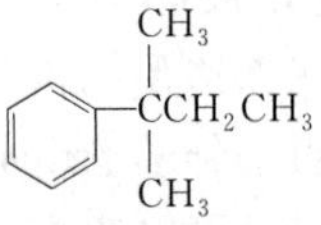

$C_6H_5-C(CH_3)_2CH_2CH_3$ 2-甲基-2-苯基丁烷　$C_6H_5-CH=CH_2$ 苯乙烯　$C_6H_5-C\equiv CH$ 苯乙炔

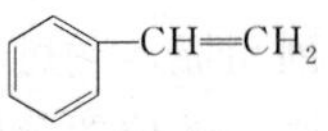

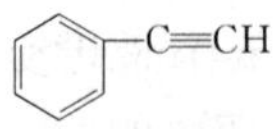

若苯环上含有的两个取代基（官能团）不同时，命名按下列顺序：磺酸基（$-SO_3H$）、羧基（—COOH）、醛基（—CHO）、羰基（—CO—）、氰基（—CN）、羟基（—OH）、氨基（$-NH_2$）、烷氧基（—OR）、烷基（—R）、硝基（$-NO_2$）、卤素（—X）。排在前面的官能团为母体，排在后面的作为取代基。例如：

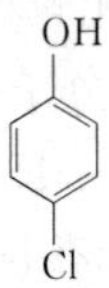

对氯苯酚 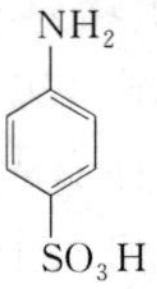　对氨基苯磺酸 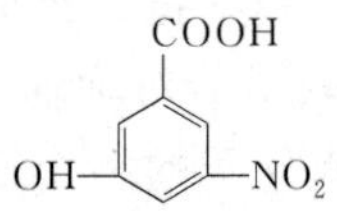　3-硝基-5-羟基苯甲酸

3. 单环芳烃的性质

（1）物理性质　苯系芳香烃一般为无色有芳香气味的液体，易挥发，不溶于水，相对密

度为0.85～0.93，能溶解很多有机物质，是良好的有机溶剂，燃烧时火焰带有较浓的黑烟。苯系芳香烃具有一定的毒性，尤其是苯会对呼吸道、神经系统和造血器官产生损害，因此大量和长期接触时需要注意防护。

(2) 化学性质　苯环的特殊结构表明，它具有特殊的稳定性，没有典型的碳碳双键的性质。易发生亲电取代反应、难发生加成反应和氧化反应，这是芳香族化合物共有的特性，称为芳香性。

① 亲电取代反应

a. 卤代反应。在路易斯酸（如$FeCl_3$、$AlCl_3$、$FeBr_3$等）催化下，苯环上的氢原子被卤原子取代生成卤代苯的反应，称为卤代反应。反应中，卤素的活性顺序如下：$F_2>Cl_2>Br_2>I_2$。其中氟最活泼，反应不易控制，无实际意义，碘过于稳定，不易发生反应。因此，单环芳烃的卤代反应通常是指与氯和溴的反应。例如：

$$C_6H_6 + Br_2 \xrightarrow{FeBr_3} C_6H_5Br + HBr$$

溴苯

溴苯继续溴化比苯困难，产物主要是邻二溴苯和对二溴苯。

$$2C_6H_5Br + 2Br_2 \xrightarrow{FeBr_3} o\text{-}C_6H_4Br_2 + p\text{-}C_6H_4Br_2 + 2HBr$$

邻二溴苯　对二溴苯

烷基苯的卤代反应比苯容易进行，主要生成邻、对位产物。但在光照或高温条件下，卤代反应则发生在侧链烷基α-氢原子上。例如：

$$C_6H_5CH_3 \xrightarrow[FeCl_3]{Cl_2} o\text{-}ClC_6H_4CH_3 + p\text{-}ClC_6H_4CH_3$$

$$C_6H_5CH_3 \xrightarrow[光照]{Cl_2} C_6H_5CH_2Cl \xrightarrow[光照]{Cl_2} C_6H_5CHCl_2 \xrightarrow[光照]{Cl_2} C_6H_5CCl_3$$

b. 硝化反应。苯与浓硝酸和浓硫酸的混合物（混酸）共热，苯环上的氢原子被硝基取代生成硝基苯的反应，称为硝化反应。

$$C_6H_6 + HNO_3(浓) \xrightarrow[50\sim60℃]{浓H_2SO_4} C_6H_5NO_2 + H_2O$$

硝基苯

硝基苯为浅黄色油状液体，有苦杏仁味，其蒸气有毒。硝基苯的进一步硝化比苯困难，需要更高的温度和发烟硝酸作为硝化剂，生成产物主要是间二硝基苯。

$$C_6H_5NO_2 + HNO_3(发烟) \xrightarrow[100℃]{浓H_2SO_4} m\text{-}C_6H_4(NO_2)_2 + H_2O$$

间二硝基苯

烷基苯硝化比苯硝化容易进行，硝化的主要产物是邻、对硝基苯。例如：

$$\text{甲苯} \xrightarrow[30℃]{\text{混酸}} \text{邻硝基甲苯} + \text{对硝基甲苯}$$

如果继续发生硝化反应，则 60℃时主要产物是 2,4-二硝基甲苯，100℃时主要产物是 2,4,6-三硝基甲苯（TNT）。苯环上的硝化是制备芳香族硝基化合物最重要的一种方法。

c. 磺化反应。苯和浓硫酸或发烟硫酸共热时，苯环上的氢原子被磺酸基（$-SO_3H$）取代生成苯磺酸的反应，称为磺化反应。

$$C_6H_6 + H_2SO_4(\text{浓}) \xrightleftharpoons{70\sim80℃} C_6H_5SO_3H + H_2O$$

苯磺酸

磺化反应为可逆反应，为了使反应正向进行，常用发烟硫酸作磺化剂。苯磺酸进一步发生磺化反应时，比苯要难，需要发烟硫酸和较高的温度，产物主要是间苯二磺酸。

$$C_6H_5SO_3H + H_2SO_4(\text{发烟}) \xrightarrow{200\sim230℃} C_6H_4(SO_3H)_2 + H_2O$$

间苯二磺酸

烷基苯比苯更容易磺化，且在常温下主要生成对位产物和邻位产物。例如：

$$\text{甲苯} \xrightarrow{H_2SO_4} \text{邻甲基苯磺酸} + \text{对甲基苯磺酸}$$

温度	邻甲基苯磺酸	对甲基苯磺酸
0℃	43%	53%
25℃	32%	62%
100℃	13%	79%

d. 傅-克反应

傅瑞德尔（C. Friedel）和克拉夫茨（J. M. Crafts）反应简称傅-克反应，包含烷基化和酰基化反应两类。

烷基化：在无水三氯化铝等催化剂存在下，苯与卤代烷反应，苯环上的氢原子被烷基取代生成烷基苯，称为傅-克烷基化反应。例如：

$$C_6H_6 + CH_3CH_2Cl \xrightarrow{\text{无水 } AlCl_3} C_6H_5CH_2CH_3 + HCl$$

在烷基化反应中，引入的烷基含 3 个或 3 个以上碳原子时，常常发生重排反应，生成重排产物。例如：

$$C_6H_6 + CH_3CH_2CH_2Cl \xrightarrow{\text{无水 } AlCl_3} \underset{35\%}{C_6H_5CH_2CH_2CH_3} + \underset{\text{重排产物},65\%}{C_6H_5CH(CH_3)_2}$$

酰基化：在无水三氯化铝等催化剂存在下，苯与酰氯（RCOX）或酸酐（RCOOCOR′）反应，苯环上的氢原子被酰基（RCO—）取代生成酰基苯（或芳酮），称为傅-克酰基化反应。例如：

$$C_6H_6 + CH_3COCl \xrightarrow{\text{无水 }AlCl_3} C_6H_5COCH_3 + HCl$$

苯乙酮

② 加成反应

a. 催化加氢。在加热、加压和催化剂（铂、钯、镍）作用下，苯与氢气发生加成反应生成环己烷。例如：

$$C_6H_6 + H_2 \xrightarrow[50\sim60℃,2.5MPa]{\text{雷尼镍}} C_6H_{12}$$

环己烷

b. 加氯。在日光或紫外线照射下，苯与氯气发生加成反应生成六氯环己烷。例如：

$$C_6H_6 + 3Cl_2 \xrightarrow[50℃,2.5MPa]{\text{日光或紫外线}} C_6H_6Cl_6$$

六氯环己烷俗称六六六，曾作为农药使用，其具有化学稳定性，不易分解且残留性较大，许多国家已禁止使用。

③ 氧化反应

a. 苯环氧化。苯在一般情况下，不易发生氧化反应，但采用较强烈的氧化条件可以发生氧化反应。例如：

$$2C_6H_6 + 9O_2 \xrightarrow[450\sim500℃]{V_2O_5} 2C_4H_2O_3 + 4H_2O + 4CO_2\uparrow$$

顺丁烯二酸酐

b. 侧链氧化。当苯环上连有侧链时，由于受苯环的影响，其 α-H 比较活泼，容易被氧化，而且无论侧链长短、结构如何，最后的氧化产物都是苯甲酸。例如：

$$C_6H_4(CH_3)(CH_2CH_3) \xrightarrow[\triangle]{KMnO_4/H^+} C_6H_4(COOH)_2$$

邻苯二甲酸

4. 苯环亲电取代反应的定位规律

（1）定位规律　苯环上一个氢原子被其他原子或基团取代后生成的产物叫一元取代苯。苯环上原有的基团将决定再引入第二个基团的难易程度和进入的位置，称为定位基。原有基团给第二个基团的进入起指示位置的作用，称为定位效应。在一元取代苯的亲电取代反应中，新引入的第二个基团可取代苯环上不同位置的氢原子，分别生成邻位、间位、对位三种二元取代产物。苯环上原有取代基使第二个基团主要进入其邻位和对位（产物之和大于60%），称为邻、对位定位基，也称为第一定位基。苯环上原有取代基使第二个基团主要进入其间位（间位产物之和大于40%），称为间位定位基，也称为第二定位基。

根据原有取代基影响新引入基团的难易程度不同，又把原取代基分为活化基和钝化基，前者使苯环活化，新引入第二个基团取代更容易；后者使苯环钝化，新引入第二个基团取代更难。常见定位基分类如下：

① 邻、对位定位基，活化基：$—O^-$（活化能力最强），$—NR_2$、—NHR、$—NH_2$、—OH、—OR（强活化），—OCOR、—NHCOR（中等活化），$—C_6H_5$、$—CH_3$（较弱活化）。

② 邻、对位定位基，钝化基：—X（较弱钝化）

③ 间位定位基，钝化基：$—N^+R_3$、$—NO_2$、$—CF_3$、$—CCl_3$、—CN、$—SO_3H$、—CHO、—COR、—COOH、$—CONH_2$ 等。所有间位定位基均为钝化基，其钝化作用依次减弱。

邻、对位定位基的结构特点是：与苯环直接相连的原子带有负电荷，或带有未共用电子对。间位定位基的结构特点是：与苯环相连的原子带正电荷，或以重键（不饱和键）与电负性较强的原子相连接。

苯环上两个氢原子被其他原子或基团取代后生成的产物叫二元取代苯。苯环上已有两个取代基时，第三个取代基进入苯环的位置，主要取决于原来两个取代基的定位效应。

① 当苯环上原有的两个取代基对于新引入第三个取代基的定位作用一致时，仍由上述定位规律来决定。例如：下列化合物中再引入一个基团时，基团主要进入箭头所示的位置。

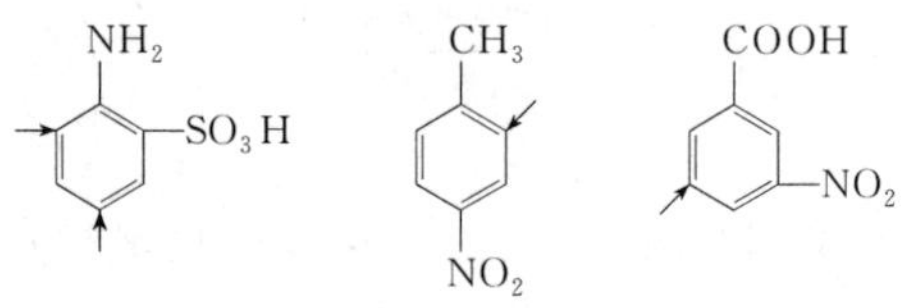

NH_2 SO_3H CH_3 NO_2 COOH NO_2

② 当苯环上原有的两个取代基对于新引入第三个取代基的定位作用不一致时，大致可以分为以下两种情况。

a. 如果两个定位基是同一类，第三个取代基进入苯环的位置主要由较强定位基决定。例如：

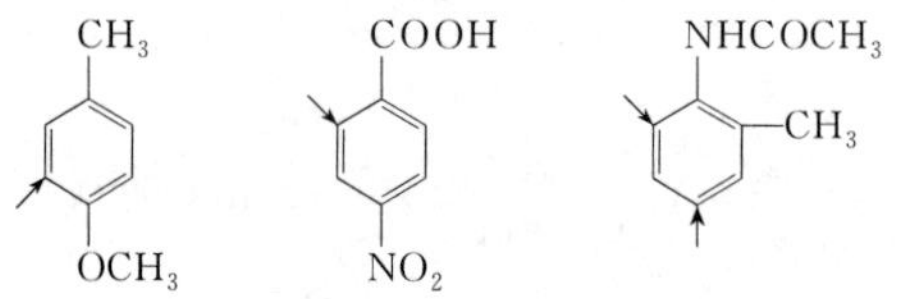

CH_3 OCH_3 COOH NO_2 $NHCOCH_3$ CH_3

b. 如果两个定位基不是同一类，第三个取代基进入苯环的位置，一般由邻、对位定位基决定，同时要考虑空间位阻效应。例如：

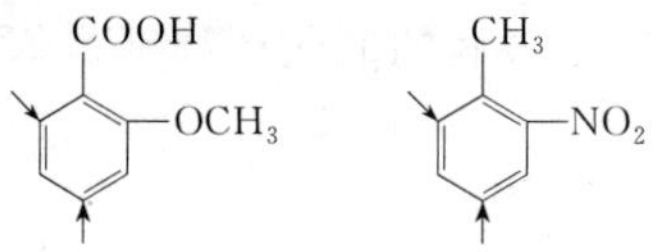

COOH OCH_3 CH_3 NO_2

（2）定位规律的应用

定位规律对于预测主要产物和选择合理的合成路线十分有用，例如：

① 由甲苯合成间硝基苯甲酸

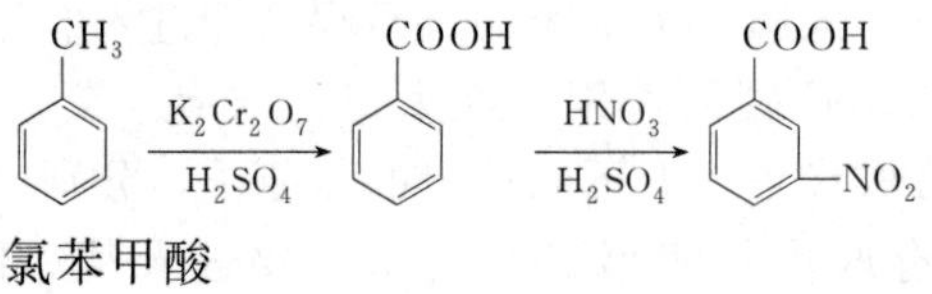

CH_3 $\xrightarrow[H_2SO_4]{K_2Cr_2O_7}$ COOH $\xrightarrow[H_2SO_4]{HNO_3}$ COOH NO_2

② 由苯合成间硝基对氯苯甲酸

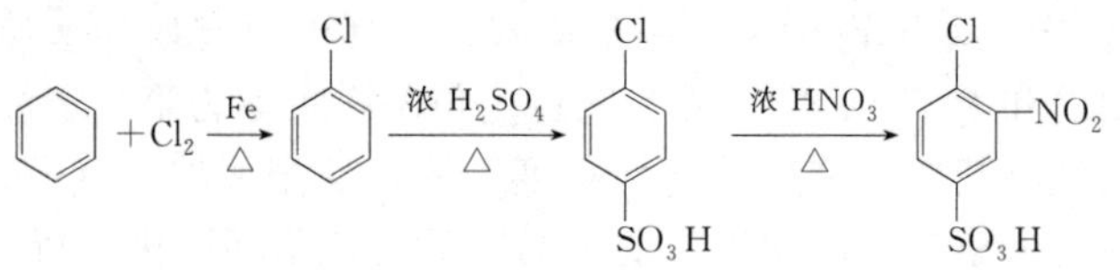

$+Cl_2 \xrightarrow[\triangle]{Fe}$ Cl $\xrightarrow[\triangle]{浓 H_2SO_4}$ Cl SO_3H $\xrightarrow[\triangle]{浓 HNO_3}$ Cl NO_2 SO_3H

三、稠环芳烃

由多个苯环共用两个或多个碳原子稠合而成的芳香烃称为稠环芳香烃，简称稠环芳烃。简单的稠环芳烃有萘、蒽、菲等。最重要的稠环芳烃是萘。

1. 萘

萘（$C_{10}H_8$）存在于煤焦油中，是光亮的白色片状晶体，熔点 80.5℃，沸点 218℃，易升华，不溶于水，易溶于乙醇、乙醚等有机溶剂，有特殊气味，具有驱虫防蛀作用。

（1）萘的结构　萘由两个苯环稠合而成，结构与苯环相似，骨架碳原子是 sp^2 杂化，整个分子是平面结构，每个碳原子上的 p 轨道平行重叠形成大 π 键。因此，萘与苯一样具有芳香性，但与苯的结构有所不同，萘分子中的碳碳键不完全相同。

（2）萘的命名　萘环上碳原子的编号从两环合并处第一个含氢原子的碳原子开始。

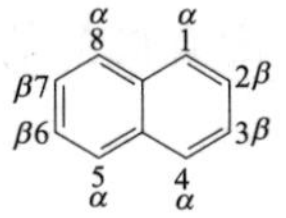

α 8　α 1　2β　3β　4 α　5 α　β6　β7

其中 1、4、5、8 位等同，称为 α 位，2、3、6、7 位等同，为 β 位。萘的一元取代物命名时，可用阿拉伯数字或 α、β 来标明取代基的位置。

二元和多元取代物，则用阿拉伯数字来标明取代基的位置。例如：

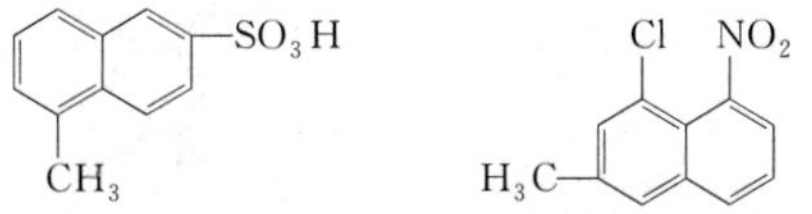

SO_3H　CH_3　5-甲基-2-萘磺酸

Cl　NO_2　H_3C　3-甲基-8-硝基-1-氯萘

（3）萘的性质　萘的亲电取代活性大于苯，反应易发生在 α 位，也易发生氧化和还原反应。

① 取代反应

卤化反应：氯气通入萘的苯溶液中，在氯化铁催化下生成 α-氯萘，为无色液体。例如：

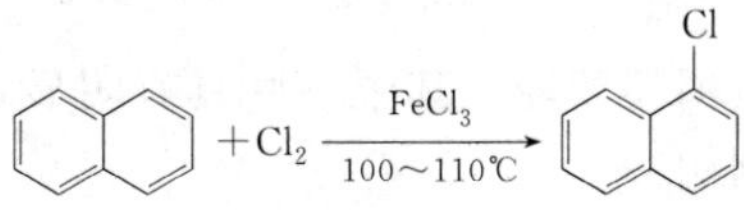

$+ Cl_2 \xrightarrow[100\sim110℃]{FeCl_3}$ （Cl）α-氯萘

硝化反应：萘在混酸中硝化，得主产物 α-硝基萘，为黄色针状结晶。例如：

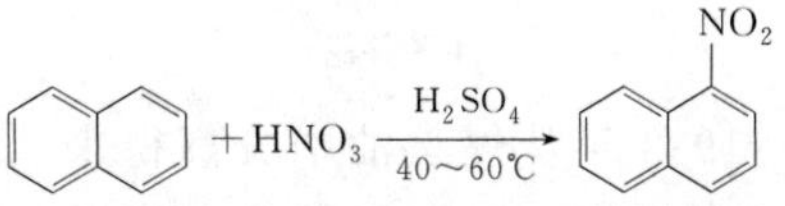

$+ HNO_3 \xrightarrow[40\sim60℃]{H_2SO_4}$ （NO_2）α-硝基萘

磺化反应：萘的磺化为可逆反应，反应温度不同，磺化的主产物不同。低温主要生成 α-萘磺酸，高温主要生成 β-萘磺酸。例如：

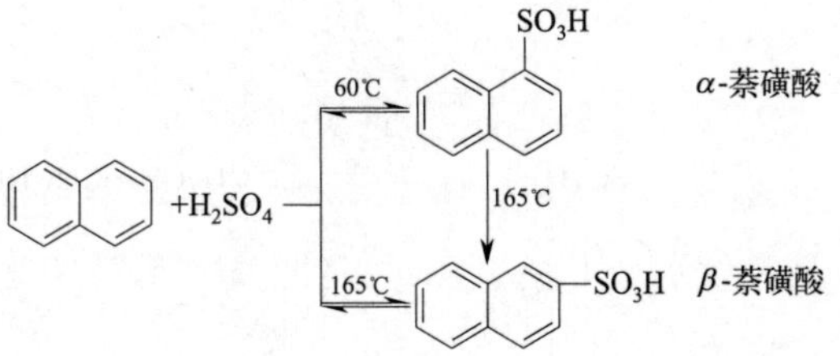

$+H_2SO_4$　60℃　SO_3H　α-萘磺酸　165℃　165℃　SO_3H　β-萘磺酸

② 氧化反应。萘比苯易氧化，氧化反应发生在 α 位。在缓和条件下，萘氧化成醌；在强烈条件下，萘氧化生成邻苯二甲酸酐。

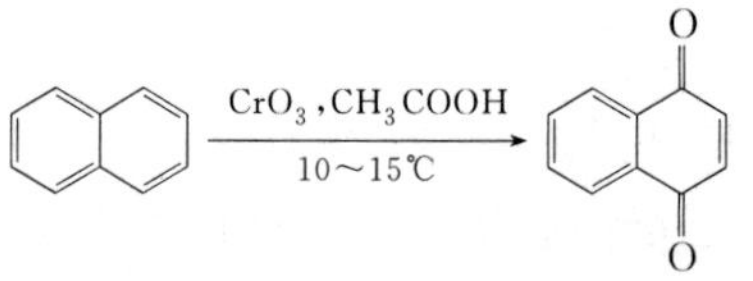

$$\text{萘} \xrightarrow[10\sim15℃]{CrO_3,CH_3COOH} \text{1,4-萘醌}$$

1,4-萘醌

③ 加成反应。萘在适当条件下催化加氢，可分别生成四氢化萘和十氢化萘。例如：

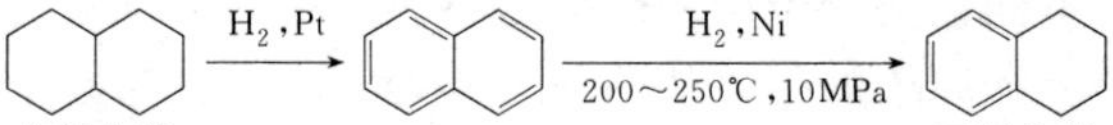

$$\text{十氢化萘} \xleftarrow{H_2,Pt} \text{萘} \xrightarrow[200\sim250℃,10MPa]{H_2,Ni} \text{四氢化萘}$$

十氢化萘　　四氢化萘

四氢化萘，沸点208℃，是性能良好的有机溶剂，可用于溶解脂肪，还能溶解硫黄；十氢化萘，沸点192℃，常作为高沸点溶剂。

2. 蒽和菲

蒽和菲（$C_{14}H_{10}$）互为同分异构体，都是由三个苯环稠合而成的稠环芳烃，其中蒽的三个苯环为直线排列，菲的三个苯环呈角式排列。

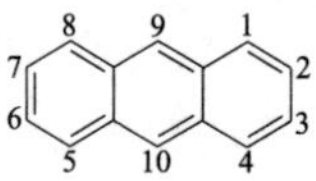

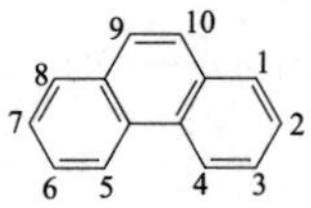

蒽　　菲

蒽和菲都存在于煤焦油中，蒽为带有淡蓝色荧光的无色晶体，熔点215℃，不溶于水，难溶于乙醇和乙醚，较易溶于热苯，用于制作蒽醌和染料等。菲为白色片状晶体，熔点101℃，不溶于水，溶于乙醇、苯和乙醚中，溶液有蓝色的荧光。

3. 致癌烃

在煤焦油中还发现许多其他稠环芳烃，其中一些具有明显致癌作用的稠环芳烃，称为致癌烃，均为蒽或菲的衍生物。例如：

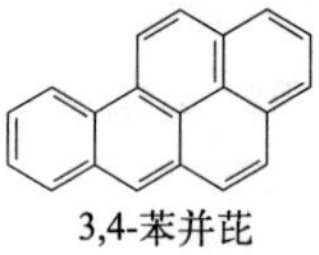

3,4-苯并芘

3,4-苯并芘为浅黄色晶体，1933年从煤焦油中分离得来。煤的干馏、煤和石油等的燃烧焦化，都可产生3,4-苯并芘，在煤烟或汽车尾气的空气以及吸烟产生的烟雾中也可检测出3,4-苯并芘，测定空气中3,4-苯并芘的含量是环境监测项目的重要指标之一。

进度检查

一、命名下列化合物

(1) 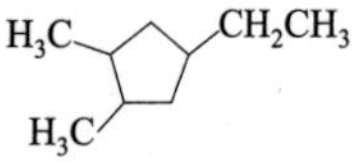 H_3C、H_3C、CH_2CH_3（环戊烷）　(2) 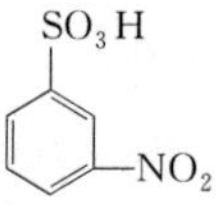 SO_3H、NO_2（苯环）　(3) $CH_3CH{=}CHCHCH_3$（苯基）

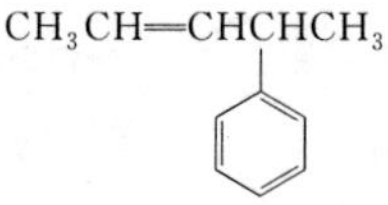

（4）CH_2CH_3 / $C(CH_3)_3$　　（5）COOH / Cl / NO_2　　（6）$—CH_3$

（7）COOH / $H_3C—$ / $—CH_3$ / Br　　（8）CH_3 / Cl— / —Br

二、写出下列化合物的结构式

（1）1,3-二甲基环戊烷　　（2）3-甲基环丁烯　　（3）对甲苯磺酸

（4）间二硝基苯　　（5）1-苯基-1,3-丁二烯　　（6）1,3,5-三乙苯

（7）4-氯-2-硝基甲苯　　（8）2-溴-4-硝基-5-羟基苯甲酸

三、完成下列反应式

（1）$—CH_3 + HBr \xrightarrow{\triangle}$

（2）CH_3 $+ 3H_2 \xrightarrow{Pt}$

（3）CH_3 $\xrightarrow[浓\ H_2SO_4]{浓\ HNO_3}$

（4）CH_2CH_3 $\xrightarrow[光照]{Cl_2}$

四、用化学方法鉴别下列各组化合物

（1）乙苯、苯乙烯、环已烷　　　（2）苯、甲苯、溴苯、硝基苯

（3）苯、环戊烯、环戊二烯

五、指出下列化合物中哪些具有芳香性

（1）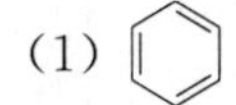　（2）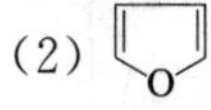

（3）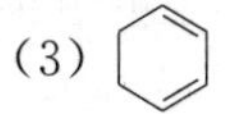　（4）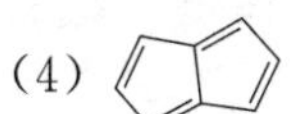

（5）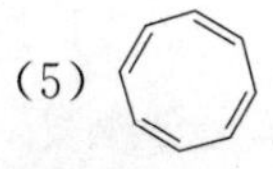　（6）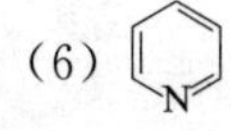

六、推断题

（1）某芳香烃化学式为 C_9H_8，能和氯化亚铜氨溶液反应产生红色沉淀，用酸性高锰酸钾氧化得到对苯二甲酸。试推测该芳香烃的结构式，并写出有关反应式。

（2）某芳香烃化学式为 C_9H_{12}，用酸性高锰酸钾氧化得二元羧酸，将其进行硝化，只得到两种一硝基产物。试推测该芳香烃的结构式，并写出有关反应式。

编号 FJC-16-05

学习单元 6-5　苯及其同系物的硝化实验

学习目标：在完成了本单元学习之后，掌握苯及其同系物的鉴别方法。
职业领域：化工、石油、环保、医药、冶金、建材等。
工作范围：分析。

一、实验目的

① 验证苯及其同系物的主要化学性质。
② 掌握苯及其同系物的鉴别方法。

二、实验原理

芳香烃具有芳香性，其化学性质不同于饱和烃和不饱和烃，通常情况下不易发生氧化和加成反应，而易发生亲电取代反应。苯环难被氧化，但苯环上的侧链易被氧化，因此苯的同系物如甲苯、乙苯与强氧化剂（高锰酸钾、重铬酸钾）在酸性条件下反应都生成苯甲酸。

三、实验步骤

1. 取代反应

如图 6-10 所示，在具支试管里放入铁丝球，另取一支试管将苯和液溴按 4∶1 体积比混合。在分液漏斗里加热 2.5mL 混合液。在双球 U 形管里注入四氯化碳，导管通入盛硝酸银溶液的试管里。开启活塞，逐滴加入苯和液溴的混合液，观察 A、B 处现象。反应后将具支试管里的液体倒入盛有氢氧化钠溶液的烧杯里。

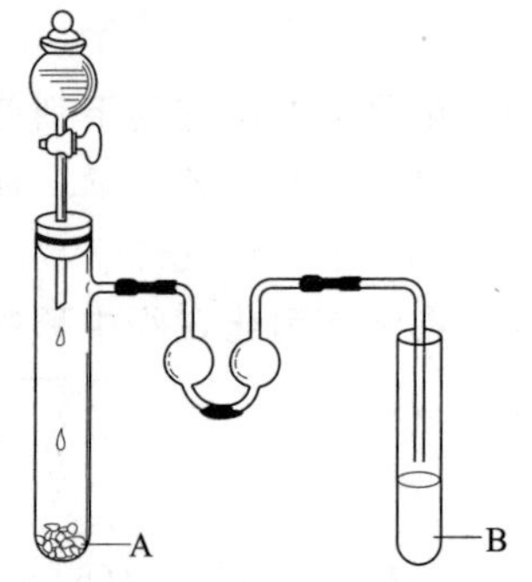

图 6-10　实验装置

2. 硝化反应

取一支干燥的试管，小心加入 0.5mL 浓硫酸和 0.5mL 浓硝酸，边加边振摇，边用冷水冷却，然后慢慢滴入 10 滴苯，每加 2～3 滴即加以振摇，如果放热过多温度较高（烫手）时，用冷水冷却试管，待苯全部加完后，振摇，在 50～60℃热水中水浴 15min，然后把试管内容物倒入盛有 20mL 水的小烧杯中，观察现象，嗅其气味。

3. 氧化反应

取 2 支试管，分别加入 10 滴 0.5%高锰酸钾溶液，振摇，充分混合。然后各加入 10 滴苯、甲苯、乙苯，振摇，如果观察没有什么变化，将试管在水浴中加热几分钟，再观察现象，并解释现象发生的原因。

四、注意事项

① 取代反应实验中导管末端不可插入锥形瓶内水面以下，因为 HBr 气体易溶于水，以防倒吸。

② 硝化反应时，水浴温度若超过 60℃，硝酸将分解，部分苯将挥发。硝基苯为淡黄色油状液，有毒，不可久嗅。实验完毕应将硝基苯倒入指定的回收瓶中。

五、思考题

① 如何用化学方法鉴别苯和甲苯？

② 结合所学知识，从绿色化学的角度出发，甲苯的硝化反应实验需要如何设计？苯的取代反应可以如何优化设计？

素质拓展阅读

凯库勒发现苯环的故事

在科学史上，想象力创造奇迹的例子屡见不鲜，例如，道尔顿原子论、门捷列夫元素周期律、卢瑟福原子模型、玻尔原子轨道模型等，都是大胆想象的结果。与其说想象力是科学家的专利，不如说它是科学发明的发源地。

化学史曾记录过一位富有想象力的化学家凯库勒创建了由 6 个碳原子构成的苯环结构的传奇故事。凯库勒早年受过建筑师的训练，具有一定的形象思维能力，他善于运用模型方法，把化合物的性能与结构联系起来，他潜心钻研当时有机界的难题——苯分子的结构。

1864 年冬天，他的科学想象让他获得了重大的突破。他是这样记载这一伟大的创造过程的：“晚上，我坐下来写教科书，但工作没有任何进展，我一直无法集中精力。我把椅子转向炉火，打起瞌睡来了。原子又在我眼前跳跃起来，这时较小的基因谦逊地退到后面。我的思维因这类幻觉的不断出现变得更敏锐了，逐渐能分辨出多种形状的大结构，也能分辨出紧密地靠在一起的长行分子，它盘绕、旋转，像蛇一样动着。看！那是什么？有一条蛇咬住了它自己的尾巴，这个形状虚幻地在我的眼前旋转不停，我触电般地猛然醒来，花了这一夜的剩余时间，做出了这个关于苯环结构的假想！”于是，凯库勒首次满意地写出了苯的结构式，指出芳香族化合物的结构含有封闭的碳原子环，并且它不同于具有开链结构的脂肪族化合物。

苯环结构的诞生，不仅是化学发展史上的一块里程碑，还是想象创造历史的典型。对其所取得的成就，凯库勒认为：“让我们学会做梦、学会想象吧！那么，我们就可以发现真理。”

模块 7 烃的重要衍生物

编号 FJC-17-01

学习单元 7-1 重要的卤代烃

学习目标： 在完成了本单元学习之后，能够给卤代烃进行分类和命名，熟练掌握一元卤代烃的化学性质及其结构与性质间的关系，会卤代烃的主要制备方法及鉴别方法。

职业领域： 化工、石油、环保、医药、冶金、建材等。

工作范围： 分析。

卤代烃是烃分子中一个或多个氢原子被卤原子取代后的化合物，常用 RX 或 ArX 表示。烷烃分子中一个或几个氢原子被卤素原子取代生成的化合物，属于饱和卤代烃。饱和一卤代烃通式为 $C_nH_{2n+1}X$。这类化合物自然界不存在，是人工合成的。卤代烃在工业、农业、医药和日常生活中都有广泛的应用。比较典型的卤代烃有：六六六、DDT、聚氯乙烯、聚四氟乙烯等。

一、卤代烃的分类

1. 按分子中卤原子所连烃基类型分类

（1）卤代烷烃　$R—CH_2—X$

（2）卤代烯烃和炔烃　$R—CH═CH—CH_2—X$

$R—C≡C—X$

（3）卤代芳烃　$C_6H_5—X$

$C_6H_5—CH_2X$

2. 按卤素所连的碳原子的类型分类

$R—CH_2—X$	$R_2—CH—X$	$R_3C—X$
伯卤代烃	仲卤代烃	叔卤代烃
一级卤代烃（1°）	二级卤代烃（2°）	三级卤代烃（3°）

3. 按分子中所含卤原子的数目分类

C_6H_5Br　　$\underbrace{CH_2Cl_2\quad CHI_3\quad CCl_4}$

一卤代烃　　多卤代烃

二、卤代烷的命名

1. 普通命名法

简单的卤代烃用普通命名或俗名，称为“卤（代）某烃”或“某烃基卤”。

$(CH_3)_3CCl$ 叔丁基氯（氯代叔丁烷）

$CH_3CH_2CH(Br)CH_3$ 仲丁基氯（溴代仲丁烷）

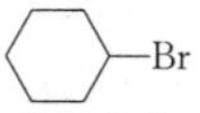

环己基-Br 环己基溴（溴代环己烷）

有些多卤代烃沿用俗名。

$CHCl_3$ 氯仿　$CHBr_3$ 溴仿　CHI_3 碘仿　$CF_3CF_2CF_3$ 全氟丙烷　$C_6H_5-CH_2Cl$ 氯化卞

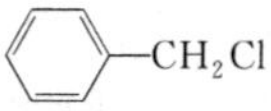

2. 系统命名

复杂的卤代烃一般用系统命名法。以烃为母体，卤素作为取代基。

（1）脂肪族饱和卤代烃　选择连有卤原子的最长碳链为主链，称“某烷”，编号一般从离取代基近的一端开始，“次序规则”小的取代基先列出。例如：

$CH_3CH_2CH_2CH_2Cl$ 1-氯丁烷

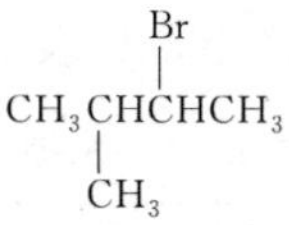

$CH_3CH(CH_3)CH(Br)CH_3$ 2-甲基-3-溴丁烷

CF_2Cl_2 二氟二氯甲烷

（2）脂肪族不饱和卤代烃　选择含有不饱和键和连接卤原子的最长碳链为主链，从离双键或三键最近的一端编号，其他命名同饱和链状卤代烃。

$CH_2=CHCH_2CH_2Br$　4-溴-1-丁烯 √　1-溴-3-丁烯 ×

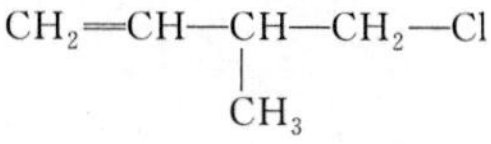

$CH_2=CH-CH(CH_3)-CH_2-Cl$　3-甲基-4-氯-1-丁烯 √　2-甲基-1-氯-3-丁烯 ×

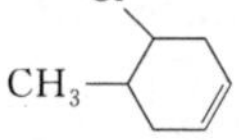

（环己烯，带 Cl 和 CH_3）　4-甲基-5-氯环己烯

（3）芳香族卤代烃　当卤原子连在环上时，一般以芳环为母体（主链），卤原子为取代基。当卤原子连在侧链时，则侧链为主链，卤原子和芳环都作为取代基。

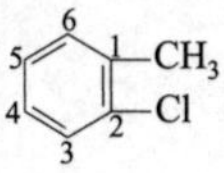

（苯环 1-CH_3，2-Cl）1-甲基-2-氯苯(或邻氯甲苯)　　$C_6H_5-CHCl_2$ 苯基二氯甲烷

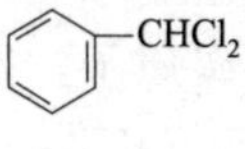

三、卤代烃的性质

1. 物理性质

卤代烃的物理性质基本上与烃类似。在常温下，溴甲烷、氯甲烷、氯乙烷、氟代烷（4个碳原子以下）为气体，其余为无色液体或固体。

纯净的卤代烷多数为无色。溴代烷和碘代烷对光较敏感，特别是碘代烷易受光、热的作用分解，产生游离碘而逐渐变为红棕色。卤代烷在铜丝上燃烧时能产生绿色火焰，为鉴别卤原子的简便方法（氟代烃除外）。

一卤代烷有不愉快的气味，其蒸气有毒。氯乙烯对眼睛有刺激性，有毒，是一种致癌物。一卤代芳烃具有香味，苄基卤则有催泪性。

由于卤原子的引入，C—X 键具有较强的极性，使卤代分子间的引力增加，从而使卤代烃的沸点升高，相对密度增加，卤代烃的沸点比碳原子数相同的烷烃高。在烃基相同的卤代烃中，碘代烃的沸点最高，氟代烃的沸点最低。

一卤代烃的密度大于碳原子数相同的烷烃的密度，随着碳原子数的增加，这种差异逐渐减小。分子中卤原子增多，密度增大。一氯代烷的相对密度小于 1，一溴代烷、一碘代烷及多卤代烷的相对密度均大于 1。在同系列中，相对密度一般随烃基中碳原子数增加而减小，这是由于卤素在分子中所占的比例逐渐减少。

同分异构体中，支链卤代烃的沸点比直链卤代烃的低，且支链越多，沸点越低。烃基相同的卤代烷，沸点的规律为：碘代烷＞溴代烷＞氯代烷。卤代烷不溶于乙醇、乙醚等有机溶剂。某些卤代烷如氯仿、四氯化碳等本身就是良好的溶剂。

2. 化学性质

卤素是卤代烃的官能团，且化学反应主要发生在 C—X 键上。分子中 C—X 键为极性共价键，卤代烃的化学性质活泼，易发生取代反应、消除反应和与金属的反应。分子中 C—X 键的键能（C—F 键除外）都比 C—H 键小，见表 7-1。

表 7-1　C—X 键的键能

键	C—H	C—Cl	C—Br	C—I
键能 kJ/mol	414	335	285	218

故 C—X 键比 C—H 键容易断裂而发生各种化学反应。

（1）取代反应　卤素原子的电负性较强，C—X 键的共用电子对偏向卤原子，使碳带部分正电荷，易受带正电荷或孤电子对的试剂的进攻。

① 水解反应

$$RCH_2-X+NaOH \xrightarrow{\text{水}} RCH_2OH+NaX$$

加 NaOH 是为了加快反应的进行，使反应完全。

此反应是制备醇的一种方法，但一般醇无合成价值，可用于制取引入羟基比引入卤素困难的醇。

② 与氰化钠反应

$$RCH_2X+NaCN \xrightarrow{\text{醇}} \underset{\text{腈}}{RCH_2CN}+NaX$$

反应后分子中增加了一个碳原子，是有机合成中增长碳链的方法之一。

—CN 可进一步转化为—COOH、$-CONH_2$ 等基团。

③ 与氨反应

$$R-X+2NH_3(\text{过量}) \longrightarrow R-NH_2+NH_4X$$

④ 与醇钠（RONa）反应

$$R-X+R'ONa \longrightarrow \underset{\text{醚}}{R-OR'}+NaX$$

R—X 一般为 1°RX，仲、叔卤代烷与醇钠反应时，主要发生消除反应生成烯烃。

⑤ 与 $AgNO_3$ 醇溶液反应

$$R—X + AgNO_3 \xrightarrow{\text{醇}} R—O\ NO_2 + AgX\downarrow$$

硝酸酯

此反应可鉴别卤化物，卤原子不同或烃基不同的卤代烃，其取代反应活性有差异。卤代烃的反应活性为：

$R_3C—X$(叔卤代烷)＞$R_2CH—X$(仲卤代烷)＞$RCH_2—X$(伯卤代烷)

R—I＞R—Br＞R—Cl

上述反应都是由试剂的负离子部分或未共用电子对去进攻C—X键中电子云密度较小的碳原子而引起的。这些进攻试剂都有较大的电子云密度，能提供一对电子给C—X键中带正电荷的碳，也就是说这些试剂具有亲核性，我们把这种能提供负离子的试剂称为亲核试剂。由亲核试剂的进攻而引起的取代反应称为亲核取代反应，简称S_N(S表示取代，N表示亲核的)。

反应通式如下：

$$R—L + :Nu \longrightarrow R—Nu + L:$$

反应物（底物）　亲核试剂（进攻基团）　产物　离去基团

$Nu = HO^-$、RO^-、—CN、NH_3、$^-ONO_2$

(2) 消除反应　从分子中脱去一个简单分子生成不饱和键的反应称为消除反应，用E表示。卤代烃与NaOH(KOH)的醇溶液作用时，脱去卤素与β碳原子上的氢原子而生成烯烃。这是制备烃的一种重要方法。

$$\underset{H}{\overset{|}{—C—}}\overset{X}{\underset{|}{C—}} \xrightarrow{\text{强碱的醇溶液}} \gt C=C\lt + HX$$

消除反应的活性：

$$3°RX > 2°RX > 1°RX$$

2°RX、3°RX脱卤化氢时，遵守查依采夫(Saytzeff)规则——当有两种β—H时，总是从含H最少的β—C上消去H，即得到双键碳上取代基较多的烯烃。

例如：

$$CH_3CH_2CH_2\underset{Br}{CH}CH_3 \xrightarrow{\text{KOH,乙醇}} \underset{69\%}{CH_3CH_2CH=CHCH_3} + \underset{31\%}{CH_3CH_2CH_2CH=CH_2}$$

1-氯-1,2-二甲基环己烷 $\xrightarrow{\text{KOH,乙醇}}$ 1,2-二甲基环己烯（主）+ 1,6-二甲基环己烯（次）+ 2-甲基-1-亚甲基环己烷（$=CH_2$）（极少）

消除反应与取代反应在大多数情况下是同时进行的，为竞争反应，哪种产物占优则与反应物结构和反应的条件有关。当卤代烷的结构相同时，在碱的水溶液中有利于取代，而在碱的醇溶液中有利于消除；当反应条件相同时，伯卤代烷容易发生取代反应，而叔卤代烷则容易发生消除反应。

(3) 与金属镁的反应　卤代烃能与金属镁发生反应，生成有机金属化合物——金属原子直接与碳原子相连接的化合物。

注意：①反应活性为：碘代烷＞溴代烷＞氯代烷。

②格氏试剂可与含活泼氢的化合物反应。

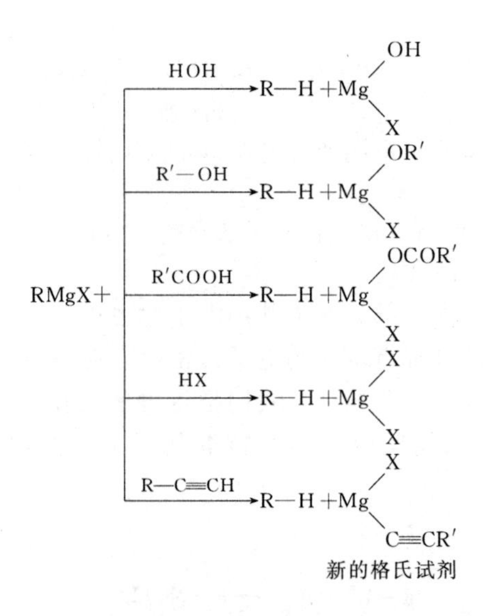

格氏试剂遇水就分解，所以，在制备和使用格氏试剂时都必须用无水溶剂和干燥的容器。操作要采取隔绝空气中湿气的措施。在利用 RMgX 进行合成过程中还必须注意含活泼氢的化合物。另外，卤代烷与金属锂在非极性溶剂（无水乙醚、石油醚、苯）中作用生成有机锂化合物。

四、一卤代烯烃和一卤代芳烃

1. 分类

（1）乙烯式或苯基式卤代烃

例如：

$CH_2=CHCl$　　$CH_3CH_2CH=CHCl$　　—Cl

（2）烯丙式或苄基式卤代烃

例如：

$CH_2=CHCH_2Cl$（3-氯丙烯）　　—Br（3-溴环己烯）　　—CH_2Cl（苄氯）　　—$CH(Cl)—CH_3$（α-氯代乙苯）

（3）孤立式卤代烃

例如：

$CH_2=CH_2CH_2CH_2Cl$（4-氯-1-丁烯）　　—Cl（4-氯环己烯）　　—CH_2CH_2Br（β-溴代乙苯）　　—$CH_2(CH_2)_nCl$（$n\geqslant1$）

2. 化学反应活性

化学反应活性取决于两个因素：

（1）烃基的结构　烯丙式或苄基式＞孤立式＞乙烯式或苯基式。

（2）卤素的性质　R—I＞R—Br＞R—Cl。

可用不同烃基的卤代烃与 $AgNO_3$ 醇溶液反应，根据生成卤化银沉淀的快慢来测得其活性次序，详见表 7-2。

$$R—X+AgNO_3 \xrightarrow{醇} RONO_2+AgX\downarrow$$

表 7-2　不同烃基的卤代烃活性次序

$CH_2=CHCH_2—X$ 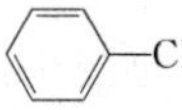 （苯环）$—CH_2—X$ $(CH_3)_3C—X$ $R—I$	$R_2CH—X$ $R—CH_2—X$ $CH_2=CH(CH_2)_n—X$ $n\geqslant2$	$CH_2=CH—X$ 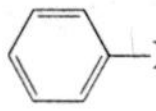 （苯环）$—X$
室温下立即生成 AgX↓	加热才能生成 AgX↓	加热也不生成 AgX↓

五、卤代烃的制法

1. 由烃制备

以前已讲过的方法有：

烷烃、芳烃侧链的光卤代（Cl、Br）
烯烃 α-H 的高温卤代
} 自由基取代

芳烃的卤代（Fe 催化），亲电取代
烯、炔加 HX、X_2，亲电加成
} 离子型反应

2. 由醇制备

常用试剂：HX、PX_3、PX_5 和 $SOCl_2$。

例：
$$CH_3CH_2CH_2CH_2OH+HBr \xrightarrow{H_2SO_4} CH_3CH_2CH_2CH_2Br+H_2O$$
95%

进度检查

一、命名下列化合物

1. $CH_2=CHCH(CH_3)CH_2Br$　　2. $CH_2ClCHClCH_2CH_3$

3. 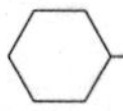 （环己基）$—CH_2Br$　　4. 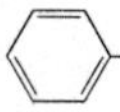 （苯环）$—C\equiv C—Cl$

二、写出下列化合物的结构式

1. 叔丁基溴　　2. 2-环己基-4-碘戊烷

3. 2-甲基-4-氯-3-己烯　　4. 氟利昂

三、写出下列反应的主要产物

1. 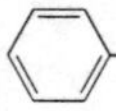 （苯环）$—CH_2Cl+NaOH \xrightarrow{H_2O}$

2. $CH_3CH_2CHBrCH_3 \xrightarrow{NH_3}$

3. $CH_2=CHCH_2Br+RMgX \xrightarrow{无水乙醚}$

4. $CH_3CH(CH_3)CHBrCH_3 \xrightarrow[\triangle]{KOH/醇}$

四、用化学方法鉴别下列物质

1. 氯苯和苄苯

2. 2-氯丁烷和 2-溴丁烷

五、推断题

1. 有A、B两种溴代烃，它们分别与NaOH-乙醇溶液反应，A生成1-丁烯，B生成异丁烯，试写出A、B两种溴代烃可能的结构式。

2. 某卤代烃C_4H_9Br(A)与KOH的醇溶液共热生成C_4H_8(B)。B氧化后得到丙酸、二氧化碳和水，B与HBr作用得到A的同分异构体C，试推出A、B、C的结构式及其相应反应式。

编号 FJC-17-02

学习单元 7-2　常见的醇、酚、醚

学习目标： 在完成了本单元学习之后，能够给醇、酚、醚进行分类和命名，熟练掌握醇、酚、醚的化学性质及其结构与性质间的关系，会醇、酚、醚的主要制备方法及鉴别方法。

职业领域： 化工、石油、环保、医药、冶金、建材等。

工作范围： 分析。

一、醇

1. 醇的结构

醇可以看成是烃分子中的氢原子被羟基（—OH）取代后生成的衍生物（R—OH）。即

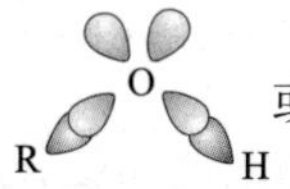

R—O—H（轨道示意图）或 R—O—H（键线式）

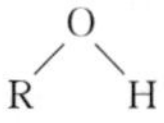

官能团：羟基（—OH）（又称醇羟基）。

2. 醇的分类

① 根据羟基所连碳原子种类分为一级醇（伯醇）、二级醇（仲醇）、三级醇（叔醇）。

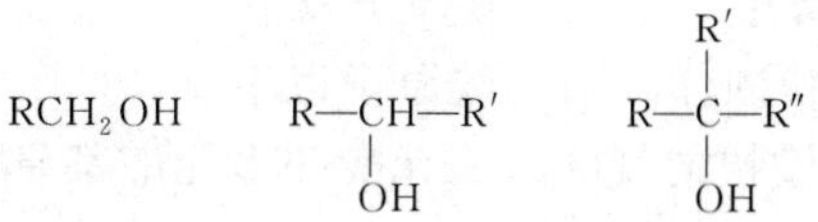

RCH_2OH　　$R—CH(OH)—R'$　　$R—C(OH)(R')—R''$

② 根据分子中烃基的类别分为　脂肪醇（饱和醇和不饱和醇）、脂环醇和芳香醇（芳环侧链有羟基的化合物，羟基直接连在芳环上的不是醇而是酚）。

③ 根据分子中所含羟基的数目分为　一元醇、二元醇和多元醇。饱和一元醇的通式为 $C_nH_{2n+1}OH$ 或 $C_nH_{2n+2}O$（同饱和醚）。

两个羟基连在同一碳上的化合物不稳定，这种结构会自发失水，故同碳二醇不存在。另外，烯醇是不稳定的，容易变为比较稳定的醛和酮，这在前面已讨论过。

3. 醇的命名

（1）俗名　有些有机物习惯沿用俗名，如乙醇俗称酒精，丙三醇俗称甘油等。

（2）普通命名法　简单的一元醇用普通命名法命名，称：烷基的名称 + 醇。

例如：

CH_3CH_2OH	$CH_3—CH(CH_3)—CH_2OH$	$CH_3—C(CH_3)_2—OH$	环己基—OH	$C_6H_5—CH_2OH$
乙(基)醇	异丁醇	叔丁醇	环己醇	苄醇

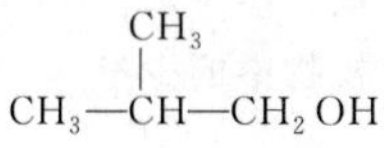

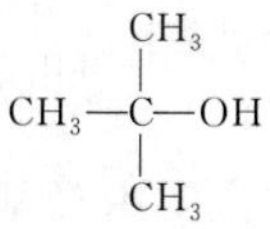

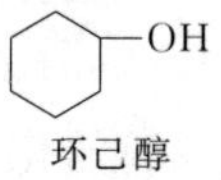

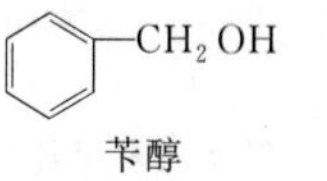

(3) 系统命名法　结构比较复杂的醇，采用系统命名法。

① 选主链（母体）。选择连有羟基的最长的碳链为主链，称为某醇。

② 编号。无论有无不饱和键，总是从靠近羟基的一端开始编号，运用最低系列原则。

③ 写出全称。支链名称+*n*-某醇。(*n* 表示羟基的位置)

例如：

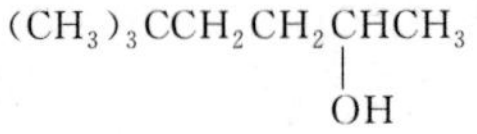

$(CH_3)_3CCH_2CH_2CH(OH)CH_3$　　5,5-二甲基-2-己醇

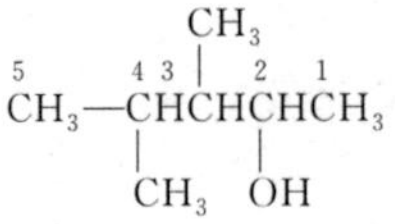

$\overset{5}{C}H_3-\overset{4}{C}H(CH_3)\overset{3}{C}H(CH_3)\overset{2}{C}H(OH)\overset{1}{C}H_3$　　3,4-二甲基-2-戊醇

$CH_3-CH=CHCH_2OH$　　2-丁烯醇(巴豆醇)

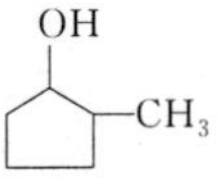

2-甲基环戊醇（环戊烷上 1 位 OH，2 位 $-CH_3$）

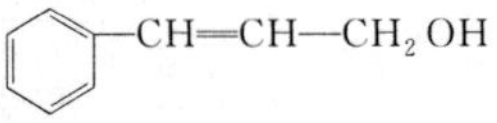

$C_6H_5-CH=CH-CH_2OH$　　3-苯基-2-丙烯醇

另外，多元醇的命名，要选择含—OH 尽可能多的碳链为主链，羟基的位次要标明。例如：

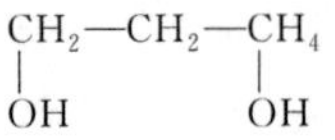

$CH_2(OH)-CH_2-CH_4(OH)$　　1,3-丙二醇

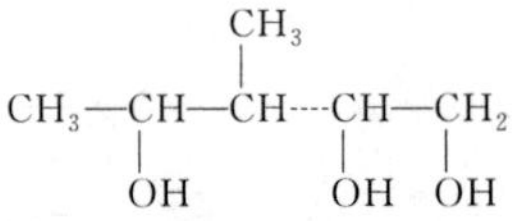

$CH_3-CH(OH)-CH(CH_3)-CH(OH)-CH_2(OH)$　　3-甲基-1,2,4-戊三醇

4. 醇的性质

(1) 醇的物理性质

① 性状气味。饱和一元醇中，十二个碳原子以下（$<C_{12}$）的醇为无色液体，高于十二个碳原子（$>C_{12}$）的醇为蜡状固体。四个碳原子以下（$<C_4$）的醇具有香味，四到十一个碳原子（$C_4 \sim C_{11}$）的醇有不愉快的气味。二元醇和多元醇都具有甜味。

② 沸点。比相应的烷烃的沸点高 100～120℃（形成分子间氢键的原因），如乙烷的沸点为−88.6℃，而乙醇的沸点为 78.3℃；比相对分子质量相近的烷烃的沸点高，如乙烷（相对分子质量为 30）的沸点为−88.6℃，甲醇（相对分子质量 32）的沸点为 64.9℃；含支链的醇比直链醇的沸点低，如正丁醇（117.3℃）、异丁醇（108.4℃）、叔丁醇（88.2℃）；分子中羟基越多，沸点越高，如乙二醇（197℃）、丙三醇（290℃）。

③ 溶解度。甲醇、乙醇和丙醇可与水以任意比混溶（与水形成氢键的原因）；C_4 以上则随着碳链的增长溶解度减小（烃基增大，其掩蔽作用增大，阻碍了醇羟基与水形成氢键）；分子中羟基越多，在水中的溶解度越大，如乙二醇、丙三醇可与水混溶。

低级醇能和一些无机盐（$MgCl_2$、$CaCl_2$、$CuSO_4$ 等）作用形成结晶醇，亦称醇化物。

例如：

$$\left.\begin{array}{l} MgCl_2 \cdot 6CH_3OH \\ CaCl_2 \cdot 4C_2H_5OH \\ CaCl_2 \cdot 4CH_3OH \end{array}\right\} \text{结晶醇：}$$

不溶于有机溶剂，溶于水。
可用于除去有机物中的少量醇。

(2) 醇的化学性质　醇的化学性质主要由羟基官能团所决定，同时也受到烃基的一定影响。从化学键来看，分子中的氧原子电负性强，使得 C—O 键和 O—H 键都是极性键，是醇进行化学反应的主要部位。又由于受C—O键极性的影响，使得α—H具有一定的活性，所以醇的反应都发生在C—OH、O—H和C—H这三个部位上。

$$\mathrm{R{-}\overset{\overset{H}{|}}{\underset{\underset{H}{|}}{C}}{-}O{-}H}$$

δ^+　δ^-　δ^+

酸性，生成酯

氧化反应　形成C^+，发生取代及消除反应

① 酸性（与活泼金属Na、K、Mg、Al等的反应，放出氢气）

$$CH_3CH_2OH + Na \longrightarrow CH_3CH_2ONa + 1/2H_2$$

黏稠固体（溶于过量乙醇中）

Na与醇的反应比与水的反应缓慢得多，反应所生成的热量不足以使氢气自燃，故常利用醇与Na的反应销毁残余的金属钠，而不发生燃烧和爆炸。

醇钠（RONa）是有机合成中常用的碱性试剂。醇钠是白色固体，溶于醇中，但遇水即分解成原来的醇和氢氧化钠，并存在下列解离平衡：

$$CH_3CH_2ONa + H_2O \rightleftharpoons CH_3CH_2OH + NaOH$$

醇的反应活性：CH_3OH（甲醇）>伯醇（乙醇）>仲醇>叔醇。

金属镁、铝也可与醇作用生成醇镁、醇铝。

$$6H_3C{-}\overset{\overset{CH_3}{|}}{C}H{-}OH + 2Al \longrightarrow 2(H_3C{-}\overset{\overset{CH_3}{|}}{C}H{-}O)_3Al + 3H_2\uparrow$$

还原剂　有机合成中常用的试剂

② 羟基被卤素取代

a. 与氢卤酸反应

$$R{-}OH + HX \longrightarrow R{-}X + H_2O$$

氢卤酸的反应活性：HI>HBr>HCl（因为亲核能力为：I^->Br^->Cl^-）。

醇的反应活性：烯丙型醇>叔醇>仲醇>伯醇。

卢卡斯（Lucas）试剂是无水$ZnCl_2$与浓盐酸配制成的溶液。用于鉴别6个碳及6个碳以下的低级伯、仲、叔醇。6个碳以下的伯、仲、叔醇，可以溶于卢卡斯试剂，生成的氯代烃不溶解，显出混浊，不同的醇出现浑浊的速率不同，以此可鉴别不同的醇。

$$H_3C{-}\overset{\overset{CH_3}{|}}{\underset{\underset{CH_3}{|}}{C}}{-}OH + HCl \xrightarrow[\text{室温}]{ZnCl_2} H_3C{-}\overset{\overset{CH_3}{|}}{\underset{\underset{CH_3}{|}}{C}}{-}Cl + H_2O$$

立即出现浑浊

$$H_3CH_2C{-}\overset{\overset{H}{|}}{\underset{\underset{OH}{|}}{C}}{-}CH_3 + HCl \xrightarrow[\text{室温}]{ZnCl_2} H_3CH_2C{-}\overset{\overset{H}{|}}{\underset{\underset{Cl}{|}}{C}}{-}CH_3 + H_2O$$

3～5min后出现浑浊

$$H_3CH_2CH_2C{-}\underset{\underset{OH}{|}}{CH_2} + HCl \xrightarrow[\text{室温}]{ZnCl_2} H_3CH_2CH_2C{-}\underset{\underset{Cl}{|}}{CH_2} + H_2O$$

加热后才出现浑浊

b. 与卤化磷和亚硫酰氯反应

$$3ROH+PX_3(P+X_2) \longrightarrow 3R-X+P(OH)_3$$

X=Br、I(制备溴代或碘代烃)

$$\left.\begin{aligned} ROH+PCl_5 &\longrightarrow R-Cl+POCl_3+HCl\uparrow \\ ROH+SOCl_2 &\longrightarrow R-Cl+SO_2\uparrow+HCl\uparrow \end{aligned}\right\} \text{制氯代烃}$$

此反应产物纯净

③ 与酸反应(成酯反应)

a. 与无机酸反应。醇与含氧无机酸(如硫酸、硝酸、磷酸)反应生成酯。

$$CH_3CH_2OH+HOSO_2OH \rightleftharpoons \underset{\text{硫酸氢乙酯(酸性酯)}}{CH_3CH_2OSO_2OH}+H_2O$$

$$CH_3CH_2OSO_2OH \xrightarrow{\text{减压蒸馏}} \underset{\text{硫酸二乙酯(中性酯)}}{(CH_3CH_2O)_2SO_2}+H_2SO_4$$

高级醇的硫酸酯是常用的合成洗涤剂之一。如 $C_{12}H_{25}OSO_2ONa$(十二烷基硫酸钠)。

$$\begin{array}{l} H_2C-OH \\ \;| \\ HC-OH \\ \;| \\ H_2C-OH \end{array} + 3HNO_3 \longrightarrow \begin{array}{l} H_2C-ONO_2 \\ \;| \\ HC-ONO_2 \\ \;| \\ H_2C-ONO_2 \end{array} + 3H_2O \quad \text{三硝酸甘油酯(可作炸药)}$$

$$3C_4H_9OH + HO-\overset{\overset{\large OH}{|}}{\underset{\underset{\large OH}{|}}{P}}=O \rightleftharpoons (C_4H_9O)_3P=O+3H_2O$$

磷酸三丁酯(作萃取剂,增塑剂)

b. 与有机酸反应

$$R-OH+CH_3COOH \overset{H^+}{\rightleftharpoons} CH_3COOR+H_2O$$

④ 脱水反应。醇与催化剂(浓硫酸或氧化铝)共热即发生脱水反应,随反应条件而异可发生分子内或分子间的脱水反应。较低温度下发生分子间脱水生成醚,较高温度下发生分子内脱水生成烯烃。

a. 分子内脱水成烯烃遵循查依采夫规则。

$$\underset{H}{\underset{|}{CH_2}}-\underset{OH}{\underset{|}{CH_2}} \xrightarrow[\text{或 } Al_2O_3,360℃]{\text{浓 } H_2SO_4,170℃} CH_2=CH_2+H_2O \quad \text{分子内脱水}$$

活性:叔醇 >仲醇 >伯醇

b. 分子间脱水成醚

$$CH_3CH_2-OH+H-OCH_2CH_3 \xrightarrow[\text{或 } Al_2O_3,240℃]{\text{浓 } H_2SO_4,140℃} CH_3CH_2OCH_2CH_3+H_2O \quad \text{分子间脱水}$$

⑤ 氧化和脱氢

a. 氧化。伯醇、仲醇分子中有 α-H 原子,受羟基的影响易被氧化。

伯醇被氧化为羧酸。

$$RCH_2OH \xrightarrow{K_2Cr_2O_7+H_2SO_4} RCHO \xrightarrow{[O]} RCOOH$$

$$CH_3CH_2OH+\underset{\text{橙红}}{Cr_2O_7^{2-}} \longrightarrow CH_3CHO + \underset{\text{绿色}}{Cr^{3+}}$$

$$CH_3CHO \xrightarrow{K_2Cr_2O_7} CH_3COOH$$

此反应可用于检查醇的含量,例如,检查司机是否酒后驾车的分析仪就是根据此反应原理设计的。在 100mL 血液中如含有超过 80mg 乙醇(最大允许量)时,呼出的气体所含的乙醇即可使仪器得出正反应。(若用酸性 $KMnO_4$,只要有痕量的乙醇存在,溶液颜色即从紫色变为无色，故仪器中不用 $KMnO_4$。）

仲醇一般被氧化为酮。

例如：

$$\text{环己醇} \xrightarrow[H_2SO_4]{K_2Cr_2O_7} \text{环己酮}$$

$$CH_3-\underset{}{\overset{CH_3}{\overset{|}{C}}}H-OH \xrightarrow{KMnO_4, H^+} \underset{\text{丙酮}}{CH_3-\overset{O}{\overset{\|}{C}}-CH_3}$$

叔醇没有 α—H 原子，一般难氧化，在剧烈条件下氧化则碳链断裂生成小分子氧化物。

b. 脱氢。伯、仲醇的蒸气在高温下通过催化活性铜时发生脱氢反应，生成醛和酮。

叔醇分子中没有 α—H，不发生脱氢反应。

$$RCH_2OH \xrightarrow{Cu\ 325℃} RCHO + H_2$$

$$C_6H_{11}-\underset{OH}{\underset{|}{C}}HCH_3 \xrightarrow{Cu\ \ 325℃} C_6H_{11}-\underset{O}{\underset{\|}{C}}-CH_3$$

5. 醇的制备

（1）由烯烃制备　烯烃的水合，即硼氢化-氧化反应。例：

$$CH_3(CH_2)_3CH{=}CH_2 \xrightarrow[\text{②}NaBH_4, OH^-]{\text{①}(CH_3COO)_2Hg, H_2O} \underset{99.5\%}{CH_3(CH_2)_3\underset{OH}{\underset{|}{C}}HCH_3}$$

（2）由醛、酮制备

① 醛、酮与格氏试剂反应。用格氏试剂与醛酮作用，可制得伯、仲、叔醇。

$$\rangle C{=}O + RMgX \xrightarrow[\text{或 THF(四氢呋喃)}]{\text{无水乙醚}} -\underset{R}{\underset{|}{\overset{|}{C}}}-OMgX \xrightarrow[H^{\oplus}]{H_2O} -\underset{R}{\underset{|}{\overset{|}{C}}}-OH + Mg\langle{}^{X}_{OH}$$

② 醛、酮的还原。醛、酮分子中的羰基可用还原剂（$NaBH_4$，$LiAlH_4$）还原或催化加氢还原为醇。

例如：

$$CH_3CH_2CH_2CHO \xrightarrow[H_2O]{NaBH_4} \underset{85\%}{CH_3CH_2CH_2CH_2OH}$$

$$CH_3CH_2-\overset{O}{\overset{\|}{C}}-CH_3 \xrightarrow[H_2O]{NaBH_4} \underset{87\%}{CH_3CH_2-\underset{OH}{\underset{|}{C}}H-CH_3}$$

③ 由卤代烃水解。此法只适合在相应的卤代烃比醇容易得到的情况时采用。

$$CH_2{=}CHCH_2Cl \xrightarrow[Na_2CO_3]{H_2O} CH_2{=}CHCH_2OH + HCl$$

$$C_6H_5-CH_2Cl \xrightarrow{NaOH + H_2O} C_6H_5-CH_2OH$$

二、酚

1. 酚的结构

酚是羟基直接与芳环相连的化合物。（羟基与芳环侧链相连的化合物为芳醇。）

通式：Ar—OH

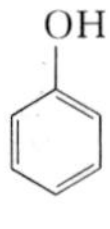

苯酚 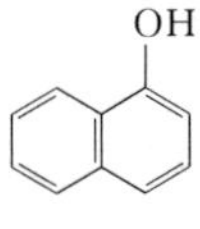　　α-萘酚 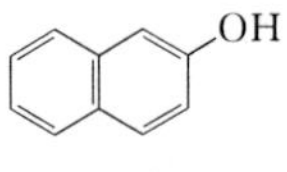　　β-萘酚

2. 酚的分类

酚按照羟基的数目可以分成一元酚和多元酚。

一元酚

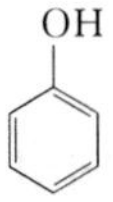

多元酚（二元酚，三元酚……）

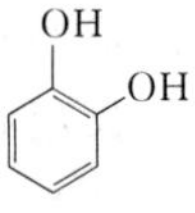

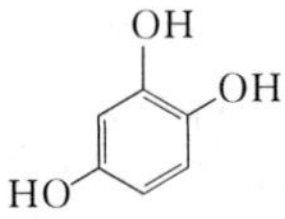

3. 酚的命名

命名按照官能团优先规则，同芳香烃的命名。

① 若苯环上没有比—OH优先的基团，则—OH与苯环一起为母体，称为“某酚”（芳环的名称＋某几酚）。

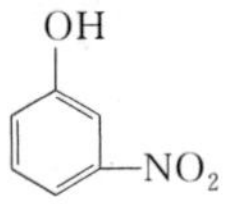

3-硝基苯酚（间硝基苯酚） 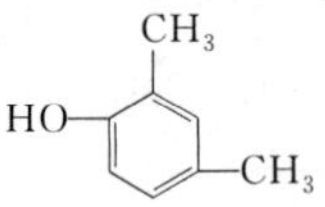　　2,4-二甲基苯酚

② 若苯环上有比—OH优先的基团，则—OH作取代基（芳香烃衍生物命名）。

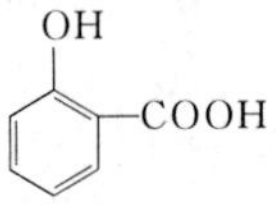

邻羟基苯甲酸（2-羟基苯甲酸或水杨酸） 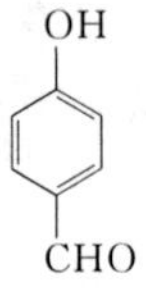　　对羟基苯甲醛（4-羟基苯甲醛）

4. 酚的性质

（1）酚的物理性质

① 状态。除少数烷基酚呈液态外，多数为固体。纯度酚为无色，在空气中易被氧气氧化，产生杂质，使其带有颜色（红色或红褐色）。大多数酚具有难闻的气味，但有些具有香味，酚类化合物均具有杀菌作用，苯酚（石炭酸）可用作外用消毒剂和防腐剂。

② 沸点。可形成氢键，沸点较高。

③ 熔点。对称性大的酚，其熔点比对称性小的酚要高。

④ 溶解性。酚能溶于乙醇、乙醚及苯等有机溶剂，在水中的溶解度不大，但随着酚中羟基的增多，水溶性增大。

（2）酚的化学性质　羟基既是醇的官能团也是酚的官能团，因此酚与醇具有共性。但由于酚羟基连在苯环上，苯环与羟基的互相影响又赋予酚一些特有性质，所以酚与醇在性质上又存在着较大的差别。

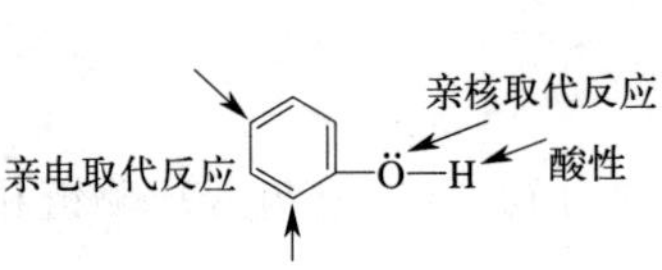

亲核取代反应　亲电取代反应　酸性

① 酚羟基的反应

a. 酸性

$$C_6H_5OH \longrightarrow C_6H_5O^- + H^+$$

$pK_a \approx 10$（不能使石蕊试纸变色）

如：

	CH_3CH_2OH	C_6H_5OH	H_2CO_3
pK_a	17	10	6.5

酚也可以与活泼金属单质反应放出氢气。

$$C_6H_5OH + Na \longrightarrow C_6H_5ONa + 1/2H_2\uparrow$$

酚的酸性比醇强，但比碳酸弱。故酚可溶于 NaOH，生成酚钠和水，但不能与 Na_2CO_3、$NaHCO_3$ 作用放出 CO_2。反之，通 CO_2 于酚钠水溶液中，酚即游离出来。

$$C_6H_5OH + NaOH \longrightarrow C_6H_5ONa \begin{cases} \xrightarrow{CO_2+H_2O} C_6H_5OH + NaHCO_3 \\ \xrightarrow{HCl} C_6H_5OH + NaCl \end{cases}$$

$$C_6H_5OH + NaHCO_3 \longrightarrow \times\text{（不反应）}$$

利用醇、酚与 NaOH 和 $NaHCO_3$ 反应性的不同，可鉴别和分离酚和醇。

酸性由强到弱：

碳酸＞苯酚＞水＞乙醇

当苯环上连有吸电子基团时，酚的酸性增强；连有供电子基团时，酚的酸性减弱。

	对甲基苯酚（4-CH_3）	苯酚	对氯苯酚（4-Cl）	对硝基苯酚（4-NO_2）	2,4-二硝基苯酚（2-NO_2，4-NO_2）
pK_a：	10.14	9.98	9.38	7.15	4.09

b. 与 $FeCl_3$ 的显色反应。酚能与 $FeCl_3$ 溶液发生显色反应，大多数酚能发生此反应，故此反应可用来鉴别酚。

$$6ArOH + FeCl_3 \longrightarrow [Fe(OAr)_6]^{3-} + 6H^+ + 3Cl^-$$

（蓝紫色）

不同的酚与 $FeCl_3$ 作用产生的颜色不同。

与 $FeCl_3$ 的显色反应并不限于酚，具有烯醇式结构的脂肪族化合物也有此反应。

c. 酚醚、酚酯的生成。酚不能分子间脱水成醚，一般是由酚在碱性溶液中与烃基化剂作用生成。

$$C_6H_5OH \xrightarrow{NaOH} C_6H_5ONa \begin{cases} \xrightarrow{RCH_2Br} C_6H_5OCH_2R + NaBr \\ \xrightarrow{(CH_3)_2SO_4} C_6H_5OCH_3 + CH_3OSO_3Na \\ \xrightarrow{CH_2=CHCH_2Br} C_6H_5OCH_2CH=CH_2 + NaBr \end{cases}$$

苯甲醚(茴香醚)

苯基烯丙基醚

在有机合成上常利用生成酚醚的方法来保护酚羟基。

酚也可以生成酯，但比醇困难。

$$C_6H_5OH + CH_3COOH \xrightarrow{H^+} \times\text{（不反应）}$$

$$\underset{\text{水杨酸}}{o\text{-}HOC_6H_4COOH} + (CH_3CO)_2O \xrightarrow[65\sim80℃]{H_2SO_4} \underset{\text{乙酰水杨酸（阿司匹林）}}{o\text{-}CH_3COOC_6H_4COOH} + CH_3COOH$$

② 芳环上的亲电取代反应。羟基是强的邻对位定位基，由于羟基与苯环的 p-π 共轭，使苯环上的电子云密度增加，亲电反应容易进行。

a. 卤代反应。苯酚与溴水在常温下可立即反应生成 2,4,6-三溴苯酚。

$$C_6H_5OH + 3Br_2 \xrightarrow{H_2O} \underset{\text{（白色沉淀）}}{2,4,6\text{-}Br_3C_6H_2OH}\downarrow + 3HBr$$

此反应很灵敏，很稀的苯酚溶液（10μL/L）就能与溴水生成沉淀。故此反应可用于苯酚的鉴别和定量测定。

如需要制取一溴代苯酚，则要用非极性溶剂（CS_2、CCl_4）和在低温下进行反应。

$$C_6H_5OH + Br_2 \xrightarrow[0℃]{CS_2} p\text{-}BrC_6H_4OH + o\text{-}BrC_6H_4OH + HBr$$

b. 硝化。苯酚比苯易硝化，在室温下即可与稀硝酸反应。

$$C_6H_5OH + \text{稀 } HNO_3 \xrightarrow{20℃} \underbrace{o\text{-}O_2NC_6H_4OH + p\text{-}O_2NC_6H_4OH}_{\text{可用水蒸气蒸馏分开}}$$

邻硝基苯酚易形成分子内氢键而成螯环，这样就削弱了分子内的引力；而对硝基苯酚不能形成分子内氢键，但能形成分子间氢键而缔合。因此邻硝基苯酚的沸点和在水中的溶解度比对硝基苯酚低得多，故可随水蒸气蒸馏出来。

c. 磺化。室温下苯酚与浓硫酸作用，发生磺化反应，得到邻位产物，升高温度主要得到对位产物。

$$C_6H_5OH + H_2SO_4\text{(浓)} \xrightarrow{\text{室温}} o\text{-}HOC_6H_4SO_3H$$

$$C_6H_5OH + H_2SO_4\text{(浓)} \xrightarrow{100℃} HO_3S\text{-}C_6H_4\text{-}OH \quad \text{热力学控制产物}$$

d. Friedel-Crafts 反应

酰基化：在较高温度下能够发生酰基化反应。

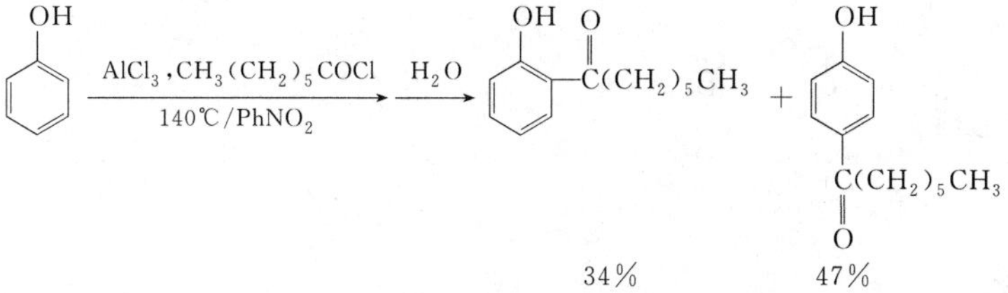

OH → ($AlCl_3$, $CH_3(CH_2)_5COCl$, 140℃/$PhNO_2$) → (H_2O) → 邻位产物 OH, $C(CH_2)_5CH_3$ (C=O) + 对位产物 OH, $C(CH_2)_5CH_3$ (C=O)

34%　　47%

烷基化：在质子酸催化下，酚的烷基化反应比酰基化反应容易进行得多。

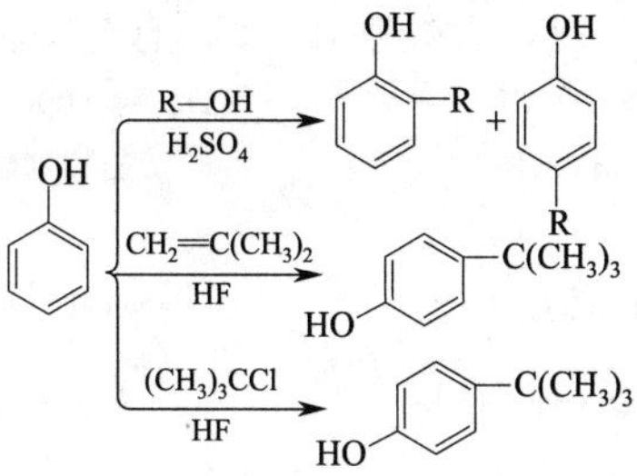

OH（苯酚）：

- R—OH / H_2SO_4 → 邻-R-苯酚 + 对-R-苯酚
- $CH_2{=}C(CH_3)_2$ / HF → HO—C_6H_4—$C(CH_3)_3$
- $(CH_3)_3CCl$ / HF → HO—C_6H_4—$C(CH_3)_3$

③ 氧化反应。酚易被氧化为醌等氧化物，氧化物的颜色随着氧化程度的深化而逐渐加深，由无色到粉红色、红色再到深褐色。例如：

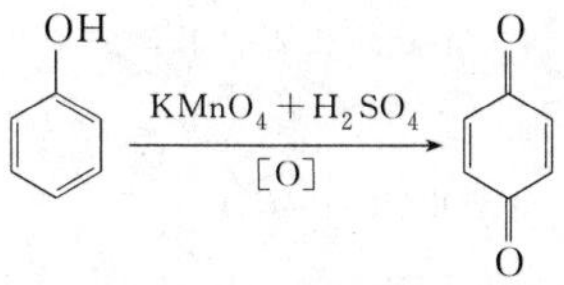

OH（苯酚） → ($KMnO_4+H_2SO_4$, [O]) → 对苯醌（棕黄色）

多元酚更易被氧化。

酚易被氧化，常用来作抗氧剂和除氧剂。

三、醚

1. 醚的结构

两个烃基通过氧原子连接起来的化合物为醚，两个烃基相同的为简单醚，两个烃基不同的为混合醚。氧原子与碳原子共同构成环状结构形成的醚为环醚。醚与醇为官能团异构。

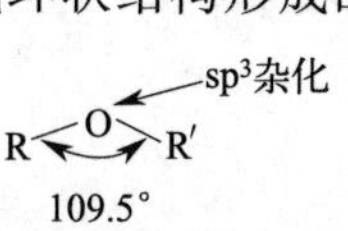

R—O—R′（O：sp^3杂化；键角 109.5°）

醚的通式：R—O—R′、Ar—O—R 或 Ar—O—Ar。

官能团：—O—（醚键）。

2. 醚的分类

饱和醚：单醚 $CH_3CH_2OCH_2CH_3$；混醚 $CH_3OCH_2CH_3$

不饱和醚　$CH_3OCH_2CH{=}CH_2$　$CH_2{=}CHOCH{=}CH_2$

芳香醚　C_6H_5—OCH_3　C_6H_5—O—C_6H_5

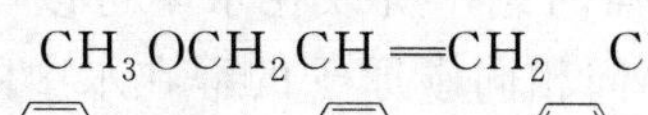

环醚　环氧乙烷　1,4-二氧六环　四氢呋喃

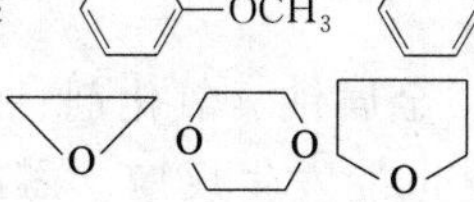

大环多醚（冠醚）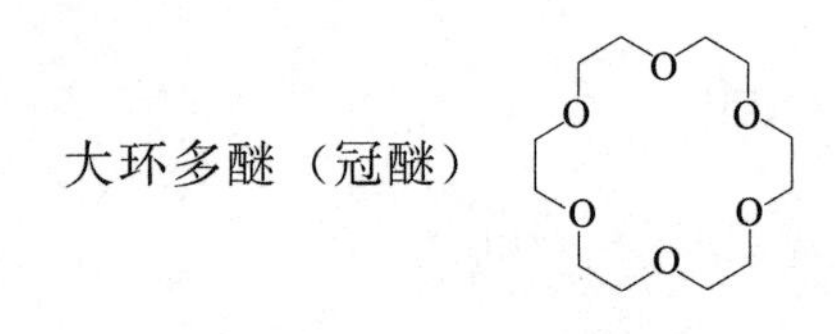

3. 醚的命名

（1）烷基结构简单的醚　单醚称“二某醚”，饱和烃基省去“二”，不饱和烃基则不可省略；混醚称“某某醚”（小烃基在前，大烃基在后），有芳香基时芳香基放前面。

$CH_3CH_2OCH_2CH_3$　二乙基醚（乙醚）

$CH_2{=}CHOCH{=}CH_2$　二乙烯基醚

$CH_3{-}O{-}CH_2CH(CH_3)CH_3$　甲（基）异丁（基）醚

$CH_3OCH_2CH{=}CH_2$　甲基烯丙基醚

$C_6H_5{-}OCH_2CH_3$　苯乙醚

（2）烃基结构复杂的醚　取碳链最长的烃基作为母体，以烷氧基作为取代基，称为某烷氧基（代）某烷。

例如：$CH_3{-}CH(CH_3)OCH_2CH_2CH_2CH_2OH$　4-异丙氧基-1-丁醇

$CH_3OCH_2CH_2OCH_3$　1,2-二甲氧基乙烷

$CH_3CH_2OCH(CH_3)CH{=}CH_2$　3-乙氧基-1-丁烯

$HO{-}C_6H_4{-}OC(CH_3)_3$　4-叔丁氧基苯酚

（3）环醚的命名　取代基＋环氧位置＋环氧＋母体(主链)。

$H_2C{-}CH{-}CH_3$（C_1、C_2 以 O 相连成环）　1,2-环氧丙烷

$\overset{5}{C}H_2{-}\overset{4}{C}(CH_3)\overset{3}{C}H_2\overset{2}{C}H{=}\overset{1}{C}H_2$（$C_5$、$C_4$ 以 O 相连成环）　4-甲基-4,5-环氧-1-戊烯

4. 醚的性质

（1）醚的物理性质

① 状态。甲醚和甲乙醚是气体，其余为具有香味的无色液体，易挥发，易燃易爆。使用小分子醚时，应避免明火。

② 沸点。醚分子间不能以氢键相互缔合，醚的沸点与相应的烷烃接近，比醇、酚低得多。

③ 溶解性。醚分子有极性，且含有电负性较强的氧，所以在水中可以与水形成氢键，因此在水中有一定的溶解度，溶解度比烷烃的大，同相同碳原子的醇在水中的溶解度相近。醚能溶解许多有机物，并且活性非常低，是良好的有机溶剂。

（2）醚的化学性质　醚是一类不活泼的化合物，它对碱、金属钠、氧化剂、还原剂都很稳定。由于醚键（—O—）为弱极性键，在一定的条件下，醚也能发生反应。醚的反应与氧上孤电子对有关。

① 䥯盐的生成。醚的氧原子上有未共用电子对，能接受强酸中的 H^+ 而生成䥯盐。

$$R-\ddot{\underset{..}{O}}-R + HCl \longrightarrow R-\overset{+}{\underset{|}{O}}(H)-R + Cl^-$$

$$R-\ddot{\underset{..}{O}}-R + H_2SO_4 \longrightarrow R-\overset{+}{\underset{|}{O}}(H)-R + HSO_4^-$$

锌盐是一种弱碱强酸盐，仅在浓酸中才稳定，遇水很快分解为原来的醚。利用此性质可以将醚从烷烃或卤代烃中分离出来。

② 醚键的断裂。在较高温度下，强酸（浓氢溴酸、浓氢碘酸）能使醚键断裂，使醚键断裂最有效的试剂是浓的氢碘酸（HI），浓氢溴酸需要在较高温度下才能反应。如果氢卤酸过量，则生成的醇继续反应生成相应的卤代烃。

碳氧键断裂的顺序：三级烷基＞二级烷基＞一级烷基＞芳香烃基。

醚键断裂时往往是较小的烃基生成碘代烷，例如：

$$CH_3\underset{\displaystyle CH_3}{\underset{|}{C}}HCH_2OCH_2CH_3 + HI \xrightarrow{\triangle} CH_3\underset{\displaystyle CH_3}{\underset{|}{C}}HCH_2OH + CH_3CH_2I$$

伯烷基和叔烷基，叔烷基生成碘代烷，伯烷基生成醇。

例：（2,2-二甲基四氢呋喃）+HI(1mol) ⟶ （OH I 产物）

芳香混醚与浓 HI 作用时，总是断裂烷氧键，生成酚和碘代烷。

$$C_6H_5-O+CH_3 \xrightarrow[120\sim130℃]{57\%\ HI} C_6H_5-OH + CH_3I$$

p-π共轭

键牢固，不易断

③ 过氧化物的生成。醚长期与空气接触下，会慢慢生成不易挥发的过氧化物。

$$RCH_2OCH_2R \xrightarrow{[O]} RCH_2O\underset{\displaystyle O-O-H}{\underset{|}{C}}HR$$（过氧化物）

过氧化物不稳定，加热时易分解而发生爆炸，因此，醚类应尽量避免暴露在空气中，一般应放在棕色玻璃瓶中，避光保存。

蒸馏放置过久的乙醚时，要先检验是否有过氧化物存在，且不要蒸干。检验方法：取少量醚，加入碘化钾的醋酸溶液，如果有过氧化物，则会有碘游离出来，加入淀粉溶液，则溶液变为蓝色。

除去醚中过氧化物的方法是向醚中加入还原剂，如：硫酸亚铁、亚硫酸钠等，从而保证安全。

5. 醚的制备

（1）醇脱水

$$R-O-H+H-O-R \xrightarrow[\triangle]{H_2SO_4} R-O-R+H_2O$$

此法只适用于制单醚，且限于伯醇，仲醇产量低，叔醇在酸性条件下主要生成烯烃。

（2）威廉姆逊合成法

威廉姆逊合成法是制备混醚的一种好方法，是由卤代烃与醇钠或酚钠作用而得。

$$RX+NaOR' \longrightarrow ROR'+NaX$$

$$RX+NaO-Ar \longrightarrow R-O-Ar+NaX$$

6. 大环多醚（冠醚）

冠醚是一种含多个氧原子且具有 $-\!(CH_2CH_2)\!-$ 重复单位的大环多醚。由于二价氧的键角（105°）与四价碳的键角（109.5°）接近，冠醚可按脂环化合物的类似构象存在，环也是折叠型的，其分子模型像皇冠，故称冠醚。

结构单元：

$-\!\!\!\![OCH_2CH_2]_n$

例：

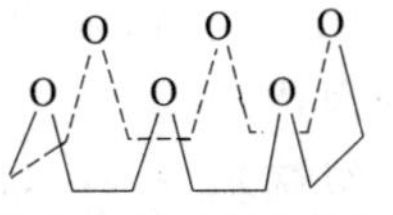

1,4,7,10,13,16-六氧杂环十八烷

冠醚的命名：可用 *X*-冠-*Y* 表示，*X* 表示环上所有原子的数目，*Y* 表示环上氧原子的数目。

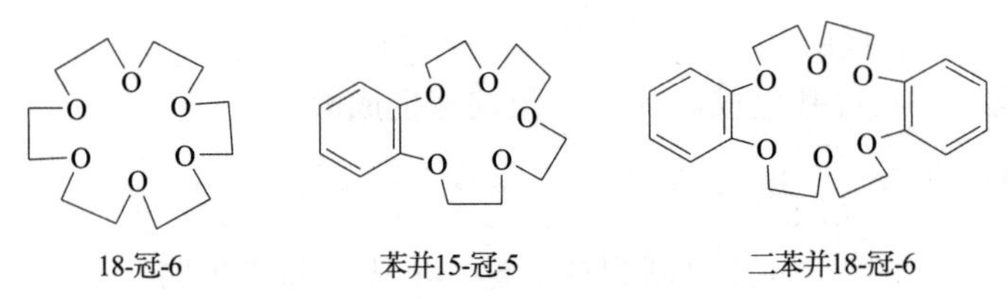

18-冠-6　　苯并15-冠-5　　二苯并18-冠-6

进度检查

一、命名下列化合物

1. 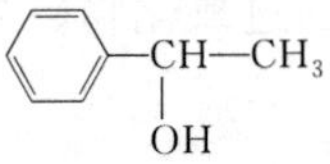 C_6H_5—CH—CH_3（CH 上连 OH）

2. $CH_3CH{=}CHCHCH_3$（第二个 CH 上连 OH）

3. 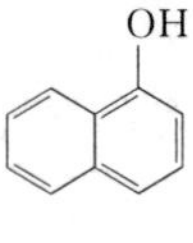 OH（萘环 1 位连 OH）

4. $(CH_3)_2CHCH{=}CHCH_2CH_2OH$

5. 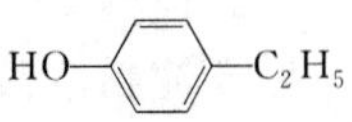 HO—C_6H_4—C_2H_5

6.  （五元环，含一个 O）

二、写出下列化合物的结构式

1. 丙三醇　　2. 叔丁醇

3. 邻羟基苯乙醚　　4. 间苯二酚

5. 3-苯基-2-丙烯-1-醇　　6. 2-乙氧基戊烷

三、写出下列反应的主要产物

1. $CH_3CH_2CH_2CH_2OH \xrightarrow[\triangle]{K_2Cr_2O_7+H_2SO_4}$

2. $CH_3CH_2CHCH_3$（CH 上连 OH）$\xrightarrow[100℃]{60\%\ H_2SO_4}$

3. 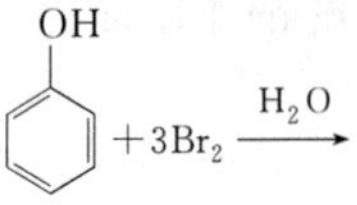 $C_6H_5OH + 3Br_2 \xrightarrow{H_2O}$

4. 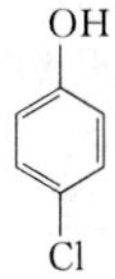 (对氯苯酚：苯环上 OH 与 Cl 处于对位) $+NaOH \longrightarrow$

5.  (苯环)$-OCH_2CH_3 + HI \longrightarrow$

四、用简单化学方法鉴别下列物质

1. 苯甲醚和苯甲醇

2. 丙烷、丙醇、苯酚、丙醚

3. 丁醇、2-丁醇、2-甲基-2-丙醇

五、推断题

1. 某醇 $C_5H_{12}O$（A）氧化后得到一种酮 B，A 可脱水后生成烃 C(C_5H_{10})，C 被高锰酸钾氧化后可得到另一种酮 D 与羧酸 E，试推断 A、B、C、D、E 的结构式。

2. 某有机物 A 的分子式为 C_6H_6O，其水溶液显极弱的酸性，能与氢氧化钠反应生成 B，在 B 溶液中通入二氧化碳后，又得到 A。A 与溴水反应生成白色沉淀 C。写出 A、B、C 的结构式及反应方程式。

编号 FJC-17-03

学习单元 7-3　常见的醛酮

学习目标： 在完成了本单元学习之后，能够给醛酮进行分类和命名，熟练掌握醛酮的化学性质及其结构与性质间的关系，熟悉醛酮的主要制备方法及鉴别方法。

职业领域： 化工、石油、环保、医药、冶金、建材等。

工作范围： 分析。

一、醛和酮的结构

醛和酮都是分子中含有羰基（碳氧双键）的化合物，羰基与一个烃基相连的化合物称为醛，与两个烃基相连的称为酮。

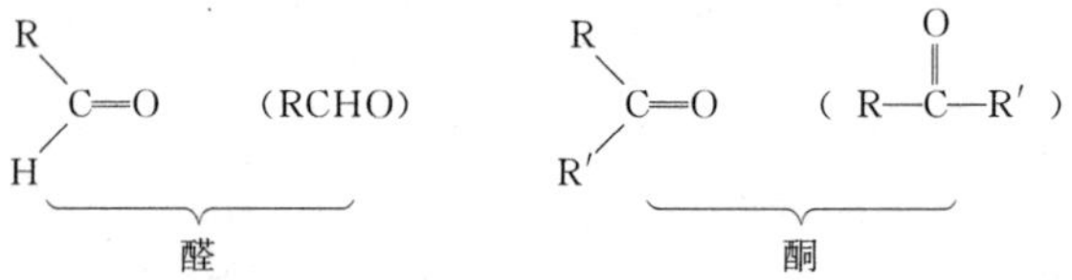

醛：R(H)C=O　(RCHO)　　酮：R(R′)C=O　(R—CO—R′)

醛的官能团是醛基（—CHO），在链端；酮的官能团是羰基（酮基）即—CO—，酮分子中与羰基相连的两个烃基相同的称为单酮，两个烃基不同的称为混酮。

C═O（σ+π）与 C═C 相似，但 C═O 双键中氧原子的电负性比碳原子大，所以电子云的分布偏向氧原子，故羰基是极化的，氧原子上带部分负电荷，碳原子上带部分正电荷。

二、醛和酮的分类

（1）分类

醛		酮	
$CH_3CH_2CH_2CHO$	脂肪醛	$CH_3CH_2—CO—CH_3$	脂肪酮
环己基—CHO	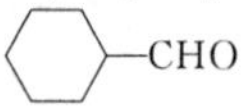 脂环醛	环己酮（环己基═O）	脂环酮
苯基—CHO	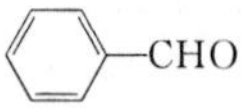 芳香醛	苯基—CO—CH_3	芳香酮
$CH_3CH═CHCHO$	不饱和醛	$CH_3CH═CH—CO—CH_3$；环己烯酮	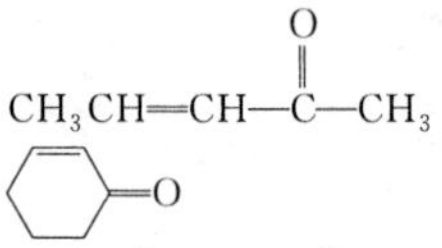 不饱和酮
CH_2CHO—CH_2CHO	二元醛	$CH_3—CO—CH_2—CO—CH_3$	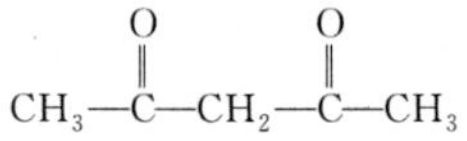 二元酮

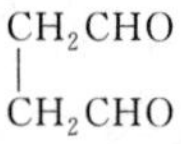

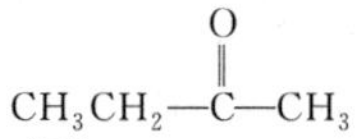

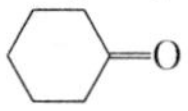

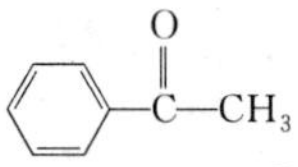

（2）同分异构现象　醛酮的异构现象有碳链异构和羰基的位置异构。

三、醛和酮的命名

（1）习惯命名法（适用简单的醛、酮）

① 醛：某醛，与醇和羧酸的名称相似。

$HCHO$ 甲醛　CH_3CHO 乙醛　$CH_3CH_2CH_2CHO$ （正）丁醛　C_6H_5—CHO 苯甲醛

② 酮：羰基上连接的两个烃基根据“次序规则”称为某（基）某（基）甲酮，“基”“甲”字有时可省略。（与单醚的名称相似）

CH_3COCH_3 二甲基（甲）酮（二甲酮）　$CH_3COCH_2CH_3$ 甲基乙基（甲）酮（甲乙酮）　$C_6H_5COCH{=}CH_2$ 苯基乙烯基（甲）酮 苯乙烯酮

（2）系统命名法（与醇类似）

① 选取主链。选择含有羰基的最长碳链作为主链。不饱和醛酮的命名，主链须包含不饱和键。芳香族醛酮命名时，常把脂链作为主链，芳环作为取代基。

② 编号。从距羰基最近的一端编号。主链编号也可用希腊字母 α、β、γ…表示。醛基的位次可不标明，但酮基的位次必须标明（丙酮、丁酮除外）。

③ 命名。将取代基的位次、数目和名称放在母体名称前，取代基＋某醛/酮。

例如：

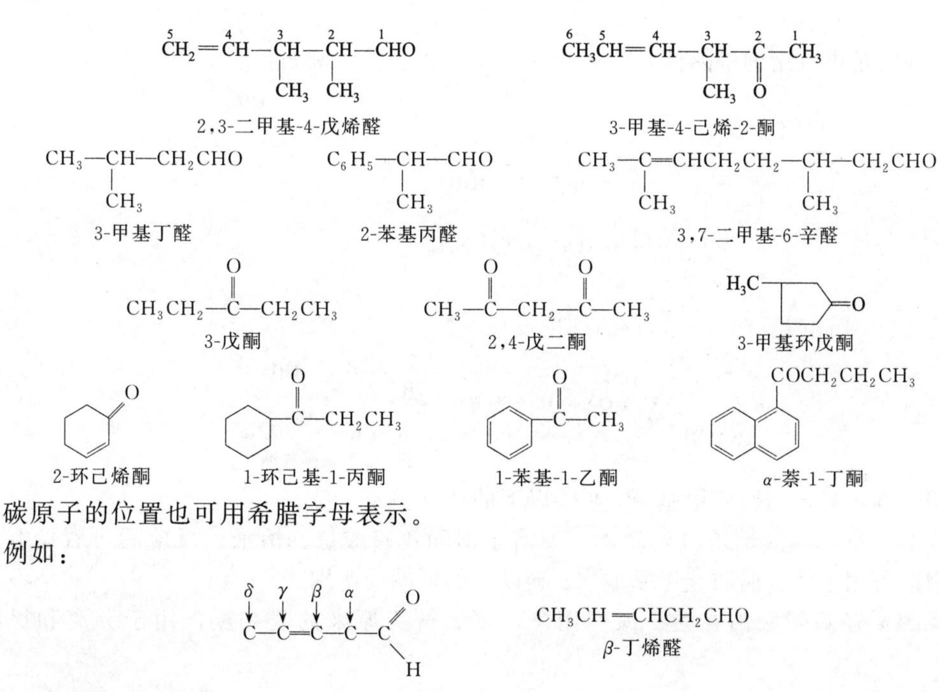

碳原子的位置也可用希腊字母表示。

例如：

四、醛和酮的性质

（1）物理性质

① 状态：室温下，甲醛为气体，12 个碳原子以下（$<C_{12}$）的醛酮为液体，高级醛酮为固体。低级醛有刺鼻的气味，中级醛（$C_8 \sim C_{13}$）则有果香。

② 沸点：低级醛酮的沸点比相对分子质量相近的醇低（分子间无氢键）。

③ 溶解性：小于或等于 4 个碳的醛、酮易溶于水。

（2）醛、酮的化学性质　醛酮中的羰基由于π键的极化，使得氧原子上带部分负电荷，碳原子上带部分正电荷。所以，羰基易与亲核试剂进行加成反应（亲核加成反应）。此外，受羰基的影响，与羰基直接相连的 α-碳原子上的氢原子（α-H）较活泼，能发生一系列反应。亲核加成反应和 α-H 的反应是醛、酮的两类主要化学性质。

醛、酮的反应与结构关系一般描述如下：

醛的氧化反应
羰基的还原反应
羰基的亲核加成反应
α-H的反应(卤代，缩合)

① 亲核加成反应

a. 与氢氰酸的加成反应

$$\text{R(CH}_3\text{)HC=O} + \text{H—CN} \overset{\text{OH}^-}{\rightleftharpoons} \text{R(CH}_3\text{)HC(OH)CN}$$

适用范围：醛、脂肪族甲基酮、8 碳以下的环酮。

例如：

$$\text{CH}_3\text{COCH}_3 \xrightarrow{\text{NaCN, H}_2\text{SO}_4} \text{CH}_3\text{C(OH)(CN)CH}_3$$

α-羟基腈是很有用的中间体，它可转变为多种化合物，例如：

$$(\text{CH}_3)_2\text{C(OH)CN} \xrightarrow{-\text{H}_2\text{O}} \text{CH}_2\text{=C(CH}_3\text{)—CN} \xrightarrow[\text{H}^+]{\text{CH}_3\text{OH}} \text{CH}_2\text{=C(CH}_3\text{)—COOCH}_3$$

$$(\text{CH}_3)_2\text{C(OH)CN} \xrightarrow{\text{H}_2\text{O/H}^+} (\text{CH}_3)_2\text{C(OH)COOH}$$

$$(\text{CH}_3)_2\text{C(OH)CN} \xrightarrow{[\text{H}]} (\text{CH}_3)_2\text{C(OH)CH}_2\text{NH}_2$$

b. 与饱和亚硫酸氢钠（40%）的加成反应

$$\text{R(CH}_3\text{)HC=O} + \text{H—SO}_3\text{Na} \overset{\text{OH}^-}{\rightleftharpoons} \text{R(CH}_3\text{)HC(OH)SO}_3\text{Na}$$

α-羟基磺酸钠

适用范围：醛、脂肪族甲基酮、8 碳以下的环酮。

生成的 α-羟基磺酸钠是白色晶体，不溶于饱和亚硫酸氢钠溶液，反应后可看见有晶体析出，因此可用于醛、脂肪族甲基酮、8 碳以下的环酮的鉴别。

生成的 α-羟基磺酸钠在酸、碱作用下，可分解为原来的醛和酮，用于分离和提纯醛和酮。

$$\text{RHC=O}\,(\text{R}') \xrightarrow{\text{NaHSO}_3} \text{RHC(OH)SO}_3\text{Na}\,(\text{R}')$$

杂质不反应，分离去掉

$$\xrightarrow{\text{稀 NaHCO}_3} \text{RCHO} + \text{Na}_2\text{SO}_3 + \text{CO}_2 + \text{H}_2\text{O}$$

$$\xrightarrow{\text{稀 HCl}} \text{RCHO} + \text{NaCl} + \text{SO}_2 + \text{H}_2\text{O}$$

c. 与格氏试剂的加成反应

$$\overset{\delta^+}{\text{C}}=\overset{\delta^-}{\text{O}} + \overset{\delta^-}{\text{R}}\overset{\delta^+}{\text{MgX}} \xrightarrow{\text{无水乙醚}} \text{C(R)OMgX} \xrightarrow{\text{H}_2\text{O}} \text{R—C—OH} + \text{HOMgX}$$

该反应是实验室制备醇的常用方法，甲醇与格氏试剂反应生成伯醇，其他醛生成仲醇，酮则得到叔醇。该反应在有机合成中是增长碳链的方法。

$$RMgX + HCHO \xrightarrow{无水乙醚} RCH_2OMgX \xrightarrow[H^+]{H_2O} RCH_2OH$$

$$RMgX + R_1CHO \xrightarrow{无水乙醚} R—CH(R_1)OMgX \xrightarrow[H^+]{H_2O} R—CH(R_1)—OH$$

$$RMgX + R_1R_2C{=}O \xrightarrow{无水乙醚} R—C(R_1)(R_2)—OMgX \xrightarrow[H^+]{H_2O} R—C(R_1)(R_2)—OH$$

d. 与醇的加成反应。在无水氯化氢的催化下，醛（酮）与醇发生加成反应，生成半缩醛。半缩醛（酮）又能继续与过量的醇作用，脱水生成缩醛（酮）。

$$>C{=}O \underset{}{\overset{ROH,H^+}{\rightleftharpoons}} >C(OR)(OH) \overset{ROH,H^+}{\rightleftharpoons} >C(OR)(OR) + H_2O$$

半缩醛(酮)　　　　缩醛(酮)

某醛(酮)缩一某醇　　某醛(酮)缩二某醇

例如：

$$CH_3CH_2CHO \xrightarrow{CH_3OH,H^+} CH_3CH_2CH(OCH_3)_2$$

丙醛缩二甲醇

$$CH_3COCH_3 \xrightarrow{HOCH_2CH_2OH,H^+} CH_3—C(—O—CH_2CH_2—O—)—CH_3$$

丙酮缩乙二醇

也可以在分子内形成缩醛。

$$HO(CH_2)_4CHO \xrightarrow{无水HCl} \text{(六元环状半缩醛，C 上连 H 和 OH)}$$

环状半缩醛(稳定)
在糖类化合物中多见

缩醛（酮）在稀酸中水解为原来的醛和酮，在有机合成中用于保护羰基（醛基或酮基）。

例如：

$$HOCH_2—C_6H_{10}—CHO \xrightarrow{[O]} HOOC—C_6H_{10}—CHO$$

必须要先把醛基保护起来后再氧化。

$$HOCH_2—C_6H_{10}—CHO \xrightarrow[HCl]{CH_3OH} HOCH_2—C_6H_{10}—CH(OCH_3)_2 \xrightarrow[OH^-,\triangle]{KMnO_4}$$

$$HOOC—C_6H_{10}—CH(OCH_3)_2 \xrightarrow[H_2O,\triangle]{H^+} HOOC—C_6H_{10}—CHO + 2CH_3OH$$

e. 与氨及其衍生物的加成反应。

醛、酮能与氨及其衍生物反应生成一系列的化合物。

加成-消去反应：

$$>C{=}O + H—\ddot{N}H—G \rightleftharpoons >C(OH)—N(H)—G \xrightarrow{-H_2O} >C{=}N—G$$

例如：

$$>C=O + H-NH-OH \longrightarrow -\overset{|}{\underset{OH}{C}}-\underset{H}{N}-OH \xrightarrow{-H_2O} >C=N-OH$$

羟氨 肟，白色沉淀，有固定熔点

$$>C=O + NH_2-NH_2 \longrightarrow -\overset{|}{\underset{OH}{C}}-\underset{H}{N}-NH_2 \xrightarrow{-H_2O} >C=N-NH_2$$

肼 腙，白色沉淀，有固定熔点

$$>C=O + NH_2-NH-C_6H_5 \longrightarrow -\overset{|}{\underset{OH}{C}}-\underset{H}{N}-NH-C_6H_5 \xrightarrow{-H_2O} >C=N-NH-C_6H_5$$

苯肼 苯腙(黄色沉淀)有固定熔点

$$>C=O + NH_2-NH-C_6H_3(NO_2)_2 \xrightarrow{-H_2O} >C=N-NH-C_6H_3(NO_2)_2$$

2,4-二硝基苯肼 2,4-二硝基苯腙(黄色沉淀)

$$>C=O + NH_2NH-\overset{O}{\overset{\|}{C}}-NH_2 \xrightarrow{-H_2O} >C=N-NH-\overset{O}{\overset{\|}{C}}-NH_2$$

氨基脲 缩氨脲(白色沉淀)

反应现象明显（产物为固体，具有固定的晶形和熔点），常用来分离、提纯和鉴别醛酮。2,4-二硝基苯肼与醛酮加成反应的现象非常明显，故常用来检验羰基，称为羰基试剂。

② 还原反应。利用不同的条件，可将醛、酮还原成醇、烃或胺。

a. 还原成醇（ $>C=O \longrightarrow >CH-OH$ ）

催化氢化（产率高，90%～100%）

$$\underset{H(R')}{\overset{R}{>}}C=O + H_2 \xrightarrow[\text{热,加压}]{Hi} \underset{H(R')}{\overset{R}{>}}CH-OH$$

例如：

$$C_6H_{10}=O + H_2 \xrightarrow[50℃,6.5MPa]{Ni} C_6H_{11}-OH$$

$$CH_3CH=CHCH_2CHO + 2H_2 \xrightarrow[250℃,\text{加压}]{Ni} CH_3CH_2CH_2CH_2CH_2OH$$

（C=C、C=O 均被还原）

如要保留双键而只还原羰基，则应选用金属氢化物为还原剂。

用还原剂（金属氢化物）还原：金属氢化物（$NaBH_4$、$LiAlH_4$ 等）还原剂，具有选择性，只还原羰基，不还原 C=C。$NaBH_4$ 比 $LiAlH_4$ 选择性强，稳定（不受水、醇的影响，可在水或醇中使用）。

$$CH_3CH=CHCH_2CHO \xrightarrow[②H_2O^+]{①LiAlH_4,\text{无水乙醚}} CH_3CH=CHCH_2CH_2OH$$

（只还原 C=O）

$$CH_3CH=CHCH_2CHO \xrightarrow[②H_2O^+]{①NaBH_4} CH_3CH=CHCH_2CH_2OH$$

（只还原 C=O）

b. 还原为烃（ $>C=O \longrightarrow >CH_2$ ）较常用的还原方法有两种。

沃尔夫-凯惜纳-黄鸣龙还原法：

$$>C=O + NH_2NH_2 \xrightarrow[\triangle]{KOH} >CH_2 + N_2$$

例如：

$$C_6H_5-\overset{O}{\overset{\|}{C}}-CH_2CH_3 \xrightarrow[(HOCH_2CH_2)_2O,\ 200℃,3\sim5h]{NH_2NH_2,H_2O/NaOH} \underset{82\%}{C_6H_5-CH_2CH_2CH_3} + N_2$$

克莱门森（Clemmensen）还原——酸性还原：醛酮在锌汞齐和浓盐酸的作用下，羰基被还原为亚甲基。

$$\underset{H(R')}{\overset{R}{>}}C=O \xrightarrow[\triangle]{Zn\text{-}Hg,浓\ HCl} \underset{H(R')}{\overset{R}{>}}CH_2$$

例如：

$$C_6H_5-\overset{O}{\overset{\|}{C}}CH_3 \xrightarrow[\triangle]{Zn\text{-}Hg、浓\ HCl} C_6H_5-CH_2CH_3$$

③ 氧化反应。在强氧化剂（高锰酸钾、重铬酸钾等）作用下，醛和酮均可发生氧化反应；在弱氧化剂作用下，醛能发生反应氧化为羧酸，而酮不发生反应。常用的弱氧化剂有两种：托伦试剂和斐林试剂。

a. 托伦（Tollen）试剂（硝酸银的氨溶液）

$$RCHO+\underset{无色}{2[Ag(NH_3)_2]OH} \xrightarrow[(水浴)]{\triangle} RCOONH_4+\underset{银镜}{2Ag}\downarrow+3NH_3\uparrow+H_2O$$

该反应称为银镜反应。托伦试剂可氧化脂肪醛，也可氧化芳香醛，但不可氧化酮。可用此反应鉴别醛和酮。

b. 斐林（Fehling）试剂是由硫酸铜与酒石酸钾钠的碱溶液等体积混合而成的蓝色溶液。

$$RCHO+\underset{蓝色}{2Cu(OH)_2}+NaOH \xrightarrow{\triangle} RCOONa+\underset{砖红色}{Cu_2O}\downarrow+3H_2O$$

脂肪醛与斐林试剂反应，生成氧化亚铜砖红色沉淀。

甲醛与斐林试剂反应可生成铜镜，又称铜镜反应。

$$HCHO+Cu(OH)_2+NaOH \xrightarrow{\triangle} HCOONa+Cu\downarrow+2H_2O$$

斐林试剂氧化脂肪醛，不氧化酮及芳香醛，可用来鉴别脂肪醛和酮，脂肪醛和芳香醛。

④ 歧化反应——康尼查罗（Cannizzaro）反应。没有 α-H 的醛在浓碱的作用下发生自身氧化还原（歧化）反应——分子间的氧化还原反应，生成等物质的量的醇和酸的反应称为康尼查罗反应。

$$2HCHO \xrightarrow{浓\ NaOH} CH_3OH+HCOONa$$

$$2\ C_6H_5-CHO \xrightarrow{浓\ NaOH} C_6H_5-CH_2OH + C_6H_5-COONa$$

甲醛与另一种无 α-H 的醛在强的浓碱催化下加热，往往甲醛被氧化而另一种醛被还原。

$$C_6H_5-CHO + HCHO \xrightarrow[\triangle]{浓\ NaOH} C_6H_5-CH_2OH + HCOONa$$

这类反应称为“交叉”康尼查罗反应，是制备 $ArCH_2OH$ 型醇的有效手段。

⑤ α-H 的反应。醛、酮分子中由于羰基的影响，α-H 变得活泼，具有酸性，所以带有 α-H 的醛、酮具有如下的性质：

a. α-H 的卤代反应。醛、酮的 α-H 易被卤素取代生成 α-卤代醛、酮。酸性溶液条件下，反应速度缓慢，控制在一卤代物阶段；在碱性溶液条件下，反应能很顺利地进行。

酸催化：

$$CH_3CHO \xrightarrow{Cl_2} ClCH_2CHO$$

氯乙醛

$$CH_3COCH_3 \xrightarrow{Br_2} BrCH_2COCH_3$$

溴代丙酮

$$C_6H_5-\overset{O}{\overset{\|}{C}}-CH_3 + Br_2 \longrightarrow C_6H_5-\overset{O}{\overset{\|}{C}}-CH_2Br$$

碱催化——卤仿反应：含有 α-甲基的醛酮在碱溶液中与卤素反应，则生成卤仿。

$$\underset{(H)}{R}-\overset{O}{\overset{\|}{C}}-CH_3 + NaOH + \underset{(NaOX)}{X_2} \longrightarrow \underset{(H)}{R}-\overset{O}{\overset{\|}{C}}-CX_3 \xrightarrow{NaOH} \underset{卤仿}{CHX_3} + RCOONa$$

若 X_2 用 Cl_2 则得到 $CHCl_3$（氯仿）液体；若 X_2 用 Br_2 则得到 $CHBr_3$（溴仿）液体；若 X_2 用 I_2 则得到 CHI_3（碘仿），称其为碘仿反应。

碘仿为浅黄色晶体，反应现象明显，故常用来鉴别 α-甲基酮、α-甲基醛（乙醛）及能被氧化成甲基醛酮的 α-甲基醇类化合物。

b. 羟醛缩合反应。有 α-H 的醛或酮在酸或碱的作用下，缩合生成 β-羟基醛或 β-羟基酮的反应称为羟醛缩合。β-羟基醛加热时，容易失水生成 α,β-不饱和醛。

醛的羟醛缩合：

$$CH_3\overset{O}{\overset{\|}{C}}-H + H-CH_2\overset{O}{\overset{\|}{C}}H \xrightleftharpoons{OH^-, H_2O 或 H^+} CH_3\overset{OH}{\overset{|}{C}}HCH_2\overset{O}{\overset{\|}{C}}H$$

例如：

$$2CH_3CH_2CHO \xrightleftharpoons{OH^-} CH_3CH_2\overset{OH}{\overset{|}{C}}H-\underset{CH_3}{\underset{|}{C}}HCHO$$

$$HCHO + CH_3CHO \xrightleftharpoons{OH^-} HOCH_2CH_2CHO$$

$$CH_3CHO + CH_3CH_2CHO \xrightleftharpoons{OH^-} 四种产物$$

（合成上无制备价值）

$$HO-CH_2CH_2CH=O \xrightarrow{\triangle} CH_2=CHCH=O$$

随着醛的相对分子质量的加大，生成 β-羟基醛的速度越来越慢，需要提高温度或碱的浓度，这样就使羟基醛脱水，因此最后产物为 α,β-不饱和醛。

对于原料碳原子数少于 7 的醛，一般首先得到 β-羟基醛，接着在加热情况下才脱水生成 α,β-不饱和醛。庚醛以上的醛在碱性溶液中缩合只能得到 α,β-不饱和醛。

酮的羟醛缩合：

$$(CH_3)_2C=O + H-CH_2\overset{O}{\overset{\|}{C}}CH_3 \xrightarrow{OH^-} (CH_3)_2\overset{OH}{\overset{|}{C}}CH_2\overset{O}{\overset{\|}{C}}CH_3 \xrightarrow{\triangle} (CH_3)_2C=CH\overset{O}{\overset{\|}{C}}CH_3$$

醛和酮的羟醛缩合（交叉羟醛缩合）：两种不同的醛、酮之间发生的羟醛缩合反应称为交叉的羟醛缩合反应。一种醛或酮有 α-H，另一种醛或酮无 α-H。

例如：

$$C_6H_5CHO + CH_3CO{-}C_6H_5 \xrightarrow{OH^-} C_6H_5CH{=}CHCO{-}C_6H_5$$

$$C_6H_5CHO + CH_3\overset{O}{\overset{\|}{C}}CH_2CH_3 \xrightarrow{OH^-} C_6H_5CH{=}CH{-}\underset{O}{\underset{\|}{C}}{-}CH_2CH_3$$

（主）

$$C_6H_5CHO + CH_3\overset{O}{\overset{\|}{C}}CH_2CH_3 \xrightarrow{H^+} C_6H_5CH{=}\underset{CH_3}{\underset{|}{C}}{-}\overset{O}{\overset{\|}{C}}{-}CH_3$$

（主）

若两种醛酮都有 α-H：先用强碱使一种醛酮完全转变成烯醇盐，然后再与另一种醛酮发生加成反应，可以使羟醛缩合向预定的方向进行。

例如：

$$CH_3CH_2CH_2\overset{O}{\overset{\|}{C}}CH_3 + CH_3CH_2CH_2CHO \longrightarrow \text{混合物}$$

5. 醛、酮的制备

醛酮的制法途径很多，前面已学了不少，现综合介绍一些常用的制备方法。

（1）醇的氧化或脱氢

$$RCH_2OH \xrightarrow{CrO_3,\text{吡啶}} RCHO$$

$$R{-}\overset{R_1}{\overset{|}{C}}HOH \xrightarrow[\text{或 } K_2Cr_2O_7,H^+]{CrO_3,\text{吡啶}} R{-}\overset{O}{\overset{\|}{C}}{-}R_1$$

（2）芳烃侧链的氧化

$$C_6H_5CH_3 \xrightarrow{MnO_2,65\%\ H_2SO_4} C_6H_5CHO$$

$$ArCH_3 \xrightarrow{CrO_3,(CH_3CO)_2O} ArCH(OCOCH_3)_2 \xrightarrow{H_2O} ArCHO$$

$$m\text{-}BrC_6H_4CH_3 \xrightarrow[HOAc,H_2SO_4]{CrO_3,(CH_3CO)_2O} m\text{-}BrC_6H_4CH(OCOCH_3)_2 \xrightarrow{H_2O} m\text{-}BrC_6H_4CHO$$

（3）Friedel-Crafts 反应

$$C_6H_5CH_3 + C_6H_5{-}\overset{O}{\overset{\|}{C}}{-}Cl \xrightarrow{AlCl_3} p\text{-}CH_3C_6H_4{-}\overset{O}{\overset{\|}{C}}{-}C_6H_5 \quad 90\%$$

进度检查

一、命名下列化合物

1. $CH_3CH(CH_3)CHO$

2. $CH_3CH_2COCH(CH_3)_2$

3. $(CH_3)_2CHCH{=}CHCHO$

4. 3-乙基环己酮

5. 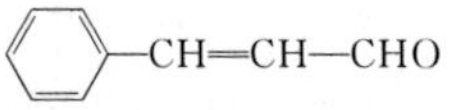 C_6H_5—CH=CH—CHO（苯环）

6. $CH_3\underset{\overset{\|}{O}}{C}CH_2\underset{\overset{\|}{O}}{C}CH_2CH_3$

7. 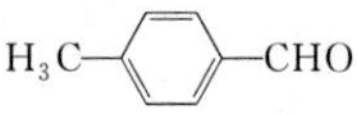 H_3C—C_6H_4—CHO（对位）

8. 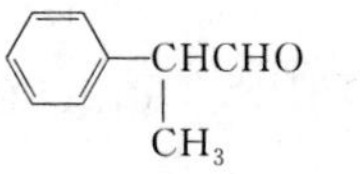 C_6H_5—$\underset{CH_3}{\underset{|}{CH}}CHO$

二、写出下列化合物的结构式

1. 甲醛　　2. 苯甲酮　　3. 间羟基二苯甲醛

4. 环戊醛　　5. 3-甲基-2-乙基戊醛

三、写出下列反应的主要产物

1. 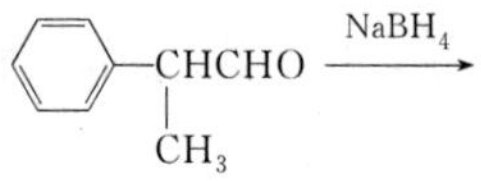 $C_6H_5\underset{CH_3}{\underset{|}{CH}}CHO \xrightarrow{NaBH_4}$

2. 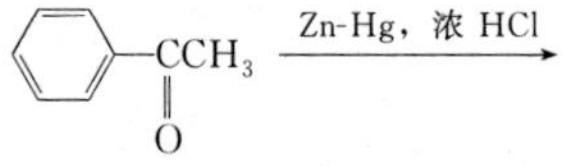 $C_6H_5\underset{O}{\underset{\|}{C}}CH_3 \xrightarrow{Zn\text{-}Hg，浓 HCl}$

3. $C_6H_5CH\overset{O}{\overset{\|}{C}}H \xrightarrow{托伦试剂}$

4. $CH_3CH_2CH\overset{O}{\overset{\|}{C}}CH_3 \xrightarrow{HCN}$

5. $CH_3CHO \xrightarrow{NaOH，I_2}$

四、用简单化学方法鉴别下列物质

1. 甲醛，乙醛，2-丁酮

2. 苯甲醛，苯乙酮，2-苯基乙醇

3. 2-戊酮、3-戊酮、环己酮

五、推断题

1. 某未知物 A 与托伦试剂反应形成银镜。A 与乙基溴化镁（格氏试剂）反应后再加入稀酸得化合物 B，B 化学式为 $C_6H_{14}O$，B 与浓硫酸反应可得化合物 C（C_6H_{12}），C 使溴水褪色生成 2-甲基-2,3-二溴戊烷，试写出 A、B、C 的结构式及相应反应式。

2. 化合物 A、B 和 C 的化学式均为 C_3H_6O，其中 A 和 B 能与亚硫酸氢钠反应生成白色沉淀，C 能和金属钠反应放出氢气，试写出 A、B、C 的结构式。

编号 FJC-17-04

学习单元 7-4 羧酸及其常见衍生物

学习目标： 在完成了本单元学习之后，能够给羧酸及其常见衍生物进行分类和命名，熟练掌握羧酸的化学性质及其结构与性质间的关系，熟悉羧酸及其常见衍生物的主要制备方法及鉴定。

职业领域： 化工、石油、环保、医药、冶金、建材等。

工作范围： 分析。

一、羧酸

（一）羧酸的结构

羧酸可看成是烃分子中的氢原子被羧基（—COOH）取代而生成的化合物。其通式为RCOOH。

羧酸的官能团是羧基（—COOH），即 $-\overset{O}{\overset{\|}{C}}-OH$ 。

羧基的结构：

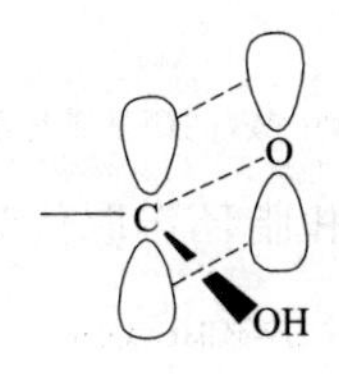

由于p-π共轭，羧基碳的正电性减弱，不易发生典型的亲核加成，但共轭使—OH上氢的酸性增强。

羧基负离子的结构：

C 为 sp^2 杂化，两个 C—O 键等同，负电荷平均分配在两个氧原子上。

（二）羧酸的分类和命名

按羧基数目分：一元酸，二元酸，三元酸，多元酸。

按烃基类型分：脂肪酸，芳香酸，饱和酸，不饱和酸。

（三）羧酸的命名

1. 俗名

常见的酸由它的来源命名。

例如：HCOOH　CH_3COOH　$CH_3(CH_2)_{16}COOH$　$CH_3(CH_2)_{10}COOH$

蚁酸　醋酸　硬脂酸　月桂酸

2. 系统命名法

（1）链状羧酸

① 选主链。选择含有羧基的最长碳链作主链，称为某酸。若分子中含有不饱和键，则选含有羧基和不饱和键的最长碳链为主链，根据主链上碳原子的数目命名为“某烯（炔）酸”。

② 编号。以羧基的碳原子为 1 号开始给主链上的碳原子编号（可用希腊字母 α、β、γ、δ 标位）。

③ 写名称。取代基名称＋主链名称。

$\overset{6}{C}H_3-\overset{5}{C}H(CH_3)_{\delta}-\overset{4}{C}H(C_2H_5)_{\gamma}-\overset{3}{C}H_2{}_{\beta}-\overset{2}{C}H_2{}_{\alpha}-\overset{1}{C}OOH$

5-甲基-4-乙基己酸(δ-甲基-γ-乙基己酸)

$CH_3CH{=}CHCOOH$

2-丁烯酸

（2）芳香羧酸和脂环羧酸

① 羧基直接连接在环上的芳香羧酸和脂环羧酸：按芳烃的命名规则命名。

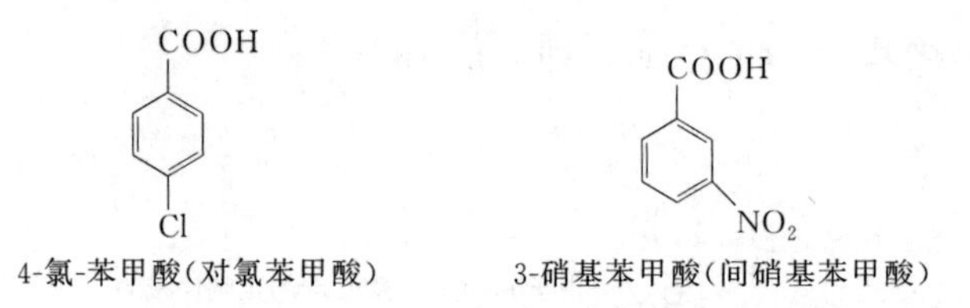

4-氯-苯甲酸（对氯苯甲酸）　3-硝基苯甲酸（间硝基苯甲酸）

② 羧基连在侧链上的芳香羧酸和脂环羧酸：芳环和脂环作取代基。

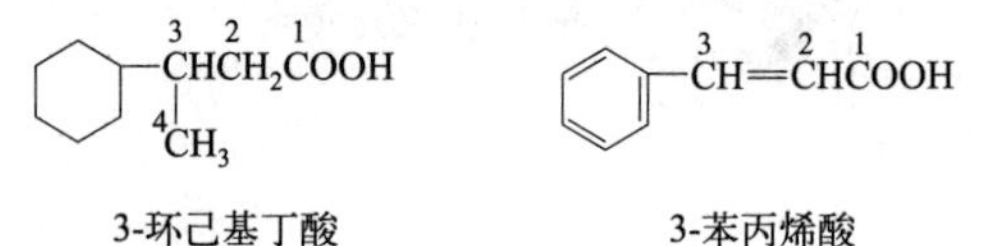

3-环己基丁酸　3-苯丙烯酸

（3）二元羧酸的命名　选含两个羧基的最长碳链称“某二酸”，其他原则同链状羧酸命名原则。

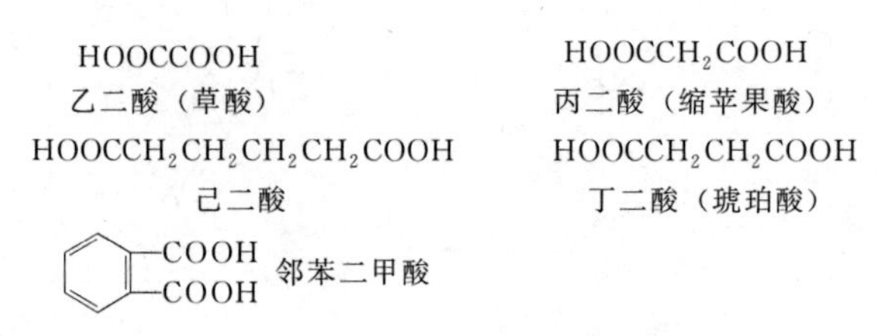

（四）羧酸的性质

1. 羧酸的物理性质

（1）物态及溶解性　4 个碳以下（$C_1 \sim C_3$）的一元羧酸是有刺激性酸味的液体，溶于水。4～9 个碳（$C_4 \sim C_9$）的一元羧酸是有酸腐臭味的油状液体（丁酸为脚臭味），难溶于水。9 个碳以上（$>C_9$）的一元羧酸为蜡状固体，无气味。脂肪二元酸与芳香羧酸均为结晶体。低级的酸易溶于水中，随着相对分子质量的增加，溶解度下降。二元羧酸溶解度比相应的一元羧酸大，易溶于乙醇，难溶于其他有机溶剂。

（2）熔点　有一定规律，随着分子中碳原子数目的增加呈锯齿状的变化。乙酸熔点为16.6℃，当室温低于此温度时，立即凝成冰状结晶，故纯乙酸又称为冰醋酸。二元羧酸熔点比相对分子质量相近的一元羧酸高得多。

（3）沸点　沸点比相应相对分子质量的醇、醛、醚要高，原因为羧酸分子间存在氢键，可以发生分子间的缔合。羧酸是含有相同碳原子数的烃类含氧衍生物中沸点最高的化合物。

例如：甲酸　$M=46\text{g/mol}$　　沸点：101℃

　　　乙醇　$M=46\text{g/mol}$　　沸点：78℃

2. 羧酸的化学性质

羧酸是由羟基和羰基组成的，羧基是羧酸的官能团，因此要讨论羧酸的性质，必须先剖析羧基的结构。

—COOH　形式上看羧基是由一个 —C(=O)— 和一个OH组成
实质上并非两者的简单组合

醛酮中 >C=O 键长0.122nm　甲酸中 H—C(=O)OH　0.1245nm　0.1312nm
醇中 C—OH 键长0.143nm　电子衍射实验证明

故羧基的结构为一 p-π 共轭体系。由于共轭作用，使得羧基不是羰基和羟基的简单加合，所以羧基中既不存在典型的羰基，也不存在典型的羟基，而是两者互相影响的统一体。当羧基电离成负离子后，氧原子上带一个负电荷，更有利于共轭，故羧酸易解离成负离子。

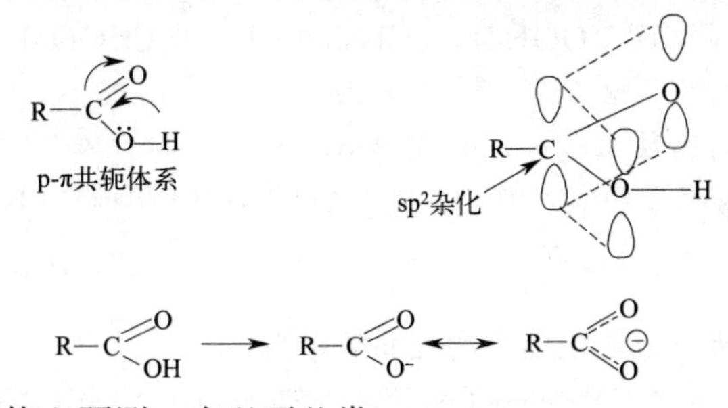

$$R-COOH \longrightarrow R-COO^- \longleftrightarrow R-C(O)_2^{\ominus}$$

羧酸的性质可从结构上预测，有以下几类：

R—CH₂—C(=O)—O—H：脱羧反应；羟基断裂呈酸性；α-H的反应；羟基被取代的反应

（1）酸性

① 成盐反应。羧酸具有弱酸性，在水溶液中存在着如下平衡：

$$RCOOH \rightleftharpoons RCOO^- + H^+$$

乙酸的离解常数 K_a 为 1.75×10^{-5}，甲酸的 $K_a=2.1\times10^{-4}$，$pK_a=3.75$，其他一元酸的 K_a 在 $1.1\times10^{-5}\sim1.8\times10^{-5}$ 之间，pK_a 在 $4.7\sim5$ 之间。可见羧酸的酸性小于无机酸而大于碳酸（H_2CO_3 $pK_a=6.73$）。

故，常见几种有机物酸性大小为：

$$RCO_2H > H_2CO_3 > C_6H_5OH(\text{酚}) > H_2O > ROH(\text{醇})$$

羧酸呈现酸性，既能与活泼金属单质（K、Na、Ca、Mg 等）反应放出氢气，也能与碱（NaOH 等）作用成盐，还可分解碳酸盐（Na_2CO_3、$NaHCO_3$ 等）放出二氧化碳气体。

$$RCOOH + Na \longrightarrow RCOONa + 1/2H_2$$

$$RCOOH + NaOH \longrightarrow RCOONa + H_2O$$

$$RCOOH + Na_2CO_3\,(NaHCO_3) \longrightarrow RCOONa + CO_2\uparrow + H_2O\text{(用于区别酸和其他化合物)}$$

$$RCOONa \xrightarrow{H^+} RCOOH$$

此性质可用于醇、酚、酸的鉴别和分离，不溶于水的羧酸既溶于 NaOH 也溶于 $NaHCO_3$，不溶于水的酚能溶于 NaOH 但不溶于 $NaHCO_3$，不溶于水的醇既不溶于 NaOH 也不溶于 $NaHCO_3$。

② 影响羧酸酸性的因素。简单说，羧基越多酸性越强，一元羧酸中酸性最强的是甲酸，二元羧酸中酸性最强的是乙二酸（草酸），但羧酸中与羧基相连的基团对羧酸酸性也会产生影响，且因素复杂，这里主要讨论电子效应和空间效应。

a. 电子效应对酸性的影响。诱导效应：

吸电子诱导效应使酸性增强。

$$FCH_2COOH > ClCH_2COOH > BrCH_2COOH > ICH_2COOH > CH_3COOH$$

	FCH_2COOH	$ClCH_2COOH$	$BrCH_2COOH$	ICH_2COOH	CH_3COOH
pK_a	2.66	2.86	2.89	3.16	4.76

供电子诱导效应使酸性减弱。

$$CH_3COOH > CH_3CH_2COOH > (CH_3)_3CCOOH$$

	CH_3COOH	CH_3CH_2COOH	$(CH_3)_3CCOOH$
pK_a	4.76	4.87	5.05

吸电子基增多酸性增强。

$$ClCH_2COOH > Cl_2CHCOOH > Cl_3CCOOH$$

	$ClCH_2COOH$	$Cl_2CHCOOH$	Cl_3CCOOH
pK_a	2.86	1.29	0.65

吸电子取代基的位置距羧基越远，酸性越小。

$$CH_3CH_2CHClCOOH > CH_3CHClCH_2COOH > CH_2ClCH_2CH_2COOH > CH_3CH_2CH_2COOH$$

	$CH_3CH_2CHClCOOH$	$CH_3CHClCH_2COOH$	$CH_2ClCH_2CH_2COOH$	$CH_3CH_2CH_2COOH$
pK_a	2.86	4.41	4.70	4.82

一些常见取代基的吸电或供电能力的强弱顺序为：

吸电子基　$-NO_2 > -CN > -COOH > -F > -Cl > -Br > -I > -OR > -OH > -C_6H_5 > -H$

供电子基　$(CH_3)_3C- > (CH_3)_2CH- > CH_3CH_2- > CH_3- > H-$

共轭效应：

当能与基团共轭时，则酸性增强，例如：

	CH_3COOH	Ph-COOH
pK_a	4.76	4.20

b. 空间效应对酸性的影响。以苯甲酸为例。苯甲酸的酸性与取代基的位置、共轭效应与诱导效应有关，还有场效应的影响，情况比较复杂。可大致归纳如下：

邻位取代基（氨基除外）使苯甲酸的酸性增强（空间效应破坏了羧基与苯环的共轭），间位取代基也使苯甲酸酸性增强。对位上是第一类定位基（邻、对位定位基）时，酸性减弱；是第二类定位基（间位定位基）时，酸性增强。

例如：

$$p\text{-}NO_2C_6H_4COOH > m\text{-}NO_2C_6H_4COOH > C_6H_5COOH > p\text{-}CH_3C_6H_4COOH$$

（2）羟基被取代的反应

羧基上的羟基可被一系列原子或原子团取代生成羧酸的衍生物，主要有以下四种。

$$\underset{\text{酯}}{R-\overset{O}{\overset{\|}{C}}-OR'} \quad \underset{\text{酰胺}}{R-\overset{O}{\overset{\|}{C}}-NH_2} \quad \underset{\text{酰卤}}{R-\overset{O}{\overset{\|}{C}}-X} \quad \underset{\text{酸酐}}{R-\overset{O}{\overset{\|}{C}}-O-\overset{O}{\overset{\|}{C}}-R'}$$

羧酸分子中消去羟基后的剩下的部分（ $R-\overset{O}{\overset{\|}{C}}-$ ）称为酰基。

① 酯化反应

$$R-\overset{O}{\overset{\|}{C}}-O-H + H-O-R' \overset{H^+}{\rightleftharpoons} R-\overset{O}{\overset{\|}{C}}-O-R' + H_2O$$

成酯方式为酰氧断裂，羧酸脱羟基，醇脱氢，反应需要酸催化（浓硫酸）。反应为可逆反应，一般只有 2/3 的转化率。提高酯化率的方法有：

a. 增加反应物的浓度（一般是加过量的醇）。

b. 移走低沸点的酯或水。

② 酰卤的生成。羧酸与 PX_3、PX_5、$SOCl_2$ 作用则生成酰卤，反应需在无水条件下进行。

$$3RCOOH + PCl_3 \longrightarrow 3RCOCl + H_3PO_3$$

$$RCOOH + PCl_5 \longrightarrow RCOCl + POCl_3 + HCl$$

$$RCOOH + SOCl_2 \longrightarrow RCOCl + SO_2\uparrow + HCl\uparrow$$

③ 酸酐的生成。羧酸在脱水剂作用下加热，脱水生成酸酐。

$$R-\overset{O}{\overset{\|}{C}}-OH + H-O-\overset{O}{\overset{\|}{C}}-R' \xrightarrow{P_2O_5} R-\overset{O}{\overset{\|}{C}}-O-\overset{O}{\overset{\|}{C}}-R' + H_2O$$

$$2\,C_6H_5COOH + (CH_3CO)_2O \xrightarrow{\triangle} (C_6H_5CO)_2O + CH_3COOH$$

常用的脱水剂：Ag_2O、P_2O_5、$POCl_3$、乙酰氯、乙酸酐等。因乙酸酐能较迅速地与水反应，且价格便宜，生成的乙酸易除去，因此，常用乙酸酐作为制备酸酐的脱水剂。

两个羧基相隔 2～3 个碳原子的二元酸不需要任何脱水剂，加热就能脱水生成环状（五元或六元）酸酐。

例如：

$$HOOC-CH=CH-COOH\ (\text{顺式}) \xrightarrow{150℃} \text{顺丁烯二酸酐} + H_2O$$

顺丁烯二酸酐

$$C_6H_4(COOH)_2\ (\text{邻位}) \xrightarrow{230℃} \text{邻苯二甲酸酐} + H_2O$$

邻苯二甲酸酐

$$H_2C(CH_2-COOH)_2 \xrightarrow{300℃} \text{戊二酸酐} + H_2O$$

戊二酸酐

④ 酰胺的生成。在羧酸中通入氨气或加入碳酸铵，可得到羧酸铵盐，铵盐热解失水而生成酰胺。

$$CH_3COOH + NH_3 \longrightarrow CH_3COONH_4 \xrightarrow{\triangle} CH_3CONH_2 + H_2O$$

(3) 脱羧反应　羧酸在一定条件下受热可发生脱羧反应。

① 羧酸的脱羧。当羧基的 α-C 上有吸电子基团时，容易进行脱羧反应。

$$CH_3COCH_2COOH \xrightarrow{\triangle} CH_3COCH_3 + CO_2\uparrow$$

$$HOOCCH_2COOH \xrightarrow{\triangle} CH_3COOH + CO_2\uparrow$$

② 羧酸盐的脱羧。无水醋酸钠和碱石灰混合后强热生成甲烷，是实验室制取甲烷的方法。

$$CH_3COONa + NaOH(CaO) \xrightarrow{\text{热熔}} \underset{99\%}{CH_4}\uparrow + Na_2CO_3$$

其他直链羧酸盐与碱石灰热熔的产物复杂，无制备意义。

$$CH_3CH_2COONa + NaOH(CaO) \xrightarrow{\text{热熔}} \underset{17\%}{CH_3CH_2CH_3} + \underset{20\%}{CH_4} + \text{烯及混合物}$$

(4) α-H 的卤代反应　具有 α-H 的羧酸在催化剂（红磷或三溴化磷）存在下与溴发生反应，得到 α-溴代酸。

$$CH_3CH_2CH_2CH_2COOH + Br_2 \xrightarrow{P} CH_3CH_2CH_2\underset{\substack{|\\Br}}{CH}COOH$$

(5) 羧酸的还原　羧酸很难被还原，只能用强还原剂 $LiAlH_4$ 才能将其还原为相应的伯醇。H_2/Ni、$NaBH_4$ 等都不能使羧酸还原。

$$H_2C{=}CHCH_2COOH \xrightarrow[2.\ H_2O]{1.\ LiAlH_4,Et_2O} H_2C{=}CHCH_2CH_2OH$$

（五）羧酸的来源和制备

1. 来源

羧酸广泛存在于自然界，常见的羧酸几乎都有俗名。自然界的羧酸大都以酯的形式存在于油、脂、蜡中。油、脂、蜡水解后可以得到多种羧酸的混合物。

2. 制备

(1) 氧化法

① 醛、伯醇的氧化。

② 烯烃的氧化（适用于对称烯烃和末端烯烃）。

③ 芳烃的氧化（有 α-H 芳烃氧化为苯甲酸）。

④ 碘仿反应制酸（用于制备特定结构的羧酸）。

(2) 腈的水解（制备比原料多一个碳的羧酸）

$$RX \xrightarrow[\text{醇}]{NaCN} RCN \xrightarrow{H^+/H_2O} RCOOH$$

此法仅适用于 1°RX（2°、3°RX 与 NaCN 作用易发生消除反应）。

(3) 羧酸衍生物的水解　油脂和羧酸衍生物水解得羧酸，及副产物甘油和醇。

(4) 格氏试剂法　格氏试剂与二氧化碳加合后，酸化水解得羧酸。

$$R-MgX + CO_2 \longrightarrow RCOOMgX \xrightarrow[H_2O]{H^+} RCOOH$$

二、羧酸衍生物

（一）羧酸衍生物的结构

羧酸中的羟基被其他基团取代后生成的化合物称为羧酸衍生物。羧酸衍生物在结构上的共同特点是都含有酰基（$R-\overset{O}{\overset{\|}{C}}-$），酰基与其所连的基团都能形成 p-π 共轭体系。

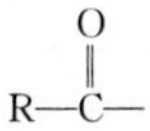

通式：$R-\overset{O}{\overset{\|}{C}}-L$

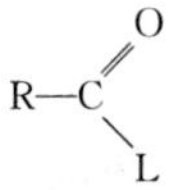

重要的羧酸衍生物有：酰卤、酸酐、酯和酰胺。

（二）羧酸衍生物的命名

1. 酰卤

在酰基名称后面加上卤原子的名称，称为“某酰卤”。

例如：

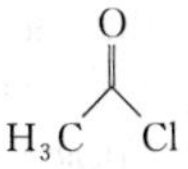

$H_3C-\overset{O}{\overset{\|}{C}}-Cl$ 乙酰氯　　$CH_2=CH-\overset{O}{\overset{\|}{C}}-Cl$ 丙烯酰氯　　$C_6H_5-\overset{O}{\overset{\|}{C}}-Cl$ 苯甲酰氯

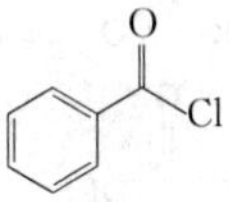

2. 酸酐

在相应的羧酸名称后面加上“酐”字，称为“某酸酐”“某某酸酐”，与简单醚（酮）的命名类似。

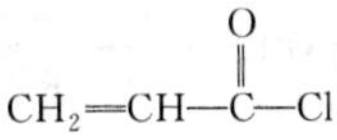

例如：

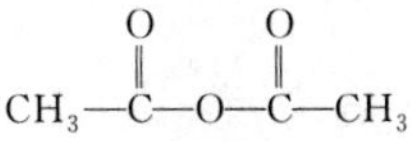

$CH_3-\overset{O}{\overset{\|}{C}}-O-\overset{O}{\overset{\|}{C}}-CH_3$ 乙酸酐　　$CH_3-\overset{O}{\overset{\|}{C}}-O-\overset{O}{\overset{\|}{C}}-CH_2-CH_3$ 乙酸丙酸酐 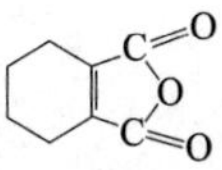　　1,2-环己烯二甲酸酐

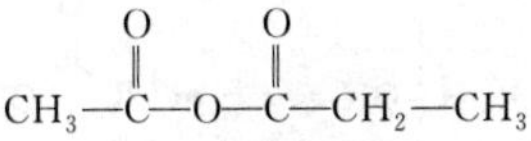

3. 酯

根据形成它的酸和醇（酚）来命名，称为“某酸某酯”。例如：

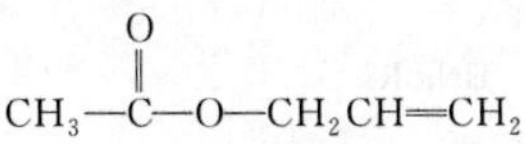

$CH_3-\overset{O}{\overset{\|}{C}}-O-CH_2CH=CH_2$ 乙酸烯丙酯　　$H-\overset{O}{\overset{\|}{C}}-O-CH_3$ 甲酸甲酯　　$CH_2=CH-\overset{O}{\overset{\|}{C}}-OCH_3$ 丙烯酸甲酯

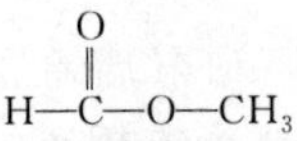

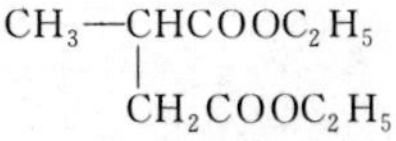

$CH_3-\underset{CH_2COOC_2H_5}{\underset{|}{C}}HCOOC_2H_5$ 甲基丁二酸二乙酯　　$C_5H_9-\overset{O}{\overset{\|}{C}}-O-C_6H_{11}$ 环戊基甲酸环己酯　　$C_6H_5-\overset{O}{\overset{\|}{C}}-O-CH_2-C_6H_5$ 苯甲酸苄酯

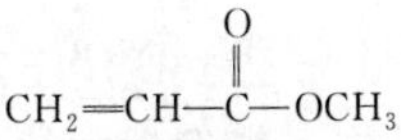

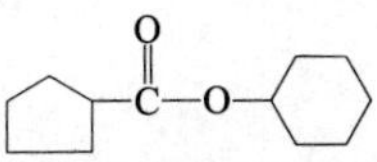

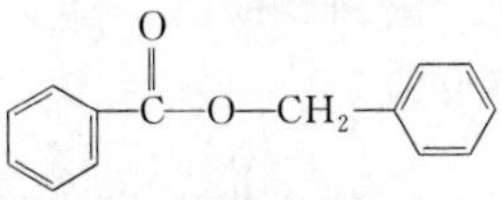

4. 酰胺

简单酰胺命名同酰卤类似，在酰基名称后面加上“胺”字，称为“某酰胺”；对于含有取代氨基的酰胺，命名时，把氮原子上所连的烃基作为取代基，写名称时用“*N*”表示其位次。

$CH_3-\overset{O}{\overset{\|}{C}}-NH_2$ 乙酰胺

$C_6H_5-\overset{O}{\overset{\|}{C}}-NH_2$ 苯甲酰胺

$CH_3-\overset{O}{\overset{\|}{C}}-NHCH_2CH_3$ *N*-乙基乙酰胺

$H-\overset{O}{\overset{\|}{C}}-N(CH_3)_2$ *N*,*N*-二甲基甲酰胺(简称 DMF)

（三）羧酸衍生物的性质

1. 物理性质

低级酰卤和酸酐、酯为无色、有刺激性气味的液体或低熔点固体。低级酰卤遇水激烈水解。乙酰氯暴露在空气中即水解放出氯化氢。

2. 化学性质

（1）水解（常温下立即反应）

$$\left.\begin{array}{l} RCOX \\ RCOOCOR' \\ RCOOR' \\ RCONR'R'' \end{array}\right\} + H-OH \longrightarrow RCOOH + \left\{\begin{array}{l} HX \\ HOCOR' \\ HOR' \\ HNR'R'' \end{array}\right.$$

水解速度：酰卤＞酸酐＞酯＞酰胺。

（2）醇解反应

$$\left.\begin{array}{l} RCOX \\ RCOOCOR' \end{array}\right\} + H-OR'' \longrightarrow RCOOR'' + \left\{\begin{array}{l} HX \\ HOCOR' \end{array}\right.$$

$$\left.\begin{array}{l} RCOOR' \\ RCONR'R'' \end{array}\right\} + H-OR'' \longrightarrow RCOOR'' + \left\{\begin{array}{l} HOR' \quad \text{酯交换反应} \\ HNR'R'' \end{array}\right.$$

酯交换反应：酯发生醇解后又生成新的酯的反应。

反应活性：酰卤＞酸酐＞酯＞酰胺。

（3）氨解反应

$$\left.\begin{array}{l} R-\overset{O}{\overset{\|}{C}}-X \\ R-\overset{O}{\overset{\|}{C}}-O-\overset{O}{\overset{\|}{C}}-R' \\ R-\overset{O}{\overset{\|}{C}}-OR' \end{array}\right\} + H-NH_2 \longrightarrow R-\overset{O}{\overset{\|}{C}}-NH_2 + \left\{\begin{array}{l} HX \\ HOCOR' \\ HOR' \end{array}\right.$$

反应活性：酰卤＞酸酐＞酯。

(4) 还原反应

Na，EtOH　　可将酯还原为醇。

$LiAlH_4$　　可将醛、酮和所有的羧酸衍生物还原。

$NaBH_4$　　只还原酰氯、醛和酮。

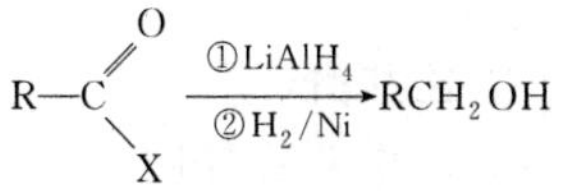

$$R-C(=O)-X \xrightarrow[②H_2/Ni]{①LiAlH_4} RCH_2OH$$

酯：

$$R-C(=O)-OR' \xrightarrow[②H_2O]{①LiAlH_4} RCH_2OH+R'OH$$

$$R-C(=O)-OR' \xrightarrow{Na,EtOH} RCH_2OH+R'OH$$

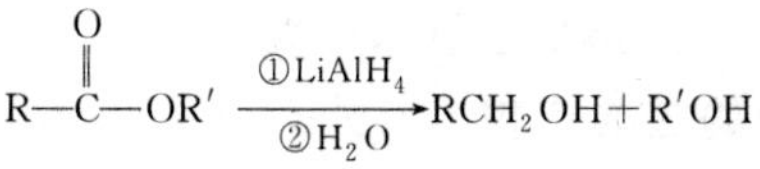

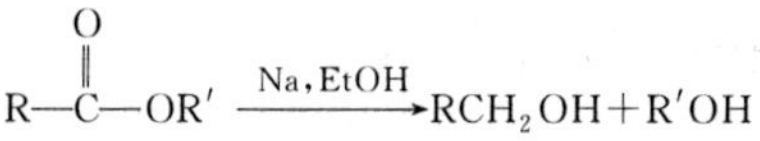

注意：酯采用催化加氢法也可还原。

(5) 与格氏试剂反应　酰氯与格氏试剂作用可以得到酮或叔醇。反应可停留在酮的一步，但产率不高。

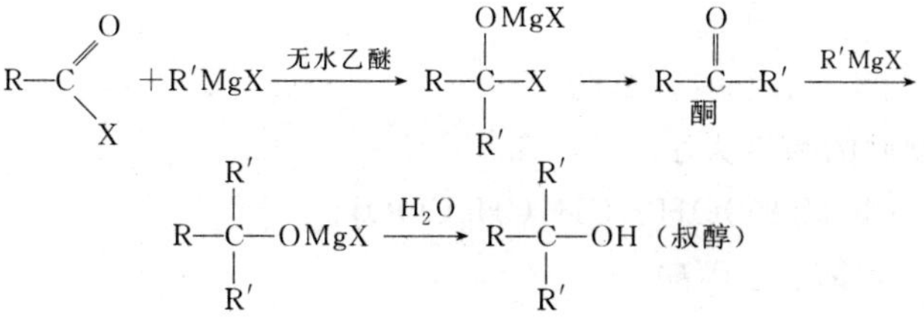

$$R-C(=O)-X + R'MgX \xrightarrow{无水乙醚} R-C(OMgX)(R')-X \longrightarrow \underset{酮}{R-C(=O)-R'} \xrightarrow{R'MgX}$$

$$R-C(R')_2-OMgX \xrightarrow{H_2O} R-C(R')_2-OH \text{（叔醇）}$$

酯与 RMgX 反应产物为叔醇。甲酸酯与 RMgX 反应产物为仲醇。内酯与 RMgX 反应产物为二醇。

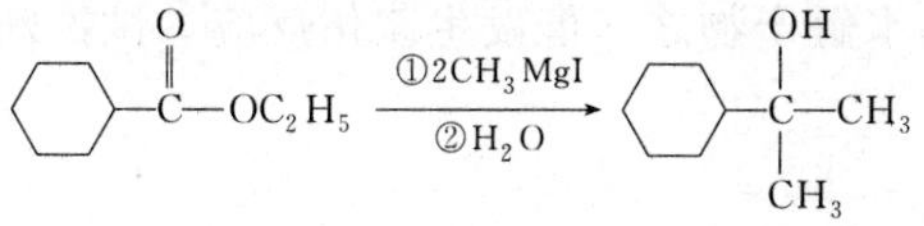

$$C_6H_{11}-C(=O)-OC_2H_5 \xrightarrow[②H_2O]{①2CH_3MgI} C_6H_{11}-C(OH)(CH_3)-CH_3$$

酸酐：

$$CH_3-C(=O)-O-C(=O)-CH_3 \xrightarrow[②H_2O]{①2CH_3MgI} CH_3-C(OH)(CH_3)-CH_3$$

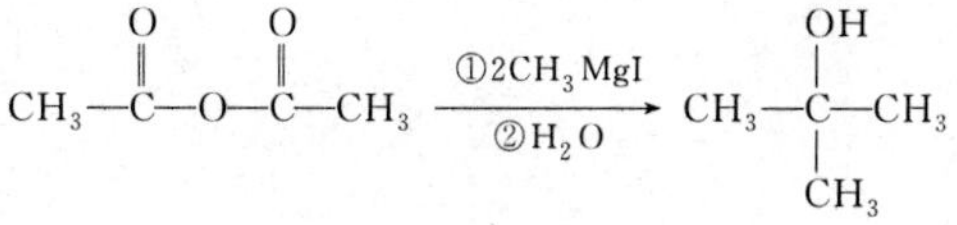

(6) 酰胺的特殊反应

① 脱水反应。酰胺在脱水剂（如 P_2O_5、$SOCl_2$、乙酸酐等）的作用下，可发生分子内脱水，生成腈。

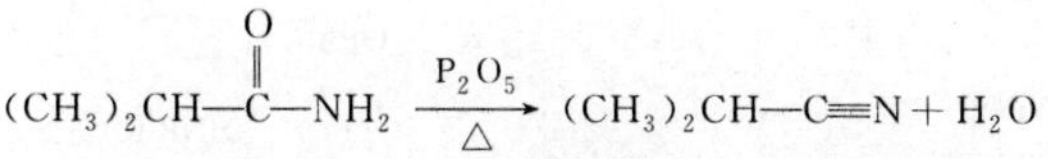

$$(CH_3)_2CH-C(=O)-NH_2 \xrightarrow[\triangle]{P_2O_5} (CH_3)_2CH-C\equiv N+H_2O$$

② 霍夫曼降解反应。酰胺与次卤酸钠的碱溶液作用，脱去羧基生成比原料少一个碳的胺的反应，称为霍夫曼降解反应。

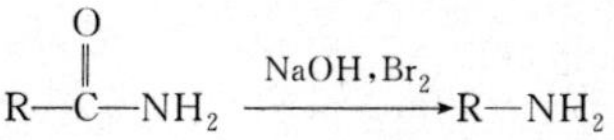

$$R-C(=O)-NH_2 \xrightarrow{NaOH,Br_2} R-NH_2$$

进度检查

一、命名下列化合物

1. $CH_3CH=C(CH_3)CH_2COOH$　　2. $CH_3COOCH(CH_3)CH_2CH_3$

3. HOOCCH（CH_3）COOH

4. $(CH_3CH_2CO)_2O$

5. 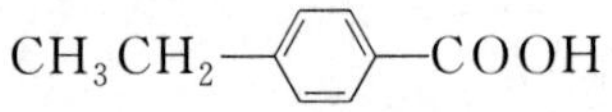 CH_3CH_2—⟨苯环⟩—COOH

6. CH_3CHCH_2COOH (with CH_2CH_3 on C-2)

二、写出下列化合物的结构式

1. 邻羟基苯乙酸
2. 乙酸酐
3. 对甲基苯甲酰溴
4. *N*-甲基乙酰胺
5. 对甲基苯甲酸乙酯
6. 2-乙氧基戊烷

三、写出丁酸与下列试剂作用的主要产物

1. NH_3，△
2. C_2H_5OH，H^+，△
3. 乙酸酐
4. PBr_3

四、用简单化学方法鉴别下列物质

1. 乙醛，乙醇，乙酸，甲酸
2. 苯甲醛，苯乙酮，苯甲酸，苯酚

五、比较下列各组物质的酸性大小

1. CH_3COOH、$ClCH_2COOH$、CH_3CH_2COOH
2. 甲酸、乙酸、草酸、2-丙酸

六、推断题

化合物 A、B、C 化学式都是 $C_3H_6O_2$，A 能与 $NaHCO_3$ 作用放出二氧化碳气体，B 和 C 能在水溶液中水解，B 的水解产物之一能发生碘仿反应，试推断 A、B、C 的结构式。

编号 FJC-17-05

学习单元 7-5　其他重要的有机化合物

学习目标： 在完成了本单元学习之后，能够给胺、重氮化合物、偶氮化合物及简单杂环化合物进行命名；了解季铵盐、季铵碱的性质和应用；掌握胺的性质及胺的碱性强弱次序。

职业领域： 化工、石油、环保、医药、冶金、建材等。

工作范围： 分析。

含氮有机化合物可以看作是烃分子中的氢原子被各种含氮原子的官能团取代而生成的化合物。这里主要讨论芳香族硝基化合物、胺、重氮和偶氮化合物以及腈等化合物。

一、胺

1. 胺的结构和分类

胺类是指氨分子中的氢原子被烃基取代而生成的一系列衍生物。

例如：RNH_2、R_2NH 、R_3N。

此外，胺能与酸作用生成铵盐。铵盐分子中的四个氢原子被四个烃基取代后的产物叫作季铵盐，其相应的氢氧化物叫作季铵碱。例如：

$$[(CH_3)_4N]^+X^- \qquad\qquad [(CH_3)_4N]^+OH^-$$

季铵盐　　　　季铵碱

胺可分类如下。

① 芳胺。

② 脂肪胺：伯胺、仲胺和叔胺。

③ 季铵盐。

④ 季铵碱。

2. 胺的命名

（1）简单胺　以胺为母体，再加上与 N 原子相连的烃基的名称和数目，称为“某胺”。

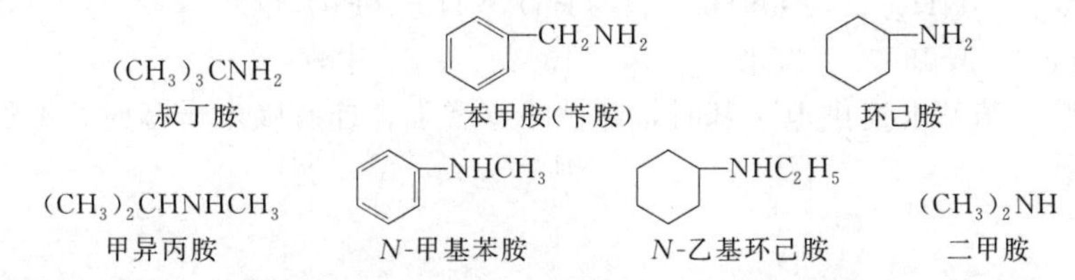

（2）复杂结构的胺　采用系统命名法，将氨基和烃基作为取代基来命名。

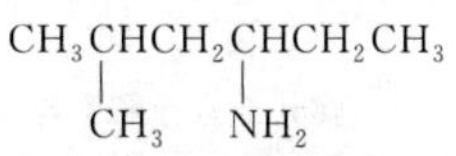

$CH_3\underset{\displaystyle CH_3}{\underset{|}{C}}HCH_2\underset{\displaystyle NH_2}{\underset{|}{C}}HCH_2CH_3$

4-氨基-2-甲基己烷

$H_2N-C_6H_4-SO_3H$

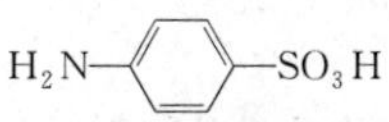

4-氨基苯磺酸

（3）季铵盐或季铵碱　将其看作铵的衍生物来命名，与无机盐、无机碱的命名原则相似。

$C_6H_5CH_2N^+(C_2H_5)_3Cl^-$　　$(C_2H_5)_4N^+I^-$

氯化三乙基苄基铵　　碘化四乙基铵

$[(CH_3)_4N]^+Br^-$　　$[(CH_3)_2N(CH_2CH_3)_2]^+OH^-$

溴化四甲胺　　氢氧化二甲基二乙铵

3. 胺的性质

（1）胺的物理性质

① 沸点。胺是极性化合物，分子之间能形成氢键，但由于氮的电负性比氧小，所以N⋯H—N氢键较O⋯H—O氢键弱。因此胺的沸点比相对分子质量相近的醇低，但比烃、醚等非极性化合物的要高。

例如：

	$(CH_3CH_2)_2NH$	$CH_3CH_2CH_2CH_2OH$	$CH_3CH_2OCH_2CH_3$
沸点	56℃	117℃	34.5℃

对于碳原子数相同的胺的沸点：叔胺＜仲胺＜伯胺。因为位阻能妨碍氢键的生成，伯胺分子间生成的氢键比仲胺的强，叔胺分子间不能生成氢键。

② 水溶性。由于胺分子中氮原子上的孤电子对能接受水中羟基上的氢，生成分子间氢键，所以含6～7个碳原子的低级胺溶于水。高级胺与烷烃相似，不溶于水 。

（2）胺的化学性质

① 碱性。胺和氨相似，胺分子中氮原子上有孤电子对，因此它可接受质子而显碱性，能与大多数酸作用成盐。

$$R-\ddot{N}H_2+HCl \longrightarrow R-\overset{+}{N}H_3Cl^-$$

$$R-\ddot{N}H_2+HOSO_3H \longrightarrow R-\overset{+}{N}H_3^-OSO_3H$$

胺的碱性较弱，其盐与氢氧化钠溶液作用时，释放出游离胺。

$$R-\overset{+}{N}H_3Cl^-+NaOH \longrightarrow RNH_2+Cl^-+H_2O$$

胺的碱性强弱是电子效应、溶剂化效应和立体效应综合影响的结果。不同胺的碱性强弱的一般规律如下。

碱性：脂肪胺＞氨＞芳香胺

脂肪胺　在水溶液中碱性：$(CH_3)_2NH>CH_3NH_2>(CH_3)_3N>NH_3$

在气态时碱性：$(CH_3)_3N>(CH_3)_2NH>CH_3NH_2>NH_3$

芳胺的碱性　$ArNH_2>Ar_2NH>Ar_3N$

例如：	NH_3	$PhNH_2$	$(Ph)_2NH$	$(Ph)_3N$
pK_b	4.75	9.38	13.21	中性

对取代芳胺，苯环上连供电子基时，碱性略有增强；连有吸电子基时，碱性则降低。

	苯胺（NH_2）	间三氟甲基苯胺（NH_2，CF_3）	对三氟甲基苯胺（NH_2，CF_3）
共轭酸的 pK_a	4.58	3.20	2.75
		吸电子诱导	吸电子诱导和吸电子共轭

② 烃基化反应。胺作为亲核试剂与卤代烃发生取代反应，生成仲胺、叔胺和季铵盐。

此反应可用于工业上生产胺类，但往往得到的是混合物。

$$\underset{\text{伯胺}}{CH_3NH_2} \xrightarrow{CH_3X} \underset{\text{仲胺}}{(CH_3)_2NH} \xrightarrow{CH_3X} \underset{\text{叔胺}}{(CH_3)_3N} \xrightarrow{CH_3X} \underset{\text{季铵盐}}{[(CH_3)_4N]^+X^-}$$

③ 酰基化反应和磺酰化反应。酰基化反应：伯胺、仲胺易与酰氯或酸酐等酰基化剂作用生成酰胺。

$$\underset{(Ar)}{RNH_2} \xrightarrow[\text{or }(R'CO)_2O]{R'COCl} RNHCOR'$$

$$R_2NH \xrightarrow{R'COCl} R_2NCOR'$$

$$\underset{(Ar)_3N}{R_3N} \xrightarrow[\text{or }(R'CO)_2O]{R'COCl} \times(\text{不反应})$$

酰胺是具有一定熔点的固体，在强酸或强碱的水溶液中加热易水解生成胺。因此，此反应在有机合成上常用来保护氨基。

磺酰化反应（兴斯堡——Hinsberg 反应）：

胺与磺酰化试剂反应生成磺酰胺的反应叫作磺酰化反应。常用的磺酰化试剂是苯磺酰氯和对甲基苯磺酰氯。

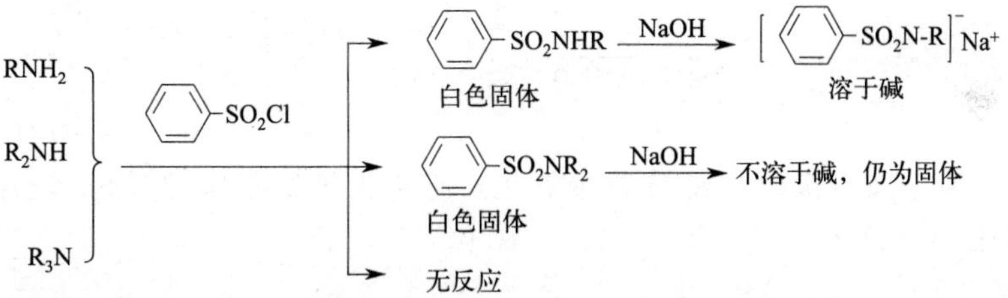

RNH_2、R_2NH、R_3N 与 $C_6H_5SO_2Cl$ 反应：

$RNH_2 \rightarrow C_6H_5SO_2NHR$（白色固体）$\xrightarrow{NaOH} [C_6H_5SO_2N\text{-}R]^-Na^+$（溶于碱）

$R_2NH \rightarrow C_6H_5SO_2NR_2$（白色固体）$\xrightarrow{NaOH}$ 不溶于碱，仍为固体

$R_3N \rightarrow$ 无反应

兴斯堡反应可用于鉴别、分离纯化伯、仲、叔胺。

④ 与亚硝酸反应。亚硝酸（HNO_2）不稳定，由亚硝酸钠与盐酸或硫酸作用而得。脂肪胺与 HNO_2 的反应：

伯胺与亚硝酸的反应生成不稳定的重氮盐。

$$RCH_2CH_2NH_2 \xrightarrow[\text{低温}]{NaNO_2+HCl} \underset{\text{重氮盐}}{RCH_2CH_2\overset{+}{N_2}Cl^-} \xrightarrow{\text{分解}} RCH_2\overset{+}{C}H_2 + N_2 + Cl^-$$

仲胺与 HNO_2 反应，生成黄色油状或固体的 *N*-亚硝基化合物。

$$R_2NH \xrightarrow{NaNO_2+HCl} \underset{\substack{N\text{-亚硝基胺} \\ (\text{黄色油状物})}}{R_2N{-}N{=}O} + H_2O$$

叔胺在同样条件下，与 HNO_2 不发生类似的反应。因而，胺与亚硝酸的反应可以区别伯胺、仲胺、叔胺。

芳胺与亚硝酸的反应：

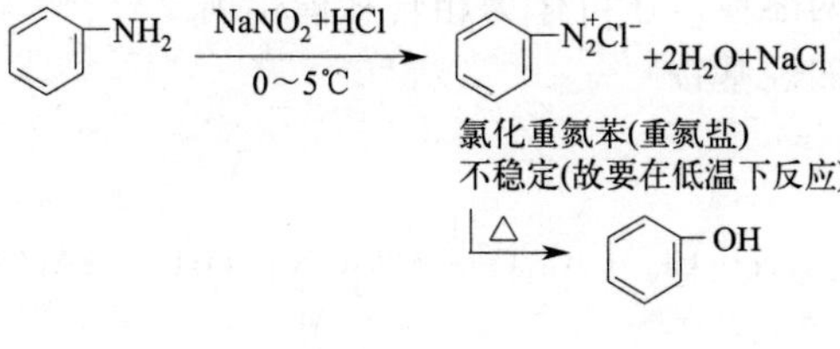

$$C_6H_5NH_2 \xrightarrow[0\sim5^\circ C]{NaNO_2+HCl} C_6H_5\overset{+}{N_2}Cl^- + 2H_2O + NaCl$$

氯化重氮苯(重氮盐)
不稳定(故要在低温下反应)

$$\xrightarrow{\triangle} C_6H_5OH$$

此反应称为重氮化反应。芳香族仲胺与亚硝酸反应，生成亚硝基胺。芳胺与亚硝酸的反应也可用来区别芳香族伯胺、仲胺、叔胺。

⑤ 芳胺氧化反应。芳胺很容易氧化，例如，新的纯苯胺是无色的，但暴露在空气中很快就变成黄色然后变成红棕色。用氧化剂处理苯胺时，生成复杂的混合物。在一定的条件下，苯胺的氧化产物主要是对苯醌。

$$C_6H_5NH_2 \xrightarrow[H_2SO_4,10℃]{MnO_2} O{=}C_6H_4{=}O \xrightarrow{[O]} \text{苯胺黑}$$

⑥ 芳胺的亲电取代反应。卤代反应：苯胺很容易发生卤代反应，但难控制在一元阶段。

$$C_6H_5NH_2 + Br_2(H_2O) \longrightarrow 2,4,6\text{-}Br_3C_6H_2NH_2 \downarrow + 3HBr$$

2,4,6-三溴苯胺（白色沉淀），可用于鉴别苯胺

磺化反应：

$$C_6H_5NH_2 \xrightarrow{H_2SO_4} C_6H_5\overset{+}{N}H_3HSO_4^- \xrightarrow[-H_2O]{\triangle} C_6H_5NHSO_3H \xrightarrow{180℃} p\text{-}NH_2C_6H_4SO_3H \longleftrightarrow p\text{-}\overset{+}{N}H_3C_6H_4SO_2O^-$$

硝化反应：芳伯胺直接硝化易被硝酸氧化，必须先把氨基保护起来（乙酰化或成盐），然后再进行硝化。

$$C_6H_5NH_2 \xrightarrow{(CH_3CO)_2O} C_6H_5NHCOCH_3$$

$$C_6H_5NHCOCH_3 \xrightarrow[\text{在乙酸中}]{HNO_3} p\text{-}NO_2C_6H_4NHCOCH_3\ (\text{主要产物}) \xrightarrow{OH^-/H_2O} p\text{-}NO_2C_6H_4NH_2$$

$$C_6H_5NHCOCH_3 \xrightarrow[\text{在乙酸酐中}]{HNO_3} o\text{-}NO_2C_6H_4NHCOCH_3\ (\text{主要产物}) \xrightarrow{OH^-/H_2O} o\text{-}NO_2C_6H_4NH_2$$

4. 季铵盐和季铵碱

（1）季铵盐

① 结构与制法

$$R_3N + RX \longrightarrow [R_4N]^+X^- \ \text{季铵盐}$$

② 性质及用途。季铵盐为离子性化合物，无色晶体，易溶于水，有较高的熔点。在有机溶剂中的溶解度取决于溶剂。季铵盐可作为表面活性剂、抗静电剂、柔软剂、杀菌剂和动植物激素。由于季铵盐的两溶性，还可作为相转移催化剂。

（2）季铵碱（氢氧化四烃基铵）

① 结构与制法

$$2[R_4N]^+Cl^- + Ag_2O \xrightarrow{H_2O} 2[R_4N]^+OH^- + 2AgCl$$

季铵碱

② 性质与用途。季铵碱是一种易吸潮的固体，易溶于水。强碱，其碱性与氢氧化钠相近，具有一般碱的性质。受热易分解，生成叔胺和醇或烯烃。

二、重氮和偶氮化合物

1. 重氮和偶氮化合物的结构

重氮和偶氮化合物分子中都含有—N ═N— （—N_2—） 官能团。官能团两端都与烃基相连的称为偶氮化合物，只有一端与烃基相连，而另一端与其他基团相连的称为重氮化合物。

2. 重氮和偶氮化合物的命名

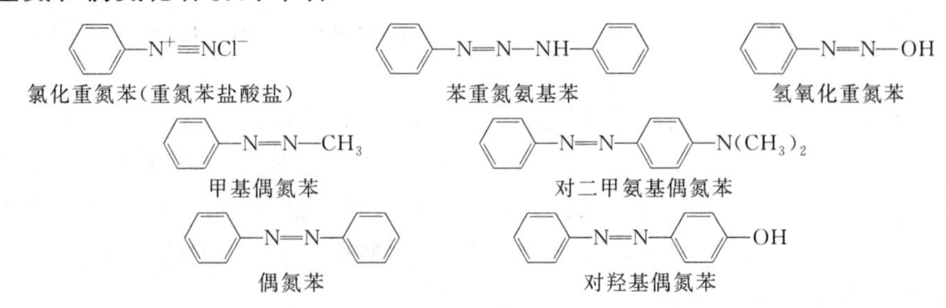

三、杂环化合物

1. 杂环化合物结构

杂环化合物是指组成环的原子中含有除碳以外杂原子（常见的是 N、O、S 等）的环状化合物。

杂环化合物不包括极易开环的含杂原子的环状化合物，例如：

杂环化合物
- 非芳香杂环，如 ， ，
- 芳杂环（符合休克尔规则的杂环），如 ，

本单元我们只讨论芳香族杂环化合物。

杂环化合物是一大类有机物，占已知有机物的三分之一。杂环化合物在自然界分布很广、功用很多。例如，中草药的有效成分生物碱大多是杂环化合物；动植物体内起重要生理作用的血红素、叶绿素、核酸的碱基都是含氮杂环；部分维生素，抗生素；一些植物色素、植物染料、合成染料都含有杂环。

2. 杂环化合物的分类

芳杂环的数目很多，可根据环大小、杂原子的多少以及单环和稠环来分类。

常见的杂环为五元、六元的单杂环及稠杂环。

稠杂环是由苯环及一个或多个单杂环稠合而成。

3. 杂环化合物的命名

（1） 音译法　杂环的命名常用音译法，是按外文名词音译成带“口”字旁的同音汉字。

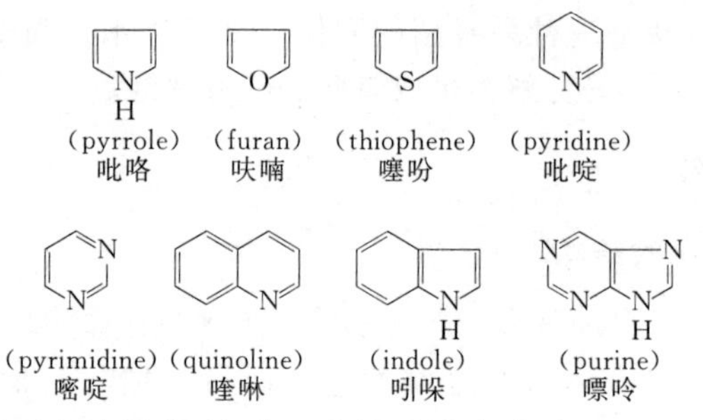

(2) 系统命名法　当环上有取代基时，采用系统命名法。

① 选母体。与芳香族化合物命名原则类似，当杂环上连有—R、—X、—OH、$—NH_2$等取代基时，以杂环为母体；如果连有—CHO、—COOH、$—SO_3H$等时，把杂环作为取代基。

② 编号。取代基的位次从杂原子算起依次用1，2，3…（或α，β，γ…）编号。如杂环上不止一个杂原子时，则从O、S、N顺序依次编号。若含有多个相同的杂原子，则从连有氢或取代基的杂原子开始编号，并使其他杂原子的位次尽可能最小。编号时杂原子的位次数字之和应最小。某些特殊的稠杂环，不符合以上编号规则，有其特定的编号。

③ 写名称。支链+主链名称。

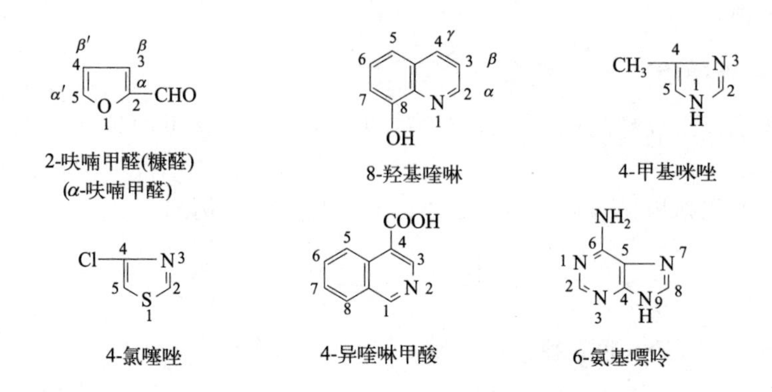

4. 杂环化合物性质

(1) 五元杂环化合物　含一个杂原子的典型五元杂环化合物是呋喃、噻吩和吡咯。含两个杂原子的有噻唑、咪唑和吡唑。

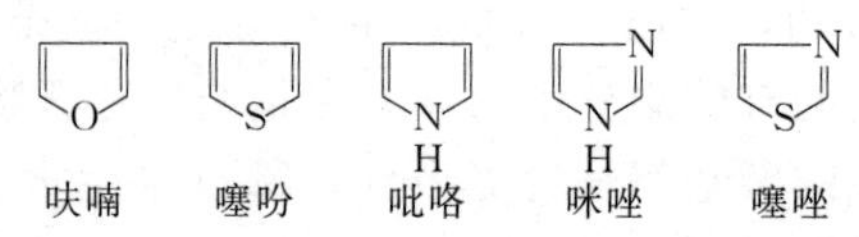

① 亲电取代反应。五元杂环有芳香性，但其芳香性不如苯环，因环上的π电子云密度比苯环大，且分布不匀，它们在亲电取代反应中的速率比苯快得多。亲电取代反应的活性为：

吡咯>呋喃> 噻吩>苯，主要进入α位。

卤代反应：不需要催化剂，要在较低温度下进行。

硝化反应：不能用混酸硝化，一般是用乙酰基硝酸酯（CH_3COONO_2）作硝化试剂，在低温下进行。

磺化反应：呋喃、吡咯不能用浓硫酸磺化，要用特殊的磺化试剂——吡啶三氧化硫的配合物，噻吩可直接用浓硫酸磺化。

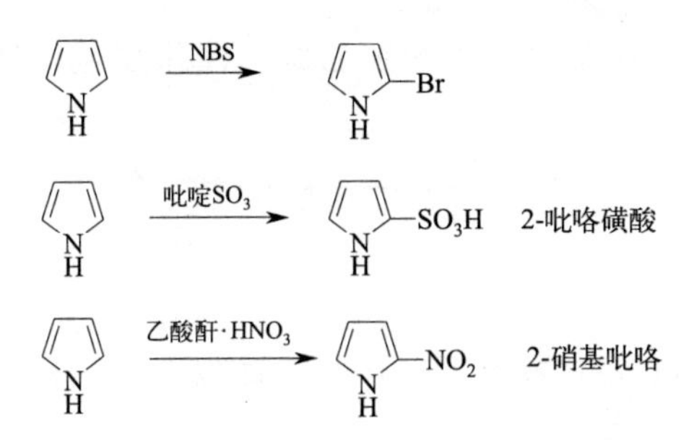

② 加氢反应

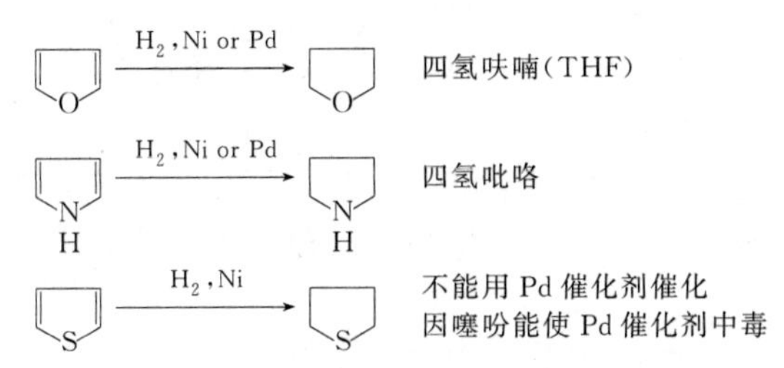

(2) 六元杂环化合物　六元杂环化合物中最重要的有吡啶、嘧啶和吡喃等。

吡啶　嘧啶　吡喃

吡啶是重要的有机碱试剂，嘧啶是组成核糖核酸的重要生物碱母体。

① 碱性与成盐。吡啶的环外有一对未作用的孤对电子，具有碱性，易接受亲电试剂而成盐。吡啶的碱性小于氨大于苯胺。

吡啶易与酸和活泼的卤代物成盐。

$$\text{吡啶} + HCl \longrightarrow \text{吡啶盐酸盐}(N^+\text{—H}\ Cl^-)$$

② 亲电取代反应。吡啶环上氮原子为吸电子基，故吡啶环属于缺电子的芳杂环，和硝基苯相似。其亲电取代反应很不活泼，反应条件要求很高，不发生傅-克烷基化和酰基化反应。亲电取代反应主要在β位上。

Cl_2,$AlCl_3$，100℃ → 3-氯吡啶

Br_2,浮石催化，300℃,气相 → 3-溴吡啶

浓H_2SO_4，$HgSO_4$催化,220℃ → 吡啶-3-磺酸

混酸，300℃ → 3-硝基吡啶

③ 氧化反应。吡啶环对氧化剂稳定，一般不被酸性高锰酸钾、酸性重铬酸钾氧化，通常是侧链烃基被氧化成羧酸。

3-甲基吡啶 $\xrightarrow[\triangle]{KMnO_4/H^+}$ β-吡啶甲酸(烟酸)

2-苯基吡啶 $\xrightarrow{HNO_3}$ 2-吡啶甲酸

④ 还原反应。吡啶比苯易还原，用钠加乙醇、催化加氢均能使吡啶还原为六氢吡啶（即胡椒啶）。

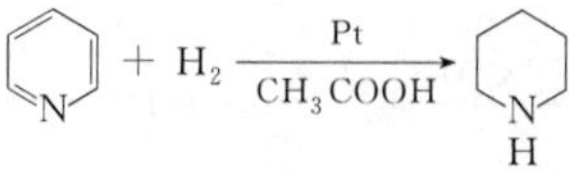

$$\text{吡啶} + H_2 \xrightarrow[CH_3COOH]{Pt} \text{六氢吡啶}$$

5. 稠杂环化合物

稠杂环化合物是指苯环与杂环稠合或杂环与杂环稠合在一起的化合物。常见的有喹啉、吲哚和嘌呤。

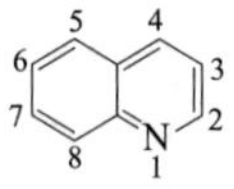

喹啉 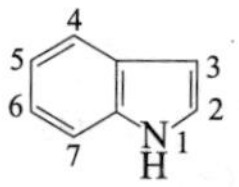　　吲哚 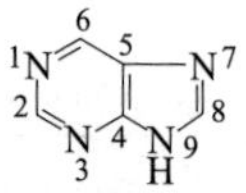　　嘌呤

（1）吲哚　吲哚是白色结晶，极稀溶液有香味，可用作香料，浓的吲哚溶液有粪臭味。素馨花、柑橘花中含有吲哚。吲哚环的衍生物广泛存在于动植物体内，与人类的生命、生活密切相关。

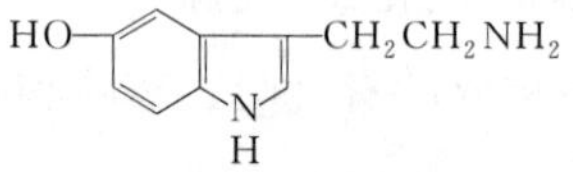

HO—(吲哚)—$CH_2CH_2NH_2$　5-羟基色胺（动物激素，参与神经思维的物质）

（2）喹啉　喹啉存在于煤焦油中，为无色油状液体，放置时逐渐变成黄色，沸点238.05℃，有恶臭味，难溶于水。能与大多数有机溶剂混溶，是一种高沸点溶剂。喹啉的衍生物在自然界存在很多，如奎宁（存在于金鸡钠树皮中，有抗疟疾疗效）、氯喹、罂粟碱、吗啡等。

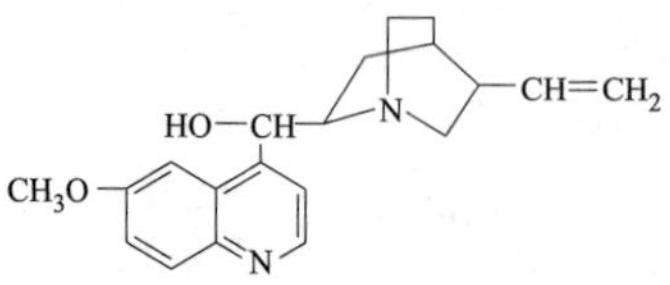

奎宁（金鸡钠碱）

（3）嘌呤　嘌呤为无色晶体，熔点为216～217℃，易溶于水，其水溶液呈中性，但能与酸或碱成盐。纯嘌呤环在自然界不存在，嘌呤的衍生物广泛存在于动植物体内。

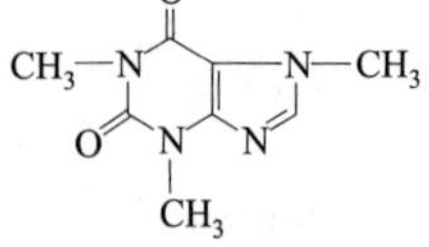

咖啡碱 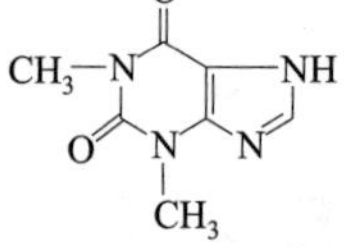　　茶碱 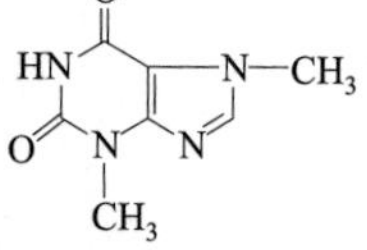　　可可碱

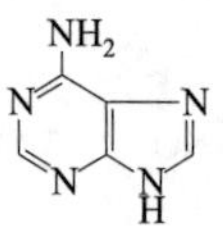

腺嘌呤(A) 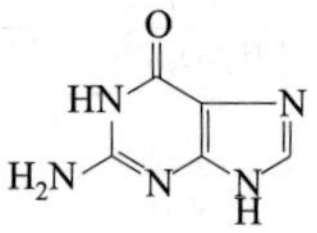　　鸟嘌呤(G)

进度检查

一、命名下列化合物

1.  $H_2N-C_6H_4-NO_2$　　2. $C_6H_5-NH-CH_3$

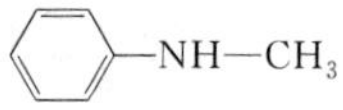

3. 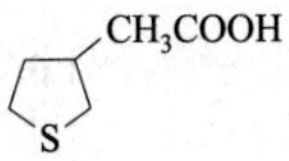 (thiolane ring with 3-CH_2COOH substituent)

4. 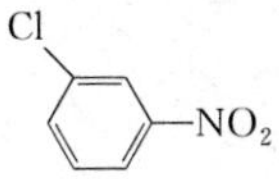 (benzene ring with Cl and m-NO_2 substituents)

5. $H_2N(CH_2)_3NH_2$

6. $(CH_3)_2CHNO_2$

7. $CH_3CH_2CH=CHCH(NH_2)CH_3$

8. $(C_6H_5)N=NOH$

二、写出下列化合物的结构式

1. 溴化四乙铵
2. 3-甲基呋喃
3. 对二硝基苯
4. 2-乙氧基戊烷
5. 邻硝基苯磺酸
6. 对甲基偶氮苯
7. 四氢呋喃
8. *N*-甲基吡啶磺酸

三、写出下列反应的主要产物

1. 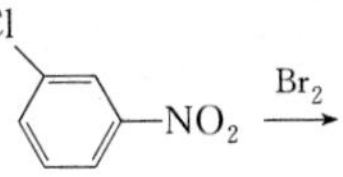 (benzene ring with Cl and m-NO_2) $\xrightarrow{Br_2}$

2. $CH_3CH_2NH_2 + CH_3COCl \longrightarrow$

3. 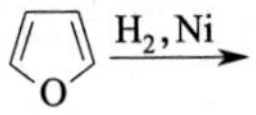 (furan) $\xrightarrow{H_2,Ni}$

4. 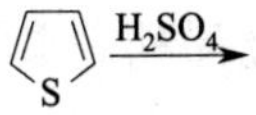 (thiophene) $\xrightarrow{H_2SO_4}$

编号 FJC-17-06

学习单元 7-6 阿司匹林的合成

学习目标： 在完成了本单元学习之后，了解有机合成实验的原理和分离提纯方法，掌握酯化反应和重结晶的原理及基本操作。巩固称量、重结晶、抽滤等基本操作。

职业领域： 化工、石油、环保、医药、冶金、建材等。

工作范围： 分析。

一、实验原理

制备阿司匹林的方法是以乙酸酐为酰化试剂，与水杨酸的酚羟基发生酰基化作用生成酯即乙酰水杨酸。为了加速反应的进行，通常加入少量浓硫酸作催化剂。

引入酰基的试剂称为酰化试剂，常用的酰化试剂有乙酰氯、乙酸酐、冰醋酸。本实验选用经济合理且反应较快的乙酸酐作酰化试剂。

合成路线如下：

$$C_6H_4(OH)COOH + (CH_3CO)_2O \xrightarrow{H_2SO_4} C_6H_4(OCOCH_3)COOH + CH_3COOH$$

副反应：

$$2\ C_6H_4(OH)COOH \xrightarrow{\triangle} HO\text{-}C_6H_4\text{-}CO\text{-}O\text{-}C_6H_4\text{-}COOH + H_2O$$

$$C_6H_4(OCOCH_3)COOH + C_6H_4(OH)COOH \xrightarrow{\triangle} CH_3COO\text{-}C_6H_4\text{-}CO\text{-}O\text{-}C_6H_4\text{-}COOH$$

制备的粗产品不纯，除上面两种副产品外，可能还有未反应完的水杨酸等杂质。

本实验采用 $FeCl_3$ 法检验产品的纯度，此外还可采用测定熔点的方法检测纯度。杂质中有未反应完的酚羟基，遇 $FeCl_3$ 呈蓝紫色。若在产品中加入一定量的 $FeCl_3$ 溶液，无颜色变化，则认为纯度基本达到要求。

利用阿司匹林的钠盐溶于水来分离少量不溶性聚合物。

二、实验仪器、设备及药品

1. 仪器、设备

圆底单口烧瓶（100mL）、球形冷凝管、量筒（10mL、25mL）、温度计（100℃）、烧杯（200mL、100mL）、玻璃棒、吸滤瓶、布氏漏斗、循环水泵、水浴锅、电热套。

2. 药品

水杨酸 4.0g（0.030mol）、乙酸酐 10mL（0.106 mol）、浓硫酸（98%）、盐酸溶液（1：

2)、饱和碳酸钠溶液、1% $FeCl_3$ 溶液、乙醇。

3. 实验装置图

实验装置如图 7-1 所示。

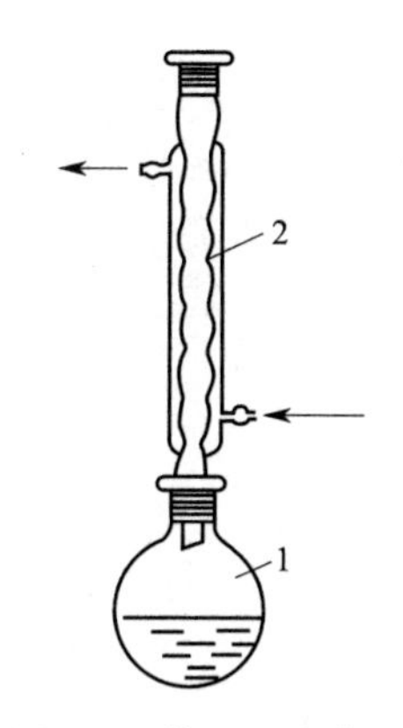

图 7-1 普通回流装置

1—圆底烧瓶；2—冷凝管

三、实验步骤

1. 阿司匹林合成

(1) 合成　于 100mL 干燥的圆底烧瓶中加入 4g 水杨酸和 10mL 新蒸馏的乙酸酐，在振摇下缓慢滴加 5 滴浓硫酸，参照图 7-1 安装普通回流装置。通水后，振摇反应液使水杨酸溶解。然后用水浴加热，控制水浴温度在 80～85℃之间，反应 20min。撤去水浴，趁热于球形冷凝管上口加入 2mL 蒸馏水，以分解过量的乙酸酐。

(2) 冷却　稍冷后，拆下冷凝装置。将反应液倒入盛有 100mL 冷水的烧杯中，同时剧烈搅拌，并用冰-水浴冷却 20 min，待结晶析出完全。

(3) 过滤　减压过滤，冷水洗涤几次，尽量抽干，得到粗产品。

2. 阿司匹林的提纯

(1) 加饱和碳酸钠溶液　将粗产品放入 100mL 烧杯中，加入 50mL 饱和碳酸氢钠溶液并不断搅拌，直至无二氧化碳气泡产生为止。减压过滤，除去不溶性杂质。

(2) 加盐酸　滤液倒入洁净的烧杯中，在搅拌下加入 30mL 盐酸溶液，阿司匹林即呈结晶析出。将烧杯置于冰-水浴中充分冷却 20min 后，减压过滤。用少量冷水洗涤滤饼两次，压紧抽干。干燥后称重。

(3) 产品纯度检验　将几粒结晶加入盛有 3mL 水的试管中，加入 1～2 滴 1% $FeCl_3$ 溶液，观察有无颜色变化（蓝紫色）。

3. 注意事项

(1) 实验在通风橱中进行，因为乙酸酐具有强烈的刺激性，注意戴手套操作。

(2) 实验仪器要全部干燥，药品也要经过干燥处理。

(3) 乙酸酐要新制的。时间太久乙酸酐遇水分解成乙酸。

(4) 实验顺序不要错了，若先加水杨酸和浓硫酸，水杨酸会被氧化。

(5) 实验中要控制温度，温度太高，副产物会增多；实验中为了增加收率，乙酸酐要过量，水杨酸和乙酸酐的比例为 1∶(2～3) 比较合适。

(6) 加水冷却结晶时，应充分搅拌防止大颗粒产生，在重结晶时不易溶解。

四、结果分析

计算收率。

利用以下公式进行计算：

阿司匹林理论质量：$m_{理}=m_{水杨酸}\times M_{阿司匹林}/M_{水杨酸}$

阿司匹林纯度：$\mu_{纯}=(m_{实}/m_{理})\times100\%$

进度检查

一、填空题

1. 水杨酸与乙酸酐反应属于________反应。水杨酸的沸点是________。

2. 阿司匹林______水（溶解性），是______固体（颜色）。

3. 写出阿司匹林与碳酸氢钠反应方程式：____________________。

二、简答题

1. 制备阿司匹林时，浓硫酸的作用是什么？不加浓硫酸对实验有何影响？

2. 用什么方法可简便地检验产品中是否残留未反应完全的水杨酸？

3. 制备阿司匹林时，为什么所用仪器必须是干燥的？

三、论述题

1. 在实验中遇到哪些问题？是如何解决的？

2. 如何优化实验方案？

素质拓展阅读

民间偏方：熏醋真的可以预防感冒吗

熏醋是民间预防感冒的一个偏方，在很大程度上是一种心理安慰。许多普通人，尤其是中老年人，认为醋含有醋酸，可以消毒杀菌。那么熏醋真的能预防感冒吗？

首先，我们要了解感冒最常见的原因是病毒或者细菌的侵害，引起了上呼吸道黏膜受损，从而引发上呼吸道感染性疾病。所以引起感冒的源头是病毒或者细菌，我们只有杀死引发感冒的病毒或者细菌才能降低感冒概率。而杀菌消毒最有效的基本思路是通过物理或者化学的方法使得病毒或者细菌等微生物蛋白质变形而失去生命活性。

事实上，只有当醋酸达到一定高浓度时，它才能消毒杀菌，效果也不是很好，不提倡使用。然而，我们日常生活中的醋本身含有很低浓度的醋酸，熏醋后挥发到空气中的醋酸浓度更低了，根本无法达到消毒杀菌的效果，无法杀死感冒病毒、流感病毒等。如果盲目大量使用反而会起到反作用，对人体健康造成危害。因为熏醋挥发出来的醋酸会使空气产生刺鼻的气味，这种气味可以刺激呼吸道，引起呼吸道不适，出现咳嗽、咳痰、咽喉痒、哮喘等症状，对身体反而不好。尤其家里如果有慢性呼吸道疾病的患者，熏醋还会加重病情，如诱发哮喘、慢性支气管炎急性发作等。

我们不能采取熏醋的方法预防感冒。想预防感冒怎么办？建议开窗通风、避免接触患者、加强锻炼、保证好作息、增强自身免疫力，还有合理的膳食，才能真正地预防感冒。

附　录

附录1　弱电解质的解离常数

弱电解质的解离常数

(0.01～0.003mol/L，温度 298K)

名称	化学式	解离常数，K_a(或 K_b)	pK_a(或 pK_b)
醋酸	HAc	1.76×10^{-5}	4.75
碳酸	H_2CO_3	$K_1=4.30\times10^{-7}$	6.37
		$K_2=5.61\times10^{-11}$	10.25
草酸	$H_2C_2O_4$	$K_1=5.90\times10^{-2}$	1.23
		$K_2=6.40\times10^{-5}$	4.19
亚硝酸	HNO_2	4.6×10^{-4}(285.5K)	3.37
磷酸	H_3PO_4	$K_1=7.52\times10^{-3}$	2.12
		$K_2=6.23\times10^{-8}$	7.21
		$K_3=2.2\times10^{-13}$(291K)	12.67
亚硫酸	H_2SO_3	$K_1=1.54\times10^{-2}$(291K)	1.81
		$K_2=1.02\times10^{-7}$	6.91
硫酸	H_2SO_4	1.20×10^{-2}	1.92
硫化氢	H_2S	$K_1=9.1\times10^{-8}$(291K)	7.04
		$K_2=1.1\times10^{-12}$	11.96
氢氰酸	HCN	4.93×10^{-10}	9.31
铬酸	H_2CrO_4	$K_1=1.8\times10^{-1}$	0.74
		$K_2=3.20\times10^{-7}$	6.49
硼酸	H_3BO_3	5.8×10^{-10}	9.24
氢氟酸	HF	3.53×10^{-4}	3.45
过氧化氢	H_2O_2	2.4×10^{-12}	11.62
次氯酸	HClO	2.95×10^{-5}(291K)	4.53
次溴酸	HBrO	2.06×10^{-9}	8.69
次碘酸	HIO	2.3×10^{-11}	10.64
碘酸	HIO_3	1.69×10^{-1}	0.77
砷酸	H_3AsO_4	$K_1=5.62\times10^{-3}$(291K)	2.25
		$K_2=1.70\times10^{-7}$	6.77
		$K_3=3.95\times10^{-12}$	11.40
亚砷酸	$HAsO_2$	6×10^{-10}	9.22
铵离子	NH_4^+	5.56×10^{-10}	9.25

续表

名称	化学式	解离常数，K_a(或 K_b)	pK_a(或 pK_b)
氨水	$NH_3 \cdot H_2O$	1.79×10^{-5}	4.75
联胺	N_2H_4	8.91×10^{-7}	6.05
羟胺	NH_2OH	9.12×10^{-9}	8.04
氢氧化铅	$Pb(OH)_2$	9.6×10^{-4}	3.02
氢氧化锂	LiOH	6.31×10^{-1}	0.2
氢氧化铍	$Be(OH)_2$	1.78×10^{-6}	5.75
	$BeOH^+$	2.51×10^{-9}	8.6
氢氧化铝	$Al(OH)_3$	5.01×10^{-9}	8.3
	$Al(OH)_2^+$	1.99×10^{-10}	9.7
氢氧化锌	$Zn(OH)_2$	7.94×10^{-7}	6.1
氢氧化镉	$Cd(OH)_2$	5.01×10^{-11}	10.3
乙二胺	$H_2NC_2H_4NH_2$	$K_1=8.5\times10^{-5}$	4.07
		$K_2=7.1\times10^{-8}$	7.15
六亚甲基四胺	$(CH_2)_6N_4$	1.35×10^{-9}	8.87
尿素	$CO(NH_2)_2$	1.3×10^{-14}	13.89
质子化六亚甲基四胺	$(CH_2)_6N_4H^+$	7.1×10^{-6}	5.15
甲酸	HCOOH	1.77×10^{-4}(293K)	3.75
氯乙酸	$ClCH_2COOH$	1.40×10^{-3}	2.85
氨基乙酸	NH_2CH_2COOH	1.67×10^{-10}	9.78
邻苯二甲酸	$C_6H_4(COOH)_2$	$K_1=1.12\times10^{-3}$	2.95
		$K_2=3.91\times10^{-6}$	5.41
柠檬酸	$(HOOCCH_2)_2C(OH)COOH$	$K_1=7.1\times10^{-4}$	3.14
		$K_2=1.68\times10^{-5}$(293K)	4.77
		$K_3=4.1\times10^{-7}$	6.39
酒石酸	$[CH(OH)COOH]_2$	$K_1=1.04\times10^{-3}$	2.98
		$K_2=4.55\times10^{-5}$	4.34
8-羟基喹啉	C_9H_6NOH	$K_1=8\times10^{-6}$	5.1
		$K_2=1\times10^{-9}$	9.0
苯酚	C_6H_5OH	1.28×10^{-10}(293K)	9.89
对氨基苯磺酸	$H_2NC_6H_4SO_3H$	$K_1=2.6\times10^{-1}$	0.58
		$K_2=7.6\times10^{-4}$	3.12
乙二胺四乙酸(EDTA)	$(CH_2COOH)_2NH^+$	$K_1=5.4\times10^{-7}$	6.27
	$CH_2CH_2NH^+(CH_2COOH)_2$	$K_2=1.12\times10^{-11}$	10.95

附录 2 难溶化合物的溶度积常数

难溶化合物的溶度积常数

序号	分子式	K_{sp}	pK_{sp} $(-\lg K_{sp})$	序号	分子式	K_{sp}	pK_{sp} $(-\lg K_{sp})$
1	Ag_3AsO_4	1.0×10^{-22}	22.0	34	$Ba_3(PO_4)_2$	3.4×10^{-23}	22.44
2	$AgBr$	5.0×10^{-13}	12.3	35	$BaSO_4$	1.1×10^{-10}	9.96
3	$AgBrO_3$	5.50×10^{-5}	4.26	36	BaS_2O_3	1.6×10^{-5}	4.79
4	$AgCl$	1.8×10^{-10}	9.75	37	$BaSeO_3$	2.7×10^{-7}	6.57
5	$AgCN$	1.2×10^{-16}	15.92	38	$BaSeO_4$	3.5×10^{-8}	7.46
6	Ag_2CO_3	8.1×10^{-12}	11.09	39	$Be(OH)_2$[2]	1.6×10^{-22}	21.8
7	$Ag_2C_2O_4$	3.5×10^{-11}	10.46	40	$BiAsO_4$	4.4×10^{-10}	9.36
8	$Ag_2Cr_2O_4$	1.2×10^{-12}	11.92	41	$Bi_2(C_2O_4)_3$	3.98×10^{-36}	35.4
9	$Ag_2Cr_2O_7$	2.0×10^{-7}	6.70	42	$Bi(OH)_3$	4.0×10^{-31}	30.4
10	AgI	8.3×10^{-17}	16.08	43	$BiPO_4$	1.26×10^{-23}	22.9
11	$AgIO_3$	3.1×10^{-8}	7.51	44	$CaCO_3$	2.8×10^{-9}	8.54
12	$AgOH$	2.0×10^{-8}	7.71	45	$CaC_2O_4\cdot H_2O$	4.0×10^{-9}	8.4
13	Ag_2MoO_4	2.8×10^{-12}	11.55	46	CaF_2	2.7×10^{-11}	10.57
14	Ag_3PO_4	1.4×10^{-16}	15.84	47	$CaMoO_4$	4.17×10^{-8}	7.38
15	Ag_2S	6.3×10^{-50}	49.2	48	$Ca(OH)_2$	5.5×10^{-6}	5.26
16	$AgSCN$	1.0×10^{-12}	12.00	49	$Ca_3(PO_4)_2$	2.0×10^{-29}	28.70
17	Ag_2SO_3	1.5×10^{-14}	13.82	50	$CaSO_4$	3.16×10^{-7}	5.04
18	Ag_2SO_4	1.4×10^{-5}	4.84	51	$CaSiO_3$	2.5×10^{-8}	7.60
19	Ag_2Se	2.0×10^{-64}	63.7	52	$CaWO_4$	8.7×10^{-9}	8.06
20	Ag_2SeO_3	1.0×10^{-15}	15.00	53	$CdCO_3$	5.2×10^{-12}	11.28
21	Ag_2SeO_4	5.7×10^{-8}	7.25	54	$CdC_2O_4\cdot 3H_2O$	9.1×10^{-8}	7.04
22	$AgVO_3$	5.0×10^{-7}	6.3	55	$Cd_3(PO_4)_2$	2.5×10^{-33}	32.6
23	Ag_2WO_4	5.5×10^{-12}	11.26	56	CdS	8.0×10^{-27}	26.1
24	$Al(OH)_3$	4.57×10^{-33}	32.34	57	$CdSe$	6.31×10^{-36}	35.2
25	$AlPO_4$	6.3×10^{-19}	18.24	58	$CdSeO_3$	1.3×10^{-9}	8.89
26	Al_2S_3	2.0×10^{-7}	6.7	59	CeF_3	8.0×10^{-16}	15.1
27	$Au(OH)_3$	5.5×10^{-46}	45.26	60	$CePO_4$	1.0×10^{-23}	23.0
28	$AuCl_3$	3.2×10^{-25}	24.5	61	$Co_3(AsO_4)_2$	7.6×10^{-29}	28.12
29	AuI_3	1.0×10^{-46}	46.0	62	$CoCO_3$	1.4×10^{-13}	12.84
30	$Ba_3(AsO_4)_2$	8.0×10^{-51}	50.1	63	CoC_2O_4	6.3×10^{-8}	7.2
31	$BaCO_3$	5.1×10^{-9}	8.29	64	$Co(OH)_2$（蓝）	6.31×10^{-15}	14.2
32	BaC_2O_4	1.6×10^{-7}	6.79		$Co(OH)_2$（粉红，新沉淀）	1.58×10^{-15}	14.8
33	$BaCrO_4$	1.2×10^{-10}	9.93				

续表

序号	分子式	K_{sp}	pK_{sp} ($-\lg K_{sp}$)	序号	分子式	K_{sp}	pK_{sp} ($-\lg K_{sp}$)
64	$Co(OH)_2$（粉红，陈化）	2.00×10^{-16}	15.7	98	$Hg_2(CN)_2$	5.0×10^{-40}	39.3
				99	Hg_2CrO_4	2.0×10^{-9}	8.70
65	$CoHPO_4$	2.0×10^{-7}	6.7	100	Hg_2I_2	4.5×10^{-29}	28.35
66	$Co_3(PO_4)_3$	2.0×10^{-35}	34.7	101	HgI_2	2.82×10^{-29}	28.55
67	$CrAsO_4$	7.7×10^{-21}	20.11	102	$Hg_2(IO_3)_2$	2.0×10^{-14}	13.71
68	$Cr(OH)_3$	6.3×10^{-31}	30.2	103	$Hg_2(OH)_2$	2.0×10^{-24}	23.7
69	$CrPO_4\cdot4H_2O$（绿）	2.4×10^{-23}	22.62	104	$HgSe$	1.0×10^{-59}	59.0
	$CrPO_4\cdot4H_2O$（紫）	1.0×10^{-17}	17.0	105	HgS（红）	4.0×10^{-53}	52.4
70	$CuBr$	5.3×10^{-9}	8.28	106	HgS（黑）	1.6×10^{-52}	51.8
71	$CuCl$	1.2×10^{-6}	5.92	107	Hg_2WO_4	1.1×10^{-17}	16.96
72	$CuCN$	3.2×10^{-20}	19.49	108	$Ho(OH)_3$	5.0×10^{-23}	22.30
73	$CuCO_3$	2.34×10^{-10}	9.63	109	$In(OH)_3$	1.3×10^{-37}	36.9
74	CuI	1.1×10^{-12}	11.96	110	$InPO_4$	2.3×10^{-22}	21.63
75	$Cu(OH)_2$	4.8×10^{-20}	19.32	111	In_2S_3	5.7×10^{-74}	73.24
76	$Cu_3(PO_4)_2$	1.3×10^{-37}	36.9	112	$La_2(CO_3)_3$	3.98×10^{-34}	33.4
77	Cu_2S	2.5×10^{-48}	47.6	113	$LaPO_4$	3.98×10^{-23}	22.43
78	Cu_2Se	1.58×10^{-61}	60.8	114	$Lu(OH)_3$	1.9×10^{-24}	23.72
79	CuS	6.3×10^{-36}	35.2	115	$Mg_3(AsO_4)_2$	2.1×10^{-20}	19.68
80	$CuSe$	7.94×10^{-49}	48.1	116	$MgCO_3$	3.5×10^{-8}	7.46
81	$Dy(OH)_3$	1.4×10^{-22}	21.85	117	$MgCO_3\cdot3H_2O$	2.14×10^{-5}	4.67
82	$Er(OH)_3$	4.1×10^{-24}	23.39	118	$Mg(OH)_2$	1.8×10^{-11}	10.74
83	$Eu(OH)_3$	8.9×10^{-24}	23.05	119	$Mg_3(PO_4)_2\cdot8H_2O$	6.31×10^{-26}	25.2
84	$FeAsO_4$	5.7×10^{-21}	20.24	120	$Mn_3(AsO_4)_2$	1.9×10^{-29}	28.72
85	$FeCO_3$	3.2×10^{-11}	10.50	121	$MnCO_3$	1.8×10^{-11}	10.74
86	$Fe(OH)_2$	8.0×10^{-16}	15.1	122	$Mn(IO_3)_2$	4.37×10^{-7}	6.36
87	$Fe(OH)_3$	4.0×10^{-38}	37.4	123	$Mn(OH)_4$	1.9×10^{-13}	12.72
88	$FePO_4$	1.3×10^{-22}	21.89	124	MnS（粉红）	2.5×10^{-10}	9.6
89	FeS	6.3×10^{-18}	17.2	125	MnS（绿）	2.5×10^{-13}	12.6
90	$Ga(OH)_3$	7.0×10^{-36}	35.15	126	$Ni_3(AsO_4)_2$	3.1×10^{-26}	25.51
91	$GaPO_4$	1.0×10^{-21}	21.0	127	$NiCO_3$	6.6×10^{-9}	8.18
92	$Gd(OH)_3$	1.8×10^{-23}	22.74	128	NiC_2O_4	4.0×10^{-10}	9.4
93	$Hf(OH)_4$	4.0×10^{-26}	25.4	129	$Ni(OH)_2$（新）	2.0×10^{-15}	14.7
94	Hg_2Br_2	5.6×10^{-23}	22.24	130	$Ni_3(PO_4)_2$	5.0×10^{-31}	30.3
95	Hg_2Cl_2	1.3×10^{-18}	17.88	131	α-NiS	3.2×10^{-19}	18.5
96	HgC_2O_4	1.0×10^{-7}	7.0	132	β-NiS	1.0×10^{-24}	24.0
97	Hg_2CO_3	8.9×10^{-17}	16.05	133	γ-NiS	2.0×10^{-26}	25.7

续表

序号	分子式	K_{sp}	pK_{sp} ($-\lg K_{sp}$)	序号	分子式	K_{sp}	pK_{sp} ($-\lg K_{sp}$)
134	$Pb_3(AsO_4)_2$	4.0×10^{-36}	35.39	167	SnSe	3.98×10^{-39}	38.4
135	$PbBr_2$	4.0×10^{-5}	4.41	168	$Sr_3(AsO_4)_2$	8.1×10^{-19}	18.09
136	$PbCl_2$	1.6×10^{-5}	4.79	169	$SrCO_3$	1.1×10^{-10}	9.96
137	$PbCO_3$	7.4×10^{-14}	13.13	170	$SrC_2O_4\cdot H_2O$	1.6×10^{-7}	6.80
138	$PbCrO_4$	2.8×10^{-13}	12.55	171	SrF_2	2.5×10^{-9}	8.61
139	PbF_2	2.7×10^{-8}	7.57	172	$Sr_3(PO_4)_2$	4.0×10^{-28}	27.39
140	$PbMoO_4$	1.0×10^{-13}	13.0	173	$SrSO_4$	3.2×10^{-7}	6.49
141	$Pb(OH)_2$	1.2×10^{-15}	14.93	174	$SrWO_4$	1.7×10^{-10}	9.77
142	$Pb(OH)_4$	3.2×10^{-66}	65.49	175	$Tb(OH)_3$	2.0×10^{-22}	21.7
143	$Pb_3(PO_4)_3$	8.0×10^{-43}	42.10	176	$Te(OH)_4$	3.0×10^{-54}	53.52
144	PbS	1.0×10^{-28}	28.00	177	$Th(C_2O_4)_2$	1.0×10^{-22}	22.0
145	$PbSO_4$	1.6×10^{-8}	7.79	178	$Th(IO_3)_4$	2.5×10^{-15}	14.6
146	PbSe	7.94×10^{-43}	42.1	179	$Th(OH)_4$	4.0×10^{-45}	44.4
147	$PbSeO_4$	1.4×10^{-7}	6.84	180	$Ti(OH)_3$	1.0×10^{-40}	40.0
148	$Pd(OH)_2$	1.0×10^{-31}	31.0	181	TlBr	3.4×10^{-6}	5.47
149	$Pd(OH)_4$	6.3×10^{-71}	70.2	182	TlCl	1.7×10^{-4}	3.76
150	PdS	2.03×10^{-58}	57.69	183	Tl_2CrO_4	9.77×10^{-13}	12.01
151	$Pm(OH)_3$	1.0×10^{-21}	21.0	184	TlI	6.5×10^{-8}	7.19
152	$Pr(OH)_3$	6.8×10^{-22}	21.17	185	TlN_3	2.2×10^{-4}	3.66
153	$Pt(OH)_2$	1.0×10^{-35}	35.0	186	Tl_2S	5.0×10^{-21}	20.3
154	$Pu(OH)_3$	2.0×10^{-20}	19.7	187	$TlSeO_3$	2.0×10^{-39}	38.7
155	$Pu(OH)_4$	1.0×10^{-55}	55.0	188	$UO_2(OH)_2$	1.1×10^{-22}	21.95
156	$RaSO_4$	4.2×10^{-11}	10.37	189	$VO(OH)_2$	5.9×10^{-23}	22.13
157	$Rh(OH)_3$	1.0×10^{-23}	23.0	190	$Y(OH)_3$	8.0×10^{-23}	22.1
158	$Ru(OH)_3$	1.0×10^{-36}	36.0	191	$Yb(OH)_3$	3.0×10^{-24}	23.52
159	Sb_2S_3	1.5×10^{-93}	92.8	192	$Zn_3(AsO_4)_2$	1.3×10^{-28}	27.89
160	ScF_3	4.2×10^{-18}	17.37	193	$ZnCO_3$	1.4×10^{-11}	10.84
161	$Sc(OH)_3$	8.0×10^{-31}	30.1	194	$Zn(OH)_2$③	2.09×10^{-16}	15.68
162	$Sm(OH)_3$	8.2×10^{-23}	22.08	195	$Zn_3(PO_4)_2$	9.0×10^{-33}	32.04
163	$Sn(OH)_2$	1.4×10^{-28}	27.85	196	α-ZnS	1.6×10^{-24}	23.8
164	$Sn(OH)_4$	1.0×10^{-56}	56.0	197	β-ZnS	2.5×10^{-22}	21.6
165	SnO_2	3.98×10^{-65}	64.4	198	$ZrO(OH)_2$	6.3×10^{-49}	48.2
166	SnS	1.0×10^{-25}	25.0				

参 考 文 献

[1] 关小变，张桂臣．基础化学．北京：化学工业出版社，2009.
[2] 赵晓华．无机及分析化学．北京：化学工业出版社，2008.
[3] 张星海．基础化学．北京：化学工业出版社，2007.
[4] 游文章．基础化学．北京：化学工业出版社，2010.
[5] 高红武，周清．应用化学．北京：中国环境科学出版社，2005.
[6] 司文会．无机及分析化学．北京：科学出版社，2009.
[7] 谢吉民．基础化学．北京：科学出版社，2009.
[8] 马金才，包志华，葛亮．应用化学基础．北京：化学工业出版社，2007.
[9] 张凤．基础化学．北京：中国农业出版社，2012.
[10] 牟文生，于永鲜，周鹏，等．大学化学基础教程．大连：大连理工大学出版社，2009.
[11] 徐英岚．无机与分析化学．3 版．北京：中国农业出版社，2012.
[12] 张跃林，陶令霞．生物化学．北京：化学工业出版社，2007.
[13] W. M. Haynes. CRC Handboook of Chemistry and Physics. 97th ed. Boca Raton：CRC Press，2017.